进化论的产生与发展
The Origin and Development of Evolution Theory

周长发　编著

科学出版社
北　京

内 容 简 介

进化论的产生和发展是科学史上的重要事件，对生物学和社会学都产生了极大影响，更引起过各种社会思潮的斗争和争论。然而，历史上，对进化论的最初理论及其后来的提高和完善却充斥着种种不实传闻和恶意攻击，甚至是造谣中伤、谩骂污蔑。因而，对达尔文进化论的主要理论和主旨思想进行澄清和辨析十分必要。本书作者在阅读大量原始文献的基础上，结合多年对进化论和生物系统学的研究心得和教学体会，精心编成此书。本书用简洁的语言对达尔文进化论产生和发展的历史及其相关内容进行深入浅出、条理清楚的介绍，对进化论原理和主要经典研究也有所交代。

本书适合作为生物学本科生、各专业研究生的教材，更是所有生物学从业人员，尤其是进化论、科学史研究人员必不可少的参考书。

图书在版编目（CIP）数据

进化论的产生与发展/周长发编著．—北京：科学出版社，2012
ISBN 978-7-03-034756-5

Ⅰ.①进… Ⅱ.①周… Ⅲ.①进化论—高等学校—教材 Ⅳ.①Q111

中国版本图书馆 CIP 数据核字（2012）第 123360 号

责任编辑：王海光 矫天扬 孙 青/责任校对：宋玲玲
责任印制：吴兆东/封面设计：耕者设计工作室

科学出版社出版
北京东黄城根北街 16 号
邮政编码：100717
http://www.sciencep.com
北京九州迅驰传媒文化有限公司印刷
科学出版社发行 各地新华书店经销
*
2012 年 6 月第 一 版 开本：B5（720×1000）
2025 年 4 月第二次印刷 印张：21 1/2
字数：407 000
定价：75.00 元
（如有印装质量问题，我社负责调换）

本书的编写及出版得到国家自然科学基金面上项目 31172124、国家基础人才培养基金 J1103507、南京师范大学动物学国家重点学科、江苏高校优势学科建设工程资助项目（生物学）、江苏省生物多样性与生物技术重点实验室的共同资助！

风雨已付　　　婷然依旧

The truth is always strong even under the stormy attack!

序

19 世纪中叶，随着科学的长足发展，生物学也取得了巨大进步，在胚胎学、古生物学、形态解剖学以及分类学上都获得了多种令人耳目一新的进展。然而，看上去似乎具有“灵气”或“灵魂”的生物与无生命的物体之间存在巨大的区别，对它们起源和演化的研究还一直停留在主观的猜测上，未能找到引起生物起源和变化的自然力。宗教的影响可能是第一个因素；实证归纳的研究方法可能是第二个因素；宏大时空变化思维的局限可能是第三个因素。

达尔文通过环球考察，从生物有规律的分布中发现生物不是各自独立创造出来的，从生物之间的异同中看到生物的共同起源和随环境变化的歧异作用，从人工选择中看到进化的方向性，从过度繁殖中找到自然选择的必然性，从丰富的化石中意识到地质历史的长久性。达尔文还从好友华莱士那里吸取进化论的丰富营养，他们的学说第一次清楚明白地提出：人和其他所有生物有着单一起源；物种随着地球历史的变迁不断增多并越来越丰富；生物的变化有其自身规律；生物的进化总体上没有特定的方向。在研究过程中，他们还创造性地引入假设-演绎方法，从而对科学方法论也产生了重要影响。

可以说，建立在自然选择理论之上的进化论将宗教彻底清除出生物学，使其完全独立。它将宗教宣扬的人类向善的方向性演变描述成向适应环境的方向前进，将静止的生物存在描绘成动态的自然演变过程，将受神或人类意志主宰的完美、协调的世界描绘成受生存斗争支配的无助、丑恶的世界。也许正是进化论对哲学、思想、社会和生物学上都产生了巨大冲击，历史上有人对它否定和不解，想来也很自然。因而，对进化论本源进行梳理剥离，对它的创新和不足进行分析评价，对它与前人成果的相同与不同进行对比，对它理论的发展和完善过程进行回顾总结就十分必要。这不仅可以使我们从历史中汲取经验教训，还可以从中了解科学发展的条件和规律，从而更好地指导我们的科学研究，以使我们的研究更具原创性和前瞻性。

长期以来，周长发教授对进化论及其发展过程饶有兴趣，并不畏艰辛地从职业生涯之初就对它持续关注、刻苦钻研，近年来更是广泛阅读、潜心思考、笔耕不断。他的所思所想、所得所获都包含于这本《进化论的产生与发展》中。

该书分 22 个章，对生物进化观点的产生和发展、达尔文进化论的提出和完善、围绕进化论的种种非议和争议、达尔文进化论的创新与不足、现代进化理论的基本原理等相关问题进行了深入浅出、图文并茂的介绍，重点对达尔文进化论的创新点、科学性以及与拉马克学说的异同点、围绕达尔文进化论的争论焦点、达尔文进化论的不足及其后来的补充和完善等进行了详细分析。值得一提的是，作者还用一整章的篇幅对科学进化论产生的历史条件和脉络进行了梳理，并对我国生物科学研究的历史不足进行了议论和初步探讨。其观点也许还不够深刻、准确，也许还有不妥之处，可贵的是他那份真诚和热切。

纵览该书，作者大量引用原文，翻译准确合意，文字流畅明白，见解独特全面，表现出作者对生物进化的经典文献有深入阅读，对进化理论有全面理解，对进化论产生的历史过程有深入思考。以我目力所及，该书是我国研究人员对生物进化论及其历史研究的又一进展，相信它的出版会对我国生物学和生物学史的研究有诸多裨益，欣然为序。

2011 年 12 月

前　言

生命进化乃万物形成宏观之论，物竞天择为生物演化本因之理，其立意之宏大、选题之高远断非常人能够体会，凡夫容易理解也。加之其推翻宗教原有之静止观念、颠覆神学固有之恒定假说，撼动千年之传统、抛弃普世之信念，一度遭千夫所指、万人痛骂、口诛笔伐、声谴字责。时至今日，仍时现攻击其人物、证伪其声明也，是故对其穷本究源、追根究底，一则可还原进化理论本来之面目，二则可明了历史争论之所在也。

况进化之说源远流长、演化之论根深枝繁。西方文明之源头典籍、中华文化之早期经传或多或少、或深或浅对其都有所提及。自达尔文氏与华莱士氏提出自然选择理论之前后，已有众多学说、许多学人对其有过讨论、做过研究，著名者常印于教材，耳熟者屡见于报章。然以目力所及，也许是孤陋寡闻，对于各种学说之区别不同、主要理论之继承转合未见有汇总之论、综合之文。西方之专著常聚焦创新意义，中文之专论多注重流变历程，对各种理论长短之处、新旧之别、相同之义、不同之理常言之不详、论之不尽；人云亦云、以讹传讹者也不止一二；对西方原始论著之译文也多有言不达意、曲解误会者也。故对进化理论之主旨要义进行归纳总结、对比分析不仅可厘清其发展之历史脉络，亦可清楚各家之创新不足也。

夫自细视大者不尽，自大视细者不明。现代进化之论、选择之说不仅试图解释宏观之生物历史演变、物种形成过程、自然选择机理，更希望回答微观之遗传变异基础、基因分子本质、性状决定因子。可谓范围广泛、领域宽大，并常以微观基因频率之变化、分子结构之异动来探索宏观机理之作用、时空选择之效果。由此可见，进化之说乃生物科学之大成、多种学科之精华也。了解其根本、掌握其原理、知晓其演变是研习生物之人不能回避之要务；钻研之精髓、呈现之原貌、传播之真谛亦是从业之士不可推卸之责任也。吾虽不才，却钟情于进化之论，好奇于选择之说。又因兴趣所至、教学之需，对经典原文稍有阅览，将进化历史浅作归纳，薄积厚发，汇成此书，以期抛砖引玉也！

嗟夫！围绕进化之争论不可谓不多矣，其所经历之曲折路程不可谓不长矣！然当喧哗散尽、浮华退远之时，猛然发现、霍然发觉，百余年前所提出之进化演进原理、自然选择规律仍然屹立不倒且愈发光彩迷人，其真其实已不容置疑。以人为鉴，可以明得失；以史为鉴，可以知兴替。进化论发展过程中之人和史不仅值得借鉴，亦是吾等看清科学规律、分辨主观客观、抛弃陈规旧念、创新科学研究之良好榜样也！信乎？

周长发

2012 年春于南京师范大学生命科学学院

zhouchangfa@njnu. edu. cn

致　谢

生物进化论阐述和解释了生物的由来及其变化规律。它用客观的而非主观的、自然的而非人为的、规律性的而非偶然性的自然选择原理来解释生物的形成、发展和演变过程，并第一次将看上去似乎静止的世界描绘成变化的、将看上去似乎向上发展的社会描述成方向飘忽不定的、将看上去似乎存在巨大鸿沟的人与动物描述成有共同起源的。它在哲学、科学和社会学方面都引起了巨大震动和广泛影响，历史上也产生过激烈的争论和辩论。对进化论的产生、发展以及围绕它的种种不实指责和攻击进行还原和澄清，不仅有利于掌握和了解进化论的真正内核和基本论点，还可以使我们对进化论产生的历史背景、创新、不足和发展完善过程有清楚的了解，更可以使我们对科学发展的规律和条件有所思考。有鉴于此，本人结合自己多年的专业研究和教学心得，编成此书，希望能为对进化论和科学史感兴趣的读者提供一点材料和借鉴。

在编写过程中，得到我的学术导师周开亚教授和归鸿教授的批评指导，两位先生对本书的内容和形式都提出了宝贵意见！

南京师范大学生命科学学院的许多教授，如陈双林、曹祥荣、杨光、许晓风、蒋国芳、戴建华等都曾给予许多建设性的意见，并都对本书的内容和形式有建议和贡献。同实验室的程罗根教授和严洁博士对部分书稿还进行过认真的审阅，并提出很多中肯的建议，在此一并致谢！

更要感谢几年来选修与进化论相关课程的学生们对我的鼓励和宽容，他们上课时的专注眼神和下课后的热情话语带给我无限动力和激情！

国家自然科学基金委员会对我的专业研究给予了十分及时和充分的基金支持，使我能专注于对很多人来说枯燥乏味、几乎没有任何经济效益的纯基础性、理论性的学术研究，其对本书的出版和发行也有重要贡献。也希望本书是对其的一个小小回报。

由于本人水平十分有限，虽极其尽力谨慎，但相信书中疏漏及不足之处仍有不少，欢迎读者及同行批评指正！

周长发

2012 年春于南京师范大学生命科学学院

zhouchangfa@njnu. edu. cn

目　　录

1 宗教的重重黑幕

没有什么比用使用性或终结原因的教条来解释同一生物门类的不同成员具有相似模式的原因更无希望的了。而这种尝试正是欧文在他的有趣的《论肢体的特性》一书中所表达的。我们只能相信这种普遍的观点是这样的：各种生物都是独立创造的，如此就取悦了上帝，表明他创造出了各种动植物。

——达尔文（1859）

现在的所有科学证据都告诉我们，人类与其他生物一样，是随着宇宙、地球和生物的进化由无到有、由简单到复杂地慢慢形成和发展的。但在远古人类形成的初期，在那个荒凉蒙昧的年代，在那个人类还受自然摆布、生产力极为低下的时代，人类却已经在思考或本能地寻求世界及人类自身的来源及命运、人与人之间的关系如何协调、人与物之间的相似与不同这类大问题。智慧是如此美好，它能使人具有慧眼和敏思，同时它又是如此不可理喻，往往还要加上个人的体验和本能的反应。

可以想象，当电闪雷鸣撼动天际、当狂风暴雨席卷大地、当地震洪水摧毁江堤、当山崩地裂倾泻淤泥、当黑影蚀食日月、当流星划过天际、当彩云变为人形、当日月周而复始地横挂在天际、当春夏秋冬年复一年地旋动四季、当风霜雨雪规律性地如期而至、当不可逾越的高山横亘于眼前、当宽阔无边的大海咆哮于面前、当高不可攀的夜空笼罩于身边、当吃人的猛兽夺走亲人、当无情的疾病摧残妻儿、当不可预期的死亡带走氏族首领时原始人心灵的震撼。

当种子奇迹般地萌发、当鲜花魔术般地绽放、当树叶像纸片般地掉落、当虫子像变形般地蜕皮、当蛇儿如涅槃般地脱壳、当鸟儿如变身样地换羽、当野兽兴奋繁殖、当禽鸟狂热求偶、当植物挂果结籽、当雌雄相爱相吸、当幼儿发育生长、当老者憔悴死亡、当鲜血总会凝固、当妇女痛苦生育、当男女体态显现差异、当牛羊大规模迁徙、当鱼虾成群地浮现、当鸟儿如云般地迁飞出现时原始人心里的疑惑。

当现实出现在梦境、当影像变成为幻影、当人言成为了呓语、当具象变成为想象、当过去被说成现实、当远景被描述为近景、当睡眠总要醒来、当疾病还会自愈、当死亡不可避免时原始人精神上的震颤。

当人与人要相互交流、当男女要成对交媾、当老幼要互相扶持、当人在群体中才安全、当人在结伙时才有力量、当人合作时才有收获、当人与人之间还有争斗、当人群间还有战斗、当同性间还有争夺时原始人本能的惶恐和绝望。

无论是自然的、生物的、社会的、心灵的和肉体的痛苦、不解和未知都需要缓解，即精神必须要有出路，心灵必须要得到慰藉，现象必须要得到解释。如果经验和人力无法胜任，那只能借助于神话和神力了。

1.1 宗教的起源和本质

恩格斯在《反杜林论》中说："单是正确地反映自然界就已经极端困难，这是长期的经验历史的产物。在原始人看来，自然力是某种异己的、神秘的、超越一切的东西。在所有文明民族所经历的一定阶段上，他们用人格化的方法来同化自然力。正是这种人格化的欲望到处创造了许多神。"原始社会宗教观念的人类学意义正在于其以一种独特的方式拓宽或深化人同自然界的"关系"，"用人格化的方法来同化自然界"，确立人同自然界的亲和关系，表达人的决不屈服于现时的历史条件，而志在超越自然界的束缚，追求精神"自由"的无限要求（段德智，2005）。

根据现代的解释，宗教是人类社会发展到一定历史阶段出现的一种文化现象，属于社会意识形态。其主要特点为：相信现实世界之外有超自然的神秘力量、实体或神灵，它或它们统摄万物，拥有绝对权威、主宰自然、决定人世命运。可见，它符合原始人类的心理和社会需要。

现代有系统、有组织、有教义的宗教是从原始宗教发展而来的，而关于原始宗教的起源和本质有多种假说（段德智，2005）。宗教可能起源于祖先崇拜或神灵崇拜、起源于神物崇拜或拜物教、起源于祖灵论或鬼魂说、起源于巫术，为无意识的"集体表征"或"集体仪式"（图腾崇拜）等，甚至有人提出用外星人的地球访问来解释地球上宗教的起源。

早在古希腊时期，Xenophanes（公元前565～前473年）就在《讽刺诗》中断言神是由人按照自己的形象设想出来的。德谟克利特（Democritus，公元前460～前370年）认为宗教起源于人们在良心上的内疚和人类对自然的敬畏。

英国人缪勒（Friedrich Max Müller，1823～1900年）在研究印度宗教后认为，宗教产生的意识动因是而且只能是无限观念。无限产生于有限之中，正是在感觉有限与无限的这种恒久联系中，产生了宗教的原动力。在印度人形成了超越有限的观念之后，他们就在自然界中到处寻找它，试图用不同的名字命名和把握它，这就构成了印度宗教的基础，成为支撑印度宗教殿堂的柱石（翟志宏，2005）。从宗教产生和进化的历史来看，它也是从自然宗教到多神教和一神教的过程。在自然宗教阶段，"神"往往是自然界存在中的物体，如太阳、水、火、乌鸦、蛇等，然后才出现神化了的自然物，如太阳神、凤凰、龙等。

英国人泰勒（Edward Burnett Taylor，1832～1917 年）则认为，早期人类根据睡眠、梦境、幻觉、倒影等生理、心理现象而产生出灵魂的观念，觉得在人的肉体之外还有一种看不见、摸不着的具生命的存在，当其离开人的身体之后，人便丧失活力和生命。如果灵魂这种超物质和超自然的观念一旦与某种具体的物体结合，便产生出神灵等概念，进而产生出宗教。

如果说以上两种假说是从心理学角度来解释宗教起源的话，那么“投射理论”则主要从生理或本能角度来解释宗教的起源。单纯（2006）总结过关于宗教形成的“投射理论”。费尔巴哈（Ludwig Andreas Feuerbach，1804～1872 年）提出“神就是人的内在本性向外的投射”，它本身没有独立性，只是依附于人的某种思想，因此由神确立的宗教就是人们思想或概念的投射。涂尔干（1858～1917 年）则强调宗教的社会学意义和功能，认为可以将宗教解释成“原始社会，人类认识社会本质的一种间接知识形式”，是人感情的投射，其主要目的和功能是要将社群凝聚在一起。典型例子就是跳舞祈雨仪式，它并不是真正地要获得雨水，而是通过这种仪式将社群或宗族团结起来，以应对共同的恐惧，表达共同的希望，维系社会的稳定。

这一派的另一位学者弗洛伊德（Sigmund Freud，1856～1939 年）则将投射理论从感情扩展到人的本能。他断言，宗教信仰“是幻想，是人类最古老、最强烈和最迫切的心愿的实现”。那么是一种什么样的心愿造就了上帝呢？他直接说，“俄狄浦斯情结”（杀父恋母情结）外化为宗教仪式的病态后果，是造就上帝的主要原因。在人的成长过程中，我们对父亲是既爱又恨，他似乎是无所不能地保护着我们，但同时也拥有着所有男人都想得到的女性。这种冲突和矛盾心理在男童成长到 4 岁时就形成了“俄狄浦斯情结”，即强烈的杀父情结。如果将个人的成长过程视作人类社会发展的一个缩影，那么在人类社会的早期，原始人所具有的类似情结就会形成父亲般的上帝。

无论宗教的起源是什么，它们的本质是一样的。关于宗教的本质，段德智（2005）指出：宗教是一种社会群体和意识形态。它作为一种特殊的意识形态，区别于理性认知的其他意识形态的根本特征是宗教的信仰本身；而宗教信仰的特殊本质正在于，它是超越理性认知能力的一种神秘——它的超越性。所谓的超越性，就是指它超出了人类的认知能力，或者说它包含超自然的神力或其因素。换言之，“宗教即神圣”。

神圣的超自然力量一旦形成，必然就会被赋予无所不能的魔力、战无不胜的神力和无所不知的智力。同时，它又是超脱于具象之外的无影无踪的鬼魅般的东西，即抽象的意识，那么具体的物质肯定就是它创造的了。

1.2　宗教关于宇宙万物的起源和形成

人类很早就想知道宇宙万物的起源和形成，如阿那克西曼德（Anaximander，公元前610～前546年）就提出“生物是从太阳所蒸发出的湿的元素里产生的，人是从另一种动物产生的，实际上就是鱼产生的，人在最初的时候很像鱼。”在宗教中，宇宙万物的形成往往都归结为神。

中非Boshongo人有个传说：世界太初只有黑暗、水和伟大的Bumba上帝。某天，Bumba胃痛发作，呕吐出太阳。水有部分被太阳蒸发，留下土地。他的胃痛未止，又陆续吐出了月亮和星辰，然后吐出动物，如豹、鳄鱼、乌贼，最后是人（Hawking，2006）。

我国三国时期的徐整在《三五历记》中记载了盘古开天的故事：“天地混沌如鸡子，盘古生其中。万八千岁，天地开辟，阳清为天，阴浊为地。盘古在其中，一日九变，神于天，圣于地。天日高一丈，地日厚一丈，盘古日长一文，如此万八千岁。天数极高，地数极高，盘古极长，后乃有三皇。数起于一，立于三，成于五，盛于七，处于九，故天去地九万里。”他又在《五运历年记》中称：“天气蒙鸿，萌芽兹始，遂分在地，肇立乾坤，启阴盛阳，分布之气，乃孕中和，是为人也。首生盘古，垂死化身；气成风云，声为雷霆，左眼为日，右眼为月，四肢五体为四极五岳，血液为江河，筋脉为地理，肌肉为田土，发髭为星辰，皮毛为草木，齿骨为金石，精髓为珠玉，汗流为雨泽，身之诸虫，因风所感，化为黎氓。”《述异记》中记载“盘古死后，化身为万物。”从这个故事还可看出，我国当时的先民认为世界是在约3.6万年前开始的。

《庄子·应帝王》里记载：南海之帝为倏，北海之帝为忽，中央之帝为浑沌。倏与忽时相与遇于浑沌之地，浑沌待之甚善。倏与忽谋报浑沌之德，曰：“人皆有七窍以视听食息，此独无有，尝试凿之”。日凿一窍，七日而浑沌死。浑沌死后，天清地朗，宇宙万物形成。

《太平御览》卷七十八引《风欲通义》：欲说天地有开辟，未有人民，女娲抟黄土做人，剧务，力不暇供，乃引绳于絙泥中，举以为人。

《淮南子·精神篇》：古未有天地之时，惟像无形，窈窈冥冥，芒芠漠闵，澒蒙鸿洞，莫知其门。有二神混生，经天营地，孔乎莫知其所终极，滔乎莫知其所止息，于是乃别为阴阳，离为八极，刚柔相成，万物乃形，烦气为虫，精气为人。

西方的基督教宣扬的是上帝创造世间万物。《圣经·旧约全书·创世纪》这样记载宇宙万物的形成：第一天，神创造了“昼与夜、光和暗”；第二天，空气“天”；第三天，海和地，树木、蔬菜和种子；第四天，太阳和月亮；第五天，动物（鱼、鸟以及各种陆生动物）；到了第六天，“上帝说：‘我们要照着我们的形象、按着我们的样式造人，使他们管理海里的鱼、空中的鸟、地上的牲畜和全地，并地上所爬的一切昆虫。’上帝就照着自己的形象造人，乃是照着他的形象造男造女。”“上帝看着一切所造的都甚好。”第七天上帝就休息了。剑桥大学的大主教 Ussher 和 Lightfoot 进而推算出，《创世纪》把世界创生定于公元前 4004 年 10 月 23 日上午 9 时。

1.3 世界的状态

由于上帝或神的威力无边、神力无限，他创造的万物往往是秩序井然、静止不变的。波普（Alexander Pope，1688～1744 年）曾说：“秩序是宇宙的第一法则，这必须承认，一些总比另一些要更伟大、富裕和明智。”无论是有意或无意，这种静止的观念和封建礼教相结合，牢牢地禁锢着人们的思想，下面的诗歌充分说明了这一点。

> 一切都明亮美好：(All things bright and beautiful:)
> 富人居住在城堡，(The rich man in his castle,)
> 穷人为他看门放哨，(The poor man at his gate,)
> 上帝让他们有高低尊卑、(God made them，high or lowly,)
> 财富有多有少。(And order’ d their estate.)
>
> ——Cecil Frances Alexander

柏拉图（Plato，公元前 428～前 348 年）在西方具有极大的影响，与我国的孔子有点像，他用对话的方式讲了很多含糊但又有哲理的话，还喜欢探讨世界本原。怀德海（Alfred North Whitehead，1861～1947 年）曾说“欧洲哲学传统中最可靠的一般特征是：它存在于对柏拉图的一系列脚注之中。”根据柏拉图的创世观点，人类不是从比它更简单的生物进化而来的，相反，人类是先于其他生物被创造出来的。在人体的各个部分中，首先形成的是头，因为它最近于球形，而且它是不灭的灵魂所在的器官（Magner，1985）。

亚里士多德（Aristotle，公元前 384～前 322 年）是柏拉图的学生，继承和发扬了他的思想，并提出了一个宇宙的模型。他说：“宇宙是一个系统，由天、地和被包含在它们之中的自然事物构成。在另一个意义上，宇宙是神所保护的，并体现神的整体的次序和排列。宇宙的中心由产生生命的地球所占据，它是不能动的、固定的，是一切生物之家和生命之母。在宇宙的上面区域，为一有固定上界的整体，是诸神之居所，被称为天，其中充满着神圣物体，我们称之为星体，它们永恒地运动着，以庄严、肃穆的韵律在同一的圆形轨道上，和所有天体一起永无止息地旋转。正如我们所说过的，整个天和宇宙是圆环形，且连续地运动着。但是，必然有两点是不运动的，它们正好彼此对立，恰如在雕刻架上转动着的圆球一样。这两点保持不动，使圆球结合在一起，整个体积都围绕着它们进行环形旋转，它们被称为两极。如果我们想画一条连接两点的线，就会形成宇宙的直径，以地为中心，两极为外缘。在这两个不能被运动的极中，有一个是我们通常所能见到的，就处在我们头顶之上的北方，称为北极；另一个则总是躲在地球的下面，在南方，叫做南极。”

“天和星体的实体我们称为‘以太’，这不是像有些人所以为的，由于它的本性像火，能燃烧，而是因为它总以环形方式在运动。它是不同于四元素的另一种元素，纯粹而神圣，在它所包裹着的星体中，有些是固定的，与整个天一起旋转，总是占据同样的位置。在它们中间，是所谓的‘黄道带’，它斜横着通过回归线，被分成 12 个区域。另一些星体则是行星，自然在运动，其速度既区别于前面所说的恒星，自身内部也彼此不同，各有不同的环形轨道。所以，其中有的靠近地球，有的更高一些。恒星的数目不能为人们所确知，虽然它们全都在一个可见的表面，即整个天体的表面运动。行星分为 7 等，排列在相互接续着的 7 个环形轨道中，所以较高的总是比较低的大，7 个圆环虽然彼此包围，但全部被恒星球体所围绕。靠近这个球体的总被启明星（同时也是所谓的土星）轨道顶着，接下来是木星的轨道，再下来是火星轨道，再接着的是水星的轨道。在这之后，是金星的轨道，接下来是太阳的轨道，最后是月亮的轨道，它被地球所限制。可见，以太包围着神圣的物体以及它们有次序的运动轨道。”（引自亚里士多德《论宇宙》）

这个亚里士多德的宇宙模型经托勒密（Claudius Ptolemaeus，90～168 年）稍加修改后便成为了“日心说”提出之前，西方世界中最权威、最正统、最正确的关于宇宙的看法（图 1-1）。

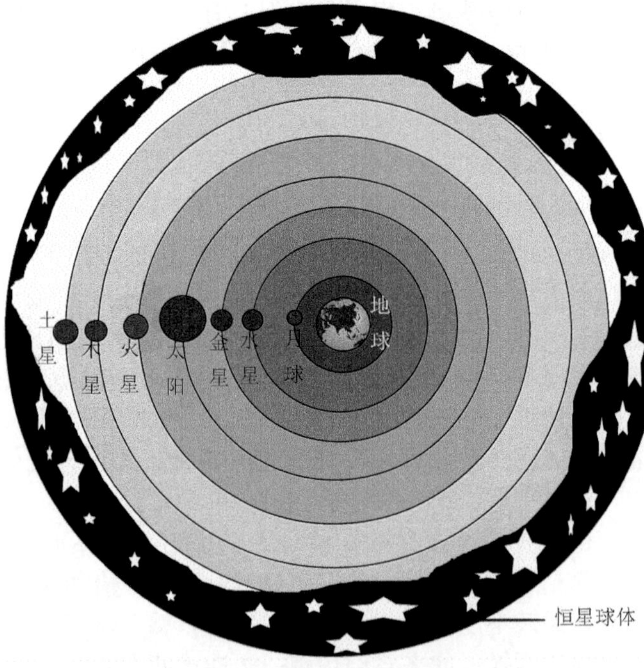

图 1-1　“地心说”的宇宙模型简化图

1.4 存在巨链

上述的宇宙模型只是包含了地球、太阳等天体。如果将宇宙万物包含在内，尤其是将生物和人也包含在一起讨论，就形成了西方世界极为著名的存在巨链（great chain of being）概念。一首有名的诗形象地表达了它。

存在之链巨大无比！它起自上帝，(Vast chain of being! which from God began,)
到以太、人类、天使、(Natures ethereal, human, angel, man,)
人、兽、鸟、鱼、虫，眼睛无法看见之东西，(Beast, bird, fish, insect, what no eye can see,)
无显微镜可以接近，从无限到你，(No glass can reach; from infinite to thee,)
从你到虚无。如果我们挑战神力，(From thee to nothing. -On superior powers)
卑微之物也会挑战我们自己，(Were we to press, inferior might on ours:)
或在完整的连续之物中留下一个空隙，(Or in the full creation leave a void,)
一有破坏，所有的秩序就将彻底毁灭，(Where, one step broken, the great scale' s destroyed:)
无论你去打的是自然之链中的哪一级，(From Nature' s chain whatever link you strike,)
第十或第一万，整个巨链就会断裂到底。(Tenth or ten thousandth, breaks the chain alike)

——Alexander Pope《人之诗》(*An Essay on Man*, 1734)（节选）

根据 Lovejoy（2002）的考证，“存在巨链”这一概念源自柏拉图和亚里士多德，其理论基础是“存在是充实的、存在物是连续的、存在物是有等级的”。Pope 用一句话说明了这 3 个原则：一切都必须是充实的，否则就不连贯；所有产生的东西都产生于适当的等级。所谓充实的，简单理解就是在宇宙中没有空隙，“神”或“善”是充满一切的。柏拉图说：“宇宙中完全充满了死的和不死的有生命的存在物。”

亚里士多德说：“当在两者相交之处有一个且为同一个它们所共同拥有的边界时，事物也就被看作是连续的。”在《动物志》中，他建立以“灵魂的能力”为基础的等级系统，从植物到人和有可能超出人之上的另类的“理性的灵魂”。作为结果有 7 种一般的等级，人在其顶峰，植物形动物在其底部（Lovejoy，2002）。相应于物质构造的级进观念，亚里士多德将生物体按生命机能“灵魂”分为 3 级：“植物生命”专注于生长与繁殖；动物除“植物生命”外还有“感觉生命”；人类另具“精神生命”（亚里士多德《动物志》卷一注释）。与之巧合的是，我国的《荀子·王制》中也有“水火有气而无生，草木有生而无知，禽兽有知而无义，人有气有生有知亦且有义，故最为天下贵也”的类似说法。

亚里士多德在《动物志》（卷八）中写道："自然的发展由无生命界进达于有生命的动物界是积微而渐进的，在这级进过程中，事物各级间的界线既难划定，每一级间动物于相邻近的两级动物也不知所属。这样，从无生物进入于生物的第一级便是植物，而在植物界中各个种属所具有的生命活力（灵魂）显然是有高低（多少）的；而从整个植物界看来，与动物相比时，固然还缺少活力，但与各种非生物相比，这又显得是富有生命力的了。我们曾经指出，在植物界中具有一个延续不绝的级序，以逐步进于动物界。在海中就有某些生物，人们没法确定它们究竟是动物还是植物。某些生物有根，如江珧，是着根于某一地点的，倘予拔出，有些就会死亡；由它的潜伏处挖出的蛏也不能存活。广义地说来，整个介壳类与其他善于行动的动物相比，它们却都有些像固着在一个地点的植物。"

"于感觉而言，有些动物，不见它有官感的迹象，另一些只显示微弱的感觉。又，这类（动植间体）生物，如所谓'海鞘'以及'水母'、'海葵'等，它们的体质有类似肌肉，至于'海绵'就在任何方面都像草木了。这样，在整个动物界的总序内，各个种属相互间于生命活力与行动活力之强弱高低的等级差别是实际存在的。"

在亚里士多德的生物阶梯图中，胎生的哺乳动物处在阶梯的顶端；比其低一级的是卵在母体内生长发育的动物；再往下一级是卵生的动物，如鸟类和爬行动物；比它们再低一级的，是产不完全卵的动物，如青蛙和乌贼；在有性繁殖的动物中，最低等的是蠕虫，它们只产卵；再往下就是蚤虱了，它们是自然发生的。这样便形成了以植物为底层到以人类为顶点的一个阶梯（Magner, 1985）。

由亚里士多德的观念出发，结合宗教理论，"存在巨链"观念描绘了一个静止、和谐、秩序井然、等级森严的物质存在。在这个"自然阶梯"中，上帝高高在上，其下是天使诸神，这两者是无法感知的精神存在，永恒、持久、不变；再下来是人，他具有精神、感情和肉体，人群又可分为国王、贵族、平民等；人的下面是动物，它们具有感知能力，动物还可再分为野生动物、家养动物等；动物的下面是植物，它们只有生命，没有感知和感情。再下来是无生命之物，如岩石和土壤等，它们只有存在，无任何生命（图 1-2）。

这些不同等级的生物由低到高是仰视的，甚至是服从的。亚里士多德在《论灵魂》（卷二）中说："各种植物进向于动物，各种动物进向于人类。""合乎自然的东西导致快乐，而一切动物都追求那合乎自然的快乐。""神在自己那永无终止的自我沉思中不变地享有的至福，就是一切别的事物所向往的，也是它们千方百计所追求的善。"由此引申出一个重要观念，就是一切低等生物都有内在的向上演变的倾向或要求。这一点在早期进化论中，如拉马克的进化论中有明显痕迹。

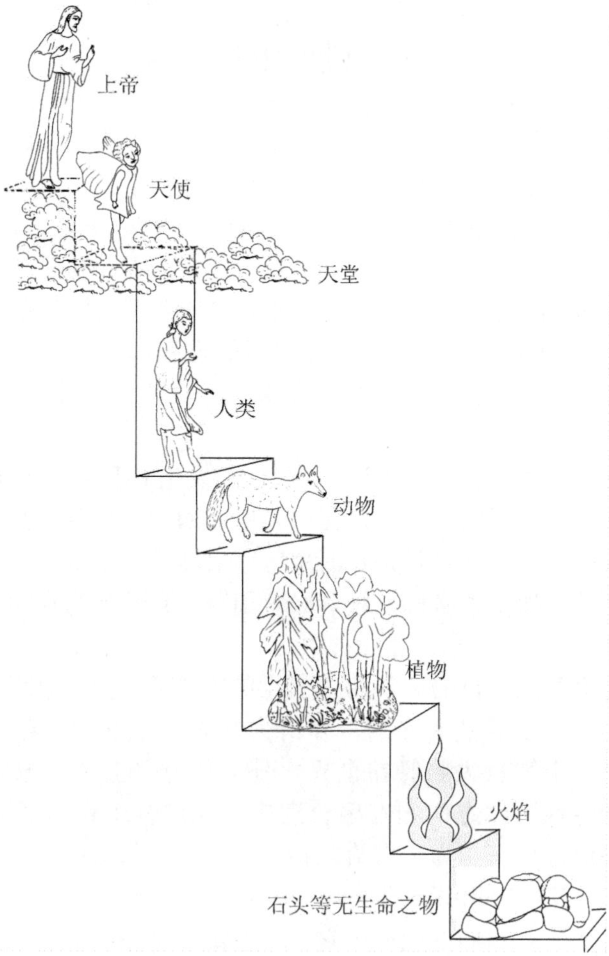

图 1-2　大尺度的“存在巨链”观念示意

需要特别指出的是，“存在巨链”观念还认为在神创造生物过程中，最早创造的是最完善、最高级的人，其他不完善的生物都是由高级生物不断退化形成的。Macrobius（约 400 年）的话非常有代表性地表达了这个思想，他说：“以后，从至高的神的心灵开始，从心智、灵魂出发，自此轮流创造下面的东西，而且使它们全部充满了生命，由于这单一的光辉照亮了一切，而且它被反射到每一个之中，像一个单一的脸能被系统设置的许多镜子所反射一样；由于一切事物在连续的系统中紧随着，逐一退化到这系列的最底部，细心的观察将会发现一个各部分的连结，从至高的上帝往下直到事物最后的残渣，相互连结在一起而没有断裂。这是荷马的金链，上帝从天国下垂到尘世。”（Lovejoy，2002）

1.5 设计的目的

由于相信万物都是由上帝创造的，上帝又是智慧无边、无所不能的，他创造万物肯定是有目的而不是杂乱无章的。故由神创万物论又引申出另一个观念就是“目的论”或“设计论”。柏拉图在《斐利布篇》（*Philebus*）中说“善（＝神）在本性上不同于任何别的东西，在其中，具有了善的存在物总是，而且在一切方面都有最完满的能力，它永远不需要任何别的东西。”他又说，物质的世界是“如此被设计，以至于它的所有主动的和被动的过程都发生在它自身之中，被它自己的动因所造成，由于创造了它的上帝相信，如果它是自足而不需要他物的，那么它就是更好的。”

亚里士多德在《物理学》中也说：“在自然发生着和存在着的事物里是有目的的”。“在凡是有一个终结的连续过程中，里面的一个个阶段都是为了最后的终结”。“自然是一种原因，并且就是目的因”。“自然像一个精干的管家，不会抛弃任何有用之物”。“自然做事必成，做事必有用”；“自然行为自如，恰似预见了未来”。

关于“设计论”或“目的论”的一个经典例子是，像钟表匠设计和制造了钟表一样（图 1-3），这个井然有序的、和谐美好的世界也肯定有一个设计者或创造者，即必须有一个智慧大脑躲在世界之外，他就是上帝。他创造万物的“目的”就是为了让各种物体之间相互融合适应，就像鞋子是为了适应我们的脚一样，所以说植物设计出来是为了供给动物吃的，而动物被设计出来是为来吃植物的，如此而已。Paley（William Paley，1743～1805 年）在 1802 年说：“现在让我们来检查一块手表，我们发现……它的一些部件都是构造出来的，并为了一个特定的目的组合在一起，即它们被如此制作和调校是为了运转，如此控制运转是为了指示一天的不同时间。因而，如果不同部件的形状被制作得不同，尺寸大小发生改变，或以不同方式安置，或以不同顺序安装，那么这个机械就既无法运转，也无用处……存在于手表中的、指示出发明和设计的所有线索也存在于自然活动中。不同的是，自然中的更大、更多，其规模超越任何计算……不存在没有设计者的设计、没有发明人的发明、不经选择后的秩序、无力统筹后的统筹……组成成分的统筹、部署、为目标而作的步骤安排、为用途而作的方法优化，显示出存在着一个智慧的大脑。”

每一种物种都在完美地适应着它们自己的生活环境，从而证实了神的仁慈、伟大并创造万物的观点。但仁慈的上帝为什么创造出一些动物来专门杀死其他动物？设计论认为，从长远来看，食肉动物的存在可以减少这个世界的痛苦，因为它们清除的是年迈和有病的被捕食者个体，并使之尽快死亡。

图 1-3 “设计论”示意图

所有无生命的和有生命的物体，如手表和瓢虫都是由智慧性的脑和手创造的

与“设计论”密切相关的另一个概念是“机械论”。这种观点将宇宙、生物以及人都看作是机械系统。例如，笛卡尔（René Descartes，1596～1650 年）就认为宇宙是一个巨大的机械系统，在其中，上帝是所有运动的“最初起因”。“给我运动和广延，我就能构造整个世界”，牛顿也认为自然界是一个巨大的，能自我调节的物理机器。

1.6 小 结

人类社会在形成之初就有了宗教。在宗教的影响下，特别是在百科全书式的、圣人似的人物，如柏拉图和亚里士多德的哲学和初级科学引导下，西方社会在“文艺复兴”之前，尤其是在达尔文进化论产生之前，普遍弥漫着浓重的神话氛围。它描绘了自洽完美的宇宙、静止不动的秩序和高低森严的等级。它影响人类思想是如此之深，以至于西方社会在千年之中思想解放很少。与我国的孔子类似，柏拉图和亚里士多德的经典大作拗口难懂、艰深繁复、内容广泛，甚至有点故弄玄虚，这更使普通人难以涉猎，也就不敢对它们提出什么挑战了。然而，他们的著作中除了玄妙的哲学和不明的神学之外，还有严密的逻辑和客观的科学。这些也为后世的很多人提供了许多的课题由来、研究基础、精神食粮甚至是研究借口，“文艺复兴”实际上就是打着这个旗号。黑格尔讲过，“如果真有所谓人类导师的话，我应该认为亚里士多德是这样一个人”。达尔文也说过：“林奈和居维叶一直是我的两个上帝，虽然表现在不同的方面，但是比起亚里士多德，他们不过是小学生。”随着社会的不断发展和科学技术的日益进步，科学和科学精神越来越显示出它们的威力。它将不断吞食和击破宗教的神话，而将科学的光明越来越多地带入人类的思想深处。顾忌已越来越少，进化的思潮将越聚越浓。

2 隆隆的科学雷声

时势比人强

——中国古训

达尔文进化论的提出并不是孤立事件，它是科学发展到一定程度的必然。尤其是在“文艺复兴”之后，整个自然科学和社会科学的蓬勃发展、人的思想解放为生物学研究提供了无穷的新技术和新思维。它们在各个方面也为进化论的提出提供了思维营养，更在与宗教、神学的斗争中接受并反制了很多的子弹和炮火。就关联程度来看，天文学、地质学、古生物学、胚胎学和分类学与进化论的关系较大，它们为进化论的理论和证据提供了多方面的支持。实际上，在进化论提出之前，它们已经将宗教和神学对科学和人类思想的控制逼到墙角，在某种程度上，进化论只是将宗教埋进科学坟墓的最后一环或最后一棒，使它彻底断绝了与人类科学思维的联系和影响，科学和理性的阳光因此在科学界已无任何顾忌，可以畅通前进。

2.1 天 文 学

也许是宇宙太浩大无边，也许是人类太渺小可怜，我们人类对宇宙的认识在几千年中几乎没有改变，真正的突破性进展已经是 20 世纪一二十年代的事了，其标志性成果是爱因斯坦（Albert Einstein，1879～1955 年）在 1915 年发表了广义相对论和哈勃（Edwin P. Hubble，1889～1953 年）于 1929 年发现了宇宙光谱的系统性红移现象，而在这之前的历史中，人类几乎就是认为宇宙是静止不变的，虽然日月天天运转、光阴时时变动。因此，在进化论产生之前的年代中，静止宇宙的观点在人类思想中占有绝对地位，上帝创造宇宙万物的观点似乎也是天经地义的，地球和人类是宇宙中心的观点也大有市场。这种以人、地、神为中心的带有明显宗教色彩的宇宙观虽不完美但看似自洽，而天文学的发展可以说是对宗教射出了第一支响箭。

以人的目力所及，地球是平面的。你四下张望一下就会发现，天与地的交界处似乎就是大地的边缘，因而早期人类就认为地球是圆盘形的。这种观点看似幼稚但极为真诚，因为它是从我们日常经验中得来的，也是人人都可以观察验证的，虽然这种观察更像一个人用自己的眼睛来看自己的头颅，显得不着边际。然而，一些有经验的人发现，从海面远方驶来的船最早能够看到的往往是它高耸的桅杆，然后船身逐渐显现。如果地球是平面的，在这种情形下船只会由小到大地出现。哥白尼（Nicolaus Copernicus，1473～1543 年）曾亲自跑到海边去观察和验证这种现象。再者，古希腊的人发现，从欧洲的罗马往南到达非洲北部的开罗时，往北看北斗星其位置要更靠近地平线（因为北斗星在地球北极的上方），而由东往西行进时却没有这种现象。如果地球是平的，北斗星挂在地球的上方，往任何一个方向移动其位置的变化应该是类似的。还有，当出现月食时，其影子总是圆的，而这显然是地球的影子（Hawking，1992）。这些都似乎表明，地球是圆的。当然，现代宇航员只要在太空回头张望一下我们生活的星球，其形状就一目了然了。即使在科学十分初始的年代，人类对宇宙和地球的观察也是十分细致认真的，其实早在公元前 500 年毕达哥拉斯（Pythagoras，公元前 572～前 497 年）就开始认为地球是球形的。

如果将地球看作圆的或球形的，并以它为静止的中心，将日月星辰都认为围绕着地球旋转，那么就可想象得出整个宇宙都是以地球为中心的。离地球最近的星球为月亮，月亮的外面看上去最大最明显的是太阳，太阳的外面还有其他星辰，它们都在球形的转道上围绕着地球旋转，最外面的一层为恒星天球体，它静止不动。至于后者的外面是什么不得而知，或什么也没有，它本身就是宇宙的边界。这种模型宛如小球外面有大球一样形成一个嵌套结构。这样的宇宙模型由亚里士多德、托勒密建立，在西方流行了上千年（图 1-1）。这个宇宙模型与宗教本没有关系，但却能为宗教教义提供科学上的支持或证据。如果假定天堂、地狱、上帝和神仙都生活于恒星天球体的外面我们人类无法探知的区域、日月星辰转动的原始推动力都来自超自然的神力、宇宙以地球为中心，地球上的人类无疑是整个宇宙的主宰。可见宗教的说法是对的：万能的上帝创造了以地球为中心的宇宙，而地球上的最高等生物就是人类，她是万物的主宰、宇宙的精灵。

然而，这个模型也有不完美之处。最明显的一个缺点是，如果太阳与月亮一样围绕着地球旋转，那月亮为什么有阴晴圆缺和大小明暗的变化而太阳却没有？对这一现象唯一可行的解释是，月亮的转道不是圆形的，它可能有时离地球近，有时离地球稍远一点。而这种轨道是不完美的，万能的上帝不会创造有如此缺点的现象。后来，随着望远镜的发明和改进，人们发现，有一颗星球围绕着木星而不是地球旋转。当然它也可能是围绕着地球旋转的，但这需要假设它的轨道极其复杂，如呈现弯弯曲曲的不规则形态等。无论是何种情况，以地球为中心的宇宙模型似乎都很难对此进行解释，其结果也不简单完美。另外，“地心说”对月食、日食等发生的频率和时间的预测也不精确。

哥白尼一生勤奋好学。在意大利留学时，他就读过阿利斯塔克（Aristarchus，公元前 310～前 230 年）和阿基米德（Archimedes，公元前 287～前 212 年）的著作，他们都曾灵光一现地提出过太阳而不是地球才是宇宙的中心，地球是围绕太阳运动的。但限于当时的条件，这种观点与一些日常经验不一致，如日食、月食的出现等。另外一个显然的问题是假定地球是运动的，为什么云彩不往后退呢？哥白尼的思想要全面系统一些，他不把地球看作一个孤立的星球，而是将其看作一个天体系统，地球与其表面的空气、云彩以及月亮等形成一个大的复合体一起运动，这样就可以解释很多日常现象。另外，他通过数学计算和实际观测来修正前人对天体运行轨道的数据。还有，他还具有相对的观点，打破了以前人们所具有的以人眼为基点的视角，创造性地提出如果我们是在运动着的地球上，那么我们观察到的其他星体的运动实际情况是相反的：我们看到的太阳由东往西实际是地球由西往东旋转造成的，同样其他星体的运动也与之类似。修正了这个视觉误差和心理偏差，我们对宇宙的观测结果要准确得多。在此基础上，哥白尼提出了日心说，即认为太阳居于宇宙的中心静止不动，而包括地球在内的行星都围绕着太阳转动。离太阳由近及远当时所知道的行星依次是水星、金星、地球、火星、木星和土星，月球绕地球转动。恒星则在离太阳很远的一个天球上静止不动（图 2-1）。这个模型与“地心说”的宇宙模型除了将太阳作为宇宙中心外，其他方面两者基本是一样的。

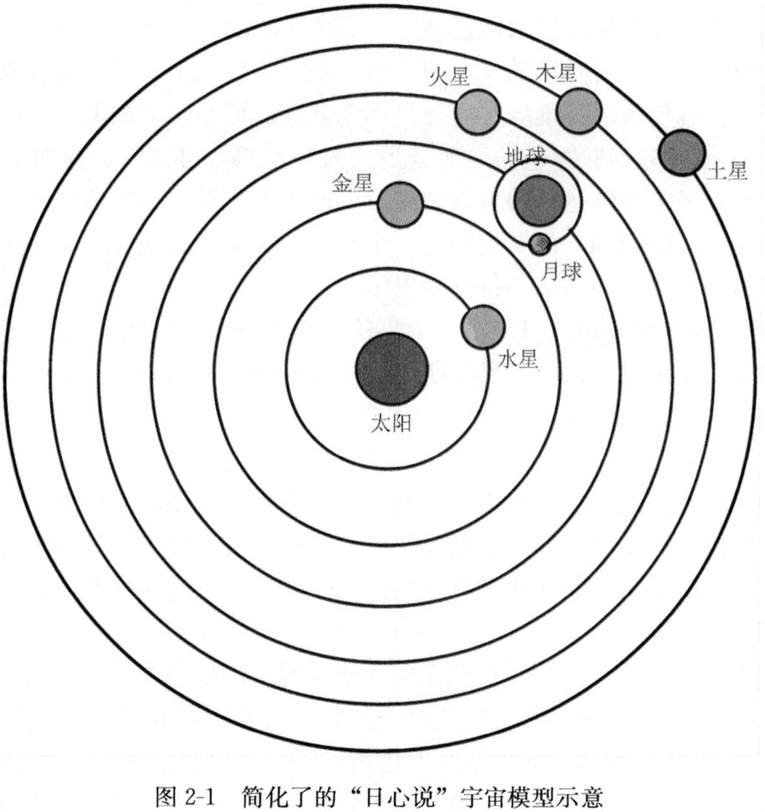

图 2-1 简化了的“日心说”宇宙模型示意

哥白尼在去世之前30年左右就形成了“日心说”思想，过世前3年就写出了著作，但直到临死前才将其印刷出版。这可能因为他需要持续观测和改进他的数据和计算，更重要的是他害怕宗教的迫害。现在看来，他的这种担心是必要的也是明智的，因为“日心说”虽然只是对“地心说”的一个科学修正，但它对宗教的冲击却是巨大持久的。首先，“日心说”首次颠覆了以人和地球为宇宙中心的观点，代之以太阳为宇宙的中心，这在根本上撼动了人对宇宙的统治意识，使人感到自己并不是宇宙的主宰而是附属物。其次，根据基督教教义，上帝造人在上帝创造万物之后，而实际情况是太阳是宇宙的中心，上帝肯定只会先创造中心再创造附属物的，这引起人们对宗教教义的疑惑。再次，行星围绕太阳的转动情况显示宇宙并不是静止不动而是不断运动着的，这也打破了人类静止的世界观，对世俗阶级的存在合理性也提出了挑战。最后，也可能是最重要的，从“日心说”可以看出，地球与其他行星一样，都是太阳的一个行星而已，在宇宙中并没有特别的地位或特殊的角色，从心理角度来说，这在一定程度上打击了生活于地球之上的人类对自身的优越感、崇高感和自豪感。

哥白尼的“日心说”也有缺点。例如，他认为行星运行的轨道是圆形的，也不能解释行星为什么要围绕太阳运动而不是静止不动。另外，人跳起来后总会落到地上。地球的外面是空空的天，那么地球是位于什么上面呢？或者说，地球的下面是什么？有传说认为地球是靠一只神龟驮着。那么这只神龟又站在什么上面呢（Hawking，1992)？神龟的下面是另一只神龟吗？可以说，哥白尼在一定程度上很好地解释了天体运行的现象和规律，回答了“是什么”的问题，但却没有回答“为什么”的问题。而要找到后一个问题的答案，必须探究物体运行的驱动因素——力和质量。该是另一位巨匠出场的时候了！

牛顿（Isaac Newton，1642～1727年）对事对人都很物质化，如他贪财、图名、吝啬、胆小等。但他的科学研究却严谨朴素、丝丝入扣，以严密的数学、经验的观察和漂亮的方程来阐明他的定律，使得再顽固的头脑都无法驳斥。当时有好多人都在思考天体之间（如月亮围绕着地球转动、地球围绕着太阳转动）运动的原因和力量。从日常经验出发，有人看到，如果要使一个球围着人转动必须要用一根绳拴着，即两个运动着的物体之间必须要有“吸引力”或力的作用，钟摆的情况与此类似。天体之间没有任何绳索，它们之间存在什么力呢？这种力又有什么规律？

牛顿也在思考这个问题，并且在与其他人的通信中也多少了解物体之间具有某种“吸引力”，他要做的是找到这种力的作用规律，并用数学公式描述它。到1685年，牛顿利用当时已经具备的相当精确的地球半径、日地距离等数据，拟合推导出了万有引力定律。它表明：两个物体之间有引力，引力大小与两物之间距离的平方成反比，与它们质量的乘积成正比。根据万有引力定律，天体运行的轨道是椭圆形的而不是圆形的。

结合万有引力定律和实际观察，科学家们陆续又发现了更多的天体、星云和星系。例如，人们逐渐了解到，太阳系也只是浩瀚宇宙的一个普通星系而已，而且也并不位于银河系的中心位置。宇宙中可能有许多类似地球的天体等。因此可以说，从牛顿开始到进化论产生之前，天文学的发展已经基本将宗教对人类思想的毒害扫除干净，它已经表明：宇宙虽然浩大但也充满了天体，宇宙中根本没有上帝、天神、天堂或地狱；宇宙万物之间的运行不必也不需要超自然的神力驱使，它们都是在自然力的作用下运转的，它们的运动都有其本质规律和自然属性，也可以被人类所描述和观察；没有一个星体是特殊的，宇宙中类似的天体可能有许多个，因而上帝不会也不能特意创造地球和人类；世界并不是永远完美的，如有陨落的彗星、死寂的月球、椭圆的轨道（不是圆形的）等。

但有一点还无法说清，宇宙是如何开始的？我们已经知道月亮是围绕地球转动、地球围绕太阳转动的，但这种转动是如何开始的？牛顿相信天体之间的这种按照严密方程式运行的轨道只能是上帝驱动的。难道宇宙的运行和现今这种有规律的运动真的是上帝安排和驱动的吗？但无论如何，在达尔文进化论产生之前，牛顿的物理学几乎完美地解释了日常所有的物理现象，他用简单的力学方程和数学公式描述了一个井井有条的机械性世界，以引力和质量这些物质的自然属性而不是超自然神力来解释自然现象，这些都为其他学科的研究提供了无穷的动力。柏拉图认为，哲学家的任务是去阐明永恒的价值。这些知识不是从对自然界直接的观察得到的，它只能通过抽象的思维和数学才能得到（Magner，1985）。牛顿的物理学和数学似乎完美地诠释和演绎了接近于先知的柏拉图的要求，影响极大。虽然牛顿的物理学和天文学没有排除上帝创世说，但它们却清楚表明世界的存在、运行和演化似乎并不需要超自然力量的介入，人类还可以凭借自己的聪明才智找到这些自然现象背后的数学规律和支配力量。用布丰（Georges-Louis Leclerc de Buffon，1707～1788 年）的话来说，“在物理学中人们应当竭尽全力抵制转向自然界外部寻找原因”。牛顿在数学、物理学和天文学上的巨大贡献和突出成绩，促使更多的人们投入到自然科学的研究中去，对“力”的寻找几乎成了当时各行各业首要的目标和源泉，对正在起作用的、凭经验可以验证的“机械力”的探究成了所有人的追求，因为它似乎可以解释所有现象，无论是现存的还是历史的，如地球的变化和生物的进化等。可以说，天文学的发展和逐步成熟已经将宗教的影响基本从无机界中清除了，它剩下的在有机界的影响有待于进化论来扫除。

2.2 地　质　学

天文学是研究天体的，而地质学是研究地球的。虽然我们就生活于地球表面，但对地球的研究长期以来除了考察外没有太多的方法，因为土层太厚、岩层太硬。还有，地质的变化一般很细微，且经过千万年的风吹日蚀，很多情况下不太容易观察到地球较剧烈的变化（图 2-2）。另外，在交通运输十分落后的情况下，就单个的研究者而言，其研究对象是十分局限的，没有足够的材料进行对比和整合。这些与静止的宗教创世说的结合，就得到了一些原始的地球形成假说，如上帝、太阳神、盘古创造世界万物等（详见第 1 章）。

图 2-2　由水切割而成的地貌示意（中国桂林）

无论如何，这些神话或宗教都告诉我们地球的形成是超自然力量作用的结果，它由万能的神主所创造并且变化极小或无任何变化，它存在的时间是十分有限的。

但在 18 世纪一些智慧的大脑中，已出现了对神话的怀疑。例如，布丰 1749 年就在《自然史》中假设太阳是从彗星中分离出来的，并且向空中甩出一些致密的热物质。太阳的引力阻止了这些物质的逃离，使之冷却形成行星，如地球等。他将地球史分为 6 个时期或纪元，与创世的 6 天对应。在第 1 纪元，地球和其他行星是在太阳和彗星碰撞以后形成的。经过了 3000 年的旋转和冷却，炽热的气体逐渐形成了一个个球体。在第 2 纪元，地球变硬，凝结成一团固体，这个过程约需 3 万年。在第 3 纪元，围绕着地球的蒸汽层逐渐变成了海洋。在这个长达 2.5 万年的时期中，潮水对地球的形成起了重大作用。地质结构的分层特性以及在山上找到的海洋贝壳化石，都可以作为海洋曾是如此广泛地分布着的证据。在第 4 纪元的 1 万年中，由于海水逐渐平静下来，火山的活动成为产生影响的主要因素。冷却的陆地表面一旦显露出来后，植物就开始了生长。第 5 纪元持续了约 5000 年，在这期间陆地动物开始出现。这时所有大陆原先都是相互连接着的。大象和其他的热带动物到处游荡，慢慢地穿过了现在的比较北部和寒冷的地区。在第 6 纪元，各大陆互相分离，经过 5000 年左右的时间，形成了今天地球上大陆的形状和位置。最后的第 7 纪元，人类出现了。现代动物的新变种则来自人工选择，在自然界，新的变种由迁徙和隔离造成（Magner，1985）。

康德（Immanuel Kant，1724～1804 年）1755 年提出“星云假说”，认为最初的太阳系为宇宙尘埃，在其自身引力的作用下，宇宙尘埃凝缩，并且逐渐获得旋转的趋势。小块尘埃凝缩为固体，围绕一个大的中心旋转，这个中心就是太阳。

关于地球的形成，现代大爆炸理论认为，地球只是宇宙和太阳系中的一个星球。它是随着宇宙的诞生而诞生的。大约 50 亿年前，一个由尘埃与气体形成的星团在太空中缓慢地旋转着。由于本身引力的缘故，这些物质便渐渐凝聚起来。当云团越缩越小时，旋转速度便越快，中心部分的温度也变得越高。这个温度极高的核心，形成了一个炽热的星球，它就是我们的太阳，而在核心的外围，尘埃和气体聚集成岩块和各种石头。同时，这些岩块和石头也和太空中剩余的气体结合，逐渐演变成太阳系中的各颗行星，而地球便是其中之一。

地质学主要研究地球表面及外部构造变化的规律及原因。赖尔（Charles Lyell，1797～1875 年）是 19 世纪地质学研究的集大成者，也是对进化论有重要贡献的学者，对达尔文本人也有重大影响。虽然当时对地球的来源在地质学领域内几乎没有争议，但对地球的形态及其变化却有诸多研究，对短期内或突发的自然力量，如地震、洪水、火山爆发等对地球表面的影响也有诸多观察。因而在赖尔之前，对地球的变化及其规律、原因等已有一些看法。

也许是《圣经》所记载的大洪水给人的印象太深，也许是海浪、洪水和河水的冲击力及所造成的灾难另人记忆深刻，有些学者，如德国的 Werner（1750～1817 年）就认为现今的地球是由浑浊的原始大洪水沉积而成的，即著名的“水成论”，沉积岩为此种观点提供了很好的佐证，这些岩石是由泥沙长期沉积硬化而成的，这种岩层里面经常还会发现有生物化石。但这个观点至少有两点不足，一是由于沉积岩的形成需要非常长的时间，《圣经》所提供的创世时间约几千年似乎不够；二是地球正在发生的火山爆发现象等清楚地展示了火山熔浆变成岩石的过程，这种现象标本似地展示了花岗岩、玄武岩等的形成，故另有一些学者提出地球表面就是这样形成的，代表人物有英国的 James Hutton（1726～1797

年），这种观点可称为“火成论”。由于后一种现象和观点有现实案例，如火山熔岩形成等作为佐证，所以在19世纪初已明显占优。

处在英国和德国之间的法国人也有自己的奇特看法。居维叶（Georges Cuvier，1769～1832年）对地层的研究硕果累累，但结论却错误百出。依据当时的技术手段，他在19世纪初对巴黎盆地的古生物化石和地层进行了详细研究，注意到不同的地层中含有不同的古生物、地层越古老含有的物种也就越低级、越简单；相邻地层的古生物常有显著的差异，似乎不存在过渡类型。这种不同地层及其所含生物间的显著变化给居维叶留下了深刻印象，并与他从小接受的宗教观念中所认为的物种不变论相结合，形成了他对地球表面形成原因的看法。同时，从地层结构可以看出，海相与陆相地层之间出现多次变迁，广阔的沉积地层可以隆起形成为巨大山系，大面积的水平岩层可以直接覆盖在直立岩层上，一定地层总含有一定物种，一定物种总是伴随着一定的地层突然消失或突然绝灭，而且这种明显的间断在地球演化史上多次出现。由此居维叶认为，由于不同地层及其生物之间有明显不同，它们之间就没有传承的关系，即它们明显属于不同的类群（表2-1）；这些不同的生物之所以能形成化石，是因为有某种突然的灾难将它们埋藏了起来，即“灾变说”；不同的地层是由不同的灾难造成的，每次灾难之后，新的物种又逐渐形成，即生物是多次起源的；形成灾难的原因不清楚，但很可能是如《圣经》中所述的洪水，且最近的一次洪水灾难距今五六千年前，与《圣经》所记述的时间基本吻合；历史上的灾难是全球性的，故现今所看到的一些局部性的（如地震、洪水、雨雪等）原因不能用来解释这种灾难。居维叶1812年在《论地球表面的革命》（英译版书名为《地球理论随笔》）写道：“在这时期，生命常受这些可怕事件所害，无数生物成为这种灾难的牺牲品：一些生活于干旱陆地的生物被洪水吞没；当海底突然再抬升起来时，生活于海中的生物则被搁浅；整个生物种类被毁灭，只留下少数残余，博物学家们偶然能找到它们。”

表2-1 居维叶所认为的地层与生物化石关系比较表（张之沧，1983）

10	最新埋藏地	人骨
9	现代地层	与现代种相同的物种骨骼
8	淡水沉积地层或冲积层	哺乳动物，如猛犸、犀牛等化石
7	近代地层	陆生四足动物化石
6	白垩层上部石灰岩层	海生哺乳动物，如海豹等化石
5	白垩层	大短吻鳄、鳄或龟化石
4	白垩层下部地层	翁弗勒和英格兰的鳄鱼化石
3	古老的次生铜—板岩层	巨蜥和淡水鱼化石、植物化石
2	最古老的次生地层	植虫、软体动物、甲壳动物等化石
1	花岗岩、片麻岩等原生岩层	无生命化石

赖尔通过长期学习，对上述的各种观点有深入了解和分析，对这些观点的支持证据都有对比研究。并且他还长期野外考察，实地观察那些证据和现象，如他在欧洲、美洲大陆都做过考察。在考察过程中，他发现，诸如地震、海啸等灾害的力量非常巨大，并且洪水、海浪等的力量也不可小看，长期积累更是惊人。例如，河水暴涨暴落能将河床切割成如悬崖的深谷，而海浪和强风的强劲冲刷能将岩石撞破断裂等。因而这些因素的积累和长期作用对地球表面的作用应该非常强大，它们很可能是造成地球表面现今格局的主要原因。而“灾变论”中所要求的全球性的灾难几乎不可能发生，因为地震等都是局部性的。赖尔从而得出结论：正如牛顿物理学所展示的那样，现今作用于地球的力量也作用于历史上的地球，在漫长的时间内，它们就将地球改造成了现今的模样；在这些力量的作用之下，地球是持续不断地变化着的而不是一成不变的；地球表面的变化是缓慢的，没有全球性的剧烈变化，可简称为“渐变论”；时间因素在地质变化中不可忽视，如果将漫长的历史想像成几百上千年的时间，就会得出如“灾变论”那样的剧烈变化的结论。

赖尔将他的研究成果于1830年写成了一本著名的地质学专著，这本书书名虽然长但却恰如其分地表述出本书的主旨《地质学原理：以现今仍在起作用的原因探讨地表过去变化的一个尝试》(简称《地质学原理》)。

赖尔的地质学理论清楚表明：地球的变化是逐渐的，没有明显的跳跃性的剧烈变化；地球历史极为久远，绝不是宗教教义所讲的只有几千年，在这样短的时间内，不可能形成化石、岩石和地层；地球表面的变化是自然力量长期作用的结果，根本没有超自然力的参与；现在所存在的自然力量也是历史上对地球作用的力量，可以“以今论古”，即现在是了解过去的钥匙。最后，也许也是最重要的，地质学的研究方法和结果都表明，对于历史久远的自然过程，如地质学、生物进化等，人类几乎无法直接通过验证和实验来进行研究，而只能通过观察现象、推理、归纳、总结出原因假说并不断验证此种假说，最终确认假说的合理性。它们不像物理定律那样可以通过严密的数学方程和公式来进行展示和演算，而只能通过假设和验证的方法进行研究。赖尔的地质学理论、观点和方法对达尔文的进化理论有直接和明显的影响和启示。

2.3　古生物学

古生物学与地质学密切相关。它的研究对象是古生物，主要利用各种化石生物和琥珀来研究古代或地质历史中的生物及其演化，并推断古地理、古气候环境的演变和地层的构造和变化等。

人类很早就认识到化石（图2-3）。例如，我国晋朝的郭璞（276～324年）在

《玄中记》中记载："枫脂沦入地中，千秋为琥珀"。梁时的陶弘景（452～536 年）在《本草集注》说"琥珀中有一蜂，形如生"。东晋沈怀远（公元 5 世纪）在《南越志》中写道："衡阳湘乡县有石鱼山，下多玄石，石色墨而理若云母，发开一重，辄有鱼形，鳞鳍首尾，宛若刻画，长数寸，鱼形备足，烧之，作鱼膏腥，因以名之。"颜真卿在公元 771 年成书的《抚州南城县麻姑山仙坛记》中更说："东北有石崇观，高山中获有螺蚌壳，或以为桑田所变。"南宋朱熹在《朱子全书·天地》中记载："尝见高有螺蚌壳，或生石中，此石即旧日之土，螺蚌即水中之物。"从而认为大地发生过"下者变而为高，柔者变而为刚"的变化过程。可见，在古代，我国人民对琥珀、脊椎动物和无脊椎动物化石都有清楚记载，还初步推测了其形成的原因和过程。

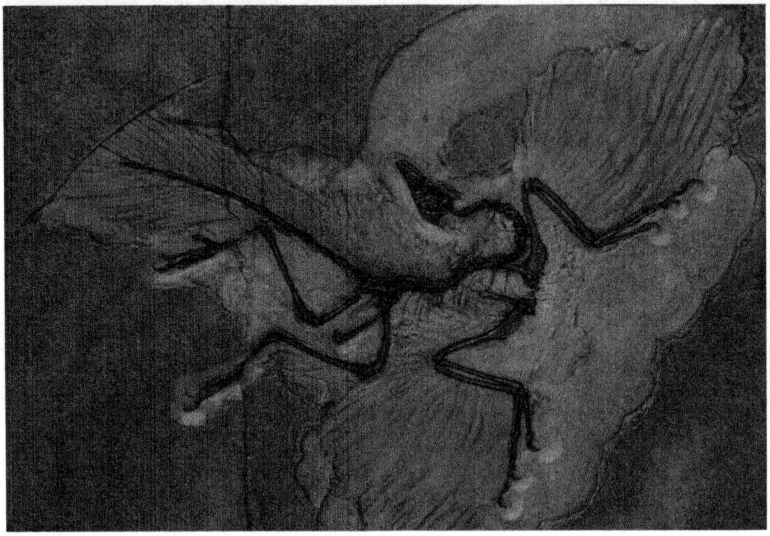

图 2-3　化石示例（始祖鸟化石模型照片）

在西方，古希腊时期就认识到化石。但由于神创论的影响，大家普遍相信万能的上帝创造的生物当然是完美的，它们即不会改变也不会灭绝，而化石生物往往与现生生物既相似又不同，似乎是历史上出现过的畸形生物。更另人奇怪的是，一些海洋生物（如贝类）化石可能在山顶或山区发现，这更加不易解释。因此，在 19 世纪以前，大家基本都将化石当作是被《圣经》中所描述的大洪水灭绝的生物遗迹，如山顶上的化石就是由洪水带到山顶去的，或者说化石是由未知的神秘力量所创造的未知生物，是大自然的玩笑或游戏。

但随着发现的化石越来越多，它们与现生生物之间的关系越来越明显，故有识之士，如拉马克（Jean-Baptiste Lamarck，1744～1829 年）等就认识到化石是历史上曾经生存的生物，或者说它们是现生生物的祖先等。

居维叶对现生生物的结构有详细解剖和研究，对不同器官之间的比例关系和协同作用有清楚认识，具备从局部推导出全部的能力和思维，如从一根骨头就可以推导出整个身体骨骼系统等，而这些能力在古生物研究中有重要作用，因为化石往往都是保存得十分不完备的结构，如骨骼等。也由于他是这些方面的权威，故有很多人将化石送给他或请他来鉴定和研究。1798 年，居维叶就指出，化石实际是地质历史中生存过的但现在已灭绝的生物。在此基础上，他又与采矿工程师 Alexander Brongniart（1770～1847 年）进行合作，对巴黎郊外的地质、化石进行了深入长期研究，并应用器官构造之间的相关性原理复原了 150 多种化石物种，其成果主要体现在他们合著的《四足动物骨骼化石研究》（1812）一书中，它是古生物学的经典之作。

难能可贵的是，居维叶能从局部考虑到全局、能将静态的化石和地层想象成随时间运动的演化系列和历史过程。他指出："其他博物学家的确曾经研究了成千上万种动植物……但是，他们只是从这些化石本身去考虑，而不是就它们与地球理论的联系来考虑，或者只是把化石当作稀奇的事，并不当作历史的见证。"这一方面否定了化石的神秘性质，也将时间维度纳入到古生物学研究中，使人能够从过程中了解自然历史。

一旦将特定的化石与特定的地质联系起来并将它们排列成序（表 2-1），就可发现现象背后的规律。居维叶发现不同地层含有不同物种；地层越古老，其含有的物种越低级简单，而地层越新，含有的物种越高级复杂，如在最古老的原生地层中没有化石，而人类的骨头只发现于最新的埋藏地中。考虑到时间因素就可推想出生物是从无到有、从简单到复杂、由低级到高级发展的。可以说化石为生物进化论提供了直接证据。

2.4 胚 胎 学

生命是神奇的，也是神秘的。自古以来，人类对男女或动物雌雄的交合、孕育和生产过程都极为关注，也一直试图进行了解和探究，胚胎学就是研究人和动物胚胎生长发育的学科。

在早期，有人主张精子是传种的要素，卵只是提供营养而已。也有人相信精子只有刺激的作用，卵才是发育的主体。古希腊学者希波克拉底（Hippocrates）于公元前 460 年就说过，鸡胚发育自鸡蛋中的蛋黄，而蛋白是鸡胚发育过程中的营养物质。他在《幼体的特性》中曾写道："拿 20 个或更多的鸡蛋，让两只或两只以上的母鸡进行孵化。从第二天起到孵出之前，每天打碎一个鸡蛋进行检查，你将发现种种情况都和我所说的相符。在这种程度上，鸟类在本质上是应该和人类有相同之处的。"亚里士多德更对此进行过实际观察，他将处在不同孵化阶段的鸡蛋打破，比较鸡胚的不同发育阶段，认为鸡胚发育自鸡蛋中的蛋白，而蛋黄是鸡胚发育过程中的营养物质。在发育过程中，由蛋白依次、逐渐地发育形成动物的各种器官，就如同一个机器的各个零件，它们的组合就是新的生命。因而，生命的发育过程就如同一个织网的过程：由局部到全部。在亚里士多德的假说中，生物体（如鸡）由胚胎或生殖细胞（如鸡蛋）中的组成成分发育而来，鸡蛋中原先并不存在生命或其原型，即生命是在发育过程中"后"形成的。这个思想是胚胎学研究中"后成论"（epigenesis）的先驱（Wolpert，2004；杨海燕，2004）。

然而在宗教的影响下，亚里士多德的观点在随后的1000多年中并没有得到认可或重视。反而是在宗教的创世说和宇宙观的影响下，出现了另外一种生命形成和发育的理论或假说。它认为，生殖细胞或胚胎（如鸡蛋）中本来就包含了由上帝创造的生命或其原型或微缩体，胚胎发育过程只是这些原型或微缩体长大、完善的过程而已。如果将整个宇宙看作一个类似洋葱的球体，地球位于最中心的位置，其外面的球体依次是月亮体、太阳体、恒星天球体等，它们形成一个套一个的嵌套结构（图1-1）。与之类似的卵、蛋或生殖细胞也是一个小宇宙，它也是由很多微小的生命体一层层地嵌套而成。Albrecht von Haller（1744）曾说："人们没能考虑到，某些部分的潜藏、微小和透明使得我们看不到它们，即使它们实际上存在。"瑞士的伯内（Charles Bonnet，1720～1793年）在1762年仍持这种观点，他认为预先存在的"胚芽"在精液的刺激和滋养作用之下，机械地逐步扩展体积。甚至有人认为精虫上藏有一个极小的小人，发育的时候，这小人长大成婴孩。但在这极小的小人内部，还一层一层地包藏着无数更小的小人，就像孤雌生殖的蚜虫似的。自人类的始祖一直到人类灭绝时最后一代的人种都包裹在那里。Hartsoeker于1720年还计算出这样的嵌套体由50层组成，代表了50代生物。由于这种观点认为"胚"或"胚芽"中原先就存在了生命体，可能只是较小罢了，故这种观点称为"预成论"（preformationism）。

由于胚都很小，在没有显微镜的年代，任何与之相关的观点都是臆测的假说。直到显微镜问世后，Leeuwenhoek（1632～1723年）与Graaf（1641～1673年）才分别发现了精子与卵泡，Malpighi（1628～1694年）观察到鸡胚的体节、神经管与卵黄血管，它逐渐发育长大为成体。到18世纪中叶，Wolff（1733～1794年）已经认识到，胚胎中没有预先存在的成体结构，成熟胚胎的四肢等不同器官是逐渐发育形成的，经历了由简单到复杂的渐变过程（图2-4）。

在达尔文之前，"进化"（evolution）一词并没有明确的含义，而是与转变（transformation）、变化（changing）、传承（descent）和发育（development）等词汇有相同的含义，在很多情况下也可以通用。也许是由于这个原因，一些研究者很自然地就将胚胎发育过程与生物进化历程联系起来，当然这种联系一开始是生硬和死板的。同时，由于“存在链条”或“存在巨链”概念强大的统治作用，一般人都认为万物尤其是生物是朝逐渐完善的方向不断发展的，人是最完善的物种，其他生物都由低级不断向高级阶段发展，高级阶段是经历过若干低级阶段之后才形成的。

Tiedemann 于 1808 年就提出：就像每个个体从最简单的结构经过变形成为更发展的一样，整个动物界似乎也从最简单的动物形式开始它的进化。Meckel 仔细研究了哺乳动物的循环系统在胚胎发育中的改变，认为其各个阶段分别与青蛙、蜥蜴、昆虫成体的循环系统相类似，进而提出胚胎发育所经历的从低级到高级的形式变化揭示出物种的进化历史（杨海燕，2004）。这些类比是线形的，认为高级动物的胚胎代表了低级生物的成体阶段，如卵代表了单细胞的原生生物的阶段、原肠胚阶段代表了水螅等。人的胚胎发育过程中经历过一个有腮裂的阶段，这就相当于鱼的阶段等等。

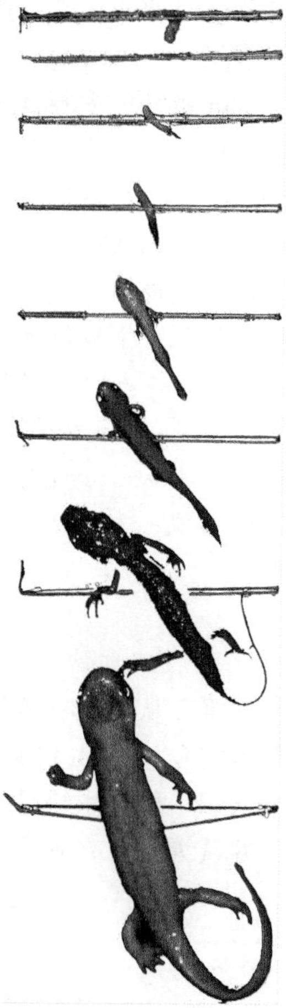
图 2-4 胚胎发育过程示意（蝾螈的发育过程）

Baer（Karl Ernst von Baer，1792～1876 年）对动物分类和胚胎发育都有深入研究。与当时的很多人，如居维叶一样，他将动物看作 4 类截然不同的类别，分别为：脊椎动物、软体动物、节肢动物和放射动物。这些动物尤其是不同的脊椎动物的胚在发育早期是非常相像的，但随着发育，它们就由类似的共同模式逐渐分歧，即胚胎的发育是一个逐渐特化的过程。个体发育从某个最基本的原型和一般的特征出发，逐渐发生特化，直到形成不同物种的特殊结构。4 类动物的 4 个原型不能放在一个单一的连续等级之上进行比较。在发育过程中，这 4 类动物的胚胎只是不成熟的成体，或者说是不完善的成体，它们之间不能比较，更不能将它们与其他动物的成体进行对应，如脊椎动物的胚胎就不经过软体动物和节肢动物的阶段。例如，在脊椎动物中，虽然不同类别物种的早期胚胎都出现鳃弓（这代表了鱼类形式），但是下一个阶段却不一定出现爬行动物的形式。另外，其他脊椎动物，如人的胚胎阶段虽然有似鱼的阶段，但与鱼的成体以及鱼的胚胎都绝不一样，后者有其自身的结构和器官。因此，Baer 反对单一线性的发育模式以及与之相关的物种改变的思想。他讽刺说，如果这样，鸟类甚至可以说哺乳动物（如人）代表了不成熟的鸟类或胚胎时期的鸟类，因为它们没有喙、没有羽毛、没有翼，与没有分化时期的鸟类胚胎很像。Baer 的观点集中反映在他 1828 年出版的《论动物的进化》一书中。

Baer 的研究和结论其本意是反对进化论或早期生物发生重演律的，但其证据却支持了进化论。它清楚表明，不同生物的胚胎在发育早期是非常相似的，即 4 类生物的原型非常相像，这似乎表明它们有共同的祖先，或者说在早期胚胎中出现的结构和器官很可能是同源的；由共同模式进而可以发育或进化成完全不同的生物；这种由共同模式逐渐特化并且在不同发育阶段出现不同其他生物结构的现象，为探究生物的起源提供了线索；它也表明生物的进化并不是线形的却可能是树形的。这些都为达尔文进化论提供了重要证据。达尔文（1859）在《物种起源》中写到："胚胎结构的一致性表现出祖先的一致性。"他于 1860 年 9 月 10 日写给朋友 Asa Gray 的信中说："对我来说胚胎学是目前对类型改变最有力的事实支持证据。"

2.5 比较解剖学

居维叶从小就喜欢解剖各种生物，青年时代工作之余常常沉溺于此，他曾经仔细观察和检查过 4000 多只鸟类。根据他对生物结构和体制的了解以及当时的普遍认识，他将生物分为 4 个大类，即脊椎动物、软体动物、节肢动物和放射动物，并认为各自有其自身特点，彼此之间互不相同（表 2-2）。

表 2-2 居维叶所识别的 4 个动物门类及其各自特点

脊椎动物	具有背脊的生物（哺乳动物、鸟类、爬行动物和鱼类，两栖动物在爬行动物中）
软体动物	没有背脊的生物，但有的具外壳：牡蛎、蛤等
节肢动物	具有关节或骨骼片段的生物：昆虫、蜘蛛、蠕虫等
放射动物	具有放射状或环状板组织的生物：海星、海胆等

居维叶将器官的结构、形状与功能联系到一起，如在脊椎动物内，人和猿的"两臂"、蝙蝠和鸟类的"双翼"、海豹和鲸的"胸鳍"、蝾螈和青蛙的"前肢"等器官都起源于四肢动物的"前肢"，只是适应不同功能需求而变化成不同的样子。由此可以证明四肢动物"肢体的形状根据它们所适合的用途而变化，前肢可以变成手，或足，或翼，或鳍，后肢可变成足或鳍"等。

居维叶不仅比较不同生物器官之间的异同，还将同一生物所具有的所有结构特征联系起来考察，并指出一个有机体的所有器官都形成一个完备的系统，它的各个部分之间相互作用、相互联系、相互制约，一个部分发生变化必然会使其余部分发生相应变化，每一部分的个别变化都会导致其他部分发生变化。这就是比较解剖学上的"器官相关律"。例如，一个捕食性动物其内脏的组织器官适于消化新鲜肉类，它的嘴适于吞食捕获猎物，爪的结构适于捕获和撕裂，牙齿适于剪切和咀嚼肉类，整个身体适于追捕和袭击猎物等。而这所有方面都是密切相关的，不是各自为政的。

居维叶的同事圣希尔（Etienne Geoffroy Saint-Hilaire，1772～1844 年）对功能考虑较少但对结构研究得更加细致，观点也更加激进。他认为，所有动物的体制都是一致的，并不如居维叶所讲的 4 类动物各自有其自身的体制。在器官结构上，虽然不同动物的前肢功能不同，但它们的基本结构相似，如内部骨骼的排列方式和数目等，从而提出了“器官相似”的观点。后来欧文（Richard Owen，1804～1892 年）于 1843 年将这种“相似器官”称为“同源器官”。

比较解剖学为达尔文进化论的提出提供了“同源”概念和证据。

2.6 分 类 学

分类学可能是最古老的生物学分支学科，因为人类的生活依赖于环境中的动植物。人类要想生存，必须能够对周边环境中的动植物进行区分，如哪些是有毒的、哪些是无毒的、哪些是可食的、哪些是不可食的等。在人类社会的早期，由于人类活动的范围有限，而各地的动植物品种的数目都是相对有限的，它们之间的界限往往也较明显易察，故这种有点凭借本能、个人记忆和师徒式知识传承方式和运作体系是基本能够满足需求的。另外，受上帝创造万物的影响，一般人都还认为物种与物种之间是界限分明的，物种是不会改变的。因而，早期的动植物分类都是先确定一个“模式”或“样本种”或“典型种”，以此作为“属”或“类别”的代表，以后发现的类似物种就与之比较，较相似的就放在一起，即是同属的；差别较大的，就安置在不同的属中。例如，亚里士多德在《动物志》中记载了好几百种动物，并使用了种（eidos）和属（genos，相当于类别）来区别它们。他写道：“我所说的种，譬如鸟和鱼，因为它们中每一个就种而言都有差别，而且鸟和鱼中又有众多的属类。”他根据动物繁殖方式和身体结构等，将动物分为两大类，分别为有血动物（Enaimata，相当于现在的脊椎动物）和无血动物（Anaimata，相当于现在的无脊椎动物）。前者又可分为胎生四足类、鸟类、卵生四足类、鱼类等，后者又再分出 4 类，分别为软体动物、软壳动物（相当于现在的甲壳动物）、硬壳动物（等同于蜗牛和贝类）和昆虫类（相当于节肢动物）。

然而，随着人类活动范围的扩大，尤其是工业革命后，随着火车、轮船等新式交通工具的应用和技术水平的提高，人类认识的动植物种类越来越多，特别是对相隔很远的异域物种了解得越来越多。亚里士多德描述了约 500 种动物，到 1600 年人们才知道约 6000 种植物，1700 年时，植物学家有 1.2 万个新种需要分类（Magner，1985）。逐渐地，人们惊讶地发现，原本认为的物种与物种之间的界限似乎已经模糊（图 2-5），一个属内物种似乎是由模式不断变异造成的。例如，法国植物学家 Marchant（1719）就写道："根据观察，我们很可以假设：若干植物个体一经创造主的'最高力量'创造成之后，各个就成为属的模范；各有各的结构，各有各的特性；各个都生殖其同类的个体。这些属（或称种）的代表，都能各自继续生存，延长其族系。但是最后，它们也会产出若干变种，其中有的能够保持不变，又能继续生存，即成为固定的新种。这些固定的新种，后来又能依同样方法，产生别的新种；属内所含的种数就因此逐渐增加了；有些属内包含 100 种，或 150 种，甚至有 200 种的"（朱洗，1980）。

图 2-5　种群内的变异示意（同种植物的花色可能变化很大）

随着物种数目的增加，对它们进行命名就逐渐成了问题，因为要区别类似的物种描述性语言需要很长，这无论对记忆和书写都带来困难。例如，薄荷（spearmint）需要被描述为：*Mentha floribus spicatus foliis oblongis serratis*（意思为：具边缘锯齿状长椭圆形叶、穗状花序的薄荷）。到 18 世纪的中期前后，就有人考虑用简短的文字来命名物种，如 Breyn 和 Linck（1733）在他们的著作中，依照人名的命名方法，用一个总名（即属名，相当于人的姓）后附一两个字作为种名（相当于人的名）的方法。但是这样的命名法只是偶尔为之，并不普遍。

林奈（Carl von Linné 或 Carolus Linnaeus，1707～1778 年）试图改变命名混乱的状况。自 1749 年起，就用自己创造的方法，以一属名之后辅以一种名来命名动物。到 1751 年，他阐述了这种命名法的优点，并于 1753 年在《植物种》（*Species Plantarum*）一书中普通使用，1758 年在《自然系统》（第 10 版）中应用到动物，1766 年《自然系统》（第 12 版）中应用到动植物两界上。

林奈双名法的突出优点就是简洁、好认、易记，如上述的薄荷种名在林奈的双名法下，它变为简单的 *Mentha spicata*。

对物种更多更好的了解还带来一个问题，就是对物种本质的认识。在物种神创、静止不变思想的影响下，在达尔文提出进化论之前，绝大多数人都认为物种之间是有本质区别、界限分明的，其数目也是固定不变的，如林奈 1751 年就说“种的多样性自创造以来未曾改变”。至于物种本质是什么，那是上帝赋予的，人类无法了解。也正由于物种是独立存在的，人们才能对它们进行分类和认识，而人类分类和认识它们的目的，就是尽可能按照神的愿意将它们排列成由低级到高级、由简单到复杂的“存在链条”或“自然阶梯”，从而证明和显示神灵的伟大和无所不能。然而问题是，一些相似物种之间的区别是如此细微、差异是如此微弱，就连最有经验的分类学家或博物学家，有时也不太可能将它们轻易区分，上帝似乎不会如此不厌其烦地创造出如此相似的物种。故有一些研究者如上述的 Marchant 和林奈就提出物种是可以变异成其他相似物种的，甚至一个属内的物种都可能是由一个模式变化而成的。林奈 1774 年在《植物系统》中写道：“大自然把这些植物‘属’在它们自己之间由两个亲本进行杂交、繁殖、增生，靠着花的结构不变，造成尽可能多的现存的‘种’。而那些几乎不育的杂种则不包括在这些‘种’的数目之中了，它们也由同样的方式或同样亲本而产生。”（Magner，1985）而种的这种变化或变异是逐渐的，所以就有人，如 Locke（1690）曾提出“种与种之间的界线是人为设定的，也是由人来排列的”的思想，这一定程度上否定了物种之间的天然界限，也就否定了物种有其独立本质的意见。

物种数目的增多带来的另一个问题是分类特征的选择，或者说是分类方法的选择。分类方法主要取决于对分类特征的筛选和比较。一方面是要比较不同物种或不同特征之间的相似程度；另一方面是比较它们之间的差别程度。然而这种特征的选择、相似或差异程度的设定都是人为的，依据人的经验和认识程度有所区别。例如，是根据“温血”这一特征将麻雀与老鼠归为一类，还是根据骨骼特征将麻雀与鳄鱼归为一类，或者是根据它们的差异程度分别归为 3 类呢？不同的人可能有不同的意见。所以说，这样的分类方法或分类系统是人为的，可以称为“人为分类”。Al-Dinawari（620～895 年）在《植物》一书中写道：“植物可以分为 3 类：根茎都能越冬的、只有根能越冬并在来年发芽的、一年生的以种子发芽的。植物也可以分为这样的 3 类：独立生长型、攀援型、匍匐于地面型。”

如果上帝创造万物也是任意的，那么这种分类就没有问题，只是为了识别的方便使用的系统而已，就如图书馆或超市根据物品或书的外形或大小人为进行区分一样。然而，如果物种有其自身特征或自然本质，我们需要找到“它之所以成为它”的那个或那些特征才行，即按照物种的自然属性来分类才好，可以把后一种分类称为“自然分类”。林奈的分类基本是属于“人为分类”但也不尽然，如他依据植物的生殖器官“花”对植物进行的分类似乎就接近于“自然分类”，因为“同种才能繁殖”概念似乎接近了植物的自然本性。

居维叶与林奈一样，其分类出发点都是为了证明上帝的存在并创造了万物，但他们的实际做法有时却是相当科学的。从亚里士多德的原始动物分类体系出发，居维叶将动物分为 4 大类，但认为每一大类内所有动物的基本体制是一致的，如在基本结构、神经系统和循环系统方面都是一致的，它们都起源于统一的原型。依照林奈的分类系统（他建立了纲、目、属、种 4 个分类阶元），居维叶在每一门类之下又划分出纲、目、科、属、种等分类层次和分类单元。这种将生物用不同层次的分类单元由小到大进行分类和归群的方法，似乎就是“存在链条”或“自然阶梯”的形式再现，但稍作分析就可发现，它实际上表明了不同物种之间的区别是多么微小。如果将所有生物至少是同一门类的所有动物综合起来一起考察，还可清楚地发现它们很可能起源于共同的祖先。

分类学为达尔文进化论提供了“生物是逐渐改变着的”或渐变的思想源泉和证据。

3　电光石火的进化思想

所有的观察均离不开理论。

——哈勃（Edwin Hubble，1936）

在“文艺复兴”以前，宗教和迷信的黑幕笼罩一切，带给人类心理和社会的是一种静止的世界、服从的氛围、绝对的权威、正确的教义、不容冒犯的纲领。无论是对自然威力的敬畏，亦或是对社会权势的无耐，更加重要的是，社会统治阶级往往将他们的地位、等级和既得利益、既定事实与神权、超自然力量、天道挂钩或合二为一，普通民众往往只能服从或服务于所生活的社会、接受既定的规则、安心于无常的命运、看低自身的存在意义。

好在人这种宇宙的精灵还有一种更加可怕和神性的东西：智慧和人道。当我们开始思考、注重推理、倾心研究、关爱同类、关心他人时，就会对存在的合理性、神力的来源、天国的位置、上帝的样貌、未来的命运进行深入思考、详加比对、科学规划。当我们发现苦难的发生并不总是偶然、等级会有世袭、痛苦长期得不到舒缓、财富的得到与付出不能对等时，我们就会开始怀疑上帝的仁慈、天国的公平和静止的合理。

更重要的也更另人高兴或憎恨的是人还有探究心理、审美情趣、主宰欲望。我们总要从纷繁复杂的现象中找出简单的原因、总想从杂乱的数据中得到合理的规律、总能从无常的运动中发现简明的理由、总会把虚幻的抽象想像成存在的具象。这可能是人类的天性，也是人类的使命。

对于生物的由来及存在状态，无论是人类早期的先民，还是“文艺复兴”时期的学者，很多人都对它们进行过思考和解释，但观点千奇百怪、见解五花八门。其中，也有许多人零星地提出过“生物进化”的思想。当然，这种思想往往都是不着边际的猜想，或者类似启示录般的警句，很少有严密的逻辑和完整的理论。但无论如何，这些观点和思想提供了生物变化的理念、传承的概念和变异的观念，甚至还提出了选择、适应、进化、竞争、传承等词汇和语句，这些都为达尔文进化论的提出做足了思想和词藻的准备。

达尔文的进化理论有 5 个方面的主要内容（Mayr，1992；2003）：①物种不是恒定不变的，而是可以改变的；②所有的生物都来自于共同的祖先，即它们有共同起源；③进化是逐渐的（不存在跳跃，不存在间断）；④物种数目是由少到多的（多样性的起源）；⑤进化的动力和机制是自然选择。无论是这 5 个方面中的哪一个，尤其是前 4 个方面的内容，在达尔文之前以及与他同时代的一些学者都有或多或少的提及，达尔文在《物种起源》的开头就提到了很多人的工作和思想。例如，Lucretius（公元前95～前51年）在《物性论》（*De Natura Rerum*）中写到：

原初之时，地球给了绿草生命（In the beginning，earth gave forth，around）
那亮油油的绿色（The hills and over all the length of plains，）
铺满草原和山岭（The race of grasses and the shining green；）
鲜花盛开的草地（The flowery meadows sparkled all aglow）
红与绿交相辉映（With greening colour，and thereafter，lo，）
随后多种树木都有了好胜的冲动（Unto the divers kinds of trees was given）
并竞相展现（An emulous impulse mightily to shoot，）
以使自己无拘无束、伸展在空间（With a free rein，aloft into the air.）
正如四足动物的身上（As feathers and hairs and bristles are begot）
首先生出绒毛（The first on members of the four-foot breeds）
猛禽的身上首先长出羽毛（And on the bodies of the strong-y-winged，）
故新生的地球上（Thus then the new Earth first of all put forth）
首先长出灌丛和小草（Grasses and shrubs，and afterward begat）
随后无数的生物陆续生机萌动（The mortal generations，there up sprung-）
千姿百态（Innumerable in modes innumerable-）
方式种种（After diverging fashions. For from sky）
动物不会从天上降落（These breathing-creatures never can have dropped，）
植物不会于海中成形（Nor the land-dwellers ever have come up）
多么正确（Out of sea-pools of salt. How true remains，）
多么名至实归（How merited is that adopted name）
给地球“母亲”之名（Of earth-“The Mother!” - since from out the earth）
因为所有生物都由她附上性命（Are all begotten. And even now arise）
即使现在依然如此（From out the loams how many living things-）
雨水和太阳之热将它们塑形滋润（Concreted by the rains and heat of the sun.）
……
后来（And in the ages after monsters died，）
许多生物走向了灭绝（Perforce there perished many a stock，unable）
因为它们不能繁殖后代（By propagation to forge a progeny.）
任何你所见之生气之类（For whatsoever creatures thou beholdest）
能够生活到现在（Breathing the breath of life，the same have been）
都是依靠（Even from their earliest age preserved alive）
它们自身的狡猾、威猛（By cunning，or by valour，or at least）
或至少迅捷的翅膀或足腿（By speed of foot or wing. And many a stock）
许多种类所以保存是因有用于人类（Remaineth yet，because of use to man，）
而受到人类的护卫（And so committed to man's guardianship.）

蛮力拯救了雄狮（Valour hath saved alive fierce lion-breeds）
以及很多另人生畏之类（And many another terrorizing race,）
狡猾帮助了狐狸、跳跃帮助了长角之鹿类（Cunning the foxes，flight the antlered stags.）
然而，忠信警觉之狗（Light-sleeping dogs with faithful heart in breast,）
负重之马（However，and every kind begot from seed）
多毛之羊（Of beasts of draft，as，too，the woolly flocks）
长角之牛（And horned cattle，all，my Memmius,）
都是受到人类的保护（Have been committed to guardianship of men.）
……
那些不能依靠自己而生活的生物（Beasts quite unfit by own free will to thrive）
那些对人类无用的生物（And vain for any service unto us）
就无法从人类得到食物（In thanks for which we should permit their kind）
和安全保护（To feed and be in our protection safe-）
就会暴露于自然（Those，of a truth，were wont to be exposed,）
受可怕命运的摆布（Enshackled in the gruesome bonds of doom,）
就会被捕食或捕获（As prey and booty for the rest，until）
只到被自然减灭至无（Nature reduced that stock to utter death.）

从中可以看出，这首诗的一些段落涉及了一些基本的生物起源问题、演化问题甚至雏形的自然选择和人工选择，或者说进化论想要解决的主要问题在这里似乎都可找到部分痕迹或早期思想。

3.1 物种改变论

由神创论出发，在宗教教义中，生物是静止不变的，因为创造它们的神是至善至美的。林奈早期的思想可视为典型。他在 1735 年出版的《植物系统》中提到，①由于不存在新种；②由于一种生物总是产生与其同类的生物；③由于每种物种中的每个个体总是其后代的开始，因此必须把这些祖先的不变性归于某个全能全知的神，这个神就叫做上帝，他的工作就是创造世界万事万物。这是被每个有生命个体的机制、原理、定律、体质和感觉所证明了的（Magner，1985）。

与静止的、永恒不变的哲学观不同，将生物视为变化的或运动的观点却早已有之。例如，我国的老子在《道德经》中就说过“道生一，一生二，二生三，三生万物”。庄子在《秋水》中也说“夫物，量无穷，时无止，分无常，终始无故”。庄子《寓言》中也有“青宁生程，程生马，马生人。”贾谊《鵩鸟赋》“万物变化兮，固无休息”。“且夫天地为炉兮，造化为工；阴阳为炭兮，万物为铜。合散消息兮，安有常则；千载万化兮，未始有极；忽然为人兮，何足控抟；化为异物兮，又何足患。”《礼记》中有“腐草化为萤”的说法。

古希腊的赫拉克利特（Heraclitus，公元前 556～前 469 年）也说过：一切事物皆存在于变化过程之中，任何事物都不是静止不变的。存在着的事物就好比是河中的水流一样，任何人都不可能两次踏进相同的河水之中。

古希腊时期的 Anaximander（公元前 611～前 547 年）这样解释生物的产生和发展："随着太阳使土地变暖，土地发着泡沫，并进而产生出各种动物来。第一种生物是鱼，它是在水占统治地位时形成的。随着分离过程的逐步发展，出现了干旱的陆地，一些像鱼一样的生物到陆地上来生活，并随着地球上条件的变化而变化。甚至连人也是从比较低级的生物中进化而来的。人起源于一种已经适应了陆地生活，并且已经脱去了鱼皮的类似鱼一样的动物。"（Magner，1985）柏拉图也认为生物可由一种变为另一种，但却是逐渐退化的，低等的生物是由高等生物退化形成的，而最完善的人是最先被创造出来的。

亚里士多德和他的学生 Theophrastus（公元前 370～前 285 年）都认识到生物的可变性（图 3-1），后者在《植物史》（*Histoire des Plantes*）中写到："植物能因气候、湿度、雨量、土质而改变其形态"（朱洗，1980）。

图 3-1　生物改变示意

英国植物学家 Ray 在 1686 年写道："我沉思熟虑后认为，只有繁殖这个特征可以用来区分物种。可以将源于同一植物种子的生物称为一个物种，无论它们有多大变异。物种是由共同祖先繁衍而来的不同变异个体的聚合体。物种的性质并不是绝对不变的。有许多实验证明，若干种子也会中途退化；在特殊的环境中，新兴的物种也会由旧有的物种中生出，就此起了物种的变异"（Mayr，1982）。

德国的莱布尼兹（Gottfried Wilhelm Leibniz，1646～1726 年）认为“在某一时间，或在某一地域，动物的种或许曾经、现在或将来，都是比人种更容易改变。虎、狮和鬣狗的形状与猫相似，从前它们或许是同一种的；现在或将来也许还能够承认它们是猫种中许多新亚种”（朱洗，1980）。

莫泊丢（Pierre Louis Moreau de Maupertuis，1698～1759 年）曾说：“如果我说您曾经是一条蠕虫，是一个卵，甚至是一种泥土样的东西时，请您不要生气”（Magner，1985）。

布丰出生于贵族家庭、生活富裕且一生好学勤奋，出版过《自然史》、《四脚动物史》、《鸟史》、《矿物史》等大部头著作，学养全面深入。他认定新旧大陆的物种之间确有相似点和并进的状态，并认为美洲的动物是由旧大陆上的物种迁移过去的，后来它们的形态受到客居地新环境的影响而发生改变。他曾很明确地指出，当地温度的变化、食料的品质和豢养的痛苦等都是确定动物改变的原因。

林奈起初是相信上帝创造生物的，但在 1774 年的《植物系统》中他却写道：“让我们假定神圣的上帝创世时是从简单到复杂、从少到多地进行的。同样，上帝在创造植物界时，创造了如同自然的‘目’那样多的植物。创造了这些植物的‘目’以后，是上帝自己混杂了这些‘目’，由此，创造出今天存在的植物‘属’。然后，大自然把这些植物‘属’在它们自己之间由两个亲本进行杂交、繁殖、增生，靠着花的结构不变，造成尽可能多的现存的‘种’。而那些几乎不育的杂种则不包括在这些‘种’的数目之中了，它们也由同样的方式或同样的亲本而产生”（Magner，1985）。

赖尔（2008）曾写道：“主张物种能无限变异的人们都承认，植物学家和动物学家之所以作物种特性似乎不变的推想，是因为他们的观察只局限于一段极短的时期。这种情况也像天文学家绘制天体图的情况一样，他们连续作了几个世纪的观察，觉得恒星的位置似乎始终相同，而太阳本身的运动似乎也没有任何变迁；因此如果我们对有机界的见解，不超出人类历史的狭窄范围，也可以把物种的稳定性当作是绝对的；但是如果经过足够多的世纪，使气候、地形和其他环境有发生重要变革的机会，那么同宗的后代子孙的特性可以从它们的原始类型无限制地发生变异。”

3.2　共同起源论

达尔文的共同起源说主要源自于比较解剖学上的“同源器官”概念（详见第 2 章）。他在《物种起源》（1859）中说：“退化的器官清楚地说明，其早期祖先器官曾有完全发达状态，有时这意味其后代发生过巨大的变化。在整个纲内，各种变异了的结构按照同一模式形成，且这些物种早期的胚胎彼此非常相似。因此，我不怀疑逐代改进的理论可适用于同纲内的所有成员。我相信动物最多是由4个或5个祖先传衍而来，植物的祖先数目与之类似或更少。这个类比使我更进一步，即认为所有动植物都起源于一个原型。”

当然，在他之前也有一些学者对“生物有共同的起源”这一概念有过零星断言，达尔文至少是部分读到过这些论述的。例如，狄德罗（Denis Diderot，1713～1784年）主张有一种生动的力量分散地潜伏于物质之中。这是长存不灭的东西，合则为生物，散则为死物。而由此合成的生物最初是一种原型（prototype），一切生物皆出自这一最初原型，彼此皆有亲缘的关系。

歌德（Johann Wolfgang von Goethe，1743～1832年）1790年提出植物上各种各类的器官皆由叶转变而成，故叶为植物上最基本的形态。这与圣希尔提出的动物器官具有一致格式的理念相近。在1796年他说：“我们已不怕一切，而作出下面的结论：生物界中，最完善的形状，如鱼类、两栖类、鸟类、兽类和人类都是根据一种原始的模式构成的。基本模式中的各部虽能变化，但其范围一定比较狭小。新形状逐日发现，逐日变化，数目亦逐日增进。”他承认生物中有两种力量：一种是生物本身的，叫生物近心力，它能维持原始的形状（即遗传力），另一种是生物四周环境的力量，叫生物远心力，是变化的原因（朱洗，1980）。

圣希尔1795年提出动物结构一致性原理：自然根据唯一的图式创造一切生物，主要的格式是到处不变的；要变的只是次要的部分；一切动物的基本结构都是相同的。有些器官比较发达，有些比较退化，这是可能的。但在退化的器官上，常常能够找到原有格式的遗迹，如鸵鸟虽无能飞的翼，但仍有代表翼的小骨；成长的鲸虽无咀嚼的牙齿，但在它胎儿的牙床上尚有幼弱的牙根。相关器官的体积可以减弱或增大，但不易完全消灭。动物有它本来的结构，这种结构与将来在生存场中的作用毫无关系。但环境的影响能使本来的器官改变其作用和形状，这便是物种变化的原因。物种是要变的：四周环境情况不变，物种可以维持原来的形状；四周环境情况改变，物种便不能不变，有时还能变得很深刻（朱洗，1980）。

达尔文的爷爷埃拉斯姆·达尔文（Erasmus Darwin，1731～1802年）在《动物法则》（1795）中说：“这样说是否太惊世骇俗，所有温血动物都起源于一条创世时被赋予了动物性的细丝？”

拉马克（1809）也说过：“如果尽量向前追溯，我们知道同一物种的各型变种都起源于同一祖先。依此类推，同属的各种甚至于同科的各属，一定也是共同祖先的分支”（赖尔，2008；图3-2）。

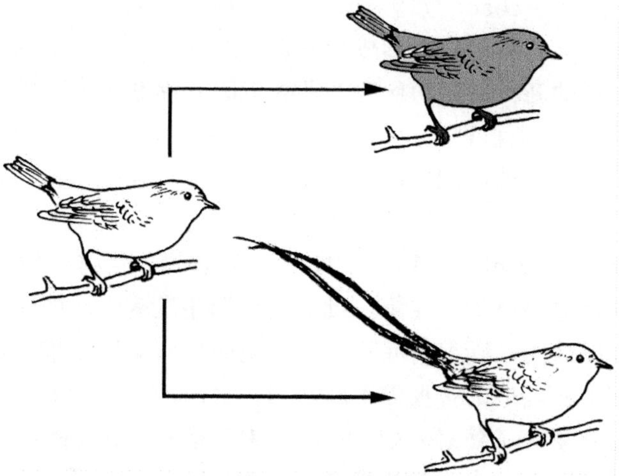

图 3-2　生物有共同祖先示意

3.3　生物多样性递增论

“生物物种在进化过程中是由少变多的”这个概念实际上是“共同起源论”概念的另外一面（图 3-3）。一旦在多种多样的结构或物种中找出它们的共同模式，就会很自然地推想到它们可能就是由这种模式起源后逐渐变化形成的。在达尔文之前也有一些人提出过这种思想。

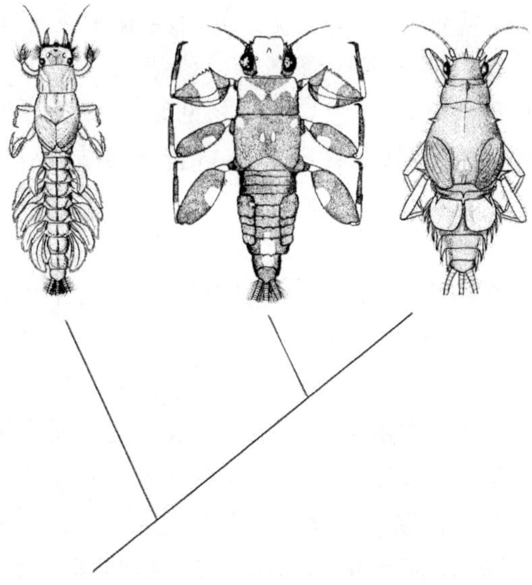

图 3-3　生物多样性递增论示意

法国植物学家 Marchant 1719 年说："（植物种）也会产出若干变种，其中有的能够保持不变，又继续生存，即成为固定的新种。这些固定的新种，后来又能依同样方法产生别的新种，属内所含的种数就因此逐渐增加了"（朱洗，1980）。

布丰也说过："在两百种我已记载过的动物中，已将它们分成少数的科、族或主要祖种。由这些祖种便能生出一切其他的物种。这些祖种的数目是 38"（朱洗，1980）。

马耶（Benoit de Maillet，1656～1738 年）曾说："露出的陆地增加了，树木花草的种类也随着而增加。在第一批山的顶端还没露出水面时，不会有任何东西存在。同样可以认为，随着时间从一个世纪向另一个世纪推移，物种数目也会伴随着海洋的缩小和陆地的扩大而不断增加。"（Magner，1985）

我国宋代的刘蒙在《菊谱》（1104 年）中写道："余尝怪古人之于菊，虽赋咏磋叹尝见于文词，而未尝说其花怪异如吾谱中所记者，疑古之品未若今日之富也。今遂有三十五种。又尝闻于潞花者云，花之形色变易如牡丹之类，岁取其变者以为新。今此菊亦疑所变也。今之所谱，虽自谓甚富，然搜访有所未至，与花之变易后出，则有待于好事者焉。"

清代黄百家在《学箕初稿·鸡冠花记》（1678 年）中记录了许多鸡冠花的新品种："尝日所见《本草》所载只有紫、白、黄三色，高者五六尺，矮者三四寸者而已。花叶顽蠢，无媚人之致，卉中之贱者也。迩年来于友朋园亭见所谓暹罗新种者，高者丈寻，娇艳特异，然总会其数，亦仅五六而止。秋，往观乐邻邓氏鸡冠花，夹道盈庭，周遭林立。区其类，紫如芝英，赤如猩血，绿如嫩林，黄如蒸栗，或绀或茜或苍或白或一色而淡浓殊种或异类而一葩并列；玩其状，有如球者、胄者、层台者、缨络者、佛指者、禽似人形者，恍惚变幻，效奇呈谲。""自有兹花以来，考之书，征之见闻，未有如斯之奇特也，邓子因请文为记。余惟天地变化，草木日蕃，其自昔无今有者，不可殚数。即如一菊，见之古者，仅有黄花，今之为菊，至以百数。王之槐、姚之黄、魏之紫、方陈之荔，亦非以始于数氏哉？造化之生生日新，物类之日出无已，然生之自天始必由人而显，故志物之异者，往往附以姓氏。由是而例，则今兹花之异，虽谓邓氏之鸡冠，无不可也。"

他在《学箕初稿·田草赋》中又说："盖一长而一消兮，何能听尔（即杂草）之纷繁？独怪天之生物兮，惟尔类之独厚。嗟我苗之日护兮尚憔悴而难秀，何惟尔之务去兮乃不植而愈茂。因知天之恶善而好淫兮，自前世而固然。"

《宋元学案》（卷十七：横渠学案上，1700～1709 年）中又说："百家私忖，造物凡创设一种类，必极尽其变化。假观木类，松叶细如针，桃叶大如盖，种种奇形异状，不可胜数。飞潜动植土石之类皆然，何于水独不然?"

3.4 渐 变 论

达尔文有关生物的渐变理论主要来源于地质学和分类学，尤其是对赖尔1830年提出的自然力量持续作用于地球表面，使后者在长期地质历史中发生翻天覆地的变化，达尔文印象深刻。赖尔的地质学理论，不仅使达尔文认识到是自然法则而不是超自然力量在作用或主宰着宇宙万物（包括生物），还使他意识到看上去微不足道的自然力量，在长期过程中可以产生巨大的影响，更重要的是，它还提出自然力量无论是当下还是在远古时期，都在持续不断地发挥着作用且规律相同，人可以对它们开展研究并进而对它们进行发现、了解、认识和掌握。

当然，在达尔文之前，也有少数人提出过渐变的思想（图 3-4）。例如，达尔文的爷爷埃拉斯姆·达尔文在《动物法则》中说："所有一切似乎都在生物对食物的需求欲望持续不断驱使下，经过许多世代而逐渐地形成，且在生物内在要求的作用下不断改进并能传递给它们的后代。"

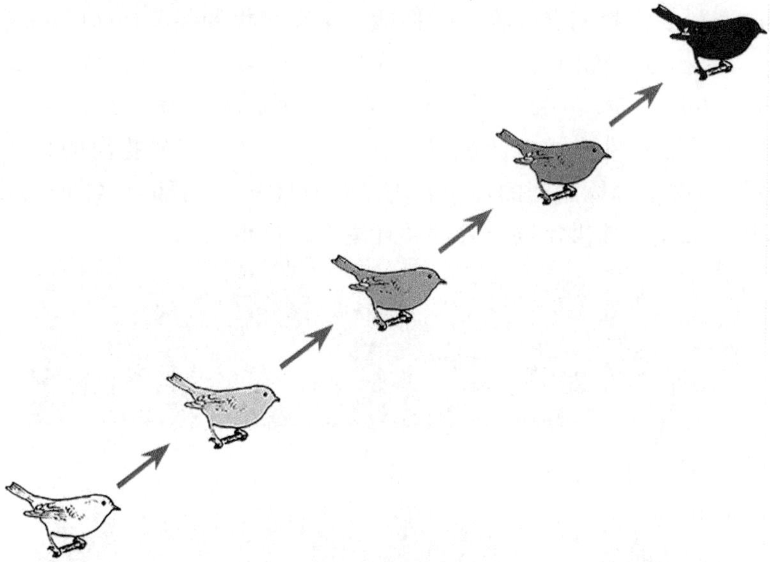

图 3-4 物种渐变示意

居维叶1825年曾肯定地说："所有狗的变种之中，各部分骨骼之间的关系基本上维持不变，牙齿的形态也没有显著的变化，只有个别的狗偶尔有一个额外的假臼齿，有时在左边，有时在右边"（赖尔，2008）。

拉马克（1809）也曾明确写道："我们对地球表面上各种有机体的知识越进步，越难确定什么应当叫做一个'物种'，更不容易规定或区分什么是属。随着标本数量的增加，几乎所有种与种的空白点就会按比例减少，所有的原定界线都会消失；我们不得不采取武断的鉴定方法，有时不得不抓住仅仅属于变种的极细微区别作为所谓‘物种’的特性；有时不得不把差别极微小的一部分真正是不同物种的个体称为变种。”“搜集的自然物体越多，我们越容易发现每种东西在不易察觉中过渡到另一种东西的证据，甚至于比较显著的区别也会归于消灭；自然界留给我们的大部分仅仅是琐碎，而在某些方面又是无足轻重的特点，不能用作划分物种的标准”（赖尔，2008）。

3.5 自然选择学说

“自然选择”这个词是达尔文提出的，它也是达尔文进化论的最核心内容，这一点从他和华莱士的第一篇相关论文的名称《论物种形成变型之趋势以及自然选择下种和变型之永存》（*On the Tendency of Species to form Varieties; and on the Perpetuation of Varieties and Species by Natural Means of Selection*）以及《物种起源》的完整书名《物竞天择适者生存之物种起源》（*On the Origin of Species by Means of Natural Selection or the Preservation of Favored Races in the Struggle for Life*）中就可看出来。在《物种起源》中，达尔文也列出了很多有类似看法甚至已非常接近此观点的前人论述。需要特别指出的是，达尔文的“自然选择”强调生物体之间的竞争，即“生存竞争”的部分（图 3-5），而其他人的论述基本都笼统地讲生物与外部“环境”之间的关系。

图 3-5 生存斗争示例（两只海鸥在争斗）

亚里士多德在《听诊术》中写道："什么阻碍了身体各部分去接受自然界中这种纯粹的偶然联系呢？以牙齿为例，似乎是为了需要而生长的：门牙锋利，适于切断食物；臼齿平钝，用于咀嚼，但其实它不是为此而生的，只是偶然的结果。身体其他部分似乎也是为了一个目标而存在的，但实际情况与此类似。因此，一切构造（即整个物体的各部分）看上去似乎是为了某种目的而造成的，但保存下来的都是由一种内在自发性作用组合而成的，凡不是如此形成的生物，则都已灭亡，或将要灭亡"（达尔文，1972）。这似乎就有生存斗争、适者生存的含义。

亚里士多德还认识到环境对生物的影响。他认为鸟类的羽毛之所以比四足动物美丽，乃是由于它们多晒太阳的缘故。兽类身体的大小、耳朵的长短、颈部毛层的厚薄，与食料和温度都有关系。不同地区的生物或人在形态上都有一定的差异也都与环境有关。干热的气候能使人的头发卷曲，潮湿的气候能使人的头发伸直。寒冷能增加毛发的硬度，食料能影响生物的颜色。他甚至认识到生存竞争，曾说："同类动物生长于同一地域，遇到食料缺乏的时候便难免发生竞争，弱者常被强者所害"（朱洗，1980）。

实际上，在亚里士多德之前，也有个别古希腊学者提出过类似的思想。恩培多克勒（Empedocles，公元前 500～前 430 年）提出的理论荒诞得像童话或梦话。他的基本看法是，在地球的早期直接从土中或水中产生了各种各样的生物或器官，但它们不完善，存在着许多"没有头颈的脸、没有肩胛到处游荡的手臂，还有独立的眼睛在四处流浪，寻找着前额"，这是生物形成的第 1 阶段；在第 2 阶段，这些零落的器官或肢体趋于结合，但这种结合是杂乱无章的、偶然无序的，所以产生了许多怪物，"有的是两面都有脸和乳房的怪物，有的是具有人脸的怪物生的子孙"，或者甚至是"人的子孙却有牛头，有的怪物部分是雄性，部分是雌性，再配合了一些不育的个体"。在这些生物中，有些由于畸形残废，或者由于与更强的种类竞争中被淘汰，或者由于缺乏生殖系统而不能繁衍后代。在此阶段中，也有一些器官之间结合得很好而成为完全自然的类型。它们生存下来，而其他的生物则灭亡了或正在灭亡之中，而生存下来的生物是无性别的，这是生物产生和进化的第 3 阶段；在第 4 阶段，新的生物不再直接从土中或水中产生，而是通过有性生殖或其他生殖方式产生。所有幸存下来的物种都具有某种特殊的能力、勇气或速度，成功地保护自己并繁衍后代（Magner，1985）。

威尔斯（William Charles Wells，1757～1817 年）在 1813 年写道："所有动物在某种程度上都有变异的趋向；农学家用选种的方法来改良家畜的品质。人工所能做到的，看来自然界也能同样有效地做到，以形成人类的一些变种，使它们适合于所居住的地域，只是这过程比较缓慢而已（达尔文，1972）。

马修（Patrick Matthew，1790～1874 年）于 1831 年写了本《造船木材及植物》（*Naval Timber and Arboriculture*）的书，在这本书的附记中，他也清楚地提出了类似于自然选择的内容，虽然没有用自然选择这个概念和短语。但达尔文和华莱士没有看过这本书，只是在 1860 年马修本人重新提出后才引起注意，达尔文在《物种起源》（1972）中提到了这个过程。

马修写道："自然有统一法则，它倾向于迫使繁衍生存的生物体适合于其生活的环境条件；生物或有机体在此过程中也能将它们可塑的身体、精神和本能力量逐步提高和完善，并能够在代间传递。这一自然法则使雄狮强壮、野兔敏捷、狐狸多疑。自然在改善生命方面的力量远远大于自然淘汰和更新过程，那些不具备相应的力量、快捷、忍耐力和狡猾程度的个体会在繁殖之前被诸如捕食、疾病、饥饿等情况淘汰掉，更好更完善的个体会占领它们原有的位置，并能坚持下来。"

"有机体适应和自我调节的方式，部分是因为它们的繁殖能力极为强大，它们的后代形式多样，个体数目远多于（常是上千倍）自然凋亡的个体以及它们死亡后留下的位置。由于生存位置的数目有限且大多已经被占据，只有那些更皮实、更强壮、更好地适应环境的个体才能存活到成熟，它们具有比其他同类更优秀的适应能力和生存能力，而较弱的、适应能力差的个体往往在繁殖之前就会被淘汰。这个规律持续不断地发生作用，它控制体色、体型、能力和本能。同一种的那些具有更好隐蔽、躲避敌害功能体色的个体、那些历经气候折磨而存活下来的个体、那些拥有更健康、更强壮、防御和支撑能力更强的个体、那些具有可根据环境更好地调节自身能量、能力和本能的个体，在幼体淘汰率极高的情况下、经过自然严格考验其完善程度和适应程度之后，才能发育成熟并能繁殖后代。"

"在自然法则持续作用之下，后代才能保持亲本特定特征并能有所提高，并能保持性别系统（植物）和本能界限（动物），从而它们在体型、体色和特征上形成统一的模式，组成一物种；这个族群会逐渐获得可能的对环境的适应性，当环境条件改变时，它也能在限度范围之内继续发生改变。"

3.6 几个名词

3.6.1 进化

中文中原本没有"进化"一词，它是进化论传入我国后在翻译和借用日语过程中逐渐使用和传播开来的。从字面上看，它的最初含义可以解释为"进步的变化"，而现今它的确切含义可以解释为"方向性的变化"或"有方向的变化"。

Mayr（2003）认为，最好将进化理解成为每一个群体中的个体所经历的从一代到另一代所发生的遗传更新。

"进化"在英文中的对应名词为"evolution"，动词为"evolve"。说起来可能有点奇怪，虽然现今我们都说是达尔文提出了进化论，但他本人从来没有用过"evolution"一词，只用过"evolve"几次，最早一次使用是在1842年。达尔文对"进化"的理解也许接近于我们现代人对其的理解，即认为生物在自然界的变化是朝适应于环境及其变化的方向发展的，但由于环境变化的可变性和不确定性，对特定的生物来说，进化并没有明确的方向，而"进化（进步的变化）"一词似乎表明生物是不断"前进"、"进步"和"完善"的，而这与实际不符，这也可能是达尔文很少使用"进化"一词的原因。更多的情况下，他使用的是"传承"（descent）。

根据Bowler（1975）和杨海燕（2004）的考证，"evolution"源自拉丁语的"evolutio"，其原意是"展开、翻开、摊开、打开"书或卷轴的意思，即展开或打开一个复杂物件的一部分，或逐步打开或展开一个复杂的物件。在生物学中，这个词最早用于胚胎学中，因其含义与胚胎发育学中的"预成论"有吻合的地方，后者基本认为生殖细胞或胚胎中包含有生命的原型或其微缩体形成的复杂的"嵌套结构"，胚胎发育过程只是这些原型或微缩体充实、长大、展开的过程而已（详见第2章）。1744年，Haller首次将胚胎学称为"theory of evolution（evolutionem theoria）"，从而使"进化"一词广为传播。请注意，这里的"进化"只是"展开"的意思，丝毫没有"进步"、"复杂化"、"前进"或"上进"的含义。在他之前，Swammerdam在1669年曾说，"变化一词（在昆虫发育中）只能作渐进、自然的进化和身体各部分成长这样的解释。"这里他所说的"进化"一词是否包含更多内容不是十分清楚。

随着胚胎学的发展，"后成论"逐渐取代"预成论"，它认为，胚胎或生殖细胞中原先并不存在生命或其原型，生命是在发育过程中逐渐完善、长大、生长而成的。"后成论"在Caspar Friedrich Wolff（1733～1794年）和von Baer的推动下逐渐在胚胎学中占据主导地位，他们将胚胎发育看作是由生命原基或卵开始逐渐形成复杂生物体的过程，因而相应地，"进化"（evolution）一词也就有了"复杂化"、"完善化"甚至"目的性"的含义。von Baer在1828年用德语写成的《论动物的进化》中同时使用了德语的"进化"与英文的"进化"，与他的胚胎学理论相结合，从而使其的含义明确地包含了"复杂化"、"前进性"的内容。

另外，可能是胚胎学理论中的广泛使用或其他不明的原因，"进化"在其他领域也有了应用，并逐渐具有了更一般化或泛化的意义和比拟化的用法，它可用来表达"一个连续过程的不断演变或逐次发展"这样的含义。John Turberville Needham（1745）就说过，"自然通过有机体的不断进化（＝增殖发育）来增加其繁殖能力。”达尔文的爷爷（1791）也说过“从种子萌生的幼体动植物逐渐进化（=发育）”。Francis Palgrave（1837）也说过“我们宪法规定的政府已经进化（=不断改进或提高），就像有机物那样必需，因而它们成长”。

拉马克可能是将生物世系传承或物种和种群，在时间轴上的进化或称世系传承（transmutation）与“进化”（evolution）一词联系到一起的第一人，他在1809年就写到“海洋中的介壳动物先存在，它们当中的一部分由于逐渐进化而改进成能够在陆地生活的种类”。赖尔从1832年开始对拉马克理论的评价使这个概念广为流传，达尔文在1842年写道：“在客观自然规律的作用下，地球周而复始地发生变化，几度沧海桑田。与之对应，生命变化也瑰丽宏大，从起源到简单的能够生长、摄食和繁殖的少许生物形态，在持续的自然选择作用下，锱铢积累，进化（evolved）成为不可胜数、丰富多彩、精美绝伦的生命形态。”

胚胎学中的进化与生物多样性的进化在1851年被Carpenter联系到一起，他提出了“重演律”。到《物种起源》发表的1859年前后，“evolution”这个词的2个含义至少在英语世界已广为人知。斯宾塞（Herbert Spencer）在19世纪60年代初将这2个方面的“进化”分开，称胚胎学中的个体发育为development，而将物种的世系传承称为evolution，因为他认为个体发育只是复杂性的提高，而种系发生不仅包含复杂性的增加，还包含多样性的增加。斯宾塞在1862年出版的《第一原理》中这样定义进化：“进化乃是物质的整合和与之相伴随的运动的耗散。在此过程中物质由不定的、支离破碎的同质状态转变为确定的、有条理的异质状态”。自此以后，进化的含义基本已被固定为“进步的变化”，这个含义只有到群体遗传学和中性论的提出后才得到进一步的修正。目前，在中文中，Evolution可译为“进化”或“演化”，可能后者更准确。

3.6.2　适应

在自然选择及多种因素的作用下，生物群体不断进化。而进化的结果和方向就是适应。所谓适应，就是如果生物的某一个特征有助于增加其适应度，也就是说这个特征有助于一个生物或者一个社会群体的生存及生殖成功，那么这个特征就是适应的。或者定义为：适应是某种生物的一种特性，这种特性可能是一种结构、一种生理特性、一种行为或者其他特征，拥有这种特征会有利于生物在生存斗争中取胜（Mayr，2003）。简单地讲，适应就是生物体及它所具有的器官在功能和形态上与环境协调一致，也就是有利于特定生物体的生存和繁殖。

3.6.3 生存竞争

达尔文自己说，他是1838年10月读到马尔萨斯《人口论》（出版于1826年）后才想到生存竞争以及自然选择的。然而，他与华莱士1858年共同发表的论文一开头就写道："de Candolle曾生动地说过，自然就是战争，它存在于所有生物体之间以及生物体与外界环境之间。"可见，他们认为这句话对他们的观点有直接的启示作用。de Candolle（1820）的原话是（赖尔，2008）："任何地区的植物之间都存在着战争。先占领某个地点的植物会在空间上排挤其他的植物：较大的窒息较小的，长寿的替代短寿的，多产的逐渐占优，繁殖能力强的缓慢扩展"。

然而，关于生存即战争的观点早已有之，在当时可能已广泛传播。例如，古希腊的赫拉克利特（Heraclitus）在公元前500年左右就说过："竞争是一切"。亚里士多德在《动物志》（第九卷）也说过："那些生活于同一地区或依赖于同样食物为生的动物之间会发生争斗。食物若是匮乏，即便是同种的动物也会相互争斗。据说生活于同一区域的海豹也会进行争斗，雄性与雄性斗，雌性与雌性斗，直到一只咬杀或逐走另一只为止；而且幼豹也都会如此。"

3.6.4 适者生存

"适者生存"是"生存竞争"的结果。达尔文在阐述其自然选择原理时曾指出，最适应于环境的个体将存活下来，并将其有利的变异遗传到后代。后来斯宾塞1864年在《生物学原理》中用"适者生存"（survival of the fittest）这个术语来概括达尔文关于适应和自然选择的基本思想。他说："'生存者是最适应的（或适者生存）'这里用来指达尔文先生提出的'自然选择'机制，或生存竞争有利于保存受自然偏爱的或适应的种群。"达尔文在1869年借用了这个短语，将其作为"自然选择"的同义词。

4　虚幻主观的早期进化理论

拉马克的假说被研究生物及其变型理论的学者多次证明是错误的，他认为物种的进步性变化是因为生物具有提高它们器官、结构和习性的内在愿望。

——华莱士（1858）

生物进化理论探讨有机物特别是生物物种、生物多样性的起源和由来这类大问题，它的焦点问题是生物演化和形成的规律及其机制或原因。牛顿于17世纪提出的三大物理定律，可以说对物体的运动作了完善、定量的描述，它使人相信，自然有其自身的、客观的、唯物的规律，人们可以对它们进行描述和探求，“力”可以作用于任何物体。地质学的发展，尤其是赖尔在1830年出版的《地质学原理》一书，对地球表面无机世界的变化有了较完整、科学的描述，它也第一次将物理定律运用到地球和地质的长期变化之中，使人相信无机世界的变化也有其自身的规律和原因，并不需要上帝等超自然力的介入。地质学的理论更清楚表明，在诸如研究地球等历经久远时间的现象时，用现在可以观察到的、仍在起作用的原因、仍在发挥效能的“力”来推测过去地球表面所承受的、所经历的自然因素。物理学和地质学的发展和理论出新在19世纪前半叶已形成一股强大的洪流，促使人们开始思考有机界的变化规律及其原因，因为有机界也经历了长久时间，无论是历史还是现实都还有“力”作用于它们，化石证据表明它们也发生了很大变化等，这些特点其实与地质地貌有相同的地方，这也就不难理解为什么赖尔在《地质学原理》中要辟出专门的章节来探讨有机界在地质历史中的变化了。实际上，华莱士等也专门进行远航考察来收集证据以解决物种起源问题。

在这股浪潮中，有许多人或多或少，或零星或系统地提出过他们的进化理论。之所以称他们的学说为“进化理论”而非“进化思想”是因为这些理论都有论点、论据，更为重要的是它们都还包含了对生物进化和变化机制和原因的思考，无论这些机制和原因是多么荒唐或幼稚。在这之中，至少有4个人值得详加介绍，他们分别为埃拉斯姆·达尔文、布丰、拉马克和钱伯斯。这4人在达尔文的《物种起源》（1972）中都有提及，埃拉斯姆·达尔文还是达尔文的亲爷爷，且他们的理论也较详实完整，影响相对也较大。

4.1 埃拉斯姆·达尔文

达尔文的爷爷埃拉斯姆·达尔文在达尔文出生前 7 年就去世了，可以说对达尔文本人没有什么直接的影响。埃拉斯姆·达尔文的正职是个医生，为家人创造了一定的财富和地位，到达尔文成年时全家基本衣食无忧，使达尔文可以全心投入研究。同时他也是一位博物学家、发明家、植物学家和著名诗人，留下了好几本书，在精神上也为达尔文提供了一定的营养。他在不同的书中和诗中都灵光乍现般地提出过进化理论。例如：

自然神殿（*The Temple of Nature*）（节选）

埃拉斯姆·达尔文（1803）

藏于那无尽水里的生命（Organic life beneath the shoreless waves）
孕育于大海珍珠般的洞里（Was born and nurs'd in Ocean's pearly caves;）
起先小得用放大镜都看不见（First，forms minute，unseen by spheric glass,）
在泥上运动、在水里前行（Move on the mud，or pierce the watery mass;）
经历无数世代的改进（These，as successive generations bloom,）
获取力量、长大肢胫（New powers acquire，and larger limbs assume;）
然后无数的植物出现（Whence countless groups of vegetation spring,）
鱼、兽、鸟有了气息（And breathing realms of fin，and feet，and wing.）
高大的橡树、巨大的树林（Thus the tall Oak，the giant of the wood,）
为英格兰抵御风雨雷鸣（Which bears Britannia's thunders on the flood;）
庞鲸为巨兽之首（The Whale，unmeasured monster of the main,）
雄狮乃草原之王（The lordly Lion，monarch of the plain,）
翱翔空中之长鹰（The Eagle soaring in the realms of air,）
拥有可直视阳光之眼睛（Whose eye undazzled drinks the solar glare,）
人是万物之君（Imperious man，who rules the bestial crowd,）
因语言、推理和想象而卓而不群（Of language，reason，and reflection proud,）
他昂首而不染浊泥（With brow erect，who scorns this earthy sod,）
使自己相像于上帝（And styles himself the image of his God;）
起源于形与感的微粒（Arose from rudiments of form and sense,）
创生于微小的胚尖或存在实体（An embryon point，or microscopic ens!）
……
每棵橡树都有上万个果实（Each pregnant Oak ten thousand acorns forms）
秋风将它们广泛散移（Profusely scatter'd by autumnal storms;）
每个果实都有上万粒种子（Ten thousand seeds each pregnant poppy sheds）
摇摆将它们洒落在地（Profusely scatter'd from its waving heads;）

数不清的蚜虫成簇成群（The countless Aphides，prolific tribe，）
于枝条上吸食甘霖（With greedy trunks the honey'd sap imbibe；）
叶面上卵胚成块成群（Swarm on each leaf with eggs or embryons big，）
布满了所有枝条叶柄（And pendent nations tenant every twig...）
所有一切，通过不断地繁殖（All these，increasing by successive birth，）
都会占满整个大海、天空和地面（Would each o'er people ocean，air，and earth.）
因而，人类的繁殖如果不受节制（So human progenies，if unrestrain'd，）
如气候适宜、食物充实（By climate friended，and by food sustain'd，）
不久将占据所有海洋陆地（O'er seas and soils，prolific hordes! would spread）
充满水陆之域（Erelong，and deluge their terraqueous bed；）
然而战争、瘟疫、疾病和粮食短缺（But war，and pestilence，disease，and dearth，）
会横扫一切多余之物（Sweep the superfluous myriads from the earth...）
生与死会不断角力（The births and deaths contend with equal strife，）
生命充满每个角落（And every pore of Nature teems with Life；）
从赤道到两极（Which buds or breathes from Indus to the Poles，）
地球表面充满生机（And Earth's vast surface kindles，as it rolls!）

从这段诗中可以看出，他认为生物有共同的起源，生命形式可以改变，生存就有竞争等思想。在其他的地方，埃拉斯姆·达尔文也表达出类似的思想，并提出了生物进化的机制。例如，他在《动物法则》（*Zoonomia*，1795）中说：“考虑到温血动物结构的极大相似性，以及起源前后它们所经历的巨大变化，再联想到上述的动物在较短时间内的许多改变，这样说是否太惊世骇俗：自地球形成以来的极长时间中，可能在人类有历史之前已有几百万年，所有温血动物都起源于一条创世时被赋予了动物性的细丝，在受激情、感性、意志和联想控制下具有形成新器官的能力，具有新特性，然后拥有持续提高其内在活性的能力并将这种新能力一代代地传递给后裔，如此往下没有止境?”

“所有这些似乎都是在经历过许多世代、生物对食物不断的追求愿望影响下逐渐形成的，且能够在目的要求下不断地完善、提高，并传递给后代。”

在《植物学》（*Phytologia*，1800）中他又说：“通过有性生殖，变异和新特征不断出现；由于子代中有许多个体不同于亲代，有些是我们所希望它们拥有的更好的特征；有性生殖是自然的杰作。”

从以上引用的原文可以清楚地看出，埃拉斯姆·达尔文已经认识到生物种群内的遗传变异，并认为人类可以通过有意识地选择而强化植物的有用特征；他还认识到生存斗争，更提出了共同起源、进化等思想。在遗传机制上，他提出的是“获得性遗传”，即生物亲代由于内在的不断需求（如对食物的追求等）而使某些特征不断得到强化，而这些提高和强化后的特征可以遗传给后代，从而使这些特征不断地得到提升，经过很多代之后，物种就可以发生改变。

实际上，“获得性遗传”在当时是普遍的概念，不少人都有类似思想，如狄德罗提出：“结构确定机能（行动）固然不错，但有时生存的需要（行动）又能影响器官的结构，甚至还能使它产生变化。长久不使用的器官能自归消灭，长久的使用能使器官益加发达。摇桨者有大臂，负重者有大肩……在黑暗的环境中过久之后，其眼必弱……你倘若将方才出世的婴孩的某一只手臂缚住，勿使其有所动作，这样就能使这只手臂的体积减少到最低限度”（朱洗，1980）。

4.2　布　　丰

布丰与林奈同年出生，且两人都极为博学多才。但与林奈一生大部分时间都认为物种不变、上帝造物不同，布丰认为万物虽是上帝造的，但却不是不可变的。

布丰的著作颇丰，内容包罗万象。从他的著作中可以看出他的生物进化理论主要包含以下几个方面。

4.2.1　生物是可变的

布丰（1765）写道：“每种生物都是被创造出来的，第一个个体作为其后代的模式。各种的主要特点是不变的，并长久保留，它们形成种的基本模式，而其他次要的部分则可以变化。”

布丰（1766）又写道：“通过对变异的考察，以及它所显示的物种所经历过的变化，一个较大且重要的疑问由此产生，即物种本身能有多大变化？每一科的动物从远古祖先经历过多大的变化？或者更确实地问，由相似物种组成的属经历过多大变化？刚开始时只有少数几个独立的与人类似的种组成一个物种或属（大象、犀牛、河马和长颈鹿也与之类似）并呈线性演化，没有侧支。但同科的其他有共同起源的支系则是其后来的侧支。”

布丰（1778）：“尽管看上去不是变的，自然实际上在不断的运动中持续发生变化和可观察到的改变；她通过物与形的不同组合和突变而使自己发生变化，故今天的她与以前的有很大不同，与将来的也必将不同。”

4.2.2　变化是逐渐的

布丰（1770）：“自然给我们展示出它的宏大画面，其中所有生物门类形成一个连续的链状系列，彼此之间相似又相近，极难断定。这种链状系列并不是简单的线形，而是网状的，它有间隙、有分支。”

布丰（1749）：“自然通过难以觉察的逐渐变化不断前进，由于种间或属间变化的微弱性，严格区分它们是不可能的。所以有许多中间物种或过渡类型，它们确切的分类很难确定，从而使我们的分类系统显得混乱。”

布丰（1749）：“个体并不新奇。自然最难以想象的地方是种的演替和存在。动植物繁殖相似同类的能力、协调统一的形式、似乎无止境的存在、不可破坏的持续多产对我们来说是一个谜，难以理解。”

4.2.3 生物变化的方向可能是退化的

布丰（1774）：“最完美的生物也可通过不易觉察的改变形成最不成形的物质，最有活力的动物也可退化成为最简单的矿物。”

布丰（1770）：“我说传承系列数目时，我实际是指物种之间是如此相似以至于可以认为它们是一个世系的不同支系，或者不同世系是如此接近以至于可以认为它们有共同祖先，拥有非常多的相似点。这些相关物种可能在时间、气候和食物及其综合影响下而彼此分歧，并发生变化、改善、变形和退化。”

4.2.4 共同起源

布丰（1753）：“自然界中每种生物都有一个原型，所有个体都照此产生，但它们似乎也能根据环境改变或提高它们自身。由于有此特性，个体可在不断的演替过程中发生较大的变化，但同时种的一致性却能保持。例如，第一种动物或第一种马决定了它们所产生的、现在所有的以及以后可能出生的动物或马的外在形态以及内部模式。”

布丰（1766）：“解释这些动物（其中美洲的占很大比例）的起源我们必须回到两个大陆仍未分开的年代，并考虑全球发生的变化；我们必须考虑 200 种现存的四足动物可归入到 38 个科中。当然古代的地球肯定与现在的完全不同，也很难想象，对此我们只能用现今的情况去推测和类比。”

4.2.5 环境引起变化

“绝大多数变异是非遗传性的，是由环境引起的。这可以由家畜是一切动物中最容易发生变异的事实来说明，因为人们将它们运载到各种气候条件地区并用各种不同的食物饲养”（布丰 1766；Mayr，1982）。

Buffon（1755）：“如果一切条件相等，地球上有相同温度的地区，应当有相同的动物和植物，然而自从发现美洲之后，那里的土生四足兽和旧大陆以前已知的种类完全不同，已成为不容置疑的事实。新大陆的任何部分都找不到象、犀牛、河马、长颈鹿、骆驼、单峰驼、水牛、马、驴、狮、虎、猿、狒狒以及许多其他哺乳动物；而在旧大陆则找不到许多美国的哺乳动物，如貘、美洲驼、美洲虎、美洲狮、刺鼠、赤狗和树獭等”（Lyell，1873）。

布丰（1761）：“这也不是完全不可能的，新大陆的所有动物（它们早先起源于旧大陆的动物）与旧大陆的完全一样，并没有在自然作用下发生改变。但也可这样认为，由于受大洋和大陆的阻隔，在自然条件作用下，分布于不同地区的动物逐渐发生了与气候相一致的改变而各自形成为新种。长期以后，美洲的动物变得小而不同，以至于我们可以认为它们是新种。这种差异可能由时间、气候、土壤引起，并自创生以来一直作用，但差异确实存在。所以我说，自然始终处于持续的变化和运动之中。”

4.2.6　时间因素

布丰（1756）：“当考虑不同物种所处的不同气候时，我们就会发现它们在大小和形态上的变异；它们或多或少都受生活气候的影响。这些变化是缓慢的、微小的。时间是最厉害的工匠，他不急不徐，不紧不慢，一点点、一步步、持续地工作；起先不易觉察的效果会越来越明显，绝无例外、无一可逃。”

4.2.7　共同结构模式

布丰（1753）：“当我们选择一种动物或人自己的身体作为模式与其他生物比较时，我们就会发现（它们有一般原始的设计形态，仔细考察就可发现），在外形变化最大的部分也有巨大的相似性，它不可避免地让我们描绘出所有动物被创造之初的共同模式。例如，乍看之下人与马有什么相似的地方？但当我们仔细比较难道不会发现他们的相似点多于相异点吗……马掌与人手外形上很不相似，但组成它们的骨骼数目却是相同的，手指与趾的数目都是一样的。这是不是表明其内部的相似点比外部的不同点更另人吃惊？这是不是有一种一致的、由人到四足动物、由四足动物到鲸、由鲸到鸟、由鸟到鱼、由鱼到爬行动物的统一模式？这是不是表明造物主是用一种理念来创造万物的，尽管也作了一点的改变？人与动物享有同等的地位和设计的简约性。”

布丰本人从来没有说自己提出过进化理论，相反，受上帝创造万物思想的影响，本质上他认为物种或物种的基本模式是不可变的，物种之间有明显的间断，可变的只是不太重要的部分。他的原始论述也有前后不一和自相矛盾的地方。例如，“虽然还不能证实通过退化由某一物种产生另一个物种是自然界中不可能的事，但是否定它可能性的数量是如此之大，即使从哲学的角度来说，对这一点也很难置疑。”

“不仅是驴和马，而且人、猴、四足兽以及所有的动物都可以看作是一个家族的成员……如果承认驴属于马族，而且驴和马之所以不同只是由于原来的躯体形式发生了变化的结果，那么同样可以说猴属于人族，是退化了的人，还可以说人和猴有共同起源。而且还可以说，实际上植物和动物的所有家族都是来自一个单一的始祖，一切动物都是由一个动物相传下来，在很长的时间内由于进步或退化就产生了各式各样的动物。如果证实在确立这些家族上我们是对的，如果承认在动物和植物中只有一个种（我不是说几个种）是由别的种直接传下来的。例如，如果驴真是由马退化而形成的——那么自然的力量就再也不会有限度，我们的假设也不会错，即只要有足够时间，她（造物主）就能从一个生物得出一切其他的成形生物。然而这并不是自然的确切景象。上天的启示使我们确信一切动物都同等地分享了上帝创造万物的恩惠，而且每一物种的最初一对（配偶）也都是由造物主亲手制造成型的（布丰，1766；Mayr，1982）。

然而，他的学说和例证却清楚明白地表明，他对生物的可变性、物种的演变性、时间和空间在物种形成过程中的作用、同源器官、共同起源等都有深入的了解和认识。达尔文在《物种起源》中说，“近代学者以科学精神讨论这一问题的（指物种起源），当以布丰为第一人。”

4.3 拉 马 克

与埃拉斯姆·达尔文相比，拉马克的进化理论要详实完整得多，影响也要大得多，而其影响可能主要得益于赖尔在1832年起就在《地质学原理》中对其进行了概括和介绍。达尔文在《物种起源》的开头首先就提到了拉马克，他说：“对这（物种起源）问题的探讨引起极大注意的人要首推拉马克。”

拉马克在研究无脊椎动物时注意到，如果将化石和现生生物联系起来一起考察就会发现，在一些生物种类之间（如贻贝等海洋软体动物）可以建立起较完整的种系系列，或者说可以按历史年代将它们排序，有些可以排列成不间断的系列。但是，在一些高等生物（如菊石、猛犸象）和现生种类之间却排列不出同样的演化系列，或者说它们都没有类似的现存物种，从而得出这样的结论：早期的物种已经演变成现存的全新的物种。这就引出了如下的联想和推论：既然历史生物与现存生物存在很大的不同，可见它们并不是完美的，那么生物就不可能是由全能的上帝创造的；生物之所以改变，肯定是为了适应环境的变化，现存的生物都是对环境适应的种类；这种适应环境或者不适应环境的变化过程是缓慢、逐渐的且是在很长的时间尺度内完成的。在这里，拉马克提出了明确的生物进化的概念和含义。

拉马克还提出了生物进化的机制和原因。当外界环境改变时，就会迫使生物作出生理和行为上的反应，以与环境全面协调。在新的环境中，某些器官可能会较多、较经常、较持久地使用，它们就会逐渐加强、发展和扩充，而且还会按使用时间的长短成比例地增强其能力；而其他一些可能较少使用或长期不用，这样的器官就会不知不觉地被削弱和破坏，日益降低其能力，直到最后退化消亡（用进废退）。那些得到发展的器官及其特征以及退化的器官及其特征会通过繁殖传给后代，这样就会形成逐渐的进化过程（获得性遗传）。

拉马克还把时间尺度引入到生物进化中，从而将静态的世界描述成动态变化的历史过程；他还强调环境的重要性，从而讨论了生物进化的原因、目的和机制。

根据 Mayr（1982）的考证，拉马克大约在 1800 年时就形成了他的进化理论。在他 1806 年 5 月的讲稿中有如下的话（朱洗，1980）："真正的植物学家，并不因为他见到植物，能根据最新的命名法，将它们的学名说出就算完事；真正的植物学家的责任是在追求那些普遍于全自然界的真理。"

"你们所知道的物种不是别的，只是代表一群彼此相似的个体。你们直到目前还认为物种是始终不变的，与宇宙同老：第一，是因为一般人都怀有如此见解；第二，是因为你们自己看见的一切生殖的方法所生的子体，倘若有生存的可能性，则其形状必似其祖先。但是你们当时并没有留意到生物所以代代相传不生变异，完全是因为这些个体周围环境情况无大变更的关系。我们个人的生命过分短促，不能看见地球表面各种重大的变动，如地球本体的变动、气候的变动等，这都是需要很长久的时间表；也就是因为这时间的关系，你们觉察不到物种的变化；其实，物种的固定完全是相对的，不是绝对的；环境不变，它能不变；环境变了，它就不能不变。在这重要的问题上，我已有很多考虑。据我个人的经验，现在已经可以知道属的数目已经很多；要在属内区分物种真是难事；这些困难将因标本数目之增加逐日增进。一切的事实逼迫我相信：现存各类物种的生存是有限度的，不是无穷的；它们只是一些能变的宗（race）；它们与其邻种的区别常极细微，描述它们都有困难。凡是观察力丰富一点的人，凡是考察过大宗标本的人，自然会相信生物所处的环境情况（如住所、地位、气候、食料、生活习性等）一经改变，生物的身材、形状、身体各部分的比例、色彩、硬度、寿命、活动性和活动力等就要按环境情况改变的比例而改变。"

"无论动物身上的哪一种器官，其使用得越多，则越能增强，越能向前发达，体积越能增大，而且此种能力的增进与其使用的时间适成正比例。反过来，倘若长久不使用，则此器官必然无形变弱退化，功能向后低减；末了只有趋向消灭之一途。"

“我们知道，各种器官的形状永远与其所用的动作相关连。然而此种事实能生出一种普遍的误解谬见，就是一般人都设想，先有了器官的形状，然后才有适合此形状的使用。这种谬见很易拿观察到的情况来证明。然而事实却告诉我们：是预先因有使用，才有合用的形状。”

赖尔（2008）对拉马克的理论有较详尽的概括。归纳起来，拉马克的进化理论有如下几个方面的内容。

4.3.1 生物是变化的

拉马克（1809）说：“如果尽量向前追溯，我们知道同一物种的各型变种都起源于同一祖先。依此类推，同属的各种甚至于同科的各属，一定也是共同祖先的分支。”

“显然起源于同一祖先的各个体的特性也有显著的区别，这些新获得的特性也正常地一代又一代地传下去，构成所谓品种。”

“各式各样经过驯化的狗在野生状态下是找不到的。在自然界中，我们找不到獒狗、猎兔狗、长耳狗、灵狗和其他品种，它们之间的区别有时非常之大，如果是野生的话，甚至可以作为鉴别物种的特征。然而它们原来都是起于同源；最初的种，即使不是纯种的狼，也是在某一时期经过人类驯化的和狼很相近的类型。”

“如果把已知的动物按照它们的自然关系依次排列，然后从一端向另一端检查，我们可以发觉，它们是从比较简单的构造渐次进化到比较复杂的构造，中间很少间断；有机体的逐渐复杂化，使官能的种类和性质随着增加。在植物中，相似的渐进等级也很明显。第二点，从地质的观察来看，地球上较简单的动植物比构造较复杂的种类先出现，而后者是在比较晚近的时期内逐渐形成的；每个时代的新品种，总比前一个时代的最高级品种还进化。”

4.3.2 生物的变化是逐渐的

“我们对地球表面上各种有机体的认识越进步，越难确定什么应当叫做一个‘物种’，更不容易规定或区分什么是属。随着标本种类的增加，几乎所有种与种的空白点都会按比例减少，所有的原定界线都会消失；我们不得不采取武断的鉴定方法，有时不得不抓住仅仅属于变种的极细微区别作为所谓‘物种’的特性；有时不得不把差别极微小的一部分真正是不同物种的个体称为变种。”

“搜集的自然物体越多，我们越容易发现每种东西在不易察觉中过渡到另一种东西的证据，甚至于比较显著的区别也会归于消灭；自然界留给我们的，大部分仅仅是琐碎而在某些方面又是无足轻重的特点，不能用作划分物种的标准。”

“我们发觉，由于动植物中的许多属所包括的物种过于广泛，以至于对物种的研究和鉴定几乎成为不可能。如果把所有这些物种依照它们的自然亲缘关系按顺序排列，那么每一个物种和它相邻的同类之间只有极微小的差别，甚至几乎互相融为一体，或者彼此混淆难分。如果我们看见几个孤立的物种，我们可以假定，它们之间一定还缺少一些和它们更相近但是至今还没有发现的同类。许多属，甚至于整个目，不但如此，甚至于整个纲的情形，与此也颇相似。”

4.3.3　引入时间因素

拉马克（1801）：“将物种排成一个正常的系列之后，如果我们在其中任选一个，然后跳过几个中间类型，而在离第一个相当距离的地方再选一下加以比较，这两个物种的特性可以相差很远……我们必须相信任何生物都会发生内部的、外部的细微变化——不要指望会发现现在还活着的化石种，也不要认为有物种消失或灭绝。”

拉马克（1802）：“地球上的所有物体都持续地、必然地发生改变，由此形成事物的基本秩序。这些改变因事物的本性、条件和状态的不同而不同，但随着时间的流逝总会发生。时间貌不起眼但却永不枯竭，自由支配，威力巨大，总要发挥或大或小的作用。”

“当人们了解生物的起源以及它们的逐渐变化和提高后，就会意识到地球的年龄要长得多，当人们认识到时间的长久性以及造成当前物种状况所需要的条件时，就会知道古代要长得多。这一点尤其明确，因为人是这个过程的最新杰作、迄今的发展顶峰，她的最终前途即使已经达到也应该无限。”

4.3.4　环境改变引起变异

拉马克（1809）：“许多事实说明，一个物种中各个体的各部分，它们的形状、官能甚至于它们的有机体的配合和比例，都一点一点地随着处境、气候和生活方式的变迁而成比例地变化，到了最后，一切都随着环境变迁而变异。甚至于在相同气候下，大不相同的处境和暴露情况也可以使个体发生变异。但是，如果这个个体继续在同样的不同环境继续生活和繁殖，它们就会产生不同的特性，而这种特性，在某些程度上为它们生存所需。总而言之，经过许多代之后，这些原来属于一个物种的个体，可以被变成另一种的特殊物种。”

“例如，如果一种天然生长在潮湿草原上的草类或任何植物的种子，偶然被搬到邻近的某些小山的山坡上，它们所处的位置虽然高了一些，但是土壤还是足够潮湿，可以使它们继续生长；如果这种植物在那里生活了相当时期并且繁殖了几代之后，又逐渐移到土壤更为干燥而近于贫瘠的高山斜坡上，如果它们还能生长而连续生存许多代的话，它们就会变到一种程度，找到它们的植物学家都会把它们当作一种特殊的物种。在这种情况下，不利的气候、不良营养、较强的风力以及其他原因，可以产生一种发育不良、一部分器官比另一部分器官发达、而各部分往往不相称的矮种。”

“在自然界中需要很长时期才能产生的变化，我们可以用变更一种物种所习惯的生活环境的方法突然完成。大家都知道，从原产地移植到菜圃栽培的蔬菜会发生变化，它们的形态和原种完全不同。许多原来有纤毛的蔬菜变光滑了或者近于光滑，许多原来趴在地上的蔓生植物长出茎而直立生长。有些失去它们的刺和粗糙表面，还有一些原来在热带生长的木本植物变成了草本，其中一部分多年生的变成了一年生的。植物学家深知环境变迁所产生的结果，因此他们不愿意用菜圃的标本作为描述物种的根据，除非他们确实知道它们的栽培时间很短。”

“栽培的小麦不是由人类把它变成我们目前看到的这种形态的一种植物吗？我愿意任何人告诉我，除了从田里飞散的部分之外，哪里可以找到同样的野生小麦？在自然界中，哪里可以找到像我们菜园里看见的卷心菜、莴苣和其他食用蔬菜？大部分驯化的动物不是也发生同样的变化而且变得很多吗？我们的家禽和鸽子与任何野鸟都不相同。我们的鸭和鹅已经失去了它们祖先野鸭和野鹅的高空飞翔和飞越旷野的能力。在笼里饲养的鸟，如果恢复它的自由，不能像其他一向自由的同类那样飞。然而这种环境的小变迁仅仅削弱了它的飞行能力，而没有改变翅膀的任何部分的形状。但是，如果同种的各个体被继续关闭了很长时期，连它们各部分的形态也会逐渐发生变化，特别是气候、营养和其他环境也有变迁。”

“根据地质遗迹，我们知道，现在支配每一个地区的自然法规，过去并非一直不变，由此推断，我们可以预料得到，将来也不会永远继续不变。”

“不是先有器官（动物部分身体的特征和形态）后有习性和结构，而是祖先的习性和生活方式以及生存条件，在时间的作用下形成了身体形态、器官及其好坏。”

4.3.5 用进废退

拉马克（1809）：“每种动物所处的局部环境的每一次大变迁都会改变它们的需要。这些新需要刺激它们的新活动和习惯。这些活动，要求某些过去使用很少的部分用得较多，由于比较常用，于是发展较快。其他不再使用的器官，变的虚弱而萎缩，甚至于完全消灭，而新的部分则在不易察觉中产生出来去替代它们执行新的任务。”

4.3.6 获得性遗传

拉马克（1809）：“动物的习惯和特殊官能，不是由器官（或者换句话说，不是由动物身体各部分）的性质和形状决定的；情况恰恰相反，在长久过程中，它的习惯和生活状态以及它祖先的习惯和生活状态，决定它的身体形状以及器官的数目和情况。例如，水獭、海狸、水禽、海龟和蛙类，并不是天然有蹼足然后才能游泳，而是它们的需要吸引它们到水里去寻找食物，于是展开它们的脚趾，很快地在水面上划水游动。由于不断地伸展，连接脚趾基部的皮有了伸张的习惯，到了最后形成现在连接脚趾尖端的阔膜。羚羊和非洲小羚羊也不是原来就有轻快敏捷的身体逃脱肉食兽类的袭击，而是因为它们不时要面临狮、虎和其他猛兽袭击的危险，因此不得不用最快的速度极力奔跑，经过许多代之后，这种习惯造成了特别瘦小的腿和轻快美观的体形。长颈鹿的长而柔软的颈部也不是因为它注定要在土壤干燥、植物稀少的非洲中部生活而天赋的，而是地区的性质迫使它依靠高树的树叶生活，于是造成了伸长颈部来达到高树的习惯，到了后来，它能把头伸达地面以上 6 米。”

“鸟类由于需要到水里捕食猎物，会分开它的趾在水面尽力拍水前进。各趾基部的皮肤会因趾的多次张开而获得可以扩展开来的将趾连接在一起的特性。随着时间的推移，就会形成现在我们所看到的，如鸭、鹅等那样的蹼。同样地，由于要在水中划水前进，这种情况下也会形成趾间的皮膜，如蛙、海龟、水獭、海狸等那样的。”

“另一方面，那些习惯栖息于树上并获得此特性的鸟类和它们的后代，必须要有比水生鸟类更长的趾和不同的爪。它们的爪会变得更长、更锋利、可弯曲成钩、抓握停歇的枝条。”

“同样地我们可以发现，水边的鸟类需要到水滨去捕食，因而会陷入泥淖中。为避免身体被水浸湿，它们会尽力伸展它们的腿。获得这种习性的鸟类及其后代也会这样做，导致这些个体腿变长、足无毛、羽毛长于大腿以上。”

第二个规律：“个体在自然状况中获得的特征或消失的特征，在环境的作用下，在长久用与不用的影响下，会通过繁殖而在新的个体中得以体现和保存。这显示获得的改进在两性中或至少在生殖个体中普通存在。”

4.3.7 内在需要

拉马克（1809）：“进化的因素有两种。第一种是有机体本身逐渐进步的倾向，而本能、智慧等也随着进步；第二种因素是外界环境的力量，也就是地球上自然环境变迁或动植物间相互关系变迁的力量。”

“这是显而易见的，人所具有的、独特的、使其成为独立科的特征都是从已有特征演变而来的，他所获得的习性也与其他类似物种不同。在环境作用下，当最高级的类人猿站立起来行走后他对其他动物而言就取得了优势。这些享用的优势及由此产生的新要求使他们改变生活方式，这导致他们身体结构逐渐地改变、获得许多新的特征，这其中语言能力无疑是最突出的。”

“人语言的形成和发展：各个体的迫切需要是唯一的动力；它们产生力量，而且由于不断地应用，适合于发出连续声调的器官得到了发展。”

“如果四足动物中的一种支系（或宗或种类），特别是那些已相当进化的种类，在环境或其他因素的作用下，失去了像用手那样用脚攀扯或抓握枝干的习性，如果这些个体被迫只能用脚而不用手来行走并传承许多代，据前文已详细介绍的观察结果显示，这些四足动物会变成只用双足行走的动物，它们脚上的大拇指不能与其他指自如分开。”

拉马克（1815）：“自然产生动物有其决定性的原因和模式。这使得生命体能够具备使身体结构逐渐复杂化的能力，故生物体一经产生，无论是单个器官或整个生物体都会提高其复杂性和完善性。这个过程在所有动物都存在，也是自然的主要规律。偶然地一种外来的原因可能打断这个过程但并不能毁灭它，因而在演化系列中产生间断，如终端分类支系与前面过渡点之间有明显的间隔，或者在系列中发现简单化或出现畸形。”

4.3.8　多次起源

“(上帝）不能同时创造出各式各样的动物和植物，而一定要经常开始创造最简单的种类，从这些最简单的种类苦心地经营成比较繁复的类型，继续在它们身上增加各种不同器官系统，不断地增加各种感官的数目和能力”（拉马克，1809；赖尔，2008）。

4.4　钱　伯　斯

钱伯斯（Robert Chambers，1802～1871 年）是一位作家和编辑，编有《钱伯斯百科全书》(*Chambers' Encyclopedia*)。可能是知识太多样丰富、思想又大胆激进，他的进化理论虽显得混乱简单，但却言词激烈、通俗易懂，故影响巨大，尤其是在英国。1844 年他匿名发表了《创造史的遗迹》（*Vestiges of the Natural History of Creation*）一书，引起广泛注意。该书详细分析了当时已知的各种化石资料，并综合考察生物在化石保存中的分布规律和现象，得出了 4 点结论。他说："从自然生物在地质中的记录可得出下面的一般结论：①地球表面有很多起源中心；②至少就纲与目而言，它们都随当地的气候条件而发生改变，但多样性的变化较细微，似乎没有（较大的或突然的）物理或地理因素与之相关；③在植物、动物两界中，生物在特定方向上的改变是逐渐的、渐进的、不易觉察的；④在不同大陆上进化的程度不一样，欧亚大陆似乎发展得最进化，美洲大陆次之，澳大利亚最原始，这可能是不同的大陆地理或地质年代不同造成的。"

从钱伯斯的原始论述来看，他的进化理论包含以下主要内容。

4.4.1　物种是由少到多的

钱伯斯（1844）："在较古老的岩石中只发现相对较少的物种，尽管有个别较丰富的情况……在较上层的岩石中，生命的迹象变得越来越多、越来越丰富。"

4.4.2　生物是进化的

钱伯斯（1844）："假定最初的生命与原始的石灰岩有关联是因为在那里我们发现了最基本生命的遗存。"

"地理学充分表明，较高等的动植物是经过若干个中间阶段之后才出现的。"

"我们已经看到，生物的形成不是突然的，它有一个过程。"

4.4.3　进化是逐渐的

钱伯斯（1844）："作为一个基本事实这已是很清楚的，无论是植物界还是动物界，都存在着明显的过渡，从地衣和微生物到高等的双子叶植物和哺乳动物。"

"我对全球生物进步的观点（也可假定使用于全部生命）是，由于繁殖同类形态一致规律是次要的，故最简单最原始的类型可产生较（不相同的）高级类型，后者又可产生更高级类型，如此直至最高。每一阶段的提高程度（如从一种到别一种）是很小的，故这种现象或过程是简单的和适度的。"

4.4.4　共同起源

钱伯斯（1844）："虽然各种动物的外部形态是如此多样，但它们的基本模式却是十分明显的，它是所有动物的基础，在创生后由于适应不同的环境而逐渐改变。前文已述，由远古的胚芽（它是成熟动物形态的代表）开始，由特定的情况下逐步改变和改进；后一阶段与前一阶段极为相似，并作用于再后面的阶段。这种统一结构模式会因器官适应不同的用途而变得十分突出。例如，蛇的肋骨变成了运动器官，而大象的鼻子能够弯曲抓握。”

“这些事实清楚表明世界上的所有生物都有密切联系——一个基本统一模式存在于它们之中并将它们形成为一个整体系统，从最低等的地衣到最高等的哺乳动物，上帝造物肯定是用的一个法则，尽管可能多次使用。”

“所有的有机体，从最简单最古老的到最高等最新出现的，可以看作是一个进步演化系列，受外界环境制约，最终的生物是适应的。”

4.5 评论

在达尔文提出进化论之前，有许多人都试图解释生物的由来及进化过程，并提出了一些较完整的理论，其中较著名的至少有达尔文的爷爷、布丰、拉马克以及钱伯斯等。这其中，达尔文的爷爷和钱伯斯只能算是业余科学家，前者的本职是医生，而后者是编辑，最多只能说他们有一定的生物学知识，但布丰和拉马克是职业的生物研究人员。可见在当时，对生物起源和进化的探讨似乎已经是一种时代潮流，它排山倒海、势不可当。从普通民众到职业科学家都想也都能自由地发表自己的意见。

然而这些理论都是初级的、不成熟的甚至是唯心的，也是虚无飘渺的。其主要表现在：①这些理论基本都只解释或希望解释生物起源之后的变化过程及其规律，没有一个理论试图去解释真正的生命起源问题以及物种形成问题，一般都将生物起源归结于上帝造物说或自然发生说。②他们一般都认为生物是多次起源的，如达尔文的爷爷认为生物至少起源过 3 次，布丰认为可能有 38 次，居维叶认为是 4 次，而拉马克和钱伯斯认为可以是多次。③因而，他们所认为的生物有共同起源是局部的，如所有的动物、所有的植物有它们各自的起源等。④除了间接的，如化石、同源器官、同功器官、痕迹器官等证据外，他们几乎没有举出其他的实实在在的证据来支持他们的学说。⑤他们都认为环境及其变化可以直接作用于生物并能引起变化，即环境变化在前，遗传变异在后。⑥他们一般都将环境归结为气候等，即生物外部因素，没有找到引起生物改变的内部因素。⑦对于进化的机制，他们的学说基本都可归结为“用进废退”和“获得性遗传”，这两点在柏拉图和亚里士多德的著作中就有影子，在当时也是被普遍接受和认可的观念，但没有确切的事例来支撑。赖尔（2008）说“他（指拉马克）没有举出任何可以解释某些完全新的感官、官能或器官替代某些因不用而被抑制部分的肯定事实。他所举的例子，只能证明器官的大小和强度以及特征的健全程度可以在长期的连续繁殖中，因为不用而缩小或削弱；或者情况相反，可以因不断使用而发育和长大。”⑧对于生物不断进化的原因，他们基本都归结为生物具有“内在的向上的意志或意愿或欲望”，这主要也是受柏拉图和亚里士多德的影响，但由于“内在的向上的意志或意愿或欲望”是不可验证的虚幻的东西，基本上与超自然力的上帝或神仙一样，是空幻的泡影，在某种程度上，它与宗教类似，也是在寻求超自然神力或不可名状、不可验证的精神因素，实际也是一种省力偷懒做法或无奈之举，但也从根本上表明这些进化理论还是不科学的。

但无论如何，这些进化理论或多或少地为人们提供了生物变化的思想，还表明至少某些生物是有共同起源和亲缘关系的、变化很可能是缓慢的，并将时间因素引入到生物进化理论中，从而将静态的存在描述成动态的历史。

还有一点需要特别说明的是，本章所介绍的这些进化理论在当时影响都较大，达尔文本人肯定是或多或少地知道这些理论的，也肯定直接或间接读过其中的部分作品，如他爷爷的和拉马克的。但达尔文关注的重点，是从自然界或生物本身来寻找引起生物进化的原因和规律，即寻找可验证的、物理性的“力”，这些理论对达尔文进化论的提出及其主要内容的形成和影响极为有限。他们可以说是进化论的先驱，但绝不是达尔文进化论的直接源泉或理论雏形。达尔文 1859 年在给赖尔的一封信中说：“你常提到拉马克的工作，我不知道你的想法，但它对我似乎没有影响，我没有从那里得到一件事实、一点思想。”

达尔文 1876 年在给斯宾塞的另一封信中又写道：“他（指拉马克）对主题的处理推导方式与我的思维完全不同。他的结论也不能使我信服，他最基本的归纳（有些人认为其重要性可与牛顿定律相比较）对我来说可能只在哲学观上有重要价值，但没有任何严格科学用途的本质。它们带有更多的定义性质而非自然定律，也不能帮我预测任何事。”

科学的达尔文进化论的提出还需要更多、更广、更多维度的考量和综合，关键的事、关键的人、关键的阅历和浓缩的进化历史和现象的集中展现，才是它的触发点和导火索。至少有两个人已走在路上，不，是在远航的船上，正在不知不觉中去接近和点燃它们！

5　自然自洽的达尔文进化论

几年之中，我始终想象不出每种生物如此完美地适应其生活环境的原因所在。所以我系统地研究了家养生物，一段时间以后我已清楚，人类的选择力量是家养生物变化的主要因素。我对动物在生存竞争方面的习性也有所了解，地理学方面的工作也给了我一些过去地质历史的知识。因而，当我偶然读到马尔萨斯论人口的理论时，关于自然选择的概念突然闪现。它是我关于生物演化分歧学说原理最后的、最终的原因和重点。

——达尔文（1864）

人类很早就认识到生物的可变性，在19世纪前半叶，也有很多人提出过明确的生物进化理论及思想。但真正系统地提出科学进化学说的人是达尔文(Charles Robert Darwin，1809～1882年）和华莱士（Alfred Russel Wallace，1823～1913年)，他们都对生物有广泛的兴趣，都进行过远航，都在海岛长期观察和采集标本，都希望找到生物进化的机制和原因，都得出了自然选择的结论。

5.1　达　尔　文

达尔文似乎就是为进化论而生的。他出生的年代正是拉马克系统地提出进化论的时候；他从小就体弱多病，干不得什么重活，似乎思考和科学研究最适合他；他又多愁善感、富有同情心，狠不下心来做手术和开膛剖肚，因而学医也没有成功；他的家是一个庄园，有大片的田地和树林，也为了锻炼身体，他经常参加野外活动，所以他与自然和生物很亲近；由于受到学校老师的严厉管教和青少年固有的反叛，他对权威很早就有怀疑；他学习过神学，因而对神创论有较深理解，对其中的理论不足和科学谬误有清醒认识；他的家境殷实，可以使他专门从事科学研究而不用为生计奔忙；他还接受过良好的教育，尤其是大学教育，有完备的基础知识和科研素养；在大学期间，他认识了好几位生物学方面的专家，因而可以说他有良好的学术导师；也因为其父亲的人脉和他本人的学习经历，才能有机会参加环球考察。

5.1.1　环球考察

达尔文大学毕业于1831年4月，这年的年底前4天，他开始了为期5年的环球考察，于1836年10月2日回到英国。在“贝格尔号”上作环球考察时，达尔文随身带有赖尔的《地质学原理》一书。在这本影响深远广泛的书中，赖尔几乎对所有地质现象（如岩石风化、地震、火山爆发等）作了描述，并分析了地球在长期地质历史中的变化及原因，甚至还对生物化石在地质历史的保存及演化情况作了描述。从第二版开始，他还对一些生物进化学说，尤其是拉马克的进化理论进行了评论。这本书至少在4个方面给达尔文留下了较深影响，并在考察过程中不断地验证和思考。①地球表面是不断变化的，无论是地貌还是地层都不是一成不变的。那么地球表面的生物变化吗？②时间因素极为重要，虽然在短期内的变化是缓慢的、不明显的，但在长期作用下，这种变化却是显著的、明显的。例如，地球表面在物理力长期持续作用下，地质地貌会发生极为震撼的变化，如海边高高的岩石绝壁、拱门形的巨大石雕等。我们现在看到的形形色色的物种，是否也是长期缓慢改变的结果？③可以用现今仍在起作用的规律来推测远古时期的现象和规律，即现今仍在发生的变化、仍在起作用的规律可能是与以前的一样。那么长期作用于生物的“力”和规律是什么？它们仍存在于自然界吗？我们能找到吗？④如果地球表面的改变不是由上帝造成的，那么与地球长期共存的生物及其存在格局是上帝创造的吗？

达尔文在1864年10月8日写给Haeckel的信中说：“在南美洲，有三类事实给我留下了深刻印象：第一，自北向南邻近物种彼此互相关联、互相替换的模式；第二，南美洲沿岸各岛屿上的物种，与南美洲大陆上固有物种之间都有亲近的关系。这使我大受震动，特别是加拉帕戈斯群岛各小岛上物种之间的差异性；第三，现存的贫齿类和啮齿类与古代已灭绝同类的关系。我永远不会忘记当我挖出一块与现在犰狳极为相似的巨大犰狳化石时的惊奇。”

综合起来看，他在环球考察过程中应该得到的更多。

1）物种的相似与相异性

达尔文注意到，同一大陆上的生物要比不同大陆上的生物相似得多，也近缘得多。他在《物种起源》中说：“同一大陆上生物之间的差异，比起不同大陆上生物之间的差异在程度上要差得多。”“同一大陆上或同一海洋里的生物都具有亲缘关系，虽然物种本身在不同地点和不同场所是不相同的……譬如说从北到南，将会遇到亲缘密切而物种不同的连续生物群逐次更替。”

海洋中的情况与之类类似。他说：“南美洲东海岸和西海岸的海栖生物，除了极少的贝类、甲壳类和棘皮类是相同的以外，都是很不相同的。但是京特博士最近阐明，在巴拿马地峡的两边约有30%的鱼类是相同的。这一事实使得博物学者们相信这个地峡以前曾经是海面。”

同时，岛屿上的生物却是与最近大陆上的极为相似。达尔文在考察加拉帕戈斯群岛后说：“为什么在这小块陆地上的生物和它们最早的定居生物都是美洲大陆的类型？它在不久之前还淹没在海水之中，由玄武熔岩形成，与美洲大陆的地质情况完全不同，气候独特。”

2）气候条件相似的地方却有完全不同的生物

同时，达尔文观察到，环境条件相似但处在不同大陆上的生物却差别非常大。在《物种起源》中，达尔文明确指出：“如果我们在美洲的广袤大陆上旅行，从美国的中央地区到它的最南端，我们将会遇到极其多样的物理条件：潮湿的地区、干燥的沙漠、巍峨的高山、草原、森林、泽地、湖泊和大河，这些地方都是处于各种温度之下的。‘旧世界’几乎没有一种气候或外界条件不能与‘新世界’相平行——至少有同一物种一般所需要的那样密切的平行……尽管‘旧世界’和‘新世界’的条件具有这种一般的平行现象，它们的生物却是何等不同啊！”

“在南半球，如果我们把处在纬度25°～35°的大洋洲、南部非洲和南美洲西部的广袤陆地加以比较，将会看出一些地方在一切条件上都是极端相似的，然而要指出像三个大陆上动物群和植物群那样严格不同的三种动物群和植物群，大概是不可能的。”

3）岛屿上的生物往往极为独特

达尔文在环球考察时发现，在诸如加拉帕戈斯群岛上有许多非常奇特的动物，如嘲鸫（*Nesomimus* spp.）在此有3种，而在南美洲大陆只存在1种。此地有达尔文雀（finch）14种，全是当地的特有种。南美洲也有一种地雀，与岛上的同类很相似又有所不同。另外岛上还有很多的其他特有生物，如植物有228种，鸟类有28种，蜥蜴类有32种，陆地蛇类有50多种，鼠类有4种，鱼类有60种。最引人注目的是巨龟，它们在岛上共发现有15个品系。

4）不同岛屿上往往有类似的生物

如加拉帕戈斯群岛有若干个小岛，每个岛上都有一些独特的生物，但这些生物在某些方面是类似的，用现在的话来说，它们的生态位是类似的。达尔文说：“好几个小岛上都有它们自己的海龟、嘲鸫、雀和数不清的植物，它们的习性基本相同，占据类似的位置，在不同小岛上位于生态上的同等地位，这使我十分惊奇。”

5）地质变化惊人

在《地质学原理》中，达尔文已经读到了地质变化的规律和过程。但在航海过程中，亲眼看到地震、火山和一些独特地质状态后，他还是十分震惊和新奇。他在《物种起源》中说：“从表面上看来大气动力的力量是如此微小，而且工作得似乎如此缓慢，但曾经产生出如此伟大的结果，按照我们的时间观点来讲，没有任何事情比上述这种信念更能使我们强烈地感到时间的久远无边了。”“记得当我看到火山岛被波浪冲蚀，四面削去成为高达一千或二千英尺①的直立悬崖时，

① 1英尺≈3.048×10^{-1}m。

曾大受感动。”

6）物种在时间维度上也是变化的

达尔文在《物种起源》中说：“当我在（阿根廷）拉普拉塔发现马的牙齿与乳齿象、大懒兽、箭齿兽以及其他一些灭绝的怪物（它们在很近的地质时期还与现存的贝类共存过）埋藏在一起时惊奇极了。”

从这些化石可以看出，地质历史中的一些生物（如乳齿象、大懒兽、箭齿兽等）肯定是灭绝了，但也有一些生物（如马等）与现存的生物既类似但又不完全相同。现存生物与化石之间的相似与相异可以说提供了生物在时间尺度上变化的直接例证。

以上的所见所闻，使达尔文想到如下几个问题，这些也是他进化论的主要方面。

7）物种是可变的

无论是大尺度范围内（如不同的大陆之间），还是较小范围之内（如离大陆距离不等的岛屿上），甚至同一岛屿的不同小岛上，生物之间是既相同又不同的；在时间尺度上也是一样。无论是陆地上还是海洋中，相邻地区的生物是最相似的，距离越远往往亲缘关系也越远。这些事例充分说明生物是可以变化的，而不是一成不变的。

8）变化是缓慢的

了解的生物物种越多，就会发现相似物种之间的相同点就越多，中间过渡类型也就越多。在一些较大的属或科内，要清晰地分辨物种是十分困难的。同时，如果考察全球范围内较多物种时，就会发现生物之间的差异是十分微弱的。达尔文在《物种起源》中说：“在北美洲和欧洲，有许多鸟和昆虫彼此之间差异极其微小，如曾被某一位优秀的博物学者列为无可怀疑的物种，却被别的博物学者列为变种，或常把它们称为地理族！”如果生物是变化的，那么这种变化也是缓慢的。在化石记录中，由于记录的不完全情况可能较复杂，但在一些种类较多、保存较完好的类群中，此现象也十分明显。

9）共同祖先

加拉帕戈斯群岛的各小岛是陆续形成的，每次初形成的岛上完全没有生物，附近岛屿上的生物会扩散到这新近形成的小岛上，并逐渐形成与原来祖先略微不同的种类，但它们在生态上的要求和位置却是相同的或类似的。达尔文在 1864 年 10 月 8 日写给 Haeckel 的信中还说：“这些事实和生态上的类似情况提醒我，那些邻近的物种可能起源于同一祖先。”最明显的例子是加拉帕戈斯群岛上的嘲鸫，此地有 3 种，分布于 3 个小岛上，而南美洲大陆只有一种，岛上鸟的祖先肯定是由大陆上迁移过来后产生出 3 种不同的物种。他进一步推断，世界上的所有嘲鸫很可能都来自于一个共同祖先。

达尔文（1859）说："我相信动物起源传承于少至4～5个祖先，植物的情况与之类似或更少。这个类比使我更进一步，即认为所有动植物都起源于一个原型。"

10）物种起源和分歧

将空间和时间联合到一起，就会形成物种起源和分歧的概念和过程，即物种是逐渐变多的。如果不同的生物或种群分布于不同的地域，如不同的大陆上，适应不同的环境条件而朝不同的方向发展，长期就会形成不同物种，即从一个祖先分裂为两个不同的后代。达尔文（1845）在《贝格尔号航行记》说："看到这一小群关系密切的鸟类结构之间的渐变性和多样性，你可能会想象到原先在没有鸟类的情况下，由一种鸟演变和进化为好几种。"

达尔文（1858）："另一个可称为分歧原则在物种起源上我想也有重要作用……任何物种的不同后代会分离成不同的型、亚种或种。如前所述，它们会尽可能多地占据生态位，并逐渐取代原先的不太适应环境的亲代。我相信这是历史上生物分化和亲缘关系形成的过程。生物的分支过程犹如树枝从主干逐渐分叉的情况，茂盛的、生命力强的枝条淘汰了能力差的，而后者仿佛代表了灭绝的生物科或属。"

11）物种有形成也有灭绝

有些化石生物找不到现存同类，如恐龙等。由于生物的变化往往是极缓慢的，如此庞大怪异的生物要变成现今那些看上去类似的生物是极其困难的，或者说是不可能的。那么它们只有一个下场就是灭绝。达尔文在《物种起源》中说："没人比我更惊奇于物种的灭绝。"

5.1.2　神创论的破灭

拉马克对诸如猛犸象化石的解释是它们演变成了现存的其他生物，而赖尔和达尔文对此的解释则是它们只是进化过程的一个分支并且现已灭绝。既然世界是不断变化的，某些物种不适应环境条件改变而灭绝是很自然的事。这个环境并不一定是理化条件，也可能包括其他生物因素，有时生物因素可能是主要的。既然有生物灭绝出现，那么它们肯定是不适应环境的结果。万能的造物主为什么要创造不适应环境的生物？生物到底是上帝创造的，还是进化产生的？

加拉帕戈斯群岛各小岛上都有类似的物种，如雀、植物、海龟等，它们彼此之间只有细微的差异，在各小岛上的生态地位是相同或类似的。如果生物是上帝或造物主创造的，那么为什么要在这些世界的偏僻角落、弹丸之地如此费尽周折、不厌其烦地创造看上去相同，但又略微不同的同类？

在亲缘关系较近的生物之间，无论是不同地域还是不同地质时代，它们的形态特征十分相似，中间过渡类型很多。如果生物是由上帝创造的，他为什么要创造这么相似的生物？

如果生物是上帝分别创造的，甚至是在不同时期创造的，那为什么它们（至少是邻近地区的物种）如此相似？上帝为什么又要将极为相似的生物安置在相距遥远的大陆上，如南半球的不同大陆上？为什么在气候相同的地区存在完全不同的生物？

如果上帝是万能的、慈爱的、至善至美的，那他为什么要创造残忍杀死猎物的捕食者，如狼、狮子等？为什么要创造看上去不完善的生物，如蛇的行动能力就不如哺乳动物那样好？还要创造一些看上去无用的器官，如男人的乳头、马蹄上的退化小指等？另外，在自然条件下，生物对其生活的环境应该是较为适应的，但为什么不能适应更多的环境？为什么在变化了的环境中生物就无所适从（如鱼类到岸上就会死亡）？为什么上帝不创造出水陆两栖甚至还会飞的完美万能生物？为什么上帝要创造出如此多样的生物而不只是创造出一种或少数几种全能的生物？

5.1.3 自然选择

以上所述是达尔文在完成航海之后所形成的初步的进化论。实际上，这时他后来提出的进化论中的主要内容——自然选择还没有完全成型。而这部分内容的形成和完善需要一本书的出现和达尔文自己对选择的详细考察。

达尔文后来回忆说（1880 年）：“回到英格兰后，我认为按照赖尔研究地质学的模式，尽可能多地收集任何有关动植物在家养和自然条件下的变异事实，我就会得到这个课题的有关线索。我从 1837 年开始作笔记，完全按照培根的科学研究原则工作，不带任何理论地广泛收集证据，主要是家养生物方面的资料，方式是通过与有经验的育种人员和园丁们写信和口头交流以及广泛阅读。当我看到我所读过和做过摘要的各种各样的书籍（包括整系列的期刊学报）时，我自己都惊讶于我的勤奋。不久我就意识到选择是人类创造有用动植物品种的关键，但对自然条件下的生物是如何被选择的一直不得其解。1838 年 10 月，即我开始系统研究了 15 个月后，消遣中我偶然读到了马尔萨斯的《人口论》，它立即启发了我，因为经过长期持续不断的观察，我对动植物的习性及无处不在的生存斗争已有了充分了解。当时我就想到，在这种情况下有利的变异会得到保存，而有害的变异会被淘汰，结果新物种就会形成。从此，我终于得到了可以遵循的理论。”

1）人工选择

家养的动植物随处可见，如猪、狗、牛、羊、鸡、鸭等，达尔文本人还提到过中国人驯化金鱼的历史，它们虽然也十分久远，但相对于自然条件下的生物，其历史仍然是较短的，人类对它们的了解也比较深入清楚。因此可以说，家养的动植物为探讨生物的遗传变异、进化和选择的作用规律等提供了十分有用的信息和现象。

狗是一个突出的例子。达尔文在《物种起源》中说："我研究过全世界的家狗，并且苦心搜集了所有的即知事实，然后得出这样一个结论：犬科的几个野生种曾被驯养，它们的血在某些情形下曾混合在一起，流在我们家养品种的血管里。""甚至全世界的家狗品种（我承认它们是从几个野生种传下来的），无疑也有大量的遗传变异。因为，意大利长躯猎狗、嗅血警犬、斗牛狗、巴儿狗（Pug-dog）或布莱尼姆长耳猎狗（Blenheim spaniel）等同一切野生犬科动物如此不相像，有谁会相信同它们密切相似的动物曾经在自然状态下生存过呢?"

达尔文还详细研究了鸽子的情况。他说："我相信用特殊类群进行研究是最好的方法，经过慎重考虑之后，便选取了家鸽。""鸽类品种间的差异固然很大，但我充分相信博物学家们的一般意见是正确的，即它们都是从岩鸽传下来的，在岩鸽这个名称之下，还包含几个彼此差异极细微的地方族，即亚种。""我补充如下：第一，已经发现野生岩鸽在欧洲和印度能够家养，并且它们在习性和大多数构造的特点上和一切家养品种一致；第二，虽然英国传书鸽或短面翻飞鸽在某些性状上与岩鸽大不相同，然而，把这两个族的几个品种加以比较，特别是把从远地带来的品种加以比较，我们可以在它们和岩鸽之间造成一条几乎完整的系列，在其他场合里我们也能做到这样，但不是在一切品种里都能做到这样；第三，每一品种的主要赖以区别的性状都是显著容易变异的，如传书鸽的肉垂和喙的长度、翻飞鸽的短喙、扇尾鸽的尾羽数目，对于这一事实的解释，等我们论及'选择'的时候便会明白了；第四，鸽类曾受到许多人极细心的观察、保护和喜爱。"

中国的农牧业发达且起源很早，历史典籍也较多。例如，康熙《几暇格物编》（成书于 1662～1722 年）中说："丰泽园中，有水田数区，布玉田谷种，岁至九月，始刈获登场。一日循行阡陌，时方六月下旬，谷穗方颖，忽见一科，高出众稻之上，实已坚好，因收藏其种，待来年验其成熟早否。明岁六月时，此种果先熟。从此生生不已，岁取千百，四十余年以来，内膳所进，皆此米也。"这些甚至也为达尔文进化论提供了部分证据。达尔文在《动物和植物在家养下的变异》中引用《齐民要术》说："改良其品种在于特别细心选择预定作繁殖之用的羊羔，对之善加饲养，保持羊群隔离。中国人对于各种植物和果树也应用了同样的原理。"他又说："在 1596 年出版的中国百科全书（指《本草纲目》）中曾提到过 4 个品种，包括我们称为跳鸡和爬鸡的，以及具有乌毛、乌骨和乌肉的鸡，其实这些材料还是从各种更古老的典籍中收集来的。"达尔文在《人的由来及性选择》中引用了中国金鱼（图 5-1）家养的资料："查考了古代中国百科全书（指《本草纲目》），发现金鱼自宋（建于 960 年）始有家畜者，及至 1129 年这类金鱼已盛行。"《本草纲目》中的原文为："自宋始有家畜者，今则处处人家养玩矣。"

图 5-1　人工选择实例（金鱼的品种很多）

植物中的情况也与之类似，如栽培作物、园艺植物中的小麦、玫瑰花等。达尔文在《物种起源》中写道："关于植物，还有另一种方法可以观察到选择的累积效果，就是在花园里比较同种的不同变种的花所表现出的多样性；在菜园里把植物的叶、荚、块茎或任何其他有价值部分，在与同一变种的花相比较时所表现的多样性；在果园里把同种的果实在与同种的一些变种的叶和花相比较时所表现的多样性。看看各种甘蓝的叶是何等相异，而花又是何等相似；各种三色堇的花是何等相异，而叶又是何等相似；各类醋栗果实的大小、颜色、形状、茸毛是何等相异，而它们的花所表现的差异却极其微小。"

人工选择为达尔文进化论提供了非常重要的信息。①动植物在家养条件下的变异极为丰富；②由于不同地区的人们往往对同一生物的不同性状感兴趣，如有人喜欢短毛狗而另外的人可能喜欢长毛狗，在人类长期有意识的选择作用下，形成了如今多种多样的狗的品种；③变异是可以发生的，尤其是人工选择之下，在几千年中生物就可以发生较大的变化；④生物的变异常是逐渐且缓慢的，如家鸽的品种之间可以排列出完整的演化系列，或者说它们之间没有明显的间断；⑤最重要的一点是，生物可以按照人类的要求发生有方向性的改变。在此过程中，人类不断淘汰不合要求的变异品种，始终如一地坚持挑选出符合自己要求或审美情趣的品种，淘汰劣质品种，长期选育，从而形成自己所希望出现的性状和要求的特征，形成新品种。在人类有意识的、方向性的、长期的选择作用下或淘汰机制下，生物可以发生可观的变异。在一定程度上，它们的变异或变化是如此之大，有时甚至会将它们认为是不同的物种。无论怎样，这些被选择下来的或成功选育的生物品种，是与人类的要求或预想一致的，至少是部分达到要求的，换言之，家养生物是适应于人给它们提供的环境的。

家养的动植物是人类选择的结果，是在“人”这个相对于生物是外在力量的选择作用或淘汰选拔机制的作用下形成的，那么自然条件下的生物是如何形成的呢？在自然界中并没有发现超脱于所有生物的外在力量（诸如上帝等）的存在啊？它们是如何发生有方向的变化的？它们的变化有方向性吗？

2）适应

所谓适应，就是如果生物的某一个特征有助于增加其适应度的话，也就是说这个特征有助于一个生物或者一个社会群体的生存及生殖成功，那么这个特征就是适应的。或者定义为：适应是某种生物的一种特性，这种特性可能是一种结构、一种生理特性、一种行为或者其他特征，拥有这种特征会有利于生物在生存斗争中取胜（Mayr，2003）。简单地讲，适应就是生物体及它所具有的器官在功能和形态上与环境协调一致，也就是有利于特定生物体的生存和繁殖。

适应是普遍存在的，例子不胜枚举。昆虫的口器多种多样，各有各的功能和用途：蝗虫口器适合于切吃植物，蛾与蝶的口器适合用于吸食花蜜，蜜蜂的口器既可用于吸食花蜜又可用于嚼食花粉，苍蝇的口器专门用于舔吸流质食物等。

鸟类的爪千差万别，有专门用于捕捉的（鹰、隼）、游泳的（鹅、鸭）、行走的（鸡、鸽）、奔跑的（鸵鸟）、攀爬的（啄木鸟）等；喙也千奇百怪，有专门用于撕咬的（猛禽）、过滤的（鸭、火烈鸟）、啄食的（鸡、麻雀）、咬锯的（鹦鹉）、开凿的（啄木鸟）等。

生活在炎热、干旱地区的植物叶子缩小，根和茎有储水功能，且往往长有长刺等。

生理上的适应也很多，如动物的冬眠和夏眠、表层血管在夏天开放而在冬天收缩、缺水地区的动物排泄尿酸、寒冷时的颤抖、季节性的换羽或换毛等。一些植物代谢过程中采用C_4循环，气孔白天关闭以减少水分蒸腾等。

动物行为上的适应就更多，如打洞逃避敌害、躲藏不良环境和气候、条件好时多吃多喝以备将来之需等。

适应的最典型代表有保护色（图 5-2）、警戒色、拟态、特化等，其他还有协同进化、同源异形器官、趋同等。

当然适应也是相对的，特定生物只能适应特定的环境，如果环境发生改变或异常，它们就很难作出较大的改变，有的甚至因无法改变而濒临灭绝，如大熊猫在竹子开花时生活就十分困难，鱼离开水就不能存活等。另外，自然界并没有出现万能的生物，历史上灭绝的生物多得是。

无论如何，就现在的特定生物来说，它是与环境适应的，这种情况与家养生

图 5-2 适应示意（生物的体色斑纹等往往会与环境协调一致）

物适应于人类的要求类似。由于家养生物是人类选择造成的，那么自然条件下生物的这种适应性是谁选择形成的呢？那肯定是自然本身。但是自然并没有人类所具备的意识，它是如何选择的呢？它选择的标准是什么？自然既然没有意识，可它为什么还要选择呢？

3）过度繁殖和生存竞争

达尔文在航海过程中以及之后的几年中，对生物适应于自然条件的原因及机理思考颇多，对人工选择有诸多观察和研究，一直试图找寻出自然选择的真正原因、机制和方向。1838 年 9 月 28 日，达尔文读到了马尔萨斯《人口论》（1835）中的这句话："因此，可以很有把握地说，如果不受到限制，人口将每 25 年翻一番，按几何级数增长。"既然在人类中会产生这种现象，在生物界是否也有这种现象？

在自然界中，生物过度繁殖的情况是十分惊人的，想一想一棵树上的种子、一只蛙所产的卵就会得到部分印象（图 5-3）。达尔文在《物种起源》（1859）中说："只要生产两颗种子（实际上没有这样少产的植物），每颗长成幼苗于次年再生两颗，依此类推，在 20 年内即可得到一百万株植物。在一切已知的动物中，大象是被认为生殖最慢的，我曾费了不少力去估计它自然增加率的最低限度。我们可以很稳当地假定它能活 100 岁，自 30 岁起开始生产直到 90 岁为止，在这时期中间共产 6 子，如果这样，在 740～750 年以后，就可以有近一千九百万头的象生存着，它们都是由最初的一对配偶传下来的。"

图 5-3　过度繁殖示意（一株植物所产生的种子往往数量惊人）

而实际情况是，自然条件下生物种群中的个体数目变化是不大的。肯定有一些被淘汰，而被淘汰的肯定是那些不适应生存竞争的个体。在这里，达尔文找到了进化的原因和动力，就是自然选择。他说："全世界所有生物之间存在的生存斗争，是它们以几何级数提高数量不可避免的结果。这是马尔萨斯学说在整个动物界和植物界的应用。"

达尔文在《物种起源》中对自然选择的定义为："每一物种所产生的个体数目，远远超过其可能生存的数量，结果便引起反复的生存斗争。任何有机体在复杂且不时变化的生活环境中，如果发生任何有利于自身的变异，无论其多么微小，其生存机会就会较大，即被自然所选择。另外遗传学原理告诉我们遗传作用十分强大，这种被自然所眷顾的变异类型会倾向于繁殖出新的拥有这种优势的类型。"

如果用一句话来表达达尔文的进化理论，那就是：种群中的不同个体具有不同的生存和繁殖能力及其相关特征，在自然选择作用下，随着时间的流逝，这个种群就会改变。至于改变的结果，要么是种群的生存和繁殖能力得到提高而更加适应环境，要么是种群走向灭亡。

5.2　达尔文进化论的写作和发表

到 1839 年时，达尔文关于物种形成和进化的主要观点都已形成，并时断时续地开始写关于这方面的长篇论文，到 1844 年已写成 230 页。然而，他是作为博物学家进行环球考察的，必须完成所要求的地质学方面的研究。另外他还要扩充证据并顾忌到社会氛围和接受程度。因此，他对论文的写作并不急迫。但一个人的出现、一封来信改变了这一切。

5.2.1 华莱士

如果说，达尔文形成进化理论是因自己的兴趣和爱好的话，那么华莱士能够提出进化论则更多地是源于生活所迫。他比达尔文小 14 岁，家境贫寒，当达尔文完成环球航行回到英国的那一年，华莱士辍学了。20 岁之前，他一直靠当徒工和野外调查员过日子。这段时间中，他学到了很多绘图、测量等方面的技能。20～25 岁，他一方面坚持利用业余时间学习，另一方面利用他学到的这些技能进行教学活动和一些野外调查工作以便谋生。在教学期间，他认识了 Bates（Henry Walter Bates，1825～1892 年，后来成为著名的生物学家），两人都对昆虫感兴趣，又都受达尔文、赖尔等远航的事例激励，故 1848 年他们就结伴去南美洲采集标本，一方面可以考察和探讨物种起源和形成的原因，另一方面也可以靠卖标本挣点钱。经过 4 年采集和考察，华莱士于 1852 年 10 月 1 日回到英国，但却是死里逃生，因回航的船只发生火灾，他丢失了所有标本和大部分笔记本。

在接下来的两年中，他整理那些抢救出来的险被火烧掉的笔记本并写作文章，还与达尔文见过一面（O'Connell，2009）。1854～1862 年，华莱士又到东南亚采集标本，并不时地写作物种起源方面的论文。1855 年华莱士在《自然历史年报》上发表了《论新种产生之决定规律》（*On the Law which has Regulated the Introduction of New Species*）的论文。1858 年 6 月 18 日，居住在伦敦郊外正在埋头研究进化论的达尔文，收到了华莱士寄来的另一篇论文稿件，题目是：《论变种与原型无限偏离之趋势》（*On the Tendency of Varieties to Depart Indefinitely from the Original Type*）。华莱士是想让达尔文帮他看看文章的质量和创见，如果可能就拿去发表。

在第 1 篇文章中，华莱士将时间和空间两个指标引入到对生物分布的考察上，认为地球表面是不断变化的，生物的分布与其密切相关，并提出："在时空中，每一物种都与它最近缘的物种共存。"可以说，在这篇文章中，华莱士已认识到生物进化的结果和现象，但没有认识到进化的原因。

华莱士有关物种起源的第 2 篇文章是一篇杰作，在相当程度上它可以看作是达尔文《物种起源》一书的摘要或精华再现。文章一开始，华莱士就提出"物种不变论"是错误的，因为它只是一种假说，没有证据支持。而根据他的观察，无论是家养生物还是野生生物都有各种变异存在，且这种变异可以持续发生并能形成新的生物类型。接着，华莱士提出自然界中的生物是依赖于环境的，因而受到环境的制约。然而，有一些相似生物的数量却相差很大，这也许是它们的繁殖能力差异造成的，如果仔细考察就会发现，生物的繁殖能力是惊人的。他举例说："每年只生 2 个或更少子女的鸟是很少的，大部分鸟类每年可生产 6 个、8 个或者 10 个后代，4 个肯定是低于平均数的。如果假定一对鸟在一生中只繁殖 4 次（这个数也是低于平均值的），且没有因其他伤害或食物造成死亡，那么这种鸟类的数目将是惊人的！在 15 年中，从一对鸟开始的种群数目可达到一千万左右。"

既然生物的繁殖能力惊人，那么为什么地球上没有这么多生物呢？这肯定是有部分生物被淘汰，而生存下来的肯定是较能适应环境的。"正如我们开始就强调的，在生存竞争中弱小和不太完美的生物被淘汰了。""但我们绝没有理由相信，任何地区的鸟类数目会在 15 年甚至 150 年内有任何增加。所以鸟类每年死亡的数目，显然是非常可观的，事实上可能和生产的数目相等。按照最低限度计算，每年生产的幼鸟至少两倍于它们父母的数量，因此不论现在生存于任何一个区域的平均只数有多少，每年死亡的数字一定在这个数字的两倍左右。"

由于存在着生存竞争，就必然造成一个物种的部分个体比其他个体具有更强的适应能力。长此以往，"我们会看到自然界存在着一种趋势，就是一个物种的变种会越来越远地离开其原型"。"这种变型会取代原来的物种，它成为一种更完善、更有活力的类型。"家养生物的情况也与之类似。

华莱士还讨论了拉马克假说的不正确性。"拉马克的假说被研究生物及其变型理论的学者多次证明是错误的，他认为物种的进步性变化是因为生物具有提高它们器官、结构和习性的内在愿望。"

华莱士后来回忆说，他也是从马尔萨斯的人口理论中得到"生存竞争、过度繁殖和自然选择"的灵感的。

5.2.2 进化论的发表

华莱士寄给达尔文的论文稿件中的观点，与达尔文正在考虑的且已写成部分书稿的进化论有惊人的相似之处，这让达尔文大为惊讶，一度想隐藏自己的学说和理论。在赖尔和胡克（Joseph Dalton Hooker，1817～1911 年）等朋友们的催促和鼓励下，达尔文后来同意将自己的进化论书稿摘要与华莱士的论文稿件一起发表。于是，赖尔和胡克就将达尔文的书稿摘要、达尔文一封包含有进化论思想的信（以确认首创权），以及华莱士的论文稿件在 1858 年 7 月 1 日召开的伦敦林奈学会会员大会上作了宣读，并发表于 1858 年 8 月 20 日出版的《伦敦林奈学会学报》上（图 5-4）。一年后，达尔文的《物种起源》出版，这宣告了进化论的正式诞生。

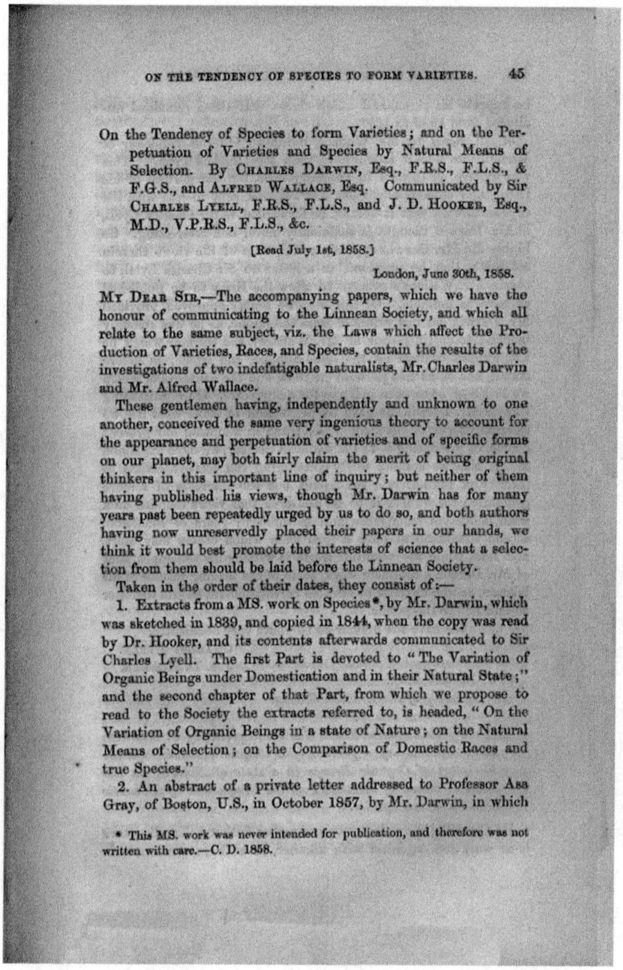

ON THE TENDENCY OF SPECIES TO FORM VARIETIES. 45

On the Tendency of Species to form Varieties; and on the Perpetuation of Varieties and Species by Natural Means of Selection. By CHARLES DARWIN, Esq., F.R.S., F.L.S., & F.G.S., and ALFRED WALLACE, Esq. Communicated by Sir CHARLES LYELL, F.R.S., F.L.S., and J. D. HOOKER, Esq., M.D., V.P.R.S., F.L.S., &c.

[Read July 1st, 1858.]

London, June 30th, 1858.

MY DEAR SIR,—The accompanying papers, which we have the honour of communicating to the Linnean Society, and which all relate to the same subject, viz. the Laws which affect the Production of Varieties, Races, and Species, contain the results of the investigations of two indefatigable naturalists, Mr. Charles Darwin and Mr. Alfred Wallace.

These gentlemen having, independently and unknown to one another, conceived the same very ingenious theory to account for the appearance and perpetuation of varieties and of specific forms on our planet, may both fairly claim the merit of being original thinkers in this important line of inquiry; but neither of them having published his views, though Mr. Darwin has for many years past been repeatedly urged by us to do so, and both authors having now unreservedly placed their papers in our hands, we think it would best promote the interests of science that a selection from them should be laid before the Linnean Society.

Taken in the order of their dates, they consist of:—

1. Extracts from a MS. work on Species*, by Mr. Darwin, which was sketched in 1839, and copied in 1844, when the copy was read by Dr. Hooker, and its contents afterwards communicated to Sir Charles Lyell. The first Part is devoted to "The Variation of Organic Beings under Domestication and in their Natural State;" and the second chapter of that Part, from which we propose to read to the Society the extracts referred to, is headed, "On the Variation of Organic Beings in a state of Nature; on the Natural Means of Selection; on the Comparison of Domestic Races and true Species."

2. An abstract of a private letter addressed to Professor Asa Gray, of Boston, U.S., in October 1857, by Mr. Darwin, in which

* This MS. work was never intended for publication, and therefore was not written with care.—C. D. 1858.

图 5-4 1858 年 8 月 20 日出版的《伦敦林奈学会学报》
上刊登的达尔文与华莱士的文章首页

5.3 《物种起源》的主要内容

《物种起源》前后出版过 6 版。其最后一版（1876 年，中译本 1972 年出版）的主要内容有如下几个。

（1）已有部分前人零星或只言片语地讨论过物种起源问题，但都不太系统或不太科学；有个别人的讨论已非常接近本书作者的意见，但内容往往很少，也没有专门论述。

（2）在家养状态下，变异极为多样、显著；其原因可能是在家养条件下，环境更为多样，人工选择的方式和方向也更为多样；物种、品种和变种之间区别极小，不易区分或定义。

（3）在自然条件下，变异也很常见，如不同个体之间的差异、中间过渡类型的区分困难等；分布范围广、种类多的类群（如种或属）其变异性往往较大，中间过渡类型也较多。

（4）自然条件下变异的积累是由于自然选择作用造成的。之所以有自然选择，是由于存在生存斗争，包括生物与外界环境之间、生物不同个体之间、物种与物种之间都存在着为生存而进行的斗争。而生存斗争的产生主要是由于生物的过度繁殖。

（5）自然选择的方向是保存适应者，或者说适者生存，如适应环境的个体、受异性喜好的个体的性状容易保存，有大量的事例可以证明这一点。当然，适应环境在我们人类看来可以是“有利的”，也可以是“退化的”。由于不同地区或不同环境下，自然选择对生物的作用方向不一致，就造成了性状分歧、同源异形、异源同形等现象。

（6）变异的产生原因及规律不太清楚，但环境条件的改变和生物体本身特性可能是两个主要因素。用进废退也是存在的，并且在大多数情况下实际是由自然选择造成的。变异往往不是单个的、局部的，由于器官的相关性，变异往往造成全局性、整体性的变化。由于选择或营养不足的原因，当生物体的某个器官改变较大时，另外一些器官可能就会退化。不重要的、非关键的特征、看上去无用的器官容易变异。

（7）自然选择学说也有很多目前似乎不能解释的现象。例如，既然生物是逐步进化而来的，那为什么没有很多中间过渡类型？很多生物为什么看上去是有明显间断的，如杂种不育等？一些异常复杂和精巧的结构，如眼睛、发光鱼类或一些昆虫的发光器，以及意识性的本能、美感等，是否真是自然选择造成的？当然，如果假定中间过渡类型不易保存、化石记录不完整，并考虑这些特殊构造的一致性和长期的选择作用，自然选择学说也并非完全不能解释这些现象。

（8）在时间维度上，生物也是逐渐演化的；在地质历史中，有大量生物灭绝；无论是现存物种之间还是化石物种之间，都有或近或远的亲缘关系。

（9）生物在地理上的分布有其本质特点，并不能用气候等物理条件来解释。例如，在相同的气候条件下，“旧大陆”和“新大陆”的生物完全不同，而在分隔很远的大陆上（如南半球的大陆之间），却有着很相似的生物；在同一大陆之内的生物往往具有更近的亲缘关系。这些都表明，生物有共同的起源，并由起源中心向外扩散，淡水生物和岛屿生物的特点明白地表明了这一点。

(10) 自然选择的进化理论有很多证据，如形态学的、胚胎学的和痕迹器官等。

5.4 达尔文进化论的主要内容

Mayr (2003) 认为，最好将进化理解为每一个生物群体中的个体，所经历的从一代到另一代所发生的遗传更新。进化可以简单地解释为“进步的变化”，或者说“有方向的变化”。进化论就是关于生物已经经历、正在发生和将要发生的方向性变化的理论。这涉及这样几个问题：生物是变还是不变的，或者说是改变着的还是静止的？如果是变的，那么这种变化是单向的还是杂乱无章的，或者是其他形式的，如周而复始的循环等？如果生物是进化的，那么进化的动力和机制是什么？

达尔文的进化理论有 5 个方面的主要内容，回答了所有以上问题：①物种不是恒定不变的，而是可以改变的，在长期改变之下可形成新的物种；②所有的生物都来自于共同的祖先，即有共同起源；③进化是逐渐的（不存在跳跃、间断）、缓慢的；④物种数目是由少到多的（多样性的起源），是由原始祖先逐渐分歧形成的；⑤进化的动力和机制是自然选择。进化论的核心是关于进化动力和机制的阐述，这就不难理解达尔文有关进化论的原始论文和书的题目中，为什么都带有“自然选择”这个词了。

达尔文进化理论的核心内容有二：一个是共同起源学说，解释了生物起源问题；另一个是自然选择学说，提供了进化的机制和原因。

5.5 评　　论

无论是从当时还是现在来看，达尔文与华莱士提出进化论的过程和原因有许多一致性或类似的地方，如他们都到南美洲、东南亚进行过长期考察和标本采集，都在海岛上进行过较长时间的考察，都对广泛的动植物门类进行过研究和实物鉴别，都读过马尔萨斯的《人口论》、赖尔的《地质学原理》、拉马克的《动物哲学》、钱伯斯的《遗迹》等，都对物种起源问题感兴趣，都想找寻物种起源的客观原因和机制，都将时间和空间因素同时引入到物种起源的原因考察中，都观测到人工选择的显著效应等。因此，从某种程度上看，19 世纪中叶进化论的提出虽是一种历史的必然，也与达尔文和华莱士两个人的个人特质和经历有关。

欧洲是现代文明的发源地，科学研究在“文艺复兴”之后得到了长足发展。然而，西欧面积相对较小，同质化程度也较高，这些地区的生物物种多样性是有限的。如果固守在英国、法国或德国等较小地域内，所观察到的生物尤其是动物的种类也是有限的，特别是大型高等哺乳动物之间的区别也是相对明显的。因而，要找出生物变化或过渡的证据是十分困难的。达尔文与华莱士的足迹远达南美洲甚至澳大利亚，在如此遥远的地区，他们发现生物种类与欧洲的种类完全不同，但仔细观察后会发现，这些地区的生物种类也并不是什么怪物，它们的体制、模式等与其他地区的并无二致。同时，如果将全球范围内的所有类似生物综合起来考察，就会发现生物与生物之间的区别并不是十分巨大的，在极端的类型之间总会找到或多或少的中间过渡类型。例如，鹌鹑与孔雀的区别确实十分巨大，但如果将鸡、雉等考虑在内，它们之间的进化和过渡趋势就十分明显。尤其重要的是，这种现象在许多生物类群中都存在，这种一致性和巧合性只有对众多生物有全面考察和具有广博知识的人才能体会到。因此可以说，对更大范围内，更多生物类型的了解和考察是提出进化论的必备条件之一。只有在这种条件下，变化、演化和过渡等内容和实质才能显得清楚明白。

面积较小的海岛是生物演化的集中展示场。这在当时可能不太被理解，但现象却是明显的。用现在的眼光来看，由于海岛面积较小，只能容纳种类有限的生物，因而此地区的生物竞争十分激烈。同时，大洋中的小岛往往都是海底火山爆发之后地质隆起形成的，因此相对于大陆而言，它们的历史相对较近，生物演化的历程也相对较短，容易发现生物之间的联系和区别。还有，由于小岛形成时其上并无任何生物，有许多空的生态位，这为生物的快速演化提供了条件，如在其他地方是灌木的植物，在海岛上有可能形成大树，吃种子的雀有可能在海岛上吃昆虫等。另外，在不同小岛上类似的生态位中也能形成类似的物种，如两个小岛上都有生活在树皮和树叶上的类似的蜥蜴等。更重要的是，由于能抵达海岛的生物相对较少，会形成奠基者效应，再加上海岛上特有的气候条件等，海岛上的生物与大陆上的生物往往有较明显的区别，形成许多自己的特有种等。达尔文与华莱士可能没有意识到，他们的海岛之行犹如我们进入了现代动物园或世界公园，在有限的时间内就可以对生物或世界有个大概了解。

如果说海岛生物是自然条件下生物进化的集中展示，那么家养生物则是人工选择和干预条件下生物快速演化的集中展示。有记载的人类历史也不过万年，而经人工选择和淘汰机制形成的农作物、家禽、家畜等种类却已十分繁多，如各种青菜、甘蓝、金鱼、狗、鸽等。这些不同品种的生物是在人类有目的选择下，朝着人类希望的方向不断发展，从而形成现今的格局。由于世界各地、不同民族的人们可能对同一种生物（如狗）有特别的爱好和要求，他们对它的选择方向就可能不同，如有人喜好敏捷的狗也有人爱好慵懒的狗，这就造成许多不同品种狗的出现。这种生物的可塑性、变化性、可选择性以及选择的方向性等，给达尔文与华莱士留下了极深印象和深刻启示。

同时，无论承认与否，达尔文与华莱士都深受牛顿物理和赖尔地质原理理论的影响，都想在自然界中找到可观察到的作用力而非不可验证的内在意识作为生物进化的机制和动力。因而，当他们读到《人口论》中人或生物本身所具有的过度繁殖和生存竞争现象及机制时，就会不约而同地眼前一亮，才能豁然开朗地将自然选择作为进化的机制和原因。

总之，就像摩尔根用繁殖周期短、易于饲养的果蝇作为遗传学实验材料，来代替像孟德尔的豌豆或其他人所使用的作物一样，达尔文与华莱士所观察的家养生物和海岛生物是浓缩了的生物进化过程，是极好的实验材料和观察对象，它们所展示出来的现象和机制是那么多样和统一、清楚和明显，这对正在苦苦寻找生物进化机制，有着广博生物学、地质学和社会学知识背景的达尔文与华莱士而言，无疑是合适的大脑在合适的地点、合适的时间闪现出了迷人的思想火花。

6　确凿的进化论证据

追随证据，无论它引向哪里！

——苏格拉底

达尔文提出进化论的同时，提供了多种支持进化论的证据，并在后来不断得到多方面的补充和扩展。因此可以说，进化论虽然是一种学说，但已经是一种“事实”，有多方面的证据可以证明（Mayr，1969；1988；1991；Dobzhansky，1973；Coyne，2009）。

6.1　生物进化的经典例证

6.1.1　生物进化的直接证据——化石

当任何人看到诸如猛犸象、恐龙这样的史前生物化石时，都会受到极大的震撼。那些保存在琥珀中的化石是如此精美，让人叹为观止，这也可能是如《侏罗纪公园》等电影流行的原因之一。有人接着可能就会问：它们还活着吗？人类找遍了整个地球，没有发现它们的任何踪迹。它们去了哪儿？一些人，如拉马克认为，它们都进化成了其他的现存生物，由于发生了很大的改变，现存的生物与化石已极其不同。而达尔文等却认为它们都已灭绝。仔细研究化石生物的特征，就会发现：①它们虽然与现生生物有巨大的差异，但仍可被安排到现行的分类体系中去，它们当中没有真正的怪物。②化石越古老，和现存种的差异就越大。③在邻近的岩层中出土的化石，要比时间相距较远的岩层中发现的种类亲缘关系近。同时，按年代远近顺序排列就可发现，各类生物化石在地层中的出现有一定规律，即从简单到复杂、从低等到高等、从水生到陆生。④某一大陆上出土的化石总是与本地的现存种的亲缘关系更近，如南美洲的化石犰狳与南美洲的现生犰狳最像。⑤许多过渡类型的化石动物的存在（如始祖鸟、三趾马等），完全可以说明动物之间的亲缘关系，并且表明生物是逐渐进化的。现在已发现了很多保存得十分完好和齐整的化石，如马的演化系列、四足动物的演化系列、爬行动物到哺乳动物的演化系列、有蹄动物到鲸的演化系列、古猿到人的演化系列等（图 6-1），它们充分说明了生物是逐渐进化的。

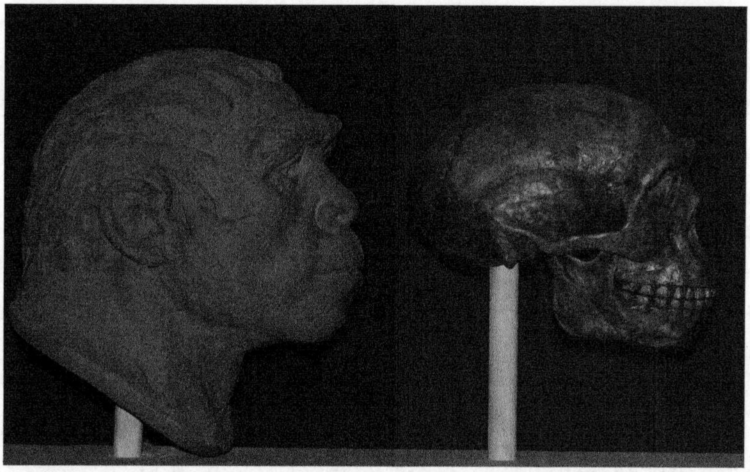

图 6-1　化石示例（北京猿人 *Sinanthropus pekinensis* 化石模型）

6.1.2　孑遗生物

鸭嘴兽、袋鼠、水杉、银杏、蕨、蜉蝣等孑遗生物是活化石，代表了进化历程中的一些古老类群或侧支，保留了很多祖先的特征。它们的存在完全说明了生物是进化的。

蜉蝣（昆虫纲 Insecta：蜉蝣目 Ephemeroptera）的生活史包含 4 个阶段，即卵、稚虫、亚成虫（图 6-2）和成虫。与其他所有具翅昆虫不同之处，蜉蝣的亚成虫与成虫都具有翅和飞行能力。换言之，蜉蝣成虫期具有两个龄期，或成虫期仍然蜕皮一次。蜉蝣稚虫与亚成虫以及成虫的外形差别很大，生活环境不同，又

图 6-2　孑遗生物示例（蜉蝣亚成虫）

有亚成虫期，这种变态类型常专门称为原变态。Kukalová-Peck（1991）认为，原始有翅类（包括蜉蝣）稚虫到成虫之间无明显的变态过程，翅的发生和发育是逐步的和渐进的，且翅芽与胸部之间具有可动的关节。翅的完善需要有若干龄期，即真正的成虫期之前有若干相当于蜉蝣亚成虫期的龄期。现今蜉蝣只有一个亚成虫期，是原始多个类似于亚成虫龄期集中或遗留的结果。

关于昆虫翅的起源存在数种假说，如背板起源说、鳃起源说和针突起源说。根据 Kukalová-Peck（1991）的意见，蜉蝣稚虫腹部的鳃与胸部的翅同源。因为：①一些蜉蝣稚虫鳃的形态和结构与翅非常相似（前缘骨化加厚、都有气管、都为扁平叶状结构）；②鳃和翅都是按节排列的，并且都由相同的肌肉控制，有些蜉蝣的鳃有很强的活动能力；③蜉蝣稚虫的头胸部除翅外绝没有扁平的鳃样结构；④鳃与翅均着生于下基节和背板之间、气门之上；⑤一些现生蜉蝣成虫在腹部仍然保留着似翅的“鳃”样残迹。蜉蝣稚虫具有的这些特征，在某种程度上代表了原始有翅昆虫的模式。

另外，蜉蝣与无翅昆虫衣鱼类 Zygentoma 类似，尾部都具长而分节的尾丝，再加上蜕皮次数相对较多等特征，可以说蜉蝣代表了无翅昆虫和有翅昆虫之间的过渡类型，是一类真正的活化石。

6.1.3　同源器官

同源的定义是：两个或多个类群中的某一性状若来源于最近共同祖先的同一（或相应）性状，则这一性状是同源的，这些器官就是同源器官。最典型的同源器官的例证是哺乳动物的前肢，如人、黑猩猩、鲸和蝙蝠的前肢（图 6-3），尽

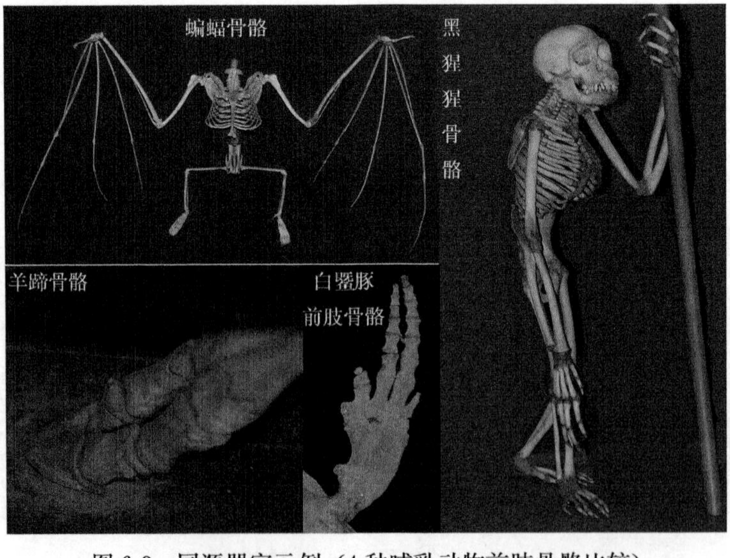

图 6-3　同源器官示例（4 种哺乳动物前肢骨骼比较）

管它们在形态和功能上差别很大，但骨骼的基本结构是完全一样的。对这种现象的唯一解释，就是它们是由共同祖先进化来的。它们之所以有这么大的不同，是因为适应不同的环境逐渐进化而成的。

6.1.4 趋同

分类上相差很大的生物，如果生活环境相同，则形态上可能会极其一致。例如，海洋中的软骨鱼鲨鱼和哺乳动物鲸鱼，它们的外形极为相似，但却属于完全不同的生物类群。另外，如蝙蝠的翼和鸟类的翅，在功能和形态上也很相似（图 6-4）。大洋洲的有袋类在缺乏竞争的情况下，独立进化出很多类似于胎盘类的类型：袋狼相当于北半球的狼，袋鼹类似于北方的鼹鼠，袋貂类似于鼯鼠。另外，像美洲和非洲的豪猪、新大陆的秃鹰（隶属于鹳科 Carthartidae）和旧大陆的秃鹰（隶属于鹰科 Accipitridae）也是趋同进化的典型。同样是吃食花蜜的鸟在不同的地区有四个主要类型：蜂鸟（雨燕目蜂鸟科 Trochilidae，美洲）、太阳鸟（雀形目太阳鸟科 Nectriniidae，非洲和南亚）、蜜雀（雀形目吸蜜鸟科 Meliphagidae，澳大利亚）和蜜旋木雀（雀形目管舌鸟科 Drepanididae，夏威夷）。

为什么会这样呢？合理的解释就是它们为适应类似的环境而逐渐进化而来的。

图 6-4 趋同进化示例（蝙蝠的翼、鸟的翅膀和昆虫的翅）

6.1.5 保护色和拟态

保护色是指生物的颜色与环境一致的情况，有时几乎将它们完全隐于环境中。拟态则不仅指颜色方面，还指形态、外形、动作等多个方面，生物与环境或生物与生物相互模仿的现象。这其中突出的例子有变色龙、乌贼、竹节虫和枯叶蛾等（图 6-5）。这些生物的这些特征肯定是因适应环境而逐渐进化得来的。如其不然，为什么它们不与其他东西相同？

图 6-5　拟态示例（似叶的蛾）

6.1.6　协同进化

生物界协同进化的例子比比皆是，如猎豹与羚羊的奔跑速度之间就存在着协同进化，蜂鸟的喙与花的形状之间也存在着类似的关系。最引人注目的例子是昆虫与植物的协同进化关系（图 6-6），其中尤其是对兰花与传粉动物之间的关系

图 6-6　协同进化示例（蝴蝶的管状长喙与花管的长度之间存在着相互适应的关系）

研究得最好（Dodson et al.，1969），这些生物之间的关系是相当固定和专一的（表 6-1）。

表 6-1 由不同动物传粉的兰花比例（Dodson et al.，1969）

传粉动物	所占比例/%	传粉动物	所占比例/%
膜翅目 Hymenoptera		其他生物	
黄蜂 wasps	5	蛾类 moths	8
低等蜂类 lower bees	16	蝴蝶 butterflies	3
木蜂 carpenter bees	11	鸟类 birds	3
社会性蜂类 social bees	8	蝇类 flies	15
长舌花蜂 euglossine bees	10	复合类型 mixed agents	8
多种蜂 mixed bees	10	无性繁殖类型 apomictic	3

达尔文在《兰花的传粉》（1862）中描述了马达加斯加岛一种“令人惊骇”的兰花（*Angraecum sesquipedale*），它的花管长达 29.2 cm，花蜜位于花筒底部。他当时预测说，在马达加斯加岛肯定有一种长喙的昆虫（蛾子），不然兰花无法传粉。1903 年，为这种兰花传粉的长喙天蛾（*Xanthopan morganii praedicta*）终于找到，喙长 25cm。可见，花管长度与传粉动物喙的长度之间有明显的协同进化关系。

6.1.7 进化辐射

夏威夷群岛上生活着超过 700 种果蝇（*Drosophila* spp.）（DeSalle，1992），几乎占世界种类的一半，而且几乎都是当地的特有种。而夏威夷群岛中几个主要岛屿的年龄为 550 万～50 万年。这些果蝇都是在这相对较短的时间内由祖先进化而来的。另外，夏威夷群岛上的其他生物（如蜜旋木雀、天竺葵、银剑树、浆果苣苔等）也都有类似的辐射现象。

另一个经典的例子是加拉帕戈斯群岛上的达尔文雀。现存的 14 种由 200 万或 300 万年前的一个祖先分化而成（Grant，2004）。

全世界有超过 3000 种的丽鱼（Cichlidae），在东非的湖泊中就生活有近 2000 种，其中维多利亚湖（Lake Victoria）中有 500 余种，而这个湖在 14 700 年前曾干涸过，说明这些鱼都是在近 1.5 万年中演化而来的（Verheyen et al.，2003）。

为什么在一个地方有如此多的物种而在其他地方却没有或很少？如果生物是神创造的，他为什么要这样安排？

6.1.8 痕迹器官和特殊构造

图 6-7 痕迹器官示例（鸵鸟的翅膀小而无飞行能力）

现生的鲸是无后肢的，但在体内它们却拥有退化的后肢骨。在一些蛇类（蟒蛇 *Python*）也有这种类似现象。另外还有人类的立毛肌、尾椎骨、阑尾、智齿等，不会飞的鸟（如鸵鸟）的翅（图 6-7）、生活于黑暗中的生物的眼睛、寄生性植物体内的叶绿体等。这些构造的存在只能说明，这些生物是由原始祖先（如可能具有后肢和尾巴等）进化来的。

熊类属于食肉目，但其中的大熊猫却是吃竹子的素食者。与之对应，大熊猫的一枚掌骨延长形成一个假指骨，用于抓握。这种特殊构造肯定是适应环境的进化结果。

在分子水平，基因库中有大量假基因存在（Nishikimi et al.，1994）。与痕迹器官类似，它们也是随着演化而逐步退化的结果。

6.1.9 进化事件

人类观察到的第一个明显的进化过程是工业黑化现象。生活在英国曼彻斯特附近的桦尺蠖（*Biston betularia*）有两种形态：一种体色较黑，另一种体色较浅。在工业革命以前，环境相对较好，植物上的浅色苔藓较多，这时浅色桦尺蠖较多，完全超出统计学预期。但到 1900 年左右，人们发现黑色蛾的数量反而明显较多。经过分析，这是因为在工业化过程中，环境相对变坏，树干上的苔藓被工业废气中的烟尘熏黑，这时浅色蛾容易被天敌发现而存活概率较小，黑色蛾存活概率较大，在生存竞争中具有优势。随后，英国人痛改前非，减少污染物的排放，到 20 世纪中期以后，浅色蛾的数目因环境品质变好而再次上升。由此可见，环境对生物是有筛选作用的。

另一个有案可查的进化事例是兔子在澳大利亚的遭遇。就在《物种起源》出版的同一年，有好打猎者 Thomas Austin 将 24 只欧洲野兔从英国带到了本没有兔子的澳大利亚。由于缺少天敌和竞争者控制其增长，几十年后澳大利亚几乎到处都是兔子。由于数目极多，严重破坏了生态平衡，也影响了当地生物和人类的正常生活和生存。为控制其数量，后来澳大利亚政府采用引进病毒的办法来消灭兔子，到 1952 年时已见到明显效果。但接下来却发现，兔子对病毒产生了一定的抵抗力，结果兔子数目有所回升。可见在选择作用下，生物是会发生改变的。

Grant 和 Grant（2006）报道了加拉帕戈斯群岛上的达尔文雀 33 年的观察结果。地雀（*Geospiza fortis*）在有竞争者（*G. magnirostris*）的情况下，如果食物短缺，其喙的大小会发生明显分化。

细菌和昆虫的抗药性增加也是进化的极好例证。1940 年青霉素诞生，在当时几十万单位的“神奇药物”就可以挽救一个人的生命，而现在，常用的是上千万单位的青霉素。肺炎链球菌过去对青霉素、红霉素、磺胺等药品都很敏感，现在几乎“刀枪不入”。1999 年测定山东聊城棉蚜对氰戊菊酯抗药性高达 12 171 011 倍，寿光种群为 2 745 913 倍（黄清臻等，2005）。

6.1.10　人工选择

世界上狗的品种有上千种，它们都是由狼经人工驯化而来的。在形态上，不同狗之间有时差别极大，如身长超过 2 m 的苏格兰牧羊犬到极小的哈巴狗（图 6-8）。可见人工选择的力量是很大的，生物的可塑性也是很强的。其他典型的人工选择的例子有卷心菜、番茄、辣椒、玉米、小麦、鸽子等。

图 6-8　人工选择示例（狗的不同品种之间有时差别很大）

6.2　共同由来的经典例证

以上关于进化的很多例证也可以用作共同由来的例证。例如，同源器官的存在，一方面说明了由同一的祖先器官可以进化出不同的形态结构，另一方面也证明了同源器官是有共同祖先的。还有多方面的证据可以证明生物的共同由来。

6.2.1　形态学证据

亚里士多德就发现，一切哺乳动物不仅具毛和其他外部特征，而且五脏六腑也都彼此相似。或者说，它们的体制等方面是相似的。在其他生物门类内，也都存在着类似的情况。为什么是如此？一个另人信服的解释就是它们是由共同祖先进化来的。

6.2.2　胚胎学证据

胚胎学是指研究个体发育过程及其建立器官机制的科学。在《物种起源》出版之前，对胚胎的研究就已揭示出：①多细胞动物胚胎发育早期的主要阶段极为相似，后来才越来越不相同，分类地位相差越远的动物，差别越大；②很多生物的发育要通过极其迂回的途径，如蝙蝠的翼和海豚的鳍在胚胎早期并没有出现，陆栖的脊椎动物胚胎要经过鳃弓阶段，高等脊椎动物有脊索。营固着生活的藤壶在发育过程中，有一个自由游泳的幼虫期，这与自由生活的桡足类（都是甲壳动物）极其相似，另外它们幼虫的形态也几乎别无二致。螃蟹的发育过程与虾的发育过程几乎一样，只是在胚胎后期，螃蟹的腹部才缩短变小成如此的体态。人类的胎儿具有胎毛，新生儿有“抓握反应”，表明人与猿猴类确实具有共同的祖先。

这些事例显示出生物是由共同祖先进化来的。

6.2.3　生理生化证据

在这方面有多种证据，最明显的是所有药品在用到临床以前，都必须在一系列动物身上取得效果，一般要在老鼠、兔子、绵羊、猴子等动物身上试验后，才能在人群中试验。全世界那么多药物在动物和人身上都取得了类似的效果，说明它们的生理过程是一致的或类似的，所有动物体内的生化过程和代谢产物也是基本差不多的。

用抗原刺激人或动物产生抗体，再比较抗体的异同，会发现进化关系越近的生物，其抗体差异度越小。据此还可以推测不同生物的起源时间（Sarich and Wilson，1967）。

6.2.4 生物地理学证据

现存的生物在地理分布上具有不连续性。例如，现今只在亚洲和非洲生活有真正的骆驼，在南美洲则有它们的近亲——美洲驼。为什么相距如此遥远的地区却生活有如此相似的生物呢？北美洲为什么没有骆驼？一种解释就是北美洲曾经存在过的骆驼灭绝了，化石证据也证明北美洲曾经有过骆驼。如此一来，结合大陆漂移学说，我们就可以说，现存骆驼的祖先原先生活于古代大陆的广阔地区。后来由于条件的改变，北美洲的骆驼灭绝，在其他大陆上的骆驼保留了下来，并各自演化成现今的样子。现今各种骆驼是由在远古时代连续分布的同一祖先演化而来的。

岛屿上的生物一般总是与最近的大陆上的生物有最大的相似性，如马达加斯加岛上的生物与非洲的很相似，日本的生物区系是属于古北区的。这些地方的生物是由大陆上迁移过来后，在孤立的情况下演化而成的。

6.2.5 分子生物学证据

从病毒到人，遗传信息都是 DNA 和 RNA，既简单又普适。DNA 中只有 4 种遗传“字母”：腺嘌呤（A）、鸟嘌呤（G）、胸腺嘧啶（T）和胞嘧啶（C）。在 RNA 中，尿嘧啶（U）取代了胸腺嘧啶（T）。生命世界的整个进化历程，不是通过发明遗传“字母表”中的新“字母”，而是通过推敲这些字母所形成的新组合而发生的。

有机体的无数不同的蛋白质几乎都由相同的 20 种氨基酸组成。不同的氨基酸都由 DNA 和 RNA 中 1～6 种三核苷编码。

生物化学的普适性不只限于遗传密码和翻译蛋白质的方法，极其多样化的生物体的细胞代谢也存在着令人惊讶的相似性。腺苷三磷酸、生物素、核黄素、血红素、吡哆醇、维生素 K 和维生素 B_{12} 以及叶酸在各种各样的代谢过程中都在发挥作用。

血红球蛋白的 α 链在人和黑猩猩中有相同的氨基酸序列，但是它们与大猩猩有一个氨基酸不同（总共 141 个氨基酸）。人血红球蛋白的 α 链和牛的有 17 个位点的氨基酸不同，和马的有 18 个不同，驴有 20 个，兔子有 25 个，鲤鱼有 71 个。

人细胞色素 c 和其他生物的细胞色素 c 的氨基酸数目不同：猴子（1 个）、兔（12 个）、袋鼠（12 个）、狗（13 个）、猪（13 个）、驴（16 个）、马（17 个）、鸽（16 个）、鸭（17 个）、鸡（18 个）、企鹅（18 个）、龟（19 个）、响尾蛇（20 个）、金枪鱼（31 个）、蝇（33 个）、蛾（36 个）、霉菌（63 个）、酵母菌（56 个）。

6.2.6 生物系统学证据

通过测定 DNA 或蛋白质序列信息来重建生物之间的系统发育关系，是分子系统学的主要内容之一。所有工作都表明，在分类上距离越远的生物在分子水平的相似度越低，而系统发育关系越近的生物相似度越高。这充分说明了共同起源由远及近的过程。

用形态学的方法来做同样的工作，会发现在多数情况下，在高级分类单元之间，形态证据与分子系统学的结果往往都是相符的。

6.2.7 返祖现象

现生生物偶尔也会表现出一些它们祖先的特征，称为返祖现象。返祖现象是有规律的，出现的特征也可以在生物的可能祖先中找到原型；而畸形的出现是没有规律的，一般也找不到原型。返祖现象的出现可看作是生物体所拥有的祖先基因在某种机制下的唤醒。

水生哺乳动物（如鲸）是由陆生具四肢的兽类演化而成的，事实是每 500 条鲸中就会出现 1 条长有后腿的鲸。马的祖先是多趾的，而现在新出生的小马驹偶尔也会出现 3 趾，其结构很像化石中的古马结构。人类新生儿中偶尔会出现长有尾巴的，而人类在早期胎儿时都具有尾巴（Coyne，2009）。另外常见的返祖现象有：人类的毛孩、四翅的果蝇、特别会飞的家禽等。

6.2.8 痕迹器官

人类的痕迹器官十分广泛，如阑尾、男性的乳头、胸毛、尾椎、体毛、立毛肌等。动物中著名的例子还有海牛的前肢指端还保留有蹄的痕迹，后肢仍保留有残存的后肢骨；所有鸟类无论会飞与否都有翼；植物中仙人掌的叶退化成为刺等。

另外，从上节的多种进化事件以及化石证据中也可看出，从一个生物祖先完全可以进化成两个或两个以上的后代物种，它们具有共同起源，可见在现实的成种事件中，共同起源也可以证明。

以上用多种证据说明了达尔文进化论中的两个主要内容：进化学说和共同起源学说。由其推之，地球上的生物种类肯定是由少到多的，物种数量是逐渐增多的，这也是进化论中的第3部分。他的第4个学说（生物是渐变的）后来证明不一定完全正确，在生物界有快速物种形成事件，如多倍体植物等（详见第13、第19章）。第5个部分——自然选择学说将在第16章中单独讨论。

7　达尔文进化论的创新与局限

真相的反面是谎言，但伟大真理的反面依然是伟大真理。

——玻尔（Niels Bohr）

进化论的提出是一件划时代的事件，它不仅提出以“自然选择”作为生物进化的机制和动力，还明确提出生物有共同的起源、生物是不断变化、生物有形成也有灭绝等思想。这些思想和概念将宗教因素基本从生物起源说中清除，从而提供了人类观察生物、了解自然的新视角和观点。当然，由于条件所限，达尔文当时提出的进化论也有许多不足，其在以后的科学发展中不断得到补充和完善。

7.1　达尔文进化论创新之处

与所有其他的类似理论相比，达尔文与华莱士所提出的进化论是有其独特之处和创新点的。其主要表现在以下几个方面。

7.1.1　客观的“自然选择”

自然选择理论是达尔文进化论的最重要方面，也是最核心的内容。它由“人工选择”推演而得，从而确定了生物进化的机制和原因。从其名称上就可看出，它强调“自然”的选择作用，而选择作用产生的原因主要是存在过度繁殖，由过度繁殖导致生存竞争。过度繁殖是生物体本身所具备的特征，是自然的一部分，因而自然选择就具有了不受人类意识影响的客观性。

外界气候条件当然也会对生物进行选择，当然也是客观的。但这方面的选择是对所有生物个体都存在的，当气候条件过于恶劣时所有个体都可能不能幸存。还有，当生物适应到一定程度时，理论上讲它们已具备了抵御恶劣条件的本能和机制，因而一般情况下，只要不发生剧烈的气候环境改变（如海啸、火山爆发等），外界气候条件不会成为重要的选择机制。另外，外界恶劣气候条件对生物的选择作用总是暂时的、短暂的，而生物本身所具有的过度繁殖却是始终存在、挥之不去的。因而，客观存在的由过度繁殖引起的自然选择过程是生物体本身所具有的。自然选择是物质的、机械的、自然的、科学的、决定性的、经验性的生物进化机制。

达尔文和华莱士提出的自然选择理论，彻底抛弃了生物进化学说中的不可琢磨的主观意识，第一次将一种物理性的、可验证的、自然的、类似于“力”的作用引入到生物进化和物种起源学说中，从而使自己的学说建立在客观性基础上。同时，它将环境看作是淘汰和选择生物个体的机制，而不仅仅是引起生物变异的因素（图 7-1），从而将生物变异置于环境改变之前，并斩断它们之间的因果关系。

图 7-1 自然选择示例

随海拔上升，生态因子的梯度性改变以及生物之间的竞争形成选择压力

柏拉图认为自然万物的多形多态乃是虚的、暂时的，而隐于具体事物之后的固定不变的“本体”或“模”（eido）才是实的，形形色色的变体乃是有限数目的恒定不变的“模”的映像（Lovejoy，2002）。人必须要去探讨这些“模”。可以说，达尔文和华莱士对自然选择这一深藏在生物现象背后、主导生物起源和物种形成机制的探讨，是西方学者自始至终、不眠不休地探讨事物本质精神的继承和延续。

7.1.2 悠久的地球历史

达尔文认为，生物的进化是逐渐的、缓慢的，不存在跳跃。由此出发，他认为由古至今，地球肯定经历了长久历史。但神创论以及其他学说当时都认为地球历史相当短，可能也就是万年以内。达尔文将地质历史的时间大大延长了。他（1859）说：“根据以上的数据，在这种速率之下，旷野的裸露需要 306 662 400 年，即约 3 亿年。”

7.1.3　相隔的空间

达尔文进化论认为，生物之所以能够形成新种，是因为一个物种的不同种群被分隔在不同的环境中，它们之间因距离太远或有明显的阻隔而不能交流，如不同的大陆上或山系的南北坡上等，从而适应不同的环境而朝不同的方向发展。如此长期作用下，这些不同种群就可能形成不同的物种。这个学说首次提供了一种机制，即祖种与子种之间的隔离机制，从而消除了以前学说中对此问题语焉不详的缺点。也可以说，达尔文和华莱士首次将时间因素和空间因素同时引入到生物进化和物种起源过程中，从而解决了不同种群之间可能因个体交流所带来的基因混杂和生殖相融性问题，将物种形成的过程描述得十分清楚和明确可信。

7.1.4　自发的变异

达尔文进化论提出，自然选择是引起生物发生方向性改变的原因，在改变足够大时，就会形成新种，但供给自然选择的材料（即生物的变异）却是自发产生的。达尔文在《物种起源》中说："个体差异对我们来说最为重要，因为它们往往是可遗传的，也是大家所熟知的；它们提供了自然选择作用和积累的材料，就如人工对不同的家养生物个体进行方向性作用的方式一样。"至于差异性产生的原因，达尔文说不知道。但无论如何，他将生物的变异看作是自发的、与环境及其改变是无关的，从而从根本解释了生物之所以能被选择的原因。如果所有生物个体一模一样，那就不可能存在任何形式的选择作用。如果所有学生的成绩、表现、外貌等都一样，你如何来挑选"三好学生"呢？

7.1.5　新种的形成

达尔文进化论第一次明确提出，在长期的自然选择作用下，必然会有新种的形成。如果一个物种被分隔成多个不同的种群，那么它就可能产生多个不同的物种。在此之前，虽然也有人提出新物种可由别的物种演变而成，但都没有明确新种形成的过程和途径，只有达尔文进化论才将此问题交待得十分清楚和明白。

7.1.6　物种的灭绝

受神创论的影响，在达尔文之前一般都认为化石是远古灾难所造成的，如创世纪中的洪水等。而由达尔文进化论出发，就可以自然地推导出，在生存竞争过程中，那些不适应环境的、被淘汰的生物自然就会灭绝，根本不需要超自然力的介入。因而，生物灭绝与生物形成一样，在地质历史中可能都是很平常的事件。

物种灭绝所产生的一个相关问题是，任何生物或其个体都可能存在缺陷，都有不适应环境的地方。同时，在环境改变的情况下，任何生物都可能被淘汰。这就将静止的不变世界描绘成一个动态的变化过程，从而将地球表面的变化与生物所经历的变化结合到一起。

7.1.7　性选择

性选择是自然选择的特殊形式和方式，表现得也最激烈和显著，它是指生物个体为争夺异性或交配权而发生的竞争过程和选择过程（图 7-2）。达尔文将性选择当作是自然选择的一种方式，从而形象地表达出自然选择的过程和方式。同时，用现在的眼光来看，它从一个侧面表达出，生物个体所具有的特征不能用人的眼光来看，而要站在生物个体或异性的角度来看才有意义。例如，雄孔雀的长尾巴在我们看来在逃跑时是如此不便，但它却是讨雌性欢心的利器。这也说明，自然选择的作用是综合的、多方面的。

图 7-2　性选择示例（公鸡会为争夺母鸡进行争斗）

7.1.8　进化的方向

达尔文敏锐地意识到，生物是朝适应环境的方向不断发展的，而人类是无法判断这种方向的，也不能用人类的好恶来判断生物的进化方向，那些我们看上去是“退化”的特征或现象对生物来说却是“进化的”。因而从总体上看，生物的进化是没有方向的，因为选择是随机盲目的、无目的、无方向的。“进化”绝不是进步的变化，而是有方向性的变化。例如，加拉帕戈斯群岛达芙尼岛上中喙地雀（*Geospiza fortis*）与仙人掌地雀（*G. scandens*）在 30 年中诸如体重、喙的大小等特征几乎没有变化，尤其是前一种雀。在此过程中，气候的波动虽对它们有显著影响，但在长期范围内，不同方向上的自然选择作用在一定程度上相互抵消了（Grantand Grant，2002b）。

7.1.9　单一共同起源

达尔文第一次明确提出地球上的所有生物都有共同起源，从而将所有生物都归结为单一的起源事件，都具有或近或远的亲缘关系，从而将它们统一成一个整体。这也从根本上打击了神创论中的多次起源说。单一起源说不仅简化了生物起源的过程，也将多种多样的生物（包括人在内）描述为自然的产物和进化的结果，从而将人下降为有血有肉的生物，而不是凌驾于生物之上的万物之主。

7.1.10　假设-演绎研究方法

在科学方法上，达尔文也有所创新。在他之前，科学领域所采用的基本都是培根所总结的“经验-归纳法”，它要求以可验证的观察和实验为基础，整理由此得到的材料和数据，并排斥掉影响结果的因素，从而筛选、归纳出影响事物本质的原因和要素，得出一般性结论。在达尔文之前，赖尔在《地质学原理》中就用此法从现在仍在起作用的原因推演出历史原因。

然而，生物进化历史悠久，物种形成过程需要长期的时空要素，对它们的观察实际无法进行。对“生存竞争”的实际观察也不能直接得出“物种由此方式起源”的结论，因而，用“经验-归纳法”是无法推导出物种起源的原因的，因为在自然条件下没有可观察的直接“经验”。因而实际上，达尔文在提出进化论的时候，用了另外一种科学研究方法，即先“假设”由生存竞争引起的自然选择可导致新物种的形成和起源，再用可观察到的若干“间接”现象，如化石、生物分布、同源器官、岛屿生物等去拟合和验证假设的正确性。如果没有反对此假设的事例，就可认为此“假设”是正确的。换言之，达尔文在此第一次提出了“假设-演绎”的科学研究方法。

然而，当时培根的“经验-归纳法”在科学界占有主导地位，也受到普遍接受和尊重，一定程度上它就是一种科学原则，连达尔文也认为自己的方法也是如此的。达尔文（1972）说：“我按照真正的培根式原则工作，不存有任何理论地大规模收集证据，主要是家养生物的证据，方式是通过与有经验的育种人员和园丁们写信和口头交流以及广泛阅读。”

7.2　达尔文进化论的主要影响

由于达尔文进化论有多方面的创新性甚至革命性，它也有多方面的广泛影响。

7.2.1　自然分类

如果承认生物是不断进化产生的，物种是由共同祖先从少到繁产生的，就可以推论出生物之间具有或近或远的亲缘关系，因此对生物的分类就应该按照生物之间的血亲关系进行，而不应该只按照人为的或由人识别的相似性等来进行。在进化论产生之前，人类对生物的分类往往是主观的，一般是根据专家的意见将一些生物组合成一类，如温血动物和冷血动物等。而自进化论产生之后，无论有意或无意，科学家们首先会想到生物之间的进化关系或系统发育关系，并力图按照生物之间的由进化产生的、客观存在的、自然的血亲关系来进行，而不是根据毫无意义的相似性等来进行人为分类。可以说，进化论不仅确立了生物学的独立地位，也从根本上确立了生物分类学的自然性和独立性。达尔文在《物种起源》中说：“只有在揭露了血亲关系的时候，性状才在分类上具有真实的重要性，根据这一点，我们就能明白为什么同功的或适应的性状，虽然对于生物的繁荣极其重要，但对于分类学者来说，却几乎是毫无价值的。因为属于两个不相同血亲的动物可能因适应相似的条件，取得了外在的高度相似。但是这种相似并不能揭露它们的血亲关系，反而会有隐蔽的倾向。”

7.2.2　科学研究方法的创新

如前文所述，达尔文所用的“假设-演绎”研究方法是科学研究方法的创新。在科学研究中，一般情况下人类只能从有限的观察现象出发，先提出假设，再来验证。另外，在很多情况下，有些现象凭人类感觉是无法观察到的，如声波、原子等。因此，在探求不明现象的原因时，先假设后验证的方法极其重要，尤其是对于已发生的历史过程和规律等。

7.2.3　科学的独立

在进化论提出之前，宗教的神创论是生物起源和物种形成的主要学说，它牢牢地禁锢着人类的思想，在与科学的博弈中它还占领着一块领地。但在进化论提出之后，宗教在科学中的势力基本得到清除，从而使科学完全摆脱了神学的束缚，走上了自己的独立道路。伏尔泰说："十二个人建立的基督教，一个人就能够毁灭它。"提出进化论的达尔文肯定在此过程中发挥了巨大作用。

7.2.4　道德观念

在《物种起源》发表之前的漫长时期中，西方的基督教教义总是教导人们要有道德感、要向善、要追求美好、要有终结目标等。进化论虽然只是探讨生物的进化机制，与人类的道德观念并没有什么直接联系。然而进化论却明确提出，生物种群的演化是受环境改变影响的，并没有确定的方向；生物个体之间为了生存会发生你死我活的争斗，生物有生存也有灭绝，而这似乎是天经地义的，并不存在道德秩序；包括人类在内的所有生物在环境决定下都是随波逐流式地发展，并没有所谓的终结目标；变异的产生是随机的，并没有特定的规律。这些都对人类的传统道德观念产生了极大冲击甚至彻底颠覆。

7.2.5　社会进步论

进化论对社会发展也有诸多贡献，甚至引起了广泛的社会革新和革命运动。它清楚表明，没有实力与别人竞争的生物个体或人或民族，必然会在竞争中失败，而如果要使自己立于不败之地，只有增强实力和国力。虽然将达尔文进化论机械地照搬到社会发展中有其缺点和不足，也为某些社会狂人和专政暴君实行种群灭绝和人群划分提供了借口，但从总体上看，"物竞天择"、"优胜劣汰"的思想也为全世界的民族独立和国家发展提供了斗争动力和思想源泉。

7.2.6　哲学思想

达尔文进化论清楚表明，生物是变化发展的，变化是逐渐的并有其自身的机制和力量，这为唯物的、运动的、客观的哲学思想提供了一定的理论基础和科学例证，而与唯心的、静止的、主观的哲学思想相左。

7.3 达尔文进化论与拉马克进化理论的异同

在达尔文进化论提出之前，对于物种起源问题进行过专门、系统性论述的人为拉马克。达尔文说他没有从拉马克那里得到“一点思想、一件事例”，表明他们的进化理论是有本质区别的。当然，由于探讨的都是生物进化问题，两个理论之间也有一定的相似点（Bowler，1999；Ratzsch，2001）。

7.3.1 相似点

生物是变化的：达尔文和拉马克都提出生物不是固定不变的，而是可以变化的。达尔文（1849）说过：“我认为拉马克是唯一的例外，他对物种有清楚的描述，至少对无脊椎动物，并且他不相信永恒不变的物种。但他的著作虽属巧妙却不合情理，反污了这一好题目。”

变化是逐渐的：他们都认为生物的变化是逐渐的、缓慢的。

共同起源：在一定程度上，他们都认为生物是共同起源的。拉马克认为至少一类的生物是共同起源的，而达尔文则提出所有的生物都共同起源。

用进废退和获得性遗传：拉马克提出，生物器官经常用就会变得发达，不用或少用就会萎缩甚至消失，且这种特征是可能遗传给后代的。达尔文在某种程度上也认为这一点是可能发生的。

特征的可遗传性：拉马克和达尔文都看到了生物特征至少是部分特征是可以遗传给后代的，并由此生物逐渐地改变它们本身并可能形成新物种。

生物的最初起源：拉马克认为生物最初是神创的，达尔文没有清楚说明这个问题，但可能也有类似的想法。总之，他们都没有解决最初的原始生物起源的问题。达尔文在《物种起源》（1972）的最后如是说：“这个景象是如此壮丽，即原始的、形态有限或单一的有机体经造物主赋予其生命和若干能力后，在地球因重力法则不断运行的同时，由简单的开始进化为美仑美奂、神奇精妙、无穷无尽的生命形态，并仍在进化着!”

7.3.2 不同点

然而，达尔文进化论与拉马克进化理论也有明显的区别。

1）单一起源与多次起源

达尔文明确提出现今种类繁多的生物是单一起源形成的，而拉马克却认为部分生物或某一大类的生物可能是一次起源形成的，但就整个生物界而言，它则是多次起源的，至少有 4 次起源。

2）当前起源与历史起源

如果承认生物是多次起源的，那么一个隐含的意思就是生物是在不同时间中被创造产生的，现今就仍可能存在生物起源过程。而如果承认是单一起源的，那么这个起源过程只能是已经发生了的历史，并不承认现今仍在发生生物起源过程。

3）线形演化与分支演化

拉马克认为生物可以由一种直接进化为另一种，或者说后来产生的生物就取代了原先的生物，即生物进化过程是线形的。当然在一个生物门类之内，生物也可能分支式进化，但总体上看，他认为生物可以不断地形成，由这些不断形成的原始生物不断地进化为其他高级生物。而达尔文认为，生物是一次起源的，由原先的物种在不断分支的情况下形成众多新物种，就如树枝分叉一样（图 7-3）。

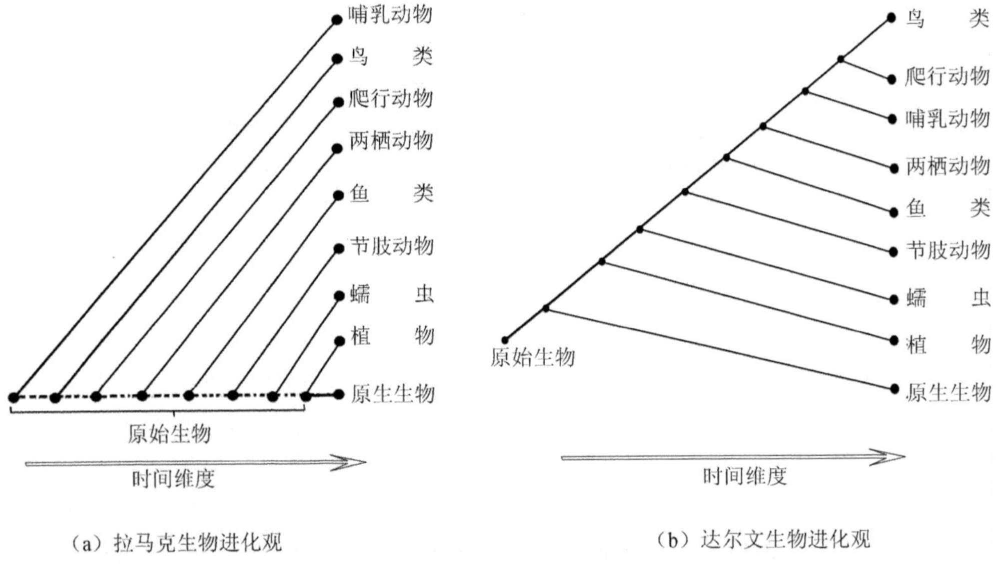

图 7-3 拉马克（a）与达尔文（b）关于物种起源与演化的区别示意

4）化石生物是直接祖先还是灭绝旁系

拉马克认为化石生物是现在生物的直接祖先，换言之，虽然化石生物与现在类似生物有一些不同，但这些不同是进化过程的体现，化石生物的后代演变成了当前的生物。而达尔文认为，化石是灭绝了的生物，它们都是现在生物的灭绝旁系亲属，不可能是现在生物的直接祖先，因为在长期自然选择作用下，现在的生物在许多方面都与祖先不同，可以看作是新的物种。在拉马克看来，化石是已灭绝的生物个体而已，作为一个物种生物长期存在并保留至今。而在达尔文看来，化石是灭绝的生物物种的代表，它们已不存在。

5）变异是环境诱导的还是自发形成的

拉马克认为环境的变化导致生物形态的变化，而变化的形态就是为了更好地适应变化了的环境。而达尔文认为，生物的变异是自发的，环境可能也会引起一定的变异，但最重要的还是生物体本身的因素会引起或发生变异，即拉马克认为环境变化在前，形态变化在后；达尔文则认为生物的变异在前，环境只起到选择的作用，从而保留和积累有用的变异。同时，也可以看出，拉马克认为环境变化可直接引起变异，而达尔文认为环境与变异是两个独立的事件或方面。达尔文在 1858 年曾说："谈论气候或拉马克所谓的习性导致生物产生适应是徒劳的。"

6）自然选择与用进废退

关于进化机制，拉马克认为"用进废退"和"获得性遗传"是生物进化的主要机制。达尔文虽然在一定程度上承认"用进废退"和"获得性遗传"，但基本认为这些只是生物变异或变化的形式和过程之一，只有自然选择才是生物进化的机制和力量。

7）内在意识与外在选择

关于生物适应环境和进化的原因，拉马克认为是因为生物具有内在的、向上的、主动的意识和要求，因而就会不断从低级生物演变为高级生物，从而更好地适应环境。这一思想来源于亚里士多德的"存在巨链"思想。但达尔文提出，生物之所以能不断进化并与环境协调一致，是因为自然选择的作用，那些不适应环境的生物都被淘汰了，留下来的都是适应环境的类型，即这种适应是被动的而不是主动的。同时，生物不断演变也是自然选择造成的，在不同时空背景下，不同的种群就会演变为不同的物种，进而不断发展出更高级的类型。例如，拉马克认为："长颈鹿柔长颈部的形成，是因为环境的改变迫使它要吃高处的树叶生活，于是必须经常伸长颈部，并将这一特征遗传给后代，逐渐地它就有了长长的颈部，可达到离地面 6 米以上的高度。"华莱士在 1858 年则说："长颈鹿之所以获得长长的脖子，不是因为它们想吃到嫩叶的内在愿望而经常性地伸长它们的脖子，而是因为它们祖先中那些脖子较长的个体能够吃到比短脖子同类更大范围内的食物，并在食物缺乏时更能够存活下来。"

8）进步与随机

拉马克认为任何生物都有内在向上发展，变得更加完善、更加高级的倾向和要求。而达尔文则认为生物的演化是无方向的、随机的，不存在所谓的进步。

9）时间与空间

拉马克将时间因素引入到物种起源和生物进化学说中，并在时间的维度上考察生物的变化。达尔文则更进一步，将时间和空间两个因素同时引入到物种起源学说中，从而更好地解释了物种起源的过程和模式。

也正因为拉马克的进化理论与达尔文的进化论有明显的不同，且他没有提出如自然选择那样的客观的可验证的机制，总体上，达尔文不太看得上拉马克的学说。他在1844年写给虎克的信中说："天公使我避去拉马克那种愚昧的认为由动物前进的倾向和连续意愿所造成的适应环境的看法！"

7.4　达尔文进化论的不足

达尔文进化论有巨大的创新，但用现在的眼光来看，它也有许多不足，这些不足之处甚至在当时就有人指出过或挑战过。达尔文进化论的主要缺陷有如下几个。

7.4.1　地球和生物的诞生

当时还不知道地球是如何形成的，如大爆炸理论、相对论等都还没有提出，这就无法解释宇宙和地球是如何形成的，也就无法彻底反驳神创论，无法解释地球上最初的生物是如何形成的。《物种起源》提供了一种生物从另一种生物演化的机制和过程，但对最初生命的形成和演化却没有交待。如果说它告诉了我们全部的生物都有共同祖先，那么它却没有告诉我们这个共同祖先是从何而来的（详见第9、第11章）。

7.4.2　地球年龄

由于达尔文提出，生物的进化过程是缓慢逐渐的，因而可以推想到新物种的形成需要相当长的时间，因为家养生物（如狗等）在人类的影响下虽然变化很大，但它们之间似乎还没有达到新种的水平，不同品种之间还能交配繁殖。但根据当时的认知，地球的年龄却十分短暂，最大胆的估计也不过几百万年或近亿年。在这么短的时间内要形成如此丰富多彩的生物界似乎是不可能的。现在我们知道，地球的年龄至少有几十亿年，最初的生物出现在地球上至少也在数十亿年之前，这么长的时间对生物的演化是足够的（详见第9章）。同时，生物在有些情况下进化速度也是相当快的（详见第13、第19章）。

7.4.3 地球的变化

对于海岛生物的来源以及它们与邻近大陆生物之间的相似性，可以用扩散理论来解释，即认为这些生物的祖先是从大陆上扩散过来的，并在不同的环境下演化为不同的生物，它们之间的相似与不同也是显而易见的。然而，对于距离相距遥远、中间有大洋相隔的不同大陆上生物之间的相似性（如南美洲与澳大利亚之间），有时用扩散理论是无法解释的，尤其是对那些哺乳动物、爬行动物、两栖生物（如青蛙）等不能够飞行、不能够在海洋中游泳的生物来说，它们的扩散能力是相当弱的，也不可能跨越这么长的距离和阻隔。达尔文和华莱士已经认识到这个情况，但没有能给出合理的解释，因为当时对地球变化的历史还不清楚，赖尔的《地质学原理》只是提供了一个静止的地球表面演化过程（类似于地球表面被逐渐雕刻或侵蚀成型的过程），没有提供地球表面不同地质板块的移动情况，大陆漂移学说是后来提出的（详见第 9 章）。

7.4.4 物种定义

达尔文是在《物种起源》这本重要著作中全面提出进化论的，然而说起来有点不可思议，达尔文本人对物种是什么或物种的定义是什么却一直语焉不详，在很大程度上，他本人对物种的客观性和存在性一直怀疑。在他看来，由于生物是不断进化的，进化的速度和程度也是逐渐的、缓慢的，因而从一物种演变为另一个物种的过程就像河流中的流水，不同阶段之间没有截然的间隔。因而，可以认为，由于达尔文注重在时间维度中或进化的时间轴上来认识物种，虽然也认识到在同一时间横截面上物种的客观存在，从总体上看，他本人对物种的本质在认识上是有一定缺陷的。用现代的眼光来看，物种是具有独立基因库的种群，物种之间可能具有基因、生态位、生物学、形态等方面的或多或少的区别，物种之间不可能是逐渐过渡的（详见第 12 章）。

7.4.5 物种形成

从《物种起源》的书名来看，该书似乎是描述物种起源和形成过程的。然而，这在本书中，达尔文只是主要提出了物种形成和起源、生物进化的控制机制和动力——自然选择，对物种形成的过程和条件没有专门论述，虽然他已经认识到时间和空间、种群之间的隔离等因素在物种形成和起源中的重要作用，但没有提供任何的新种形成实例。用现代的眼光来看，物种形成包含三个步骤：谱系

（或世系 lineage）分裂，或群体间因隔离而产生时空上的间断，不同种群之间不再有遗传上的交流；不同谱系间获得生殖隔离机制，使群体间产生遗传上的间断；当间断足够大而使生殖隔离机制完善时，新物种就形成了。在很大程度上，达尔文将新物种的形成与新特征的形成混为一谈，没有强调或突出生殖隔离机制在物种形成中的重要作用。换言之，达尔文只看到了物种形成的第一步，没有专门论述后两个步骤，这也为一些反对者提供了话柄（详见第 13 章）。

7.4.6　遗传变异的物质基础

由于 19 世纪还没有清楚遗传变异的物质基础——DNA 的性质、形态和结构，因此，对遗传和变异的产生及其规律还无法说明。达尔文还提出过一个类似于“获得性遗传”的笼统解释，即“泛生论”。然而，对于“功能性器官中发生的变化是如何影响和改变生殖器官或遗传物质”这样的问题，当时是无法回答的。

同时，当时已经认识到一些物种之间具有生殖隔离现象，但由于细胞学和遗传学知识的缺乏，对这些机制和原因都还不太清楚，也就无法合理解释生物物种之间既连续又间断的本质（详见第 14 章）。

7.4.7　遗传规律

如果假定《物种起源》中关于自发形成的遗传变异是正确的，那么这种可遗传的变异必须同时发生在至少两个不同性别的个体身上，只有这样，它们才能产生具有同样性状的后代。如果不是这样，而是只有一个个体发生了有利的可遗传的变异，那么对有性繁殖的生物，它的后代就可能不再具有这个性状，或者具有缩小了的这个性状，因为在两性繁殖过程中一方亲代所具有的新性状会被“中和”掉。例如，一个长颈的鹿与一只短颈的鹿生产后代的脖子可能是中等长的，如此往下，后代的脖子会越来越短而不是越来越长。1867 年 Fleming Jenkin（1833～1885 年）就指出，当某个有机体发生变异后，它会与另一个正常个体进行交配，它的子代个体所出现的变异将会是其变异的一半，在子二代中其变异又会被冲淡一半，依此类推，在不长的时间内，任何新出现的有益变异在选择还未来得及对它保存之前，就将被冲淡至无。而要求许多个体同时发生同样的有利于自身的性状突变的概率是非常低的。因此，可以说，达尔文进化论无法提供遗传变异是如何逐代保留并发展壮大的理论解释（详见第 15 章）。

7.4.8　可遗传的变异和不可遗传的变异

现在我们知道，生物种群中发生的变异可以分为两种：可遗传的变异和不可遗传的变异。对于可遗传的变异，它们可以在不同代间传递，从而可以发生像达尔文提出的积累有利性状的过程和规律。而对于不可遗传的变异，如多施肥让植物长得高大强壮一点、多喂食让动物膘肥体壮一点等，无论它们发生怎样的变化，这些变化只对生物体本身有影响，但却不可能传递给后代。而达尔文在提出进化论时，还没有此方面的认识，因而就将它们混为一谈，并在一定程度上套用了“用进废退”的理论（详见第 14、第 15 章）。

7.4.9 自然选择的单位

达尔文认为，在自然种群中不同个体会发生可遗传的变异，只有那些具有有利于自身繁殖和生存的变异的个体才能在生存竞争中胜出，竞争失败的个体就会被淘汰，即他认为，自然选择是在个体水平上发生的，种群中的不同个体是自然选择的单位。然而，这个理论不能解释生物个体之间的互助、利他行为，对于一些极端情况更无法说明。例如，在蜜蜂中，蜂王负责繁殖后代，而工蜂负责喂养蜂王等，其本身不再繁殖后代。在这些情况下，工蜂是如何将自身的性状遗传给下一代的呢？不同个体应该为了自身更好地生存而进行残酷的竞争才对啊！如何解释这种不利于自身而有利于别人的情况？达尔文提出，一窝蜂类似于一个超级生物体，其中的一只只蜜蜂类似于一个生物体内的一个个器官或细胞，它们之间的竞争是发生于不同巢的蜜蜂群间而不是单个个体间。但这两方面是如何协调起来的呢？蜜蜂的这种行为和习性是如何形成的呢（详见第 17 章）？

7.4.10 演化的速度

达尔文和华莱士甚至拉马克都提出，生物演化的速度是缓慢的、逐渐的、恒定的，不存在跳跃和跨越式进化。然而现代科学知识告诉我们，在一个快速变化的环境中，或者说选择压力较大的环境中，生物的变化也可能是较快的。例如，在海岛上，环境恶劣，往往会形成无翅的昆虫、不会飞的鸟类等独特生物，而它们的最近亲属却与它们完全不同，即在相同的时间内，生活于环境变化较大的海岛上的生物发生了较大的变化。同时，在一个新形成的环境中，如火山爆发后形成的小岛上，由于存在许多空的生态位，在较短的时间内也可能形成许多新物种，如加拉帕戈斯群岛、夏威夷群岛上的生物所发生和经历的那样。还有，植物也会因染色体数的变化在很短时间内形成新物种或品种（详见第 13、第 19 章）。

7.4.11 随机因素

自然选择是造成生物进化的主导因素和决定性因子，但一些随机偶然因素对生物进化也会发生作用，如突变、基因流动、近亲繁殖等，在某些情况下，这些因素的作用也不可小视。但由于在达尔文提出进化论时，对进化的本质还不太清楚，对遗传物质也还不了解，因而对这些随机因素的作用在认识上也就十分初级，更不谈不上将它们视作影响生物进化的因素了（详见第 18 章）。

7.4.12 物种形成实例

达尔文在《物种起源》中提供了十分丰富的案例和证据来说明生物是可以变化的，尤其是在自然选择作用下，生物可以发生有方向性的改变，新物种就是如此形成的。然而，由于生物进化是历史过程，物种形成是历史性事件，物种形成过程一般也相当缓慢，新物种的形成需要极长远的时空条件，对实际的、具体的物种形成过程和实例我们是无法直接观察、验证的，在当时也根本无法进行模拟研究。换言之，达尔文提出的生物进化理论使用的是“假设-演绎”法，即用间接的证据和案例来验证假说，并没有实实在在的、新物种形成的直接实例来支撑和验证，因而在某种程度上，它被视为一种假说而不是科学理论。然而，现在已积累起许多实验性的和实际的物种形成过程和实例，可以说，生物进化论已不再是理论，更是一种事实（详见第 13 章）。

7.4.13 中间过渡类型为什么如此稀少

如果生物是逐渐进化产生的，那么推想可知，历史上或现实中肯定存在一定量的中间过渡类型。然而现实是，地球上现存物种中明显是中间过渡类型的生物极其罕见，绝大多数的物种都已经与其生活的环境极其统一协调。当然，如果将某一门类的生物集中起来考察，仍然可以看出生物进化的趋势和过程，如从鹌鹑、鸡、雉、长尾雉、孔雀的尾巴形态来看，似乎也可以看出类似孔雀的长尾巴可能的起源演化过程，但总体上看，中间过渡类型确实较为少见，这也为反对进化论的人士提供了借口或证据。达尔文在提出进化论的时候就正确地指出，化石是很少的、极不完整的，不能指望在化石中找到很多中间过渡类型。根据化石形成的条件（生物要被迅速埋藏、生物要具有坚硬组织、埋藏它们的地层不能被破坏）和发现的偶然性和稀少性，发掘出较好且是中间过渡类型的化石生物的概率是很小的。虽然如此，经过古生物学家的努力，目前已经发现众多的化石生物，它们为生物进化论提供了许多直接的、形象的、压倒性的证据，如始祖鸟、带羽毛的恐龙等。在现生生物中，由于过渡类型生物适应环境的能力较低，故种类较少，但仍有像产卵的哺乳动物（针鼹）、具肉鳍的鱼类（矛尾鱼、肺鱼）等（详见第 10 章）。

7.4.14 现在为什么看不到生物起源

对此问题的宏观回答是：生命起源有其特定的条件，而现在这些条件已完全不存在。首先，经过地球生物几十亿年的改造，特别是绿色植物不断固定二氧化碳、释放氧气，地球环境与原始地球环境已十分不同，尤其是大气层的组成成分等。再者，原始生命起源的海洋环境也已经不存在，现在海水的浓度比原始海水的浓度要低得多，因为在地球冷却过程中，释放出了大量的水。更重要的是，现在已没有生命起源的生态位，即便在雷雨时会合成有机分子，它们也会被现存的细菌等生物迅速分解（详见第 11 章）。

7.4.15 自然选择等同于个体淘汰

达尔文在提出进化论时，人类对分子生物学的了解还极为有限。因此在一定程度上，达尔文将自然选择过程几乎等同于生物种群中"有利个体的保存、有害个体的淘汰"过程。现在我们知道，生物生活的环境极为复杂多样，多种生态因子也是综合起作用的，因而某种新产生的特征或性状很多情况下不能轻易判断其好坏，其优劣在一些条件下也会转变。例如，长颈鹿的长脖子在打斗和吃树叶时可能有利，但在喝水时却是个累赘。自然选择在很多情况下，也不是简单地淘汰不利个体，只是降低它们在群体中的比例。这就是为什么在很多情况下我们仍能看到在种群中会有一些"不好"的个体存在的原因，如白化个体等（详见第 16 章）。

7.5 小 结

任何学说都不是万能的，都有其适用范围和历史局限。经过一百多年的研究和发展，达尔文提出的进化论已经得到多方面的补充和完善。但无论如何，他提出的进化论的核心内容（生物有单一起源、生物是变化的、自然选择等）至今仍屹立不倒、颠扑不破。可以说，进化论的科学事实性质已不容怀疑。

8 唇枪舌剑的对垒

争起于异　辩止于理

进化论的提出是人类思想的一次较大突破，无论是在科学史上还是在思想史上，都具有十分重要的意义。同时，它也具有多方面的影响，无论是科学研究人员还是宗教人士，甚至是一些普通民众都对其进行了广泛而深入的讨论和学习，当然也包括谩骂和非议。也由于生物进化历史遥不可及、生物物种复杂多样、生物形态丰富多彩，对它们的描述和归纳具有相当大的难度和挑战，因而用自然选择这一种进化机制来解释所有的生物进化历史和模式有时也不能完美，达尔文提出的进化论本身也具有一些不足和缺陷。所以，在进化论形成和发展过程中，也面对和接受过多方面的挑战和争论，不论是方法论的、意识形态的还是科学证据上，甚至语言文字上的，有些争论十分激烈、深入。即使在今天，也时不时出现对进化论进行否定的人物和言论。在科学领域内，关于进化论直接的、面对面的、戏剧性的争论至少发生过三场。无论这些争论当时有无定论，却都在客观上宣扬了和发展了进化论，使它更加完善，也更加深入人心。

8.1 居维叶和圣希尔的论战

巴黎自然历史博物馆的布丰有 3 个学生或学术继承人，分别为拉马克、居维叶和圣希尔，他们是同事，也一度是好朋友。居维叶是后来的，到达时还受到了圣希尔的欢迎。然而，从 1830 年的 2 月开始，两个人进行了一系列面对面的对于科学问题的争论，时间长达好几个月，几乎每周一的下午都会举行辩论。这场争论表面上看是对生物器官一致性问题的争论，而实质上，是生物不变论与生物可变论之间的争论。从宏观和历史的角度看，也是进化论与神创论之间的争论。

争论的起因是两个人的学说观点和科学哲学观有极大不同，导火索是 1830 年 2 月 25 日，圣希尔在法国科学院每周一下午举行的例会上宣读了他的两个学生的一篇论文。在文章中，这两个学生提出头足类［软体动物，如乌贼、章鱼等，图 8-1（a)］的身体结构与脊椎动物［图 8-1（b)］的身体结构是一致的：只要在脊椎动物的腰部对折，使其腹部折向前端，它的肛门便与口接近，消化管就成为“U”形的，这样的结构与软体动物类似（朱洗，1980）。由此可知，脊椎动物与无脊椎动物之间就没有截然不同的区别，前者可以从后者演化而来。然而，这种观点完全不符合居维叶的理论，两年前他还明确地批评过拉马克关于鱼和软体动物之间有相似性和进化关系的说法。其实早在 1820 年，圣希尔提出的一个激进观点就曾让居维叶不能容忍。当时圣希尔提出，节肢动物，如昆虫和虾蟹等的外骨骼与脊椎动物的内骨骼实际上是类似的结构，两者可以类比。而居维叶认为这些结构完全不同，这两类生物属于完全不同的门类。

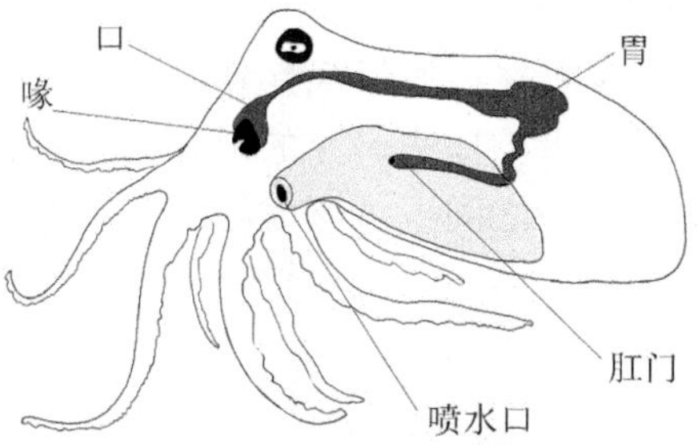

(a) 头足类动物的肛门与口位置十分接近

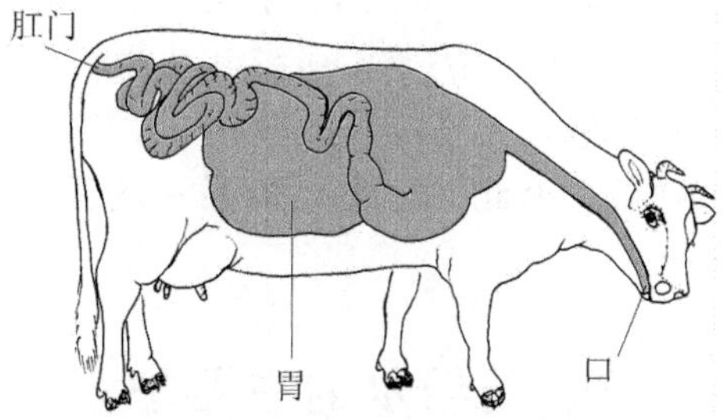

(b) 脊椎动物的肛门与口在身体的两端

图 8-1 头足类动物与脊椎动物消化系统结构对比

8.1.1 居维叶的主要主张

居维叶是一个天才，在比较解剖学、古生物学、地质学、动物学和分类学上都有建树。然而，受物种不变论的影响，他认为生物是不变的，即使可变则变异范围也是极为有限的。现存的动物可分为 4 个类型，各自都有显著的特征，它们之间的界限是明显的，如脊椎动物和软体动物就属于两个绝对不同的模式（详见第 2 章）。

生物的结构与功能是协调一致的，不同的功能决定不同的形态。同时，生物体所具有的不同器官或特征之间是相互联系的，就如一架机器的不同零件一样，也是相互作用的，它们组合成一个有机的、协调的整体，并不是随意拼凑在一起的。例如，一个通过奔跑和杀死羚羊才能生存的动物，必须具有速度和敏捷性，必须具有某种在抓住羚羊后迅速致其于死地的方法，还必须要有合适的牙齿、恰当的胃等。由此可知，既然一个生物体的各部分必须协调才能成为一个整体，那么物种中所发生的逐渐的、点滴的改变是不可能的——一个如此改变的有机体将缺乏适应和生存能力。于是，不可逾越的界限显然限制了物种的可变性（朱洗，1980）。这种观点与拉马克所认为的生物是可以改变的、改变是逐渐的观点相抵触。

同时，从化石记录来看，不同地层的生物之间也没有发现逐渐过渡的类型，因而从历史的角度看，生物在时间维度上也不是逐渐变化的。历史上所发生的生物灭绝事件肯定是某种突然的灾难（如大洪水、海底抬升等）造成的（详见第 2

章)。他 1812 年写道:“在这时期,生命常受这些可怕事件所害,无数生物成为这种灾难的牺牲品:一些生活于干旱陆地的生物被洪水吞没;当海底突然再抬升起来时,生活于海中的生物则被搁浅。整个生物种类被毁灭,只留下少数残余,博物学家们偶然能找到它们”。而拉马克和圣希尔则认为,化石生物是现存生物的灭绝祖先,它们是因为不适应环境的改变而灭绝的。

在科学方法上,居维叶认为科学研究要以实实在在的可观察到的现象作为研究对象,至于诸如生物进化、生物起源等靠逻辑推理来研究的课题则没有任何意义。因此,分类、描述和发现物种比研究物种之间不可琢磨的关系要来得实际。

8.1.2 圣希尔的主要主张

圣希尔基本接受和相信拉马克的进化理论,认为生物的形态和物种本身都是可以改变的。环境的改变是引起生物改变的原因。圣希尔 1833 年曾说:“外部世界对有机体身体形态改变的作用是显著的。改变了的形态是可遗传的,并对身体其他结构产生影响,因为如果这些改变产生不好的影响,这些动物就会死亡并被其他不同的型所取代,而后者是一种改变了的、适应新环境的形态。”

“在生物起源的早期,环境改变之前,生物的形态结构应该是统一的。由于环境的改变,这种统一的结构再朝不同方向发展,或者说适应不同的环境,从而形成不同的形态,如有些发达,有些弱小等。我们不能只关注这种差异性而忽视它们的相同性和一致性。同时,相关器官或结构的体积可以减弱或增大,但不易完全消灭。在退化的器官上,常常能够找到结构原有的一致性和共同模式的遗迹,如鸵鸟虽无能飞的翼,但仍有代表翼的小骨;成长的鲸虽无咀嚼的牙齿,但在它胎儿的牙床上尚有幼弱的牙根。”

“由此可以看出,器官和生物的体制等都有统一的模式,即符合‘一致性原理’,如人的上肢、鲸的前鳍、蝙蝠的翼等,形态上虽然差别很大,但它们的骨骼结构以及不同骨头之间的连接和位置是一样的。同理,不同生物的体制也是一样的。”

“在科学研究时,我们不仅要看到不同的形态和生物,还要找出它们之间的联系和形成现今格局的原因和机制,而不能仅机械地描述它们的形态等……有些人的头脑里,认为自己的信念一定要由肉眼观察得来,不能由别的事实推想而得……有了这种主观判定之后,便只有承认躯体的相貌和既成的事实,其他一切捉摸不到的思想皆被抛弃了。根据该学派的意见,自然科学便应该将自己囚禁在以下三个范围中:命名、注册和记载”(朱洗,1980)。

8.1.3　争论的焦点

从居维叶和圣希尔的主张来看，他们的争论的焦点有如下几个。

结构的统一模式和多重模式：居维叶认为动物至少有 4 种模式，可能有些生物的准确归属有时较难确定，但这 4 种模式是截然不同的，是分别创造出来的；而圣希尔认为动物身体的模式是一致的，它们是一次性创造出来的。

物种或器官结构能否改变：居维叶基本认为，物种及其结构都是神创的，且受功能影响和与之有关结构的影响和牵连，是基本不变的；而圣希尔认为，初创的生物种类可能只有一种，其他现今的生物和结构都是因环境的改变变化而成的。

灾变与渐变：居维叶认为环境的改变是灾难式的、突然的；而圣希尔则认为无论是环境还是生物的结构都是渐变形成的。

新物种能否进化形成：居维叶认为物种都是上帝创造的，它们之间的区别是明确的，不能由一物种形成另一物种，生物是一种具有意识的奇迹；圣希尔认为在环境不断改变的影响下，可以由一物种形成另一物种，生物是长期进化的结果。

科学家的使命：居维叶不主张研究物种来源问题，认为自然科学家的责任只有收集事实、认识事实，用解剖的方法，检出它们各自的特性，从而整理、安排和命名。此外，再不求解释，不加说明，不能扰乱创物主的格局，既不问眼前芸芸万类的来源，也不追究它们的变化。这样的自然科学家确实有几分与照相馆里的照相机差不多，每天只是摄影，摄好影之后就将许多底片分类、编号、注册；圣希尔则认为科学家的责任就在于了解自然现象，推究生物的来源和演变的机制。自然科学家一方面要观察自然，另一方面还要去追寻现象的来龙去脉，要利用事实证明心里所想的法则，即思想、观察和实验（朱洗，1980）。

8.1.4　争论的结果和影响

这场争论激烈地持续了好几个月，后来又陆续进行了好几年，甚至在 1832 年居维叶去世之后仍在上演。

在两人辩论的当时，受政治环境的影响（居维叶得到法国国王的赏识），也因为圣希尔的观点过于激进，证据也较少，故受到一定的排斥。但在居维叶去世之后，因为政治风向的改变和更多普通听众的加入，也因为更多证据的出现，尤其是同源器官和同功器官概念的深化和普及，圣希尔的观点得到了较多的支持。

两个人的争辩激烈且持续时间很长，在欧洲大陆引起了广泛关注，德国的哥德称这场争论为“火山爆发式的事件”，而英国的欧文在 1830 年与居维叶见过面，还曾亲临现场听过他们的辩论，并深受影响，后来根据“结构一致性”原理提出“同源器官”的概念。

可以说，这场争论客观上普及了进化论和生物可变的思想，尤其是拉马克的进化论。在一定程度上，也动摇了神创论，虽然居维叶和圣希尔都认为最初的生物是由神创造出来的。

8.2 牛津论战

达尔文和华莱士提出进化论的时间是 1858 年的 7 月，《物种起源》是在 1859 年 11 月首次出版发行的。7 个月以后，在 1860 年 6 月 27 日至 7 月 4 日于牛津召开的英国科学促进会第 30 届年会上，发生了两场戏剧性的关于进化论的争论。

8.2.1 赫胥黎与欧文的争论

欧文所研究的同源器官为进化论提供了非常重要的证据，但他本人却是反对进化论的，更反对将人看作是由动物进化而来的。因而，从 1857 年开始，他就在讲座和文章中引用居维叶的观点，认为在分类时应该将人与其他灵长类分开，单独为人成立一重要分类单元，与其他灵长类并列。他的理由是根据他的研究，人脑的结构、形态和特征与其他动物完全不同，如人脑有其他动物所不具有的小海马（hippocampus minor）等。在达尔文的《物种起源》发表之后，这一观点更是与进化论有直接抵触，虽然达尔文本人没有论及人的起源问题。但赫胥黎（Thomas Henry Huxley，1825～1895 年）对欧文的观点不以为然，认为他所讲的人脑与其他动物大脑之间的明显区别并不存在，赫胥黎在教学过程中对此有过公开批评，欧文也有所了解。1860 年 6 月 28 日，在动植物组分会上，欧文发表了演讲，坚持认为人脑与大猩猩的大脑之间的差别要比大猩猩与其他灵长类动物之间的差别更大。也许是觉得欧文的演讲就是针对自己的，赫胥黎随后也发表了演讲，对欧文的观点进行了逐条反驳。他的主要观点可能包含在后来发表的一篇文章中，题目叫《论人与其他低等动物的动物学关系》。在这篇文章中，赫胥黎首先指出，关于人的地位问题极其重要，从古希腊开始，就有许多学者对此进行过论述。现在已有充分的证据表明，人其实与其他高等动物无异。例如，从胚胎学来看，人的发育过程与其他动物完全类似，都是从简单的生殖细胞开始的，其发育过程与其他灵长类十分类似。从身体的解剖结构来看，人与灵长类动物也别无二致，如牙齿、骨骼、脊椎、肌肉、大脑等。因而，达尔文的进化论是可以接受的，历史上对人类地位及其解剖结构的研究充分说明和支持了这篇文章所陈述的观点。然而，欧文的研究却认为人脑的结构与其他动物的差别明显，这显然是不对的。欧文所声称的人脑特有的第三叶（third lobe）、侧脑室后角（posterior cornu of the lateral ventricle）以及小海马在所有灵长类动物大脑中也都存在。

1860 年 7 月 7 日出版的《雅典娜》（*Athenœum*）对当天两人的发言有报道。报道认为：开始时赫胥黎对会议主持人说，在听众有情绪的情况下不适合讨论达尔文进化论这样的问题，故就没有发言。欧文发言时认为，只要将事实说出来，公众也可以对达尔文的学说进行评判。接着，欧文说虽然他对达尔文提出新理论的勇气感到钦佩，但这一理论必须用事实来验证。一个不容忽视的事实是，大猩猩的大脑与人类大脑之间的差别要比大猩猩与其他灵长类动物之间的差别更大。人脑中可以部分见到的后叶在大猩猩中完全不存在。它们身体结构的不同也是明显的，如人的脚和大猩猩的足完全不同，这可使前者直立行走，而后者完全不可能。他并要求生理学家和化学家对此进行实验验证。这时，赫胥黎要求发言。在发言中他否认欧文所声称的人脑与大猩猩大脑之间的明显区别，并以前人的研究结果作为证据。根据他的研究，他认为高级猴类大脑与人脑之间的差别并没有明显大于高级猴类与低级猴类大脑之间的区别。他也提到肢体的差别，并指出大猩猩足与其他无趾猴类的差别远大于它与人类脚之间的差别。他相信将来区分人类与猴类的是说话的能力。

1860 年 6 月 28 日的争辩只是欧文与赫胥黎关于人类地位争论的一次冲突，他们之间的争论持续了几年，到 1863 年才结束。

8.2.2 赫胥黎与威尔伯福斯的辩论

如果说赫胥黎与欧文的争辩还是科学家之间就学术问题进行争论的话，那么两天后的 1860 年 6 月 30 日，赫胥黎与牛津教区主教威尔伯福斯（Samuel Wilberforce，1805～1873 年）在会上先后发言，则因后者的特殊身份而更加为人津津乐道并广为流传。实际上，那天的讨论远没有流传的故事或后来的记载那样精彩，因为大厅内挤进了 700 多人，有点嘈杂。再加上赫胥黎讲话声音较低，又不太善于言辞，内容的针对性也差，效果实际不太理想。

那个星期六的上午共有 10 个人发了言，会议主持人是达尔文在剑桥大学的老师 John Stevens Henslow 教授。第 1 个发言的是 John W. Draper，他讲了大概一个半小时，加上前后的讨论等共约两个小时，让人生闷。但他发言的题目却很有趣，叫“论欧洲知识发展：以达尔文等提出的生物进化有其控制规律为参照”。第 2 个发言的是 Richard Cresswell，第 3 个是学会的主席 Benjamin Brodie，第 4 个是 Dingle，但他没有讲完，就被听众哄下去了。第 5 个就是威尔伯福斯主教，第 6 位是赫胥黎，接下来是达尔文航海时的船长 Robert FitzRoy，但他却是反对进化论的；再下来发言的是 Beale 教授和 Lubbock 先生，最后一位是虎克，他与赫胥黎一起反驳了威尔伯福斯主教。

在发言者中，有人反对进化论，也有人支持进化论。在所有发言者中，因威尔伯福斯主教的能言善辩和赫胥黎的言辞激烈，且两个人的观点针锋相对而更加引人注目，但至于他们到底说了些什么却没有留下直接的记载。

1）威尔伯福斯主教的发言

在这天的辩论之前，威尔伯福斯主教写了一篇长达 40 页的文章来反对达尔文的进化论。因此，可以相信他那天发言的内容就是这篇文章的梗概。在这篇文章中，威尔伯福斯主教先是指出达尔文的《物种起源》中有许多精彩的、细致的观察记录，提供了许多精致的生物现象，如蜜蜂与植物之间的关系、蚜虫与蚂蚁之间的关系等。然后，他列举了达尔文书中的主要论点，并指出这些论点之间是有逻辑关系的，一旦证明其中有不正确的地方，那么达尔文的所有理论就可推翻。接着他指出，首先，达尔文关于生物可以进化的论点就有问题，因为我们现在看到，如马与驴之间会产生不繁殖的骡子，说明马与驴之间或物种之间有明显的间断而不是逐渐过渡的。从有记录以来，家养生物也是如此，并没有变化。他说："我们可以得出结论：所有的事实都表明，自然界中有着固定形态的动物，在驯养情况下，即使再可塑的变异类型也不会真正地演变为新物种。原因有：第一，同一物种中固定和积累变异是十分困难的；第二，事实上尽管可能对人有用，变异也不会超过个体固有的变化范围，过大的变异也是生物承受不起的，即使自然选择的力量可以使变异无限地发展，同时，不同物种的变异也不会混合，因为有杂交不育的规律存在；第三，保存的 3000 年的记录表明，常见的家畜并没有演化的开始。另外，我们身边无数的动物，包括那些最可变的种类，也没有发生一个开始演化的例证；没有新器官形成，没有新本能形成；同时也是最后一点是，如果检查在地质中保存的大量的生物遗迹，它们中没有一例不完善的种类代表了过去演化的旁支，没有一例进化的改变，没有提供一个进化链条中失去的中间过渡类型，或者可以将现在的变化以逐渐趋近的方式展示出统一性的遗迹。"可以说，化石证据并不能证明生物的可变性，而达尔文却将这归结为化石记录的不完全，这让人难以接受。其次，达尔文的科学研究方法有问题。威尔伯福斯主教在文章中说："这本书（指《物种起源》）充斥着这么一种论调：人、野兽、掠食者、地上的植物都是原始单个实体的直系后裔，目前所看到的多样性是由于它们在自然可验条件作用下形成的。这个结论在乍看之下无疑是令人震惊的。提出'今天的地衣、青草、甘蓝、橡树、蠕虫、蚊虫、螨虫、大象、纤毛虫、鲸鱼、蝌蚪、古蜥、菌根和人类都有共同的原始祖先，都是其地位平等的后代，而这祖先本身有类似于原始真菌的有核细胞，拥有统一的原始形态和造物主所赋予的生命和至高荣光’这种观点至少是不寻常的，不是一般可想象到的结论。但我们是归纳哲学的忠实拥护者，不会因任何不可思议的论点而退缩，牛顿的耐心哲学教会了他在下落的苹果中发现了支配着天体运行的定律。如果达尔文先生能以同样正确的探究方式向我们展示人类的真菌样的祖先，我们将从心里摒弃我们的自豪感，并且怀着哲学上特有的谦虚承认我们与蘑菇之间的确定无疑的亲缘关系……我们将请求允许认真地审查得出这种结论的每一步骤，如果其中有任何地方要求我们用不受约束的假设代替耐心的观察，或者用异想天开的幻想代替经由严格的逻辑推理获得的严肃结论，我们将反对。”威尔伯福斯主教认为并举出许多实例指出，达尔文在书中使用了大量假设性的推论，从而认为达尔文的进化学说是不可信的。他说：“这个新理论的基础是什么？我们可以毫无歉意地说，达尔文先生的理论仅仅是假说，完全建立在最无边际的假设基础上。我的话虽然有点重，但下面列举的例子可以充分说明这样说是有理有据的。”从而威尔伯福斯主教认为达尔文的学说需要反对。他说：“读者可以看出我们反对这些观点是完全在科学基础上进行的。我们这样做是源自我们的坚定信念，即必须对这些论点的真伪进行检验。我们不会与那些反对任何自然事实或报道事实的人，或者反对从事实得出逻辑推理的人为伍，因为他们对新发现总要反对。我们认为这些反对具有与坚定和至诚的信仰格格不入的味道。”

现在来看，应该说威尔伯福斯主教对达尔文进化论的批评是有一定道理的，因为当时没有直接的证据来支持进化论。达尔文本人在读了威尔伯福斯主教的批评文章后说：“这篇文章写得异常巧妙，他以老练的手法挑出了所有带有推测性的部分，并把所有的难题都很好地提了出来。”

1860 年 7 月 7 日出版的《杰克逊牛津杂志》（*Jackson's Oxford Journal*）对威尔伯福斯主教的发言作了描述，它也比较直接地为我们提供了威尔伯福斯主教的发言内容。该报道是这样写的：“威尔伯福斯主教谴责了达尔文的理论，认为其是不合哲学原理的；这个理论不是建立在哲学原理上，而是基于假设。他否认达尔文先生提出的从一物种变化为另一物种的情况发生过，并暗用权威的力量来反对此学说。他举出如 Brodie 爵士、欧文教授都反对这一学说。在巨大的喝彩声中，在总结时，他斥责这一学说，因为它贬低人类自己，以想象而不是事实为依据。”

1860 年 7 月 14 日出版的《雅典娜》对威尔伯福斯主教和赫胥黎的发言内容，以及会议概况也作了报道。对于威尔伯福斯主教的发言内容，该报道这样描述：“威尔伯福斯主教声言从归纳科学原则来看，达尔文的进化学说是破产的。事实不能证明理论。所有的观察都证实这样一个事实，生物的特有形态是永续不变的。埃及墓穴中保存的动物、植物和最早的人类遗骸都与现在的一样，不具备形态可变的必然趋势。人与低等动物的界线是明显的：低等动物没有成为具有自我意识的智慧生物——人的趋势，人也没有失去或退化其高等智力和意识的趋势。没有一个实验表明一种动物可由另一动物形态演化而来的趋势。他也认为，达尔文先生所举的著名的鸽子，如果回归自然也不会退化为其原始形态。杂交不育随处可见，就像亲缘关系很近的马和驴那样。达尔文先生的结论是一种假说，是对因果理论尊严的最大哲学挑衅。他高兴地知道科学界的很多著名人物都反对这一理论，也相信其与人类和科学利益对立。”

2）赫胥黎的发言

赫胥黎发言的具体内容也没有确切的记录。然而，在 1859 年和 1860 年，他举行过演讲并写过 3 篇文章来支持和评论达尔文提出的进化论，因而可以相信，他的发言内容也在这些文章和演讲中。

在 1859 年发表的《时间和生命：达尔文先生的〈物种起源〉》（*Time and Life: Mr Darwin's "Origin of Species"*）一文中，赫胥黎首先指出，在地质学中有两种观点：均一论和渐变论，前者认为地球早期的变化远大于近期的变化，而后者认为地球表面的变化基本是缓慢的，现在的作用力与早期的作用力差不多，但在长期作用下，地球才形成也可以形成现在的格局。再者，从化石记录来看，古生物与现代生物在体制等方面是差不多的，没有特别的极大变化。对此的解释可以是神创的，即认为它们是多次创造的结果。也可以认为生物是由共同祖先逐渐变化来的。达尔文先生的《物种起源》支持后一种说法，明显的例子就是人工选择，而对野生生物而言就是自然选择和生存斗争。拉马克虽然看到了前者，但没有找到自然界中的“选择者”。达尔文的自然选择学说是已知的最好学说，我们对此不能抱有任何无知的偏见和偏执的冷漠。

在 1859 年 12 月为《泰晤士报》写的《达尔文论物种起源》的文章中，赫胥黎首先指出，科学上的任何进展或假说都要在科学的基础上进行检验。尽管定义和认识物种本质十分困难，但杂交不育现象的存在充分说明了物种的客观性。另外，现在的生物物种都是与环境相适应的，不同地区的生物也都有地理学上的特点和分布规律，地质历史上的生物也有其规律性，如越古老的生物与现在生物越不同，但在总体上多少都有点类似性。对这些现象用灾难性的原因来解释是不行的，地质学证据不能支持；认为这些现象是不能解释的也是说不通的，因为它无法验证。而对物种改变的科学性解释而不是宗教性解释才能考虑，因为它可以被证明或证伪。对此问题进行解释的杰出人物中有拉马克，《自然遗迹》的作者等，但他们的学说中有主观的成分，没有找到引起物种改变的自然性的力或原因。达尔文的学说与众不同，从人工选择的例子出发，他找到了自然选择作为驱动生物进步的原因。这个学说可以解释时空中的很多现象。当然它也需要在以后的研究中不断验证，但无论如何，这个学说是实实在在的、建立在观察和调查上的理论而不是虚幻的意念。

在1860年发表的题目也叫《达尔文论物种起源》的较长文章中，赫胥黎写道："达尔文的《物种起源》已经引起了广泛影响，从科学家到普通民众都在讨论它，有人赞许，有人厌恶。然而，对其进行的讨论需要在了解这本书本意的基础上进行，他虽不才，但仍然希望对此作个介绍。在自然条件下，有时区分种是十分困难的，因为很多生物很像，虽然生理上的差异可能不容易发现。另外，同种的生物都是与它们的亲代非常像的，但后代与亲代之间总或多或少存在差异。当差异大到一定程度时，变种就形成了，著名的例子有六指人和短腿羊。这些变异是自发形成的。同时，在短腿羊的后代中，有正常的羊也有短腿羊，但短腿羊同短腿羊生产的后代全部都是短腿的，牧民为此特意进行了培育。这充分说明，不仅变种能够形成，这个变种的种群或种族也能形成。六指人因为与别的正常人通婚，六指这个特征出现的频率就越来越少了。可见，在有目的的选择下，特定的变异就可形成族。鸽子的情况也与之类似，这些变异都不是在环境影响下形成的。同时，物种之间的杂交不育到杂交可育的界限也是情况复杂多样的，中间过渡类型很多。化石记录也表明生物之间的过渡性。神创论有许多缺点，不能够解释许多事实。作为一个替代，进化理论有其自身的发展过程和历史，到达尔文和华莱士时达到高潮。他们的主要观点可简述为：所有物种都由共同祖先中产生的变异类型发展而来，在转变过程中和自然选择的作用下，先由变异类型形成固定的族，进而形成新种。这个过程与人工选择中由人来形成家养动物一样：生存斗争取代了人工，并受自然选择的作用，就如家养动物受到人工选择的作用"。赫胥黎总结道："达尔文先生提出了三类证据来支持他的假说。第一，他努力证明了物种可以在选择作用下起源；第二，他试图表明自然原因是可以起到选择作用的；第三，他尽力证明了，结合已知的地质变化事件，由物种的分布、发育和相互依存关系所表现出来的极端显著和似乎不可思议的现象，可由关于它们起源的一般性学说中推导展示出来。并且，也许目前此学说仍不能解释全部这些现象，但没有一个现象与此学说相悖。""毫无疑问，达尔文先生采用的研究方法不仅严格符合科学逻辑的标准，而且也是唯一可行的方法。只受过古典和数学训练的批评者们，从来没有通过实验和观察推理出一项科学事实，却引经据典、喋喋不休地唠叨达尔文先生的研究方法，自认为其推理对他们而言还不够充分，不是纯粹培根式的……然而，达尔文先生试图做的工作完全符合穆勒先生的（推理）原则；通过观察和实验，他已经尽力推导决定出大量的事实；他已经对这些事实数据进行了求因推导；最后，通过比较推导与观察到的自然事实，他已经对推论的可靠性进行了检验。用推导归纳法，达尔文先生努力证明了物种可由特定的方式形成。用推导归纳法，达尔文先生尽力表明，如果物种确定是这样产生的，它们的分布、发育、分类等事实就可得到解释，也就是结合长久时期内气候和地理上的、已得到承认的物理性变化，这些事实可由起源模式推导出来。这种解释，或者说推导出来的事实与观察到的事实之间的一致性，目前而言是证实了达尔文的观点。”

1860 年 2 月 10 日和 3 月 7 日出版的两份刊物对赫胥黎先前发表的演讲作了报道，题目是《论种、族和它们的起源》。在演讲中，赫胥黎也还是从人工选择讲起，以马和鸽子作为例证，然后过渡到自然选择。他说，虽然达尔文的自然选择理论没有实际的物种起源和物种形成的例子作支撑，但实际的观察完全可以证明和推测其正确性。由之引出的一个让人有点吃惊和意外的结论是：既然所有生物都有共同的起源，人也是由动物产生的吗？是的，解剖学的证据完全证明了人与动物的相似性。达尔文的进化论对思想解放有重要意义，公众对此需要了解和掌握。

在 1860 年 6 月 30 日的发言中，赫胥黎肯定说过这么一段话或类似意思的话：“如果有人问我这样的问题：我是宁愿有一个可怜的类人猿作祖父，还是愿意有一位有着极高天赋和巨大影响，但却只是为了嘲弄的目的将它们用于严肃的科学讨论中的人作祖父，我会豪不犹豫地说我倾向于选择类人猿。”这句话因比喻形象、意思直白、针对性强烈而让人印象深刻，据说有一位女士当时晕了过去。后来这句话被广泛流传，甚至将这句自问自答的话变成了威尔伯福斯主教和赫胥黎之间的相互诘问和互问互答。实际上两个人之间没有直接辩论。

总结来看，赫胥黎在发言时表明达尔文的进化论是建立在事实基础之上的，物种与物种之间是逐渐过渡的，变异是自发形成的且可不断形成。人工选择的实例可充分说明自然选择的情况。达尔文所使用的科学研究方法是合理的，符合推理归纳原则。

1860 年 7 月 14 日出版的《雅典娜》对赫胥黎的发言内容作了如下的报道：“赫胥黎教授捍卫了达尔文先生的理论，并对认为其仅仅是一种假说的指控进行了辩解。他说，这个理论是对自然历史现象的解释，就如解释光现象的波理论一样。没人因为光的不可逮性和不可测量性而反对光波这一理论。达尔文的理论是对事实的解释，他的书中有大量新事实，所有这些都支持他的理论。赫胥黎认为这一理论是现今所有关于物种起源理论中最好的一个，当然不是说他的理论每一部分都得了证明。至于人与动物之间心理上的差异，他说人曾经也是单体的，或仅仅是一个原子，没人能够说明历史上什么时候人类具备了意识智力。问题不是一个种的演化或转变程度，或只是一个固定形态类型的长久存在。因而美国的短腿绵羊不是逐渐产生的，而是起源于羊群中原始父母产生的变异类型在人工选择系统性地持续作用下保持下来。”

3）虎克的发言

虎克是当天的最后一个发言人，当时会议主持人让虎克从植物学角度来谈谈对进化论的看法。根据1860年7月14日出版的《雅典娜》的报道，在发言中，虎克指出，“威尔伯福斯主教声称所有科学研究人员都反对达尔文先生的假说，虽然他自己不是科学权威，但他本人却是支持这一学说的。既然要求来发表意见，他愿意简短地表达自己的看法。首先，在他看来，威尔伯福斯主教的演讲虽然流利但却似乎是完全误解了达尔文的假说。威尔伯福斯主教将自己所认为的从现存一物种可以演变为另一种的观念与物种的变异、自然选择和演化混淆在一起。这种观念完全与事实、推理和达尔文先生的著作相悖，他想象不出任何读过《物种起源》的人会犯这种错误。实际上，《物种起源》整本书都是在反击这种观念的。其次，就物种的一般现象而言，他听到威尔伯福斯主教声称该书并没有提供任何证据让认真和理性的自然学者欣赏达尔文先生的观点。就植物界而言，虎克博士完全反对此种说法。他认为至少一半的植物种类可以归为不同的群组，在每一群组中所有植物种类都可由共同但变化的特征所联系，且在每一物种中只有一些个体发生细微的差异。就此而言，如果将一个群组比喻为一个蜘蛛网，一个物种就位于网中央，它的特征变异类似于纵向或同心圆状的网丝，其他物种就如丝线中的节点。简言之，植物的一目、一属或一种的一般性特征之间的差异只是这些变异程度的不同，这充分支持了达尔文先生的假说。至于接受达尔文先生的观点，他认为并不是将其作为信条，科学上没有信条。在研究自然科学的早期，他拥有神创生物的观念。但需要时刻牢记的是神创论本身其实也仅是一种假说，理论上讲与接受达尔文先生的观点并无二致，它们对科学现状的展示能力也是类似的，都要对其在解释生命共存现象能力上进行检验。多年来他持有的都是老学说，没有看到新的可采纳的学说，就植物学的断续发展而言，支持这种老学说的新事实并没有出现，相反反对此学说的证据却越来越多。另外，自从15年前私下了解达尔文的学说以后，他就一直将其运用到植物学研究中，无论是对遥远范围内的物种还是本国的最大量、最不同的植物种类的调查。现在，达尔文先生已经将他的学说出版，他对在公开场合接受它并不迟疑，因为无论是作物还是野生植物，它们表现出来的分类、分布、结构和发育现象在达尔文先生的假说中都得到了最大程度的解释。因而，他将继续运用这个假说作为将来研究的最好武器，直到更好的出现，或者到他已忘记的神创论教条东山再起。”

虎克在1860年7月2日写给达尔文的信中对自己发言的描述为：“我举起右肘，在掌声中对山姆（威尔伯福斯主教的外号是“油滑的山姆”）进行了猛烈回击。首先我指出他原话中的错误，并认为：①他没有读过你的书；②他对植物学一窍不通。就这一问题讲了几点自己的体会和思想上的转变，并举了几个对比新旧假说的观察实例，并提醒听众应该注意的地方。山姆一声不吭，无言以对。”

8.2.3 辩论的结果

虎克自己在给达尔文的信中（1860 年 7 月 2 日）这样描述那天的会议情况："威尔伯福斯主教站了起来，情绪高昂地讲了半个小时，但内容丑陋空洞，偏向性明显。我觉得他是受欧文的指使但腹中空空。他说的都是那篇评论文章中的内容，对你和赫胥黎极尽指责诋毁之能事。赫胥黎回击得很好，扭转了会议风向，但他的声音在大会上显得有点低，没有说服听众，没有指出山姆的弱点，也没有以听众可以理解的方式来表达，争论很热烈。Brewster 女士晕了过去，会议气氛随着其他人的发言而更加火热。我热血沸腾，但又觉自己胆小，当然也觉察到自己可以发挥的地方（我对自己说，如果心跳出胸口，就将山姆这个头号对手没头没脸地一顿猛揍，并向 Henslow 主席报名准备发言），我必须告诉你，Henslow 主席没说什么，但有意见的人都讲了话，4 个人被听众打断并起哄，这时主席说发言者必须言之有物……这个就你的学说所进行的 4 个小时的讨论会随后结束。赫胥黎（他是主要辩手，以前从来没有当面赞扬过我的人）告诉我说我的发言很精彩，以前并不知道我的观点。我受到许多穿黑衣白袜的牛津大学学生的祝贺和感谢（他们也很恨主教），好些肚内没有多少墨水的女士也恭喜我。"

从这个描述以及其他人的记载来看，那天支持进化论的一方似乎占了上风，尤其是虎克的发言证据充分、比喻恰当、条理清楚，在听众中引起了广泛好感。

8.2.4 论战的影响

达尔文和华莱士关于进化论的论文首先是在 1858 年 7 月 1 日的林奈学会上宣读的，其与《物种起源》出版的 1859 年 11 月之间有长达一年多的时间。在这期间，进化论的影响很小，几乎没有引起什么注意，以至于林奈学会主席 Thomas Bell 在 1858 年说出下面的话："这一年没有什么对科学来说有革命意义的重大发现。"只有个别人将自然选择理论应用到自己的研究中，如 Tristram（1859）用其来解释非洲鸟类的多样性和起源问题（England，1997）。

然而《物种起源》的出版却是另外一回事，它立即引起了轰动，无论是反对者还是支持者都在广泛的范围内对其进行了讨论（张增一，2002；Lucas，1979）。在上述的 1860 年赫胥黎参加并发言的两场会议中，发言者的题目几乎都与达尔文的进化论有关。在 28 日的会议上首先发言的是 Charles Daubeny，他演讲的题目是《论植物性力的终结原因：特别以达尔文先生的著作为参考》（*On the Final Causes of the Sexuality of Plants with Particular Reference to Mr. Darwin's Work*）。在 30 日的会议上，第一个发言人 John W. Draper 演讲的题目是《论欧洲知识发展：以达尔文等提出的生物进化有其控制规律为参考》。由此可见，最迟到1860年年中，达尔文的进化论至少已在科学界内成为主流话题。赫胥黎、欧文、主教威尔伯福斯以及虎克等针锋相对的发言、冲突的观点、戏剧性的场面、激烈的言辞以及特殊的身份给在场的听众特别是普通听众留下了深刻印象，再加上报章杂志的报道等，在客观上也进一步传播和宣讲了进化论。

从他们的发言中可以看出，尽管辩论中使用了讥讽和嘲弄，但他们的发言重点针对的还是达尔文进化论的科学性以及其研究方法的可靠性。尽管观点不同，但基本都没有固定的教条和理念的说教，更没有人身攻击，大家基本都还是用事实和证据来表明自己的观点，并在科学研究方法和哲学原则上来进行讨论。这也充分说明在当时，科学研究的原则、要求、方法和规范已有自己的体系，科学研究也完全可以在兴趣支配下进行，在同行讨论和监督下运作，完全已不受政治、宗教和教条思想的影响和束缚。

客观上，这种对进化论的广泛讨论和报道，至少在科学界内部，使神创论的势力和影响受到极大的打击和清除，虽然不是彻底完全的。自从牛顿力学普及以来，在物理、化学等领域内，神创论的影响已微乎其微，但对地球起源、宇宙诞生、生物演化、物种形成等无法直接证明的现象等，宗教还有很大的市场。达尔文的进化论用自然选择来解释物种的起源和形成，将不可见的历史过程转化为可直接检视的自然现象和客观规律，这使得神创论的影响进一步受到削弱，无论是在科学研究人员还是普通民众中。同时，由于威尔伯福斯的教士身份以及由此引出的象征意味，进化论或者说科学在一定程度上也战胜了宗教。

从他们的发言中，对科学研究方法的争论占了很大篇幅。如前所述，达尔文创新性地用“假设-演绎”法来代替“经验-归纳”法，从而在科学研究中引入了或推广普及了一种新的研究方法，这在哲学和方法论上都有重大意义。

8.3 进化分类学派与支序分类学派的论战

在达尔文提出进化论将近100年后，在生物分类学研究领域中，从1950年起，德国学者Willi Hennig（1913～1976年）陆续提出了一套支序分类方法，以弥补传统分类方法的不足，并由此逐渐形成一个新的分类学派。可以将这一派的学者称为支序分类学派，将传统上的分类学派称为进化分类学派。由于两派在众多问题上的看法都不同，因而发生了激烈的争论。其突出表现是在1978年英国的雷丁大学（Reading University）举行的“第26届古脊椎动物和比较解剖学讨论会”上，两派进行了面对面的交锋。会后，两派的主要人物又在《自然》杂志上进行了讨论（Halstead，1978；Halstead et al.，1979；Gardiner et al.，1979）。

Halstead等所代表的进化分类学派认为，生物是进化产生的，分类系统要尽可能地反映或拟合进化过程或生物的血亲关系，也许有时不太容易做到。同时，进化分类学派认为，系统发育关系以及系统发育图不仅要包含分支过程，也要包含生物进化的程度和速度，更要考虑进化过程中出现的进化级甚至生物学因素等。换言之，进化包含两个方面的因素，一是生物形态上的改变和歧异；二是种化过程，即一个物种或支系分裂为两个或两个以上的后代。在分类或系统发育重建时要充分考虑这两个方面的因素。

在图 8-2 中，有母牛、肺鱼和鲑鱼三种生物。假定它们的分支过程如图 8-2 所示，它们之间的特征差距用它们之间的相对距离来表示。进化分类学派认为，肺鱼和鲑鱼可以组成一个分类单元，因为它们在体制上很相似；生活环境也雷同；它们之间的区别很小，远不及它们与母牛之间的差别；母牛已到陆地生活，与水生的两种鱼相比，已进入到一个新的进化级和生态适应区。

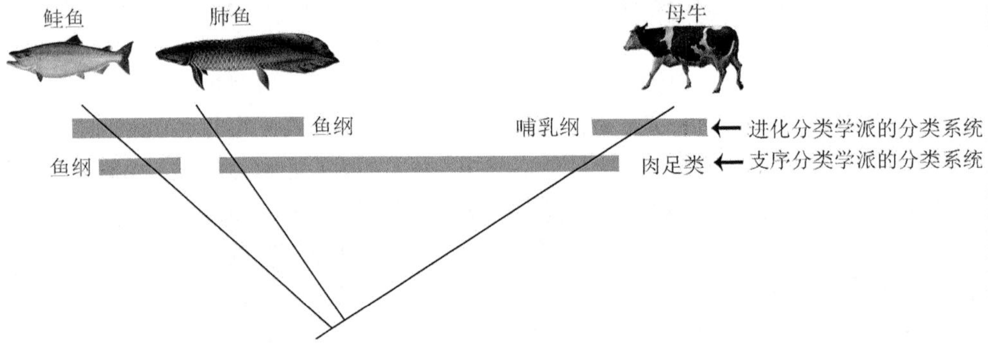

图 8-2 三种动物的系统发育关系及归类可能（动物之间的距离代表了它们之间的特征差异）

而在以 Gardiner 和 Patterson 等所代表的支序分类学派看来，进化分类学派的做法太主观、不严格。他们认为，系统发育关系和分类系统要根据物种之间的共祖近度或进化关系来进行。由于母牛和肺鱼具有一个鲑鱼不具备的“重要特征”（即反映进化关系的特征），所以它们的关系比较近，而鲑鱼所具有的特征（如水生习性）等在母牛和肺鱼的祖先也可能具有，因而不能用于分类。

支序分类学派还指出，像生物学和生态学特征、特征间隔等在分类时也都不能考虑，因为随着研究的深入和更多类群的发现，这些由人所识别的间隔是会逐渐填平的，如青蛙就处在水生的鱼和陆生的母牛之间，如果将它包含在内，由人来判断这些特征就十分困难。因此，生物学和生态学特征、特征间隔都是人为限定的、不客观的。

进化分类学派还认为，从古至今，分类工作都是这样进行的：先将形态上相似的物种组合到属中，再将相似的属组合到科中，即分类工作是由下至上来进行的。例如，先将肺鱼和鲑鱼组成“鱼纲”，再加入母牛后形成“脊椎动物亚门”

等。而支序分类学派指出，生物进化的过程是这样的：由一个共同祖先分化出两个后代，由它们再分裂为更多的支系。一个支系就是支序分类学中的一个分类单元，因此这样分类最符合进化的实际和过程。在实际工作中，是要在尽力确定高级分类单元是单系群的前提下，再来区分下一层次的分类单元，即分类是由上至下的。进化分类学派声称承认进化论，但在分类实际中却不按照进化的实际过程来操作，这显然是言行不一。

两派在会上会下的争论十分激烈，Halstead（1978）甚至说，支序分类学派已经在世界上主要的自然历史博物馆中安营扎寨，支持支序分类学的人士对其有一种“宗教狂热”般的迷信和推广。而 Gardiner 等（1979）认为，进化分类学派的做法完全是保守思想的顽固坚持，说他们有“宗教狂热”般的热忱是一种政治迫害和麦卡锡主义。

8.4 评　　论

居维叶与圣希尔之间的争论发生在达尔文提出进化论之前，争论的主要焦点是生物是可变的还是不可变的。在很大程度上，双方都对原始生物是由神或超自然力量创造并没有争议，而对“生物被创造出来之后是可以在一定范围和程度内变化还是固定不变”存有不同看法。无论争辩的结果如何，在客观上它宣传了生物进化的思想。

“牛津论战”是在达尔文提出进化论不久之后发生的，这时可以看出，大家对生物是可变还是不变的争论实际已琢磨不多，争论的焦点已变成对进化机制和原因以及科学研究方法的争论。由于争论的内容涉及人的起源问题，因而这场争论的规模和效应就更加明显。通过戏剧性的争辩和对垒，使自然选择以及“假设-演绎”方法等得到了普及和推广。

进化分类学派与支序分类学派的论战发生在《物种起源》发表约 100 年后，这时大家争论的焦点已不再是进化论本身的合理性、正确性和普遍性，而是对如何将分类方法和分类系统，尽可能地与生物进化的实际历史和过程逼近和协调。或者说，这时进化论已成为生物学中的一种依归，它要求实际的操作和概念必须符合或更加符合其历史实际和轨迹，更符合进化实际或进化学说，即如何使进化论精确化、精细化和准确化的问题。

综合起来，从历史过程中可以明显看出，进化论从无到有、从不被接受到被接受、从被少数人接受到被普遍接受的一般过程。可以说，进化论正是在不断克服争议和困难的过程中得到了发展和接受。它如同其他任何科学学说一样，不会因任何人的主观意见和偏好而发生改变，相反在科学领域内，无论是何种学说都必须得到事实验证，也要接受怀疑和诘难。与之形成鲜明对照的是，一些不可捉摸的超自然力量、主观概念的权威等似乎一点都不容置疑。在科学的名号下，做着不科学的事的人真还不少，尤其是在那些落后愚昧的世界里或国度中。从这个角度来看，居维叶和威尔伯福斯主教都是可敬的，他们在辩论中始终以事实和科学方法为依托，没有提及圣经和上帝的权威性论断作为出发点，从而进行从概念到概念的无聊循环式论证。

9　宇宙和地球的形成与演变

> 关于地球物理有说服力的学说应当包含三个方面的内容：地球大气的初始状态，地球表面地壳的特征和持续变化，生物体的起源和发展。这些内容自然地就将地球物理分为三大部分：第一，关于空气的理论，或称气象学；第二，关于地壳的理论，或叫水文地质学；第三，关于生命的理论，或称生物学。
>
> ——拉马克（1802）

地球是宇宙的一部分，是宇宙中一颗蓝色的神奇星球，也是在宇宙形成之后逐渐形成和发展的。因而如果要想知道地球上生命的起源和演化，首先必须要了解宇宙和地球的诞生和演变过程。然而，由于宇宙的宏大无垠、地球的广阔无垠、时间的恒远无限，对宇宙和地球的探究十分艰难，虽然人类自诞生以来就不断地思考、不停地问"人从何而来"、"生物从何而来"、"地球从何而来"、"宇宙从何而来"这样的大问题。遗憾的是目前仍有很多未解谜团。但无论如何，天文学和物理学的发展已提供了一个宇宙和地球诞生的基本框架和大概过程。

在达尔文提出进化论时，人类关于宇宙和地球的认识还十分初级，对宇宙和地球年龄的测定还没能开展，因而对它们实际存在的时间有多种人为估计，但数值明显偏小，最长不过几亿年。达尔文（1859）说地球约有几亿年，"根据以上的数据，在这种速率之下，旷野的裸露需要 306 662 400 年，即约 3 亿年。"布丰根据冷凝实验，估计地球年龄是 7.5 万年。后来，他在研究沉积现象的时候，进一步发现地球表面沉积地层的形成需要更长的时间，于是他大胆估计地球年龄为 300 万年。这可以说是赖尔、达尔文之前对地球年龄最大胆、最科学的一种估计（张之沧，1985）。所以，进化论面临的一个问题是：在如此之短的时间内，生物如何缓慢逐渐地演变为如此多样的局面？再者，当时对地球表面的认识还不够深入，大陆漂移学说也没有提出，对相隔极为遥远的大陆来说，如果它们有相似的生物或亲缘关系密切的物种，一般只能用扩散理论来解释，就像一个大陆上的生物扩散到附近小岛上一样。但这个假设面临的一个问题是，那些移动能力极弱、不能长距离游泳的生物如何从一个大陆扩散到另一个大陆呢？为解释此，扩散假说往往要找寻各种曲折的扩散路线或方式等，如随漂浮的大型植物种子扩散等。但无论如何，这些都还不能全面、深入、详尽、科学、合理地解释所有现象。只有对宇宙和地球的科学认识才能提供此方面的科学依据。

9.1 宇宙的起始

一种观点认为，宇宙是永恒的，无始无终。如果宇宙是无始无终的，就意味着宇宙是亘古不变的，即宇宙历来如此并将永恒存在，因为如果没有开始，就意味着宇宙已存在了无穷久。既然存在了无穷久的宇宙是如此，可以想见目前的宇宙就是永恒了的宇宙。但一个显见的问题是：至少地球上的物体包括生物在内，都是不断变化的，如岩石的风化、海平面的涨落等。还有一个问题是，如果宇宙存在了无穷久，那么人类似乎应该更发达、更完美，因为现今的人类社会比100年前就进步了不知多少，而现实却是人类本身仍有很多缺陷。

基本的物理学知识告诉我们，有质量的物质之间有万有引力。因此，如果时间足够久远，宇宙间的物体（如各种星球）应该因相互吸引而距离接近，并最终融合在一起。而宇宙目前的实际状况表明宇宙存在的时间并不是非常久远。当然也可以说，宇宙间的力是均衡的，因而可以长久如此存在，但如陨石、彗星等的出现表明星球之间的力并未达到完全的平衡状态。

热力学第二定律还指出，宇宙的无序状态（称为熵）总是随时间而增加。而宇宙非常有序的实际状况（如月亮围着地球转动、地球围着太阳转动）表明，宇宙只能是运行了有限的时间，否则的话，它现在应该是一种完全无序的状态，就如充满雾气的洗澡间。

从逻辑上说，如果宇宙没有开始，从来如此，存在了无穷久远，那么由于宇宙中有无数颗星星，它们发出的光会全部到达地球，那么对着任何一个方向看，天空都会亮如白昼，而实际情况并非如此。可见宇宙只能存在了有限的时间，它应该有一个开始，有一个起点。那么宇宙是如何开始和演化的呢？

Slipher（Vesto Slipher，1875～1969年）在1917年和哈勃在1929年分别发现，来自星系的光谱呈现某种系统性的红移，就是在地球上接受到的来自其他恒星或星系的光谱向长波一端移动。乘过火车的人都有这样的印象：向你疾驰而来火车的鸣叫声显得格外刺耳，而远你而去火车的鸣叫声却显得很低沉。这是因为火车发出的声波因它的运动而改变了频率（多普勒效应）。同样的道理，光也是一种波，运动物体发出的光与静止物体发出的光对静止不动的接受者看来颜色上是有点不一样的。如果是由离我们而去的物体上发出的光，在我们看来其颜色就显得更“红”一点，就如同离我们而去的火车的声音要低沉一样。从这个理论出发，结合哈勃他们的发现，就可知道，其他星球是离地球而去的。换句话说，宇宙是逐渐膨胀的。哈勃更发现，星球离开地球的速度与它们到地球之间的距离成正比，就是说越远的星球或星系离开我们的速度越快，距离与速度之间有正相关性。

既然现在的宇宙是膨胀的，那么由此向前推就可知，在很久很久之前，所有宇宙的物质都结合在一起形成一个点，这个点一般称为奇点。因此可以说，宇宙开始于奇点。

但有没有这样的可能，就是当物体靠得很近的时候它们仅擦肩而过而没有完全融合成一点呢？1963 年俄国的 Lifshitz 和 Khalatnikov 就提出过类似的想法。他们认为只有当星系直接相互接近或离开时，它们才会在过去的一个单独的点上相重叠，才导致无限密度状态。可惜的是，星系还多少具有一些侧向速度（可以理解为有一点侧旋），宇宙早期就可能是这样。这样，星系虽然曾经非常靠近过，却能设法避免互相撞击。然后宇宙会继续重新膨胀，而不必通过一种无限的密度状态。

还有人提出另外一种假设，就是 Gold、Bondi 和 Hoyle 于 1948 年提出的稳恒态理论。其思想是，宇宙会永远存在，而且在所有时间中都显得一样。物质会连续创生出来形成新的星系填补因星系离开后形成的空间。然而，对银河系外射电源的普查显示，弱源（较古老的物质）的数目比强源的数目多得多。人们可以预料，弱源平均上来讲应是较遥远的。这样就存在两种可能性：或者我们正位于宇宙中的一个强源不均的区域；或者过去的源的密度更高，光线在离开这些源向我们传播时要走更遥远的距离。这两种可能性没有一种和稳恒态理论相协调，因为该理论预言射电源密度不仅在空间上而且在时间上必须为常数。1964 年 Penzias 和 Wilson 发现了从比我们的银河系遥远得多的地方起源的微波辐射背景，即宇宙背景辐射。它是来自宇宙空间背景上的各向同性的微波辐射，实际上就是一群古老的光子。它具有从一个热体发射出的辐射的特征谱，尽管它只不过比绝对零度高 2.7℃而已。电视荧幕在空频道上的雪花和卫星电话噪声中有一些就归因于这个微波背景。宇宙背景辐射是宇宙大爆炸时发出的辐射留下的遗迹，就如焰火虽然灭了，但它发出的光和辐射波仍在宇宙中穿行。宇宙背景辐射证实了宇宙有一个开端，且宇宙是不断膨胀的。早期的宇宙物质彼此靠得非常近，异常炽热。随着宇宙膨胀，辐射一直冷却下来，直至今天观察到它的微弱残余（Hawking，2006）。

9.2 宇宙是如何诞生的

当坐在运动着的车上向前扔出一物时，物体的速度等于它本身的速度加上车子的速度，换言之，一般物体的速度是可以叠加的。然而，光速却是不变的，无论在静止或飞着的火箭上打闪光灯，它发出的光的速度都是一样的，且是一常数。为什么光速不变呢？爱因斯坦在思考了多年后说："光很奇特，但我们不必对其穷究，因为它就是那样一种物质。"可以说，无法说清楚，但可以这样理解：

一是光速是极限速度，不能再大了；二是光只有能量没有质量，不是普通的物质。

光速不变理论与引力理论存在不协调之处。引力理论指出：物体间的吸引力依赖于它们之间的质量和距离，这就意味着如果我们移动一个物体，另一个物体所受的引力就会立即改变，这种情形下引力效应就将以无限的速度传递，而不像狭义相对论所要求的那样，只能低于光速。

还有就是从手中放下一物，它就会以 g 的加速度下落。我们知道，它是受到地球的引力而下落的，引力的大小相当于它的质量乘以加速度。假如我们用力向前抛出一物，这个物体就会做平抛线运动，最后落在地面。假如我们用足够大的力量来抛掷，这个物体就会围着地球做圆周运动。实际上我们的卫星就是这样的。那么为什么卫星的运动是这样呢？或者说，引力是什么呢？为什么质量能产生引力？

爱因斯坦 1916 年提出的“广义相对论”可以解释上述现象。广义相对论指出，引力不同于其他的力，“它是由于物质质量的存在而发生的空间-时间的扭曲。”说得简单一点，就是有质量的物体会产生引力场，就相当于磁铁周围有磁场一样。那么任何在引力场中的物体就会受到影响，沿着“引力线”运动，而“引力线”就是物体在引力场中所可能走的最短的直线距离。

引力场是什么样的？可惜目前无法模拟，因为这是个四维空间，即三维空间加上时间。打个简单的比方就如同将一个很重的铁球掷向松软的泥地，就会在地面形成一个凹陷，这个凹陷的内面是弯曲的，但在四维空间中却是平直的。这也好比一架飞机在山区上空飞行，它虽然在三维空间中以直线行进，但它在高低不平的二维地面上的投影却是沿着弯曲的轨迹运动。所以，我们看到卫星围绕地球运动也是这个原因，当然物体落向地面更是这样了。

光虽然没有质量但有能量，因此也受引力场影响，也不能避免被引力场（如太阳的）所折弯。这一点已被实际观察所证实。如果引力场足够强，光由于强大的引力场造成的空间-时间扭曲而被强烈地折弯并回到星体表面，不能从其表面逃逸。这种空间-时间区域就是黑洞。

如上文所述，宇宙中的所有物质在开始时都集中在一个奇点处。由于其质量和密度极大，没有任何东西可以逃脱它的吸引，并且空间极小。这时，适用于宏观尺度的广义相对论失效了，它不能解释和预言宇宙如何起源问题，而只能预言一旦起源后是如何演化的。

霍金（Stephen Hawking）等将量子理论与广义相对论结合，提出宇宙自发创生的图景有一点像沸腾的水中形成的气泡，或者是像吹气球。假定气球的胶囊无限小，在极短的时间用极大的气流为其充气而使其暴胀成无限大的尺度。宇宙初始形成就有点像这样的过程，只不过要把气球表面的横纹（纬度）换成时间。

当然，因为有无数的泡泡或气球形成，至于是哪个最终形成了宇宙，这完全是概率性问题，如同原子核外的电子的位置一样。

暴胀形成的宇宙是十分均匀的，但不是完全均匀的，有些区域的密度比其他地方的稍高。这些额外密度的引力吸引使这个区域的膨胀减缓，而且最终能够使这些区域坍缩形成星系和恒星。至于是哪些地方的密度较高，这又是一个随机过程。

9.3　宇宙是何时开始的

宇宙是和时间同时开始的。因此，严格地说，“宇宙是何时开始的”问题并不成立，就像问南极之南是什么地方一样。换言之，空间和时间是并存的，不存在单独的空间或时间，空间和时间是同时起始的。不过，我们可以问：宇宙的年龄是多少？或者说：宇宙开始于距今多久之前？

按照两位剑桥大学大主教的推算，《创世纪》把世界创生定于公元前 4004 年 10 月 23 日上午 9 时。我国盘古开天的故事说，世界是约 3.6 万年前开始的。但科学方法测定的宇宙年龄要比这久远得多。

测定宇宙的年龄主要有三种方法。第一种是利用光线红移现象。比较不同恒星、星系和超新星所发出的光的红移程度，就可以探测出宇宙膨胀的速度，进而推测出宇宙的年龄。根据这个方法，一般认为宇宙的年龄为 120 亿年左右。也可以直接探测宇宙中最古老的星系，如果知道了它们的年龄，也可大致推测宇宙的年龄。比较我们可以收集到的所有光谱，找出最古老的（也就是红移程度最大的），再根据物理公式进行换算，就可以推测出宇宙的年龄。目前可以观测到的最古老的星系为 135 亿年左右，因此大致可以说，宇宙的年龄也就与之相当。

第二种方法是通过元素丰度分析或长半衰期同位素分析。元素中有些是稳定的，有些是不稳定的，会自然衰变。分析同位素在地球或其他星球上的含量差异，再根据半衰期，可计算出宇宙的年龄。根据这种方法，现在一般认为宇宙的年龄为 150 亿年左右。

第三种方法是宇宙背景辐射分析。我们收集到的宇宙背景辐射并不是均匀的，有些地方稍微热点，有些地方又略微冷点。比较这些地方的不同和所占的比例，从而计算出宇宙的年龄在 150 亿年左右。

9.4　地球的诞生

根据大爆炸理论，地球只是宇宙和太阳系中的一个星球。它是随着宇宙的诞生而诞生的。宇宙开始时发生大爆炸，将物质抛离到空间。在冷却大约 100 亿年后，即距今大约 50 亿年前，一个由尘埃与气体形成的星团在太空中缓慢地旋转着。由于本身引力的缘故，这些物质便渐渐凝聚起来。当云团越缩越小时，旋转速度便越快，中心部分的温度也变得越高。这个温度极高的核心，形成了一个炽热的星球，它就是我们的太阳，而在核心的外围，尘埃和气体聚集成岩块和各种石头。同时，这些岩块和石头也和太空中剩余的气体结合，逐渐演变成太阳系中的各颗行星，而地球便是其中之一。

从宇宙诞生到生命出现的历史进程时间表为：约距今 150 亿年前，宇宙诞生；120 亿年前，银河系诞生；50 亿年前太阳系诞生；45 亿年前，地球形成；38 亿年前，生命出现。

9.5 地球的状态

由于人是生活在地球上的，相对于宇宙形成的时间来看，人的出现是非常近期的事。人也不可能实际看到宇宙的形成和演化过程，因为人刚出现时看到的星空就与我们现在看到的星空几乎是一样的。因而，人类对宇宙和地球状态的认识只能从人的角度、以人的智力达到的水平来观察和推测。

对西方世界的思想和科学产生重要影响的柏拉图认为球形是最完美的，因为它无开始，也无结束，近于无限。在这一思想的影响下，他的学生 Eudoxus（公元前 408 年～前 355 年）在前人工作的基础上，提出一个大小球嵌套状的宇宙模型。地球是球形的，太阳、月亮等都围绕着地球运转，它们的运行轨迹也形成一个个的球面。根据当时的知识，这样的星球体共有 27 个。它们之间相互制约，并且不同星球体运转的速度也不一样，如此可以解释当时已知的一些天文现象，如月食、日食等。然而，随着观察的积累，逐渐发现这个模型与实际的天象有不符合的地方，于是亚里士多德和助手 Callippus（公元前 370～前 310 年）后来又提出一个包含 55 个实际是透明无界的天球体宇宙模型，地球位于这个宇宙的正中心位置。在最外层的天球体之外无任何东西存在，连空间都没有（当然也许上帝是例外，图 1-1）（Ferris，2009）。

现在我们知道，主要由于太阳的引力作用（因为太阳大于其他的行星），再加上其他各种行星之间相互也有影响（也许非常微弱），实际上行星的运行轨迹可以说是近乎椭圆形的，且在运行过程中其速度也会改变，并不是一成不变的。而在亚里士多德的宇宙模型中，它们的运行轨道是圆形的或球形的，速度是恒定的，这就不可避免地与实际的观察结果不符合。为此，就需要对这个宇宙模型进行修正。

托勒密在此方面用功很勤，为了更好地拟合观察数据，他提出行星围绕地球运行的轨道虽然是圆形的或球形的，但圆心并不一定始终在地球的中心，而是可以有规律地移动［即偏心圆，图 9-1（b）］。另外，行星在轨道上运行时，也可以在特定的地方有规律地再作圆形运动［即本轮，图 9-1（a）］。再加上其他的参数，如转速、转轴等不同，这个复杂的理论可在很大程度上对天象进行解释。然而，另人意外的是，也正由于它的复杂化［在现在看来其目的是想解释和描述行星的椭圆形轨道，图 9-1（c）、图 9-1（d）］，其在一定程度上就不如柏拉图所认为的圆形或球形轨道简洁、美观、协调，故也就另人生疑。

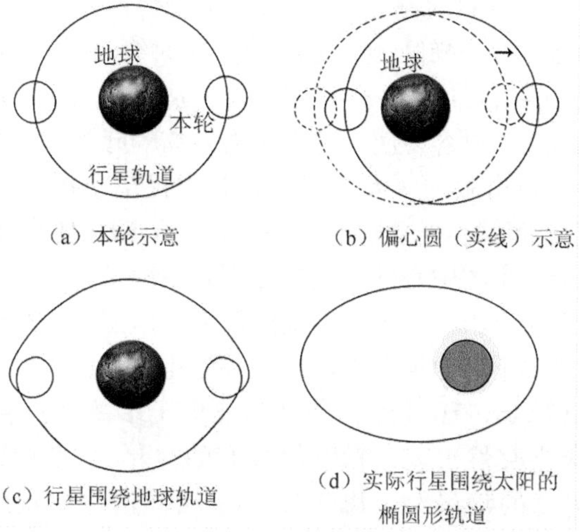

图 9-1　托勒密“地心说宇宙模型”简易图解

另外，如果假定地球静止不动地位于宇宙的中心，其他星球围绕地球运行，考虑到远处行星离地球的距离，似乎它们运行的速度要大得惊人才行。再者，通过测量和计算就可知，太阳距离地球要比月亮远得多，但看起来太阳要大得多，因而可以推算出太阳的体积要比地球大很多。如果它围绕地球旋转，就是一个质量大的物体在围绕一个质量小的物体旋转，就如人拉着大象在旋转一样，这似乎是不稳定的也是不可能的。彗星等天象在这个宇宙模型中也没有位置。

托勒密的宇宙模型还有一个不合理的地方，就是它认为地球是静止不动的。原因很简单，如果地球是运动的，为什么我们跳起来后却仍会落在原地？天上的云彩为什么不一直向一个方向飞？但人的想象力是无穷的，实际情况也会遇到。例如，我们坐在前进的船上，有时会感觉是陆地在运动而不是船。因而，在很早以前，就有人设想如果人在月球上，可能也会感觉到是地球而不是月球在运动。Nicole Oresme（1320～1382 年）曾指出：“假如有人在天空中随着所有天体做每日一周的运动，而且可以清楚看到地球上的山、谷、河流、街市和城堡，那么从他看起来，地球也是在做每日一周的运动，就像我们在地球上看到天体仿佛都在运动一般……由此我们也许该相信，是地球在动而不是天体在动”（Ferris，2009）。

随着航海术的提高，中国的造纸术和印刷术传到西方，因而古希腊的著作可以大量复制，相对于以前，书籍变得便宜而丰富，一本书很多的图书馆都可拥有。这给了哥白尼机会，他也酷爱读书。阿基米德（Archimedes，公元前 287 年～前 212 年）在《数沙者》一文中提到过古希腊的阿利斯塔克斯的观点，他写道："阿利斯塔克斯写了一本书，里面某些假设所推出的宇宙大小，比目前所知者大上许多倍。他假设太阳和所有恒星都是静止的，而地球以圆形轨道绕太阳运转；太阳位于轨道内部中央，而恒星所依附的天球球心差不多也在太阳的位置。"普卢塔克（Plutarchus）在《道德论丛》（*Morals*）中也写道：阿利斯塔克斯曾经假设诸天体静止不动，而地球沿一椭圆形轨道绕转，同时绕自转轴自转（Ferris，2009）。哥白尼肯定都读过这些书，这给了他很多启发。从感情上说或从宗教情感上看，太阳因具有无比灼热的火而更容易使人把它作为万物的起源和中心。

哥白尼在临死之前出版的《天体运行论》中提出了他的新宇宙模型，即"日心说"。相对于亚里士多德和托勒密的模型，哥白尼的宇宙模型除了将月亮当作地球的卫星、太阳位于宇宙的中心外，其他方面几乎都是一样的（图 2-1）。因而，实际上它与实际观测也时有出入，有时差别还较大。但因为在当时对天象的观测精度不够，因而在多数情况下哥白尼的学说还是很管用的，因而可以流传下来。

Tycho Brahe（1546～1601 年）曾相信亚里士多德和托勒密的宇宙模型，但当他 1572 年看到天空突然出现一颗以前没有的星星（现在称为超新星爆炸）和 1577 年看到一颗明亮的彗星时，思想发生了动摇，并决定用实际观测来验证。经过 20 年的观测，积累了比前人准确得多的资料后，他提出了一个综合托勒密"地心说"和哥白尼"日心说"的宇宙模型。在这个模型中，行星绕着太阳转，而太阳及其行星又绕着地球转（图 9-2）。

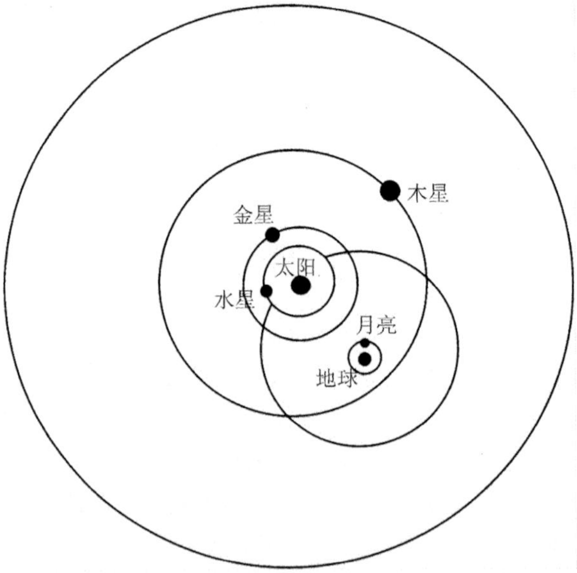

图 9-2　Brahe 的宇宙模型图解（Ferris，2009）

Brahe 因喝太多酒撑死之后，他的继承人开普勒（Johannes Kepler，1571～1630 年）仔细研究他的观察数据，提出了著名的三定律：各行星都以椭圆形轨道绕太阳运行，而太阳位于这些椭圆中一个焦点的位置；行星的速度不是恒定的，它在靠近太阳时运行的快些，而在远离太阳时运行得慢些，但在相同时间内，每一行星扫过的面积（即运行起点、终点与太阳所在焦点连接后的扇形面积）是相同的（图 9-3）；每颗行星至太阳距离的立方与该行星公转周期的平方成正比。

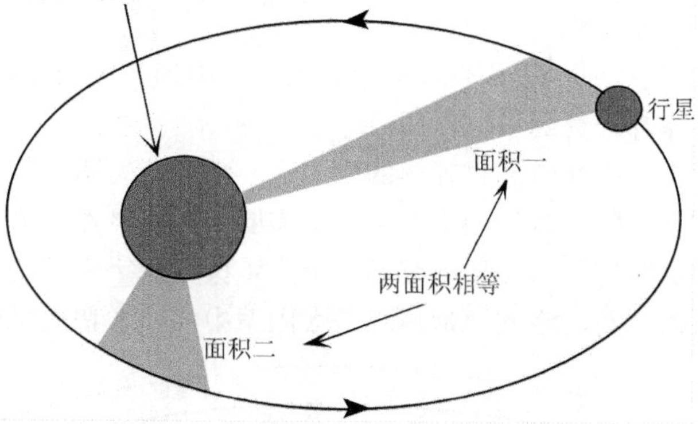

图 9-3　开普勒定律图示（Ferris，2009）

应该说，开普勒的宇宙模型是完美的，理论是杰出的。行星椭圆轨道的提出彻底抛弃了所有前人宇宙模型中的偏心圆和本轮。他的定量研究也为后人的研究提供了基础。可以说，开普勒正确地描述了行星的实际状态，接下来是要对其原因进行研究了。

据说（也可能实际发生过）牛顿在被一颗苹果砸到头后，就一直在思考为什么物体会下落，即引力或重力是什么？地球为什么会有引力？在他之前，伽利略(Galileo Galilei，1564～1642 年）对惯性和质量就有过研究，还发现木星也有卫星（就如同地球的月亮），并认为天上的星星不是在一个如亚里士多德所认为的天球体上，它们本身也是离地球有远有近。这虽然与宗教学说格格不入，但却进一步深化和扩展了开普勒的宇宙模型。牛顿将适用于地面物体的质量、惯性定律推广到行星层面。他认为，由于惯性存在，任何物体的运动就必须有力的作用。而行星都围绕太阳运转的现实表明，它们都受到来自太阳的作用力或引力。质量本身就可产生引力，这个引力的大小与距离之间存在定量关系。再结合开普勒和伽利略的研究，牛顿用数学公式推导出了开普勒三定律，并可对更多的天象进行预测和归纳。

质量为什么能产生引力？1905 年爱因斯坦提出了狭义相对论。他假定光速不变之后发现，实际上同时发生的事件对于同一观察者来说不一定就是同时的，因为从时钟发出的光到达接受者的眼睛也需要时间。如果两事件发生的地点距同一观察者的距离不同，他就会发现它们似乎是发生在不同的时间。在运动的物体上相对于静止时观察同一事件也会有同样的效应。因而，根据狭义相对论，时间和空间并不是绝对的，它们都是相对的。在以前的认识中，空间类似于戏剧，时间是舞台。后者是不变的，唯一变化的是戏剧的内容。然而，根据狭义相对论，不存在独立于时间之外的空间。因而，这时时间仿佛是大幕，它与演出同时开启。爱因斯坦还从狭义相对论推导出质能方程，表明质量与能量在本质上似乎是相同的，可以相互转化。

10 年后，爱因斯坦提出了广义相对论。它指出，有质量的物体周围存在引力场，任何物体都要受到它的作用。

到目前为止，天文学和物理学的发展进一步清楚表明，宇宙、空间、时间等都是因物质的本身特性自发创生的，它不需要什么超自然的力量存在，它们的运动也都由其质量决定，不需要神秘的上帝之手拨弄。宇宙开始于极小的奇点，这里没有上帝可以容身的空间。地球只是太阳系中的一颗普通星球罢了（图 9-4）。

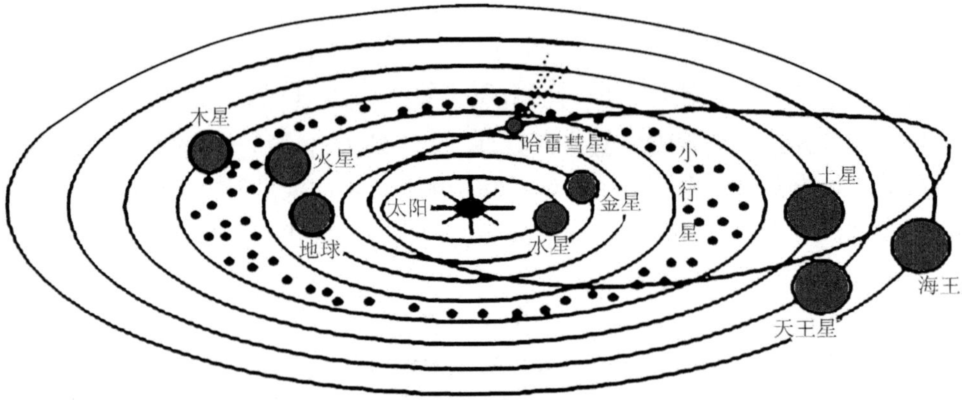

图 9-4　太阳系结构图示

9.6　地球表面的变化

地球是由原始的宇宙尘埃和气体聚集而成的。由于引力作用和物质的挤压，核心区极为灼热，温度很高，呈熔融状态。而在地球表面，温度冷却后就形成了地壳——岩石层。两者之间是较软的地幔（表 9-1）。地球在冷却过程中，还释放出气体，由它们形成了大气层和海洋。当然，地壳不是铁板一块，而是由 10 块左右较大的板块组成的。

表 9-1 地球各层的结构、组成成分和特点（Fox and Dose，1977）

地层	成分	物理状态
地壳（crust）	Al、Fe、Ca、Mg、Na、K 的硅酸盐	大部是固态，但会因构造压力而移动
地幔（mantle）	大部分是 Mg 和 Fe 硅酸盐；可能具有 FeS 边界	固态，但在压力作用下会移动
地核（core）	Fe-Ni 合金	外部是液态，内部可能是固态

大气中的雨水和其他组分引起的风化和侵蚀，使得岩石破碎和变化，在地球表面形成高山深谷等。

9.6.1 大陆漂移假说

大陆漂移假说（continental drift）最早由 Taylor（1910）和 Wegener（1912）提出。其主要内容可比喻为：地球的结构就如同一个破了壳的生鸡蛋，表面的地壳是由多个固体板块拼合而成的，这些板块漂浮在液体状的岩流层上，会随着岩流层的活动而移动（Cox and Moore，1985）。

支持大陆漂移假说的证据主要有：各大陆的边缘线基本是相互吻合的（图 9-5）；南半球各大陆上的生物区系有相似性，尤其是南美洲与澳大利亚之间；地震和火山带的分布主要集中在各板块的交汇处，表明板块确实是可以移动的；青藏高原的不断隆起证明印度板块仍在与欧亚板块碰撞。

根据大陆漂移假说，在大约距今 2.5 亿年前的古生代二叠纪（Permian），现今地球上的大陆板块都还聚合在一起形成一个超级大陆，叫做盘古大陆或泛大陆（Pangaea），这时地球上只有一个大洋，就是太平洋（Pacific）。在距今约 2 亿年前的中生代侏罗纪（Jurassic）时期，盘古大陆分裂为南北两块大陆，北方的叫做劳亚大陆（Laurasia），包括现在的欧亚大陆和北美洲，而现今的南美洲、非洲、印度、大洋洲以及南极洲板块聚合在一起形成另一个南方大陆，叫做冈瓦纳大陆（Gondwana）。这些大陆板块不同于现在的大陆，后者只是像浮在水面上的冰山罢了，板块的庞大主体淹没在海洋下和地壳中。大约在距今 1.5 亿年前的白垩纪（Cretaceous）开始，非洲板块首先从冈瓦纳大陆分离出去，并逐渐向北移动，最后与欧亚大陆板块接近，形成现在的格局和地中海。可能正是由于盘古大陆以及冈瓦纲大陆的分裂，引起气候急剧变化，导致了这一时期恐龙灭绝。在距今大约 1.25 亿年前，印度板块开始脱离冈瓦纲大陆，朝东北方向移去，最后在距今约 5500 万年前，撞击到亚洲板块上，并迫使青藏高原逐渐抬升，形成现在的世界第三极。大约在中生代晚期、距今 8000 万年前左右，新西兰板块脱离其他冈瓦纳大陆板块而朝东漂移而去。也就是印度板块撞击上亚洲板块的时候，还与南极洲、南美洲连接在一些的大洋洲和几内亚板块也开始与其他两块板块脱离，在约 1500 万年前，它们的边缘与亚洲板块的边缘开始撞击，形成现今的巴布亚新几内亚等。南美洲是与大洋洲板块接合时间最长的一个板块，也是最后一个与南极洲分离的板块，它逐渐向北移动，最后形成独立的大陆并与从劳亚大陆分离出来的北美洲接近。至此，现今地球格局基本形成（图 9-5；Irving，1977）。

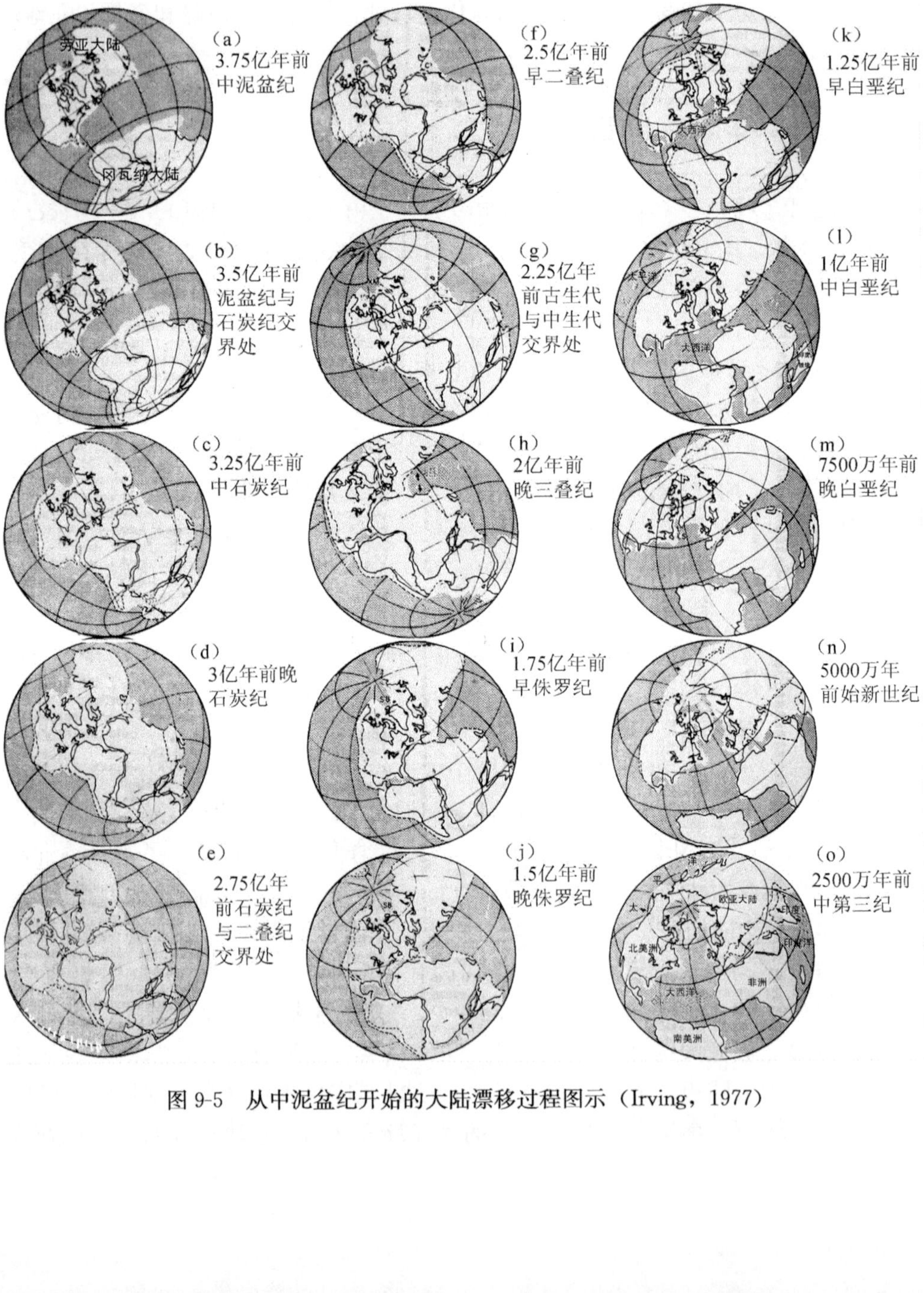

图 9-5　从中泥盆纪开始的大陆漂移过程图示（Irving，1977）

根据大陆漂移假说，可以很容易解释南美洲与大洋洲生物区系相近的原因(因为两者早期曾长时间连接)。南美洲现今有袋类动物稀少是因为在约 200 万年前，巴拿马地峡形成后，有大量哺乳动物扩散到南美洲而使它们灭绝了的缘故。现在非洲和印度没有有袋类的主要原因是，它们与其他冈瓦纳成分脱离较早且与欧亚大陆接触很久，它们在与真正的哺乳动物竞争中都失败了。

9.6.2 太平洋洲假说

根据大陆漂移假说，太平洋应该是最古老的大洋，其他的大洋都是随着板块的漂移而后来形成的。然而，地质资料表明，太平洋并不比其他大洋古老。还有，生物分布资料表明，太平洋东西两岸分布着很多极为相似的生物。例如，Zhou 和 Peters（2003）报道，蜉蝣目拟短丝蜉科（Siphluriscidae）的 5 属中，有 1 属分布在我国南方，1 化石属分布于俄罗斯东西伯得亚地区，1 属分布在南美洲的智利和阿根廷，1 属在新西兰，1 属在澳大利亚。另外，像平胸鸟类（ratite bird）、南山毛榉属（*Nothofagus*）、滑蟾属（*Leiopelma*）的分布也在一定程度上呈现这种格局。Nelson 和 Platnick（1981）举出了很多类似的例证。而按照大陆漂移假说，这种情况是不可能出现的。为解释此，Nur 和 Ben-Avraham（1977）提出一个新假说作为大陆漂移假说的补充。该假说认为，在古太平洋靠近南边的地方曾经有一个古大陆板块，叫作太平洋洲（Pacifica)。后来，这个大陆分裂成若干小板块，向四周漂移，最后就与太平洋周围的板块或大陆合并到一起了。它所携带的生物也就分布到这些地区，因此会发现亲缘关系较近的生物类群环太平洋分布的格局（图 9-6)。但这种假说似乎需要更多的证据。

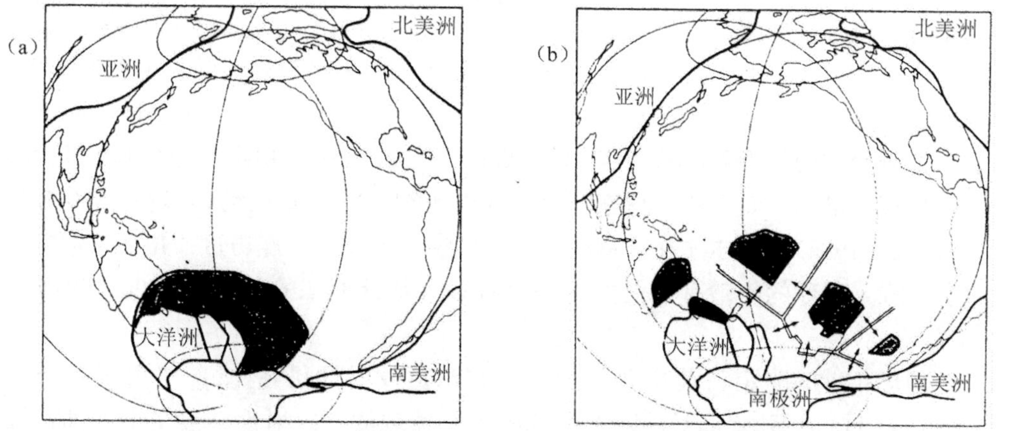

图 9-6 太平洋洲假说图示（Nur and Ben-Avraham，1977）

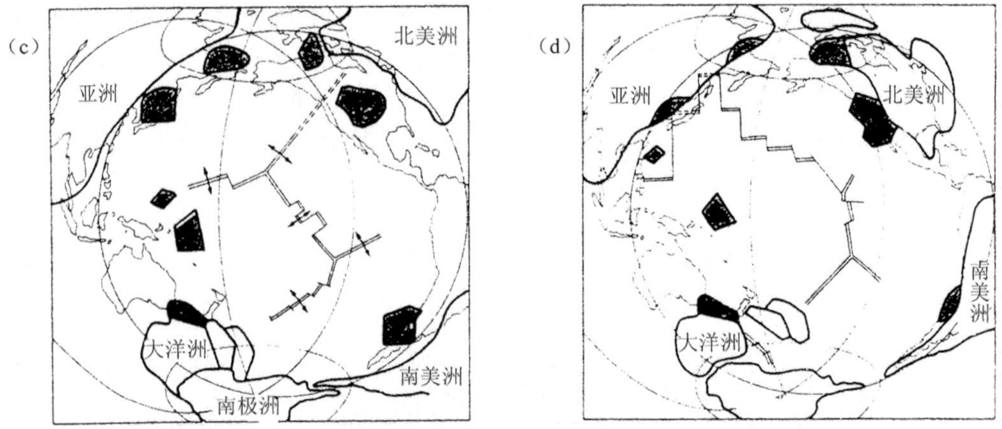

图 9-6　太平洋洲假说图示（Nur and Ben-Avraham，1977）（续）

9.6.3　地球膨胀假说

McCarthy（2003）利用地质资料和生物分布信息，提出太平洋洲并不存在。太平洋与其他大洋一样，都是后来形成的，它们都是地球膨胀的结果。在此过程中，现在的太平洋两岸的大陆呈拉链式分开就形成了太平洋，分开的动力来自于地球膨胀，所以才形成如今生物分布的格局。

9.7　地球年龄的测定

在有效的、科学的测定方法出现之前，对地球年龄只能进行估算，最多根据简单的实验进行推测。

西方的宗教一般认为地球形成于几千年之前。按照剑桥大学大主教的推算，《创世纪》把世界创生定于距今 4000 多年前。牛顿根据计算并观测物体的冷却过程，推测地球的年龄约有 5 万年（杨庆余，2002）。布丰根据冷凝实验的数据，估计地球年龄约 7.5 万年。后来，根据沉积现象，他又认为地球年龄有 300 万年（张之沧，1985）。达尔文在《物种起源》中说，生物至少经历过“几百万年”的进化过程，地球的年龄有 3 亿多年。Thomson 估计地球的年龄为 2000 万年至 4 亿年。

地球年龄的测定目前主要是用同位素法。放射性是在 1896 年由贝克勒尔（Antoine Henri Becquerel，1852～1908 年）发现的。放射性一般是指如铀、镭等金属元素会自发地释放出射线，其本身也变成其他的元素。通过此过程，铀会变成铅。此变化过程需要时间，且每种特定元素的含量减半（如从 10 g 变为 5 g）时间（半衰期）是一定的。我们可以通过测定和比较不同铀矿石中铅的含量并作图，推测假定铅含量很少时铀的含量，算出经历的时间。Boltwood 根据此法，在 1907 年提出地球的年龄为 4.1 亿～22 亿年（杨庆余，2002)。

然而，此方法也有缺陷，它没有明确地球本身所含有的铅元素含量，即在测定的铅含量中，没有分辨出地球本来就含有的铅。而要区分本底铅含量和由衰变形成的铅含量却十分困难，因为无法分辨它们最初的来源。另外，铀有好几个同位素，但半衰期不同，它们都能变成铅，又能混生在一起。这些都给测定造成了困难。

Houtermans 和 Brown 在 1947 年提出，铁陨石中不含铀，故它所含有的铅量不会发生改变，因而可以将铁陨石中所含有的铅量认为是地球形成时的含量，即本底铅含量。在此基础上，再详细分析不同的铀同位素衰变的规律等，就可计算出地球的年龄。按照此方法计算出的地球年龄约为 45 亿年（杨庆余，2002)。应该说，这个计算是比较可信和精确的。

Wells（1963）利用珊瑚的生长轨迹来验证同位素年代测定的可信度。在珊瑚生长过程中，每一天和每一年的变化都会在其身体外壳上留下印迹，类似于日轮或年轮。地球绕太阳公转的时间是不变的，而自转的时间却会发生改变，因为潮汐的摩擦力会使地球的自转变慢，变慢的速度大约是每 10 万年 2 秒。这个数字看上去十分微小，毫无意义，但在地质年代中其效应就会很大，如距今 4 亿年前的地球由于自转速度较现今的地球快，那时的一年有约 400 天。如果是 3.8 亿年前，则那时每年有约 396 天。用同位素来测定一些珊瑚化石的年龄，显示它们是距今约 3.8 亿年前的生物。再检查它们的日轮和年轮，发现它们生活的年代每年有 385～400 天，即表明它们确实是生活于距今约 3.8 亿年前左右的生物。可见同位素测定年代法应该是可信的。

9.8 地质年代

放射性同位素法也可以用来测定不同地层或岩石的绝对年龄。然而，早在此之前，地质学家和古生物学家就根据不同地层中的生物化石特点以及地层的相对年龄将地层划分为不同时期的地层，并分别给它们命名，以方便识别出土的化石生物可能的生活时期或年代。例如，三叶虫在寒武纪繁盛、恐龙在侏罗纪众多等。现在已可将不同地层的绝对年龄、地层名称和时期及其代表性化石生物对应起来（表 9-2)。

表 9-2　地质年代表（张昀，1998）

地质时代				距今大约年代/百万年	主要演化事件
宙	代	纪	世		
显生宙 Phanerozoic	新生代 Cenozoic	第四纪 Quaternary	全新世 Holocene	现代—0.01	人类出现，现代植物出现
			更新世 Pleistocene	2.4	
		第三纪 Tertiary	上新世 Pliocene	5.3	哺乳动物和被子植物出现和繁盛
			中新世 Miocene	23	
			渐新世 Oligocene	36.5	
			始新世 Eocene	53	
			古新世 Palaeocene	65	
	中生代 Mesozoic	白垩纪 Cretaceous	晚 late		爬行动物和裸子植物出现和繁盛
			中 middle		
			早 early	135	
		侏罗纪 Jurassic	晚 late		
			中 middle		
			早 early	205	
		三叠纪 Triassic	晚 late		
			中 middle		
			早 early	250	
	古生代 Palaeozoi	二叠纪 Permian	晚 late		两栖动物出现
			中 middle		
			早 early	290	
		石炭纪 Carboniferous	晚 late		蕨类出现
			中 middle		
			早 early	355	
		泥盆纪 Devonian	晚 late		
			中 middle		
			早 early	410	

续表

地质时代				距今大约年代（百万年）	主要演化事件
宙	代	纪	世		
显生宙 Phanerozoic	古生代 Palaeozoi	志留纪 Silurian	晚 late		鱼类出现
			中 middle		
			早 early	438	
		奥陶纪 Ordovician	晚 late		裸蕨出现
			中 middle		
			早 early	510	
		寒武纪 Cambrian	晚 late		无脊椎动物起源
			中 middle		
			早 early	600	
元古宙 Proterozoic	元生代 Proterozoic	震旦纪 Sinian		800	
				2000	真核细胞起源，大气圈自由氧开始积累
				2500	
太古宙 Archaean	始生代 Archaeozoic			3500	光合作用起源
				3800	生命起源
				4000	地核与地幔分异
				4600	地球形成

10 层出不穷的化石纪录和过渡生物

对为什么我们没有发现曾长期存在过的原始时期的留存这个问题，我给不出满意的回答。

——达尔文（1859）

那么，为什么在各地层和其亚层中都没有富含这些中间连接类型呢？地质学的确没有提供任何这种细微级进的有机链条；这可能是驳斥我学说最明显、最严重的反对理由。对此的解释我相信是因为地质纪录的极度不完备。

——达尔文（1859）

在达尔文提出进化论的时期，受多种因素的影响，人们对地球历史和生物演化历程的认识还十分不足。从化石记录来看，当时所知的最早生物化石也不过千万年或几亿年。一方面，人们不禁要问，在如此短的时间内真得能进化出如此多样的生物吗？另一方面，当时已经大概知道地球的形成是很久以前的事，那么在地球形成与生物形成之间就有一段非常长的化石空白期。或者说，即使承认生物是进化而成的，那么这也是非常近期的事。为什么在地球形成之后那么长的时间内没有任何生物形成呢？准确地说，为什么在这么长的时间内没有化石记录呢？达尔文本人对此也没有答案。另外，从寒武纪（距今约 6 亿年前开始的地质时期）的化石记录来看，它们已经是十分高等的生物，而在此之前却没有发现多少生物化石，因而从某种程度上看，寒武纪的生物似乎是突然爆发出来的。如果真是这样，那么生物就不可能是进化出来的，而只可能是创造出来的。所以，对前寒武纪生物的寻找和研究不仅是探寻断裂的记录，更是探究最初生命的起源问题。

另外，如果生物是如达尔文所讲的那样逐渐进化而来的，那么理论上讲应该有许多中间过渡类型。然而从化石记录来看，中间过渡类型十分稀少。达尔文将其归结为化石记录的不完整，尤其是在当时。达尔文（1859）说："根据进化学说，应该有无数的过渡类型存在过，然而为什么在地壳中我们却没有发现那么多？此问题在'地质记录不完全'章节中讨论更好，这里我只想说，我相信主要是因为化石记录比想象得要差得多。而化石记录的不完好性主要缘于生物不全生活于深海中，它们的遗骸能保存到未来还要足够厚实和丰富以经受长期的多重破坏。这些化石样物质只有在浅海海床中才能够积累，并且要缓慢沉积。这一系列苛刻且偶然的因素同时发生极为稀少，在时间上也间隔较久。同时，当海床静止不动或抬升，或沉积物稀少，就会在地质历史上留下空白。地壳是一个巨大的博物馆，但其自然收藏物却间隔很久才会制作。”

达尔文之后的科学发展不仅发现了许多原始生命的化石，还发掘出土了很多中间过渡类型的化石。可以说，古生物资料正越来越明显、越来越有力地证明进化论的正确性。

10.1　前寒武纪化石

根据 Schopf（2006）的综述，现在我们已经发现了距今约 35 亿年前的生物化石。而地球是在距今 40 亿～45 亿年前形成的，可见生命的形成只比地球晚了几亿年。

现今发现的寒武纪以前的化石主要是叠层石（stromatolite）。它是前寒武纪非变质的碳酸盐沉积物中最常见的一种“准化石”，是原核生物（主要是蓝藻、光合细菌及其他微生物）所建造的有机沉积结构。由于蓝藻等低等微生物的生命活动所引起的周期性矿物沉淀、沉积物的捕获和胶结作用，从而形成叠层状的生物沉积构造（张昀，1989；图 10-1）。叠层石中广泛存在微体化石（microfossil），它们是由蓝藻、光合细菌及其他微生物形成的微小化石，其形态多样，目前已经可以分辨出多种（Schopf，2006）。

图 10-1　叠层石（a）及其形态（b）示例

在最近的几十年中，已在世界各地发现了多处叠层石化石（表 10-1）。

表 10-1 已发现报道的太古界叠层石和微体化石一览表（Schopf，2006）

距今时间/亿年	主要的叠层石和微体化石类型	发现国家	最早报道年份
约 34.96	圆屋顶形	澳大利亚	1980
约 34.70	层状	澳大利亚	1983
约 34.60	层状?	南非	2000
约 34.40	圆锥形	澳大利亚	2000
约 34.00	圆屋顶形	南非	2000
约 33.88	圆锥形	澳大利亚	1980
约 33.20	层状	南非	1976
约 33.16	层状	南非	2004
约 32.45	柱形	南非	1986
约 32.00	层状	澳大利亚	2006
大于 30.48	圆屋顶形	澳大利亚	2000
约 29.85	多种形态	南非	1977
约 29.25	圆屋顶形	加拿大	1985
约 28.50	圆屋顶形	津巴布韦	2000
约 28.50	圆屋顶形	加拿大	1983
约 28.50	圆屋顶形	加拿大	1986
约 28.00	多种形态	加拿大	1955
约 28.00	圆屋顶形	津巴布韦	1981
约 28.00	多种形态	印度	2000
约 27.72	柱形	澳大利亚	2005
约 27.59	柱形	澳大利亚	2005
约 27.50	似柱形	加拿大	2000
约 27.42	柱形	澳大利亚	2005
大于 27.30	柱形	澳大利亚	2005
约 27.25	圆锥形	加拿大	1994
约 27.25	圆锥形	加拿大	1991
约 27.23	多种形态	澳大利亚	1972
约 27.15	柱形	澳大利亚	2005
约 27.15	似柱形	南非	1963
约 27.15	圆屋顶形	南非	1963
约 27.10	圆锥形	南非	1963
约 27.00	多种形态	印度	2000
约 27.00	圆屋顶形	印度	1976
约 27.00	圆屋顶形	津巴布韦	1941
约 27.00	似柱形	津巴布韦	1975

续表

距今时间/亿年	主要的叠层石和微体化石类型	发现国家	最早报道年份
约 27.00	柱形	津巴布韦	1975
约 27.00	层状?	津巴布韦	1975
约 26.68	圆锥形	澳大利亚	1981
约 26.60	柱形	澳大利亚	2005
约 26.50	层状	加拿大	1990
约 26.50	多种形态	加拿大	1975
约 26.50	多种形态	津巴布韦	1975
约 26.42	柱形	南非	1977
约 26.00	圆屋顶形	印度	1989
约 25.60	多种形态	南非	1932
约 25.48	多种形态	澳大利亚	1983

一般将距今 38 亿～25 亿年的时期称为太古宙（Archaean）始生代（Archaeozoic），将距今 25 亿～6 亿年的时期称为元生宙元古代（Proterozoic），再后的时期是显生宙古生代寒武纪（Schopf，1974）。在第一个时期，生命形式主要表现为生物大分子的合成、原始细胞的形成和原核生物的繁盛。在第二个时期，原核生物占主导地位，主要进化事件包括真核生物、多细胞生物的形成和后生动物的起源。

元古代的化石主要还是叠层石中的微化石等，生物体很小。但近几十年来陆续又发现了种类不等的元古代后期的后生动物化石，其中比较有代表性的是埃迪卡拉动物群。该动物群的年龄距今约 6.7 亿年，为前寒武纪时期，因最早发现于澳大利亚中南部的埃迪卡拉（Ediacara）而得名，后来陆续在全世界各地都有发现。埃迪卡拉动物群包含腔肠动物门、环节动物门和节肢动物门，其中水母有 7 属 9 种，水螅 3 属 3 种，钵水母 2 属 2 种，珊瑚 3 属 3 种，多毛类 2 属 5 种，节肢动物 2 属 2 种，它们都为印痕化石。关于这些后生动物在寒武纪前就如此繁盛和多样的原因，有诸多推测。这些生物中除腔肠动物外，其他的生物与寒武纪以后出现的生物之间的亲缘关系不明了。

10.2 寒武大爆发

在距今 5.5 亿～5.0 亿年前的寒武纪，现存生物的 37 种体制中，有 36 种已出现，且集中在 6500 万～4000 万年中。这意味着它们是地球生物 38 亿年演化史上规模最宏大、影响最深远的生物种化事件，在不到地球生命发展史 1%的“瞬间”创生出了 99%的动物门类。其主要证据有中国的澄江动物群和北美地区的布尔吉斯动物群。

云南澄江动物群是一组最早在 1984 年于我国云南发现的化石生物，距今 5.4 亿～5.2 亿年。这些生物一般都保存在细腻的泥岩中，动物的软体部分、附肢构造保存精美，且呈立体保存。构造细节能比较容易地在显微镜下用针尖揭露出来。目前已命名了 60 多属 100 余种，其中有代表性的是寒武纪早期水母化石，另外还有海绵动物、腔肠动物、鳃曳动物、叶足动物、腕足动物、软体动物、节肢动物、棘皮动物和脊索动物等 10 多个动物门以及一些分类位置不明的奇异类群。这些生物一般都有坚硬的外骨骼。其中的脊索动物昆明鱼、海口鱼、长吻钟健鱼等被认为是已知最古老的脊椎动物，可以推测脊椎动物的起源很可能在寒武纪的早期就已开始。它们的形态（如有眼、脊索）还表现出某些原始有头类的特征，似乎是由无头类祖先迈进有头类的初始过渡环节（舒德干，2009）。

布尔吉斯动物群是 1910 年在北美洲发现的距今约 5.3 亿年中寒武纪的生物化石，种类较全，研究较好。其中不仅有如海绵这样的后生动物，还包含真后生动物 3 个亚界的软躯体动物代表，如双胚层动物中的栉水母类和可能的刺胞动物、原口动物中的各种泛节肢动物、腕足动物和曳鳃动物等，以及后口动物中的棘皮动物和可能的脊索动物，如皮克鱼。布尔吉斯动物群因稍晚于澄江动物群，动物种类也相对较少、保存较差，可以看作是早寒武纪生物突然出现，如澄江动物群那样宏大事件的延续（舒德干，2009）。

对于寒武纪生物大规模出现的原因和机制等有诸多假说。

10.3　从化石记录看有翅昆虫的起源

昆虫是无脊椎动物中最繁盛的类群。有翅昆虫的飞行动作和能力更是精巧绝伦、繁杂多样。对于它们的起源问题，化石昆虫提供了很多线索。

脉相在昆虫分类中占有重要地位，在古昆虫研究中更为重要，因为很多化石昆虫所留下来的都是翅脉印痕。Kukalová-Peck（1991）根据化石保存的原始昆虫脉相，提出一个昆虫翅脉的原始模式，从而认为所有有翅昆虫的翅是同源的。在这一模式中，昆虫翅上具 8 对纵脉，分别为缘前脉 PC（PCA＋，PCP－），前缘脉 C（CA＋，CP－），亚前缘脉 Sc（ScA＋，ScP－），径脉 R（RA＋，RP－），中脉 M（MA＋，MP－），肘脉 Cu（CuA＋，CuP－），臀脉 A（AA＋，AP－），肩脉 J（JA＋，JP－）。每对脉的前一支为凸脉，后一支为凹脉，凸凹脉相间排列而使翅面呈现皱褶状。随着进化，这些脉在不同的昆虫中发生了不同的变化，从而形成现今多种多样的格局。

同时，她认为，所有昆虫的附肢也都是同源的。原始昆虫的足可能最少有 11 节，每一节的内外侧又具数目不定的肢突。昆虫的翅是第 1 节（epicoxa）的扁平外突（flattened exite）演化而来的，而第 1 节本身成为围绕外突（或翅）

的骨片。第 2 节与侧板愈合，从第 3 节开始才是现今昆虫真正的足。各节的外突和内突的退化和变化就造就了各种类型的昆虫附肢及其类似结构，如产卵器、丝状鳃等。

在蜉蝣目内，截止到 2000 年，超过 60 属的化石蜉蝣被描记，它们几乎分布在所有科中（图 6-2）。

二叠纪的 Protereismatidae 科被认为是现生蜉蝣的直接祖先。它具有如下的主要特征：前后翅大小相当，前翅只比后翅略长略宽，但后翅基部却略宽；脉相完整，从 C 脉至 A 脉（或 J 脉），明显呈现凸凹脉间隔排列；Rs 脉分多叉；Rs 脉起源于 R_1 脉后与向前弯弓的 MA 脉有不同程度的愈合或接近；CuA 脉与 MP 脉以及 CuP 脉都有可能通过横脉连接；M 脉与 Cu 脉在基部向前明显弯曲（Tillyard，1936；Carpenter，1979）。

Kukalová-Peck（1983；1985；1991）认为石炭纪的 Bojophlebiidae 科、Syntonopteridae 科、Triplosobidae 科也是蜉蝣，至少是二叠纪蜉蝣 Protereismatidae 科的祖先。化石蜉蝣 Bojophlebiidae 科发现于欧洲热带气候区内。它的最显著特征是巨大的身体，其翅展达到 45 cm，前胸也具大而明显的翅，后翅基部比前翅宽大。

与 Bojophlebiidae 科接近的是 Syntonopteridae 科，发现于北美洲晚石炭纪至早二叠纪的地层中。它的翅展为 8. 5～19 cm，前翅略大于后翅，但基部略窄。

出现更晚且更特化的是晚石炭纪的 *Triplosoba pulohellla*（Triplosobidae 科），与其他蜉蝣不同，它的 MA 脉是与 R 脉愈合而不是 RP，CuA 脉与 M 脉也可能是愈合的。

已绝灭的 Protereismatoidea 总科和 Mesephemeroidea 总科代表了二叠纪蜉蝣或蜉蝣祖先。它们当中只有 Mesoplectopteridae 科和 Mesephemeridae 科传承到了中生代。

三叠纪蜉蝣只知 *Mesoplectopteron*（Mesoplectopteridae 科）。侏罗纪的蜉蝣较多，包括已灭绝的 Aenigmephemeridae 科、Epeoromimidae 科、Hexagenitidae 科和 Mesephemeridae 科，以及现存的 Behningiidae 科、小蜉科（Ephemerellidae）、Coloburiscidae 科、细裳蜉科（Leptophlebiidae）、褶缘蜉科（Palingeniidae）和短丝蜉科（Siphlonuridae）（McCafferty，1990；Hubbard，1990）。可见大部分现生种类在侏罗纪都已出现。

从化石记录来看，有翅昆虫和蜉蝣的演化过程是十分清晰明确的。

10.4 从化石记录看硬骨鱼类起源

现存的硬骨鱼类（常见的除鲨鱼外的各种鱼类）分为辐鳍鱼类和肉鳍鱼类两

大支。形态上这两类鱼之间有明显的区别：肉鳍鱼类的偶鳍内具有强壮的肉质肌叶，许多种类还有内鼻孔，现生种类包括 3 种肺鱼和 2 种矛尾鱼；辐鳍鱼类的偶鳍内无肌叶，鳍条呈放射状，无内鼻孔，包括绝大多数鱼类。比它们更古老的化石鱼类是已灭绝的盾皮鱼类和有颌类（棘鱼类）。Zhu 等（1999）报道，他们在中国发现的斑鳞鱼（*Psarolepis*）化石既具有辐鳍鱼类的部分特征，也具有肉鳍鱼类的大部分特征，甚至还有盾皮鱼类和有颌类，甚至软骨鱼类的特征。这充分表明斑鳞鱼是一种较原始的鱼类，是鱼类演化过程中的中间过渡类型。

Zhu 等（2009）又报道，他们发现了更古老的、距今约 4.19 亿年前的鱼类化石，并将其命名为梦幻鬼鱼（*Guiyu oneiros*）。其具有比硬骨鱼类更古老的有颌类的众多原始特征，另外，梦幻鬼鱼的内颅与肉鳍鱼类尤其是斑鳞鱼很相似，膜质骨上的脊状纹饰则更接近于辐鳍鱼类，背鳍及肩带又具有与盾皮鱼类、棘鱼类以及软骨鱼类相似的棘刺。分析表明，梦幻鬼鱼位于肉鳍鱼类的基干位置。由他们的报道可见，许多化石鱼类可以为探讨硬骨鱼类的起源问题提供非常重要的线索（图 10-2）。

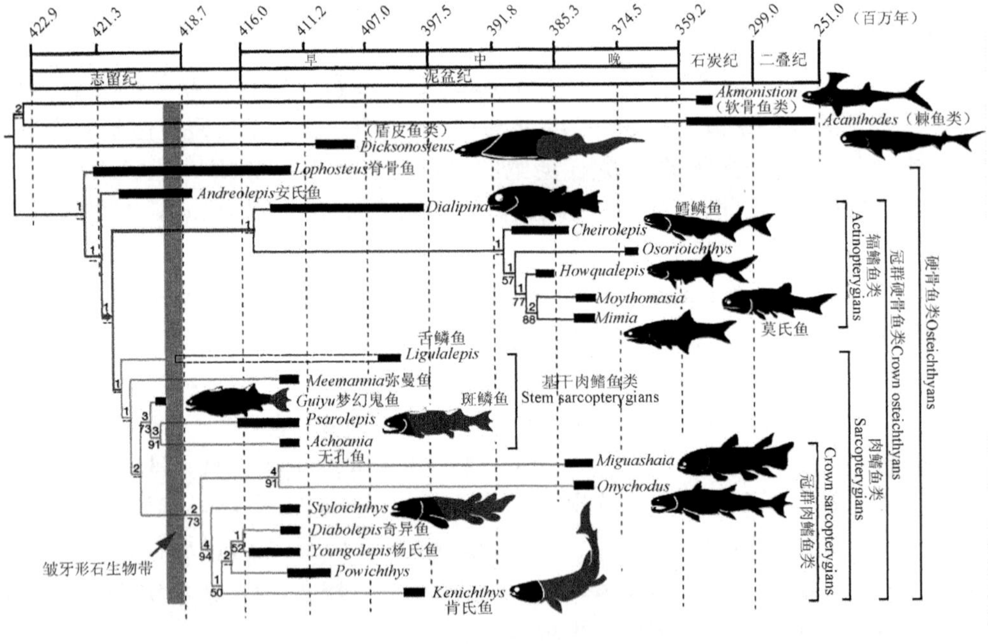

图 10-2　代表性的鱼类化石及其起源和存在时间（Zhu et al.，2009）

10.5　从化石记录看四足动物起源

最早的四足动物为两栖类，如青蛙、蟾蜍、蝾螈等。它们生活于淡水中，头部和身体扁平、裸露，有明显的颈部和四肢，可以用肺呼吸，并通过内鼻孔将空气吸进肺里。可以推想到，它们的祖先应该也是具有内鼻孔和原始四肢的动物。

比两栖类更原始的脊椎动物为鱼类。鱼类的身体一般侧扁、具鳞，没有明显的颈部，它们当中的肉鳍鱼类（肺鱼和矛尾鱼）有肉质的偶鳍，一些种类还有内鼻孔，故两栖类的祖先应该在它们当中寻找。其中，因肺鱼具有内鼻孔、生活于淡水中这些重要特征，相信为两栖类的可能祖先类型。多种化石为探讨这一问题提供了线索（图 10-3，Ahlberg et al.，2008）。例如，其中的提克塔利克鱼（*Tiktaalik roseae*），它被发现于淡水沉积层中（表明它可能是淡水生活的），具鳃、鳞、鳍等明显属于鱼类的特征，同时它的头部是扁平的、眼睛位于头部上方、具颈部、鳍内的骨片更大更强更有力（像原始的腿）、发达的肋骨等明显属于早期两栖动物的特征。由此可见，提克塔利克鱼是鱼类与两栖类之间的过渡类型。

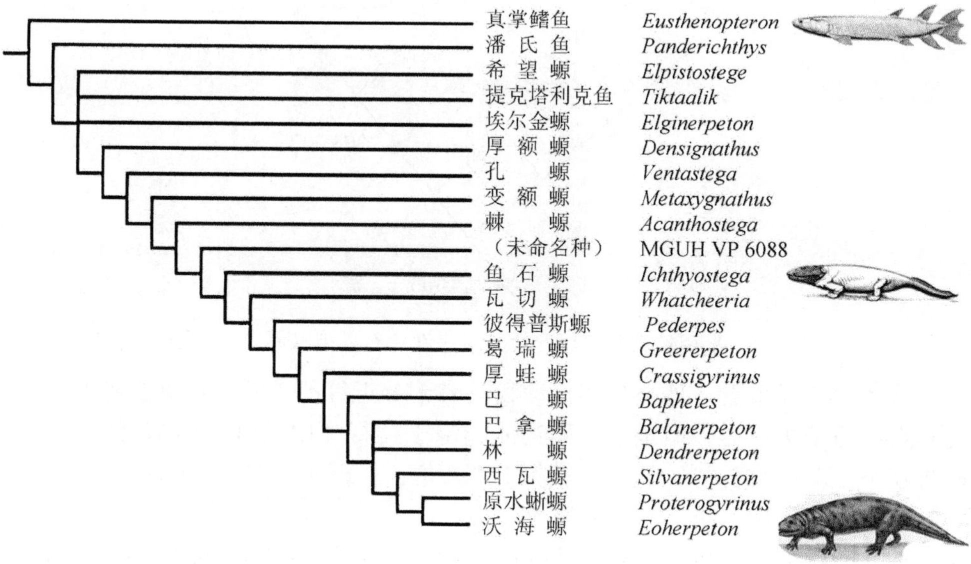

图 10-3　研究四足动物起源中发现的代表性化石种类（Ahlberg et al.，2008）

10.6　从化石记录看鸟类起源

鸟类因有翅能飞、有翼能翔、前肢特化、行为活泼、形态多样等而十分引人入胜，故关于它们起源和演化的确凿证据可以为进化论提供十分重要的支持，也有显著的影响。从《物种起源》发表以来，已发现了多种过渡化石种类，它们为探讨鸟类的起源和飞行能力的获得等提供了直接的、明确的证据。

综合化石鸟类和现生鸟类的特征，可以将它们分为两大类，分别称为反鸟类（蜥鸟亚纲）和今鸟类（现代鸟类，今鸟亚纲）。两类鸟类的肩胛骨和乌喙骨的关节方式正好相反，在前者乌喙骨具突出的关节头、肩胛骨具关节窝，而在后者，却是乌喙骨具关节窝、肩胛骨具关节头。目前公认最原始的鸟类是始祖鸟（一种反鸟），它与现代鸟类之间的过渡类型有许多，在我国就发现了如孔子鸟、朝阳鸟等（图 10-4）。从特征上看，孔子鸟和始祖鸟的前肢具有 3 个指爪，并且大而弯曲。比它们更进步的鸟类，如始反鸟的第 3 指已十分退化，只包含 1 个很小的指爪。而华夏鸟前肢上的第 3 指爪已经完全消失，只剩第 1、第 2 指上的两爪。这种情况与一些现生鸟类（如何爱青鸟）具有 2 个指爪的情况十分相似（周忠和，2001）。可见，多种鸟类化石及其所具有的特征，为探明鸟类的起源和演化提供了十分明晰的进化历程及其模式。

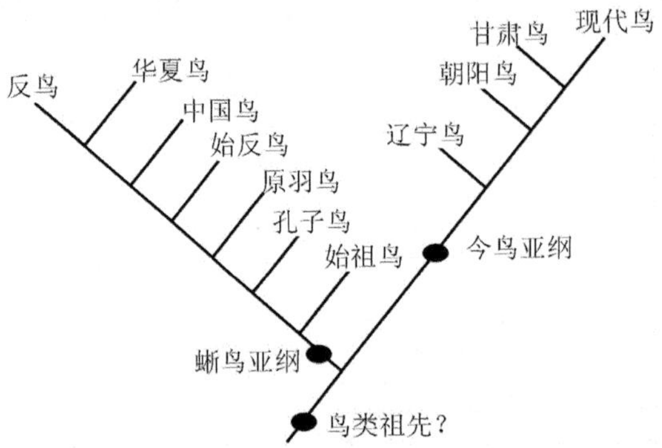

图 10-4　早期鸟类演化概况及其代表性化石种类（周忠和，2001）

从各种特征来看，鸟类与爬行动物具有十分近缘的关系，可以明确地说，鸟类肯定起源于爬行类。但至于鸟类具体起源于爬行类中的哪一类却有多种假说。赫胥黎于 1870 年根据鸟类与一种兽脚类恐龙——斑龙（*Megalosaurus*）骨骼特征的相似性，提出鸟类起源于兽脚类恐龙。

近几十年来在世界各地，主要是在我国，发现了许多具羽毛状附属物的恐龙，如中华鸟龙（*Sinosauropteryx*）、原始祖鸟（*Protarchaeopteryx*）、尾羽龙（*Caudipteryx*）、赫氏近鸟龙（*Anchiornis huxleyi*）、北票龙（*Beipiaosaurus*）、中华神州龙（*Shenzhouraptor*）、中国鸟龙（*Sinornithosaurus*）等，它们保留了完好的羽毛状皮肤附属物，为探讨鸟类及其飞行能力和羽毛的起源提供了非常直接的证据和演化系列。

10.7　从化石记录看鲸类的起源

作为水生哺乳动物的鲸，其生理特征与其他一般陆生哺乳动物没有什么区别，但它们在外部形态和内部结构上却有很大的差别，如鲸的头部极大，无耳和后肢，鼻孔位于头顶，牙齿不能咀嚼等。又由于长期以来缺乏明确的化石证据，关于鲸的起源问题有种种疑问和不解。例如，达尔文（1859）在初版的《物种起源》中写道："在北美洲，黑熊曾被看到张大嘴游泳好几小时，像鲸一样在水中猎获昆虫。即使在这种极端的情况下，如果昆虫能够作为食物持续供应，在同一地区也没有更强的竞争者存在，在我看来由黑熊中的一支在自然选择的作用下，身体结构和生活习性越来越适应水生生活、口越来越大、直至形成如鲸那样的庞大生物也无困难。"

分子方面的证据表明鲸类与偶蹄动物，如河马关系较近（图 10-5）。Thewissen 等（2007）报道，他们发现出土于克什米尔地区的、生活于 4800 万年前的偶蹄类化石动物［大小与浣熊接近，命名为印度猪兽（*Indohyus*）］中耳区具有厚厚的包膜（involucrum），而这种结构只有在鲸类动物中才有。同时，印度猪兽牙齿中同位素碳-13 水平要比以水下食物为生的始新世鲸的高得多，

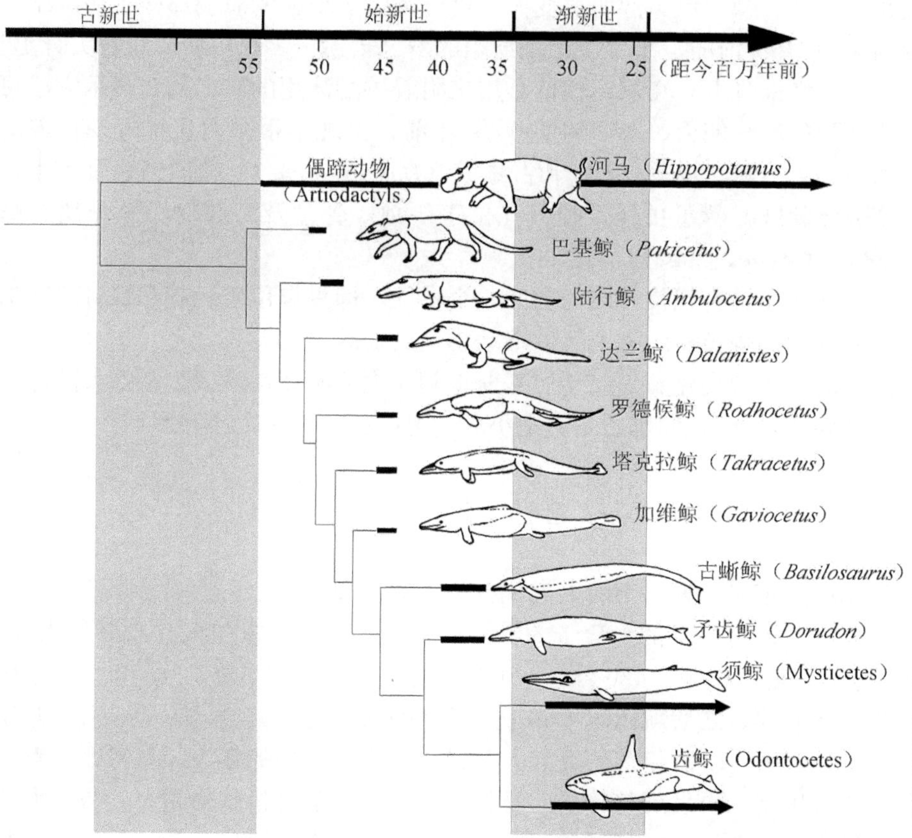

图 10-5 研究鲸类动物起源中发现的代表性化石种类（彭奕欣，2003）

表明它可能不是以沉水植物为食，即显示它可能不是完全水下生活的。另外，印度猪兽的肢骨厚而重，显示它可能与非洲的河马或水鼷鹿相似，都是生活于湿地这样的环境。印度猪兽由于生活期较近，一般认为它不可能是现代鲸的直接祖先，但它的形态特征和生活习性表明鲸的祖先可能也有过一个与其类似的进化阶段。

1997 年，有研究人员在巴基斯坦北部的喜马拉雅山麓发现了一块 5000 万年前的头骨化石，它的颅后骨的腹面具有一对听骨泡（auditory bulla），而只有鲸类的耳骨才具有这样的结构。现代鲸的外耳、听道和鼓膜已大大退化，但有一对由围耳骨和听囊愈合而成的、呈贝壳状的听骨泡，所以对水中的波动很敏感。后来的研究逐渐发现，这种叫做巴基鲸（*Pakicetus*）的动物牙齿与化石兽类很相似但已简化，耳朵与鲸相似。巴基鲸大小近似于狼，它可能是有蹄类向鲸类演化的第一步（彭奕欣，2003；Coyne，2009）。

发现于巴基斯坦的约生活于 4500 万年前的陆行鲸（*Ambulocetus*）后肢虽然仍较长有力、有蹄，但头部明显变大，可能类似于现在的海豹那样生活。生活于距今约 4700 万年前的、出土于巴基斯坦的罗德侯鲸（*Rodhocetus*）的头骨更长，鼻孔后移，脊椎骨上有突起，相信是用来附着供游泳用的肌肉的，显示它已可能具有相当强的游泳能力。距今约 4000 万年前，出现了很多明显接近现代鲸的化石生物，如矛齿鲸（*Dorudon*）和古蜥鲸（*Basilosaurus*），它们已完全水生，前肢已变成鳍状肢，脖子更短，呼吸孔位于头顶，骨盆及后肢变小并分离（彭奕欣，2003；Coyne，2009）。

罗德侯鲸还具有现代偶蹄动物的一个特征，即具有位于胫骨和踝骨之间的距骨，表明现代的鲸类实际上就是偶蹄动物（彭奕欣，2003）。

众多的古代鲸类化石出土于巴基斯坦和印度并不奇怪，因为根据大陆漂移理论，在 5000 万年前它们都还是海中小岛，可能拥有大片沼泽和水域。

10.8 从化石记录看人类的起源

近 100 多年来发掘出土的人类化石为人类起源和进化历程描绘出清楚的轮廓（图 10-6）。它们有最早的生活于 600 万～700 万年前的原初人和撒海尔人、580 万～440 万年前的地猿、420 万～390 万年前的南方古猿、360 万～330 万年前的扁脸肯尼亚人等。之后就出现了真正意义上的人，有生活于 300 万～150 万年前的能人、180 万～20 万年前的直立人、最后出现了现代的智人。从特征上看，人类化石所表现出的总发展趋势是：身材越来越高、脑容量越来越大、与猿猴的差异越来越大（吴新智，2010）。

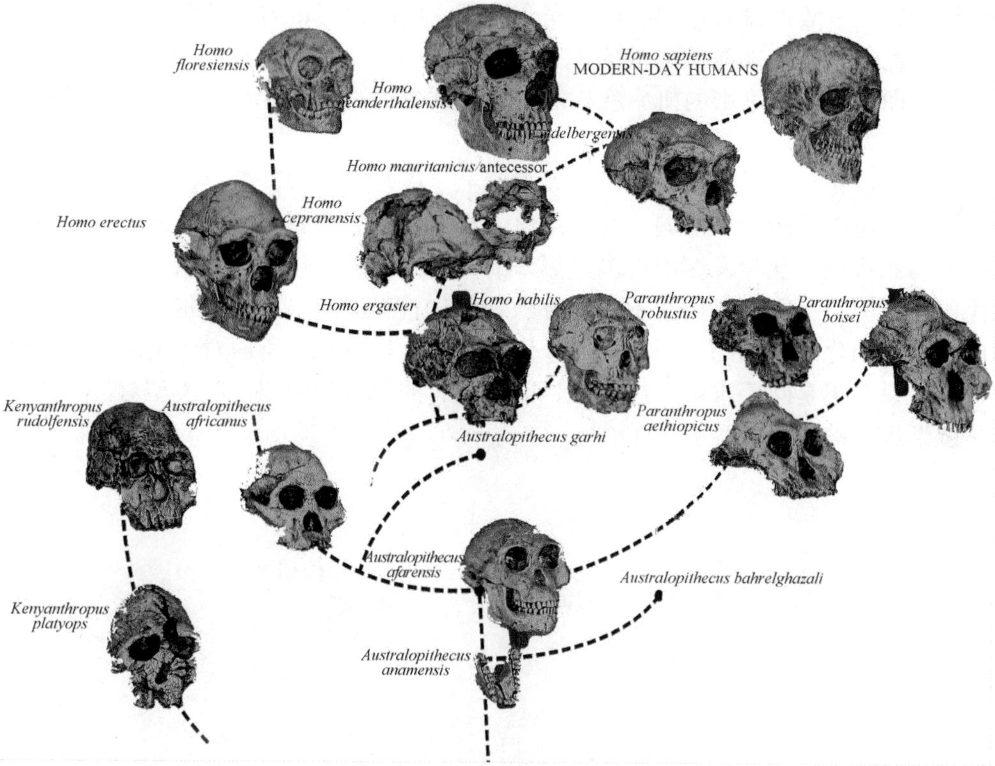

图 10-6 代表性人类化石模型示例

10.9 评　　论

从进化论提出至今，无论是对于大的门类（如鸟纲、哺乳纲）还是小的生物类群（如人、马）的进化研究中，都发现了大量的化石类群。根据它们所具有的特征，可以将它们排列成明确的演化系列，有些可以排列成完整而清楚的演化系列，从而可以发现明显的进化过程。可以说，大量化石的发现清楚明白地阐明了各类生物的演化过程，从而证明了进化论的正确性、进化历程的渐进性、化石类型的中间过渡性。

实际上，就在《物种起源》出版后的一两年内，始祖鸟化石就在德国被发现了。它既具有爬行动物的特征（如有爪）也具有鸟类的特征（如有翼等），可以说它明确的中间过渡类型地位是对进化论的最好支持。而现今越来越多、越来越完整鸟类化石的发现和出土更进一步阐明了鸟类的进化过程。其他类群的情况大体与之类似。

同时，必须指出的是，由于中间过渡类型还是新特征、新类型发展过程中的初级阶段，一般都没有达到与环境完全协调一致的程度，因而在很大程度上它们都会在竞争过程中被淘汰，故它们的种群一般不会太大，也不会持续太长的时间，因而遗留保存下来的机率就相对较小，这也是我们只能看到较少中间过渡类型的原因之一。

另外，化石的形成和发现在很大程度上是极其偶然的，需要多种因素的共同作用，甚至需要运气和机遇。这也是化石相对较少见的原因之一。所以，一方面我们当然希望发现和发掘出更多、更好的中间过渡类型化石来说明和支持生物进化历程，但另一方面我们也不要太奢求理想化石类型的出现。达尔文在一百多年前所认为的化石记录的不完整性至今仍然存在，虽然我们所面对的情况要比他好得多。只要不是吹毛求疵，应该说目前所拥有的化石和中间过渡类型对证明生物是逐渐进化的是完全足够的了。

11　由无到繁的生命

目前思考生物起源问题是荒唐的，思考物质的起源也一样。

——达尔文（1863）

达尔文所提出的进化论为生物的演化提供了自然选择这一机制。然而，它只说明了生命形成之后的演化过程和规律，没有说明生命起源的过程和原因。换言之，进化论解释了物种的形成和发展过程，但没有解释最初生命的起源，因而在某种程度上，也就无法将神创论彻底清除出生物学。

关于地球生命的诞生，主要有4种观点或假说。一是神创论，认为生命是由超自然力量创造的，但这种说法无法证明，也与许多事实不符。二是地外生物入侵说，认为地球生命是由其他星球传来的。这个假说受到陨石中发现生命迹象的支持，但也无法证明；另外，即使如此，根本问题仍没有解决，我们要问：地外生命是如何起源的呢？与之类似的一个看法是生物是由其他生物生成的，即生源论（biogenesis）。三是自然发生说（spontaneous generation），认为生命是由泥土或其他无机物自然生成的。四是化学合成说，认为最初的生命物质是由无生命物质在各种力量的作用下，通过化学反应合成的。

11.1　自然发生说

在中外古籍中，对生命的产生有许多臆测和猜想。在某种程度上，人类的先民们将生物的萌发（如虫子从土中爬出、青蛙从泥中再现、鱼儿从水中长大、植物从地上长出等）看作生命的起源，并推而广之，从而形成自然发生说。同时，由于微生物、真菌、小虫等都很微小，但它们确实也会引来其他生物，这个过程肉眼很难发现，故客观上也为自然发生说提供了基础，如《礼记》中说“腐草化为萤”。王充《论衡：自然篇》：“……雨水暴下，虫蛇变化，化为鱼鳖……岁月推移，气变物类，虾蟆为鹑，雀为蜃蛤……天地合气，万物自生，犹夫妇合气，子自生矣。”

古希腊时代的Anaxagore（？～公元前428年）认为一切物体都由若干类似的小体集合而成。这些小体不生不减、聚散无常、目不能见，然其内部却有骨骼、脏腑、肌肉等基本要素。最初宇宙之所以混沌不分，就是因为当时这些要素杂乱无章，没有能够整理的缘故。神的力量只是将它们分别排列，理成有秩序的器官和个体而已；这便是各种各类的动物。动物死后，基本小体又各自分散，返回不能见的境域。之后又会渐渐自己集合，渐渐结成别种生物。他还相信最初的动物一定起源于海底的污泥中，后来寄生于一种带刺的小壳内；待到此壳受阳光暴晒，枯裂之后，即脱壳而出，能在短时间内因其四周环境情况而改变其生活习性（朱洗，1980）。

德谟克利特（Democritus，公元前460～前370年）认为人是从地里出来的，就和虫豸产生的方式一样，并不是被创造出来的，也并没有特别的理由。

Lucretius 在《物性论》中提出，所有生物都是从地球表面的土里长成的。

微生物学家巴斯德（Louis Pasteur，1822～1895年）做过的一个著名实验彻底击败了自然发生说。他把富含营养的肉汤（类似于我们中国人常吃的红烧肉浓汤）装在一个具有细长管的烧瓶中，它唯一的开口就在长管的顶端，长管是弯弯曲曲"S"形的，灰尘等无法进入。然后给肉汤加热，煮沸一段时间，再将它放置在空气中几个月，发现肉汤仍然是透明清澈的，表明烧瓶中没有微生物等形成。之后将烧瓶的长颈折断，使灰尘等可落入肉汤中，没过多久肉汤就变浑浊了，表明里面有微生物生长（图11-1）。这个实验清楚表明，在一个除去所有生物的无生命的物质中，生物无法自然生成。而日常所看到的生物自然形成是因为我们忽略了微小生物的存在。

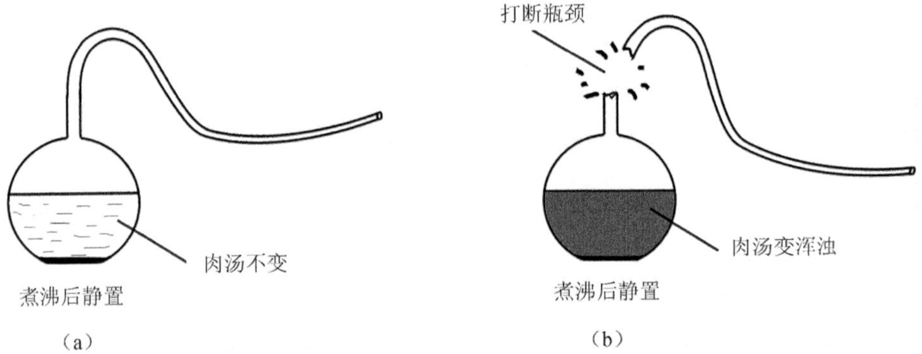

图11-1　巴斯德的曲颈瓶实验图解

巴斯德（1864）说："这个简单实验的致命一击将使自然发生说永远不能翻身……存在自然发生说这么一个问题，即物质能否自我组织？或者说，在没有双亲、没有祖先的情况下仍有生命来到这个世界？这个问题有待解决……不，现在已没有这样的环境，即认为微生物可以在没有胚或相似父母的情况下自然产生……自然发生？我对此已寻找了20年，但一无所获，尽管我并不认为这是不可能的。"

11.2　化学合成说

Wöehler（1828）报道，他用无机物氰酸和氨水混合后的产物经证实为尿素。由于生物的排泄物中含有尿素，故这个实验和发现表明无机物与有机物之间并没有绝对的区别或界线。它同时也暗示，也许生命可以由无机物合成或生成。

在研究和探讨生命起源时，我们不能忘记原始地球的条件，它肯定不同于现在地球的状况，因为在生物尤其是绿色植物的长期作用之下，地球大气的成分发生了很大变化。那么原始地球及其大气是什么样的呢？

我们知道，地球是由原始宇宙中的尘埃和气体等凝结而成的，在其内部，因物质之间的引力和堆压作用而温度很高，发生各种化学反应，并向外释放出气体；表面温度较低。在此过程中，科学家们相信，由于氧气极易发生反应，故原始大气中没有游离氧，其主要成分为水蒸气（H_2O）、甲烷（CH_4）、氮（N_2）、硫化氢（H_2S）、氨（NH_3）等。但原始大气的具体成分现在已无法准确知道，从火山喷发出来的气体成分或其他星球上的气体成分来看（表 11-1～表 11-3），它的主要成分应该就是这些物质。

表 11-1　冰岛 Surtsey 火山口喷发出的气体成分分析

（除 S 用毫克外其他气体都是摩尔浓度；Fox 和 Dose，1977）

取样日期	取样数	H_2O	HCl	SO_2	CO_2	H_2	CO	O_2	N_2+Ar	S	取样点离火山口距离/m
1964 年 5 月 21 日	6	62.83	微量	0	0.07	0	0	6.73	30.37		100
1964 年 8 月 19 日	11	11.74	无数据	0	0.44	0	0	15.09	72.73		
1964 年 10 月 15 日	12	79.20	0.80	5.40	9.18	4.56	0.68	0	0.18	1.6	50
	13	79.20	0.80	4.02	9.64	4.88	0.70	0	0.76		
1964 年 11 月 25 日	14	76.45	0.49	0.90	0.99	0	0	3.69	17.48		30
	15	76.45	0.49	2.05		0	0	3.69	17.62		
1965 年 2 月 21 日	17	86.16	0.40	3.28	4.97	4.74	0.38	0	0.07		
	22	86.16	0.40	1.84	6.47	4.70	0.36	0	0.07	18.3	0
	24	86.13	0.43	2.86	5.54	4.58	0.39	0	0.07	12.2	
1966 年 9 月 2 日	25	78.10	0.40	14.60	3.14	1.59	0.09	0	2.08		150
1967 年 3 月 31 日	29	89.25	1.15	2.46	3.29	2.67	0.11	0	1.07	8.0	
	30	89.21	1.00	2.80	1.10	1.73	0.11	0	4.05	10.2	20
	31	87.11	0.49	3.32	0.96	1.64	0.32	0	6.16	7.7	20

表 11-2　地球原始大气圈和水圈的成分推测

（太空中的 H_2CO、NH_3、H_2O 等也许应该包括在内；Fox 和 Dose，1977）

圈层	成分	提出者
大气圈	CH_4、NH_3、H_2O、H_2	Oparin（1924，1953），Urey（1952）
大气圈	CH_4、CO_2、NH_3、N_2、H_2O、H_2	Bernal（1951）
水　圈	CO_2、NH_3、H_2S、H_2O	Bernal（1951）
大气圈	CO_2、N_2、H_2S、H_2O	Rubey（1955，1964）
水　圈	CO_2、NH_3、H_2S、H_2O	Rubey（1955，1964）
大气圈	CO、CO_2、N_2、H_2S、H_2O	Revelle（1965）

表 11-3　金星（Venus）、地球（Earth）、火星（Mars）和木星（Jupiter）表面的气体成分（体积百分比；Fox 和 Dose，1977）

成分	金星	地球	火星	木星
H_2		0.000 05		(60)
He		0.000 5		(36)
CH_4		0.002		(<1)
CO_2	97	0.03	(90)	
NH_3		无		(<1)
N_2	<3	78.09	?	
O_2	<0.4	20.95	$<10^{-4}$	无
H_2O	0.1～0.2	—	很少	
A		0.93	?	
Ne		0.002		(3)
气压（mb）	90 000	1 000	(20)	$(>10^6)$

合成生命物质需要的能量可能有多种，如太阳辐射、从地球内部发出的高能辐射、热能（如火山口喷发的）、放电或电能（如闪电等）（Fox and Dose，1977）。

Miller（1953）根据前人假说和以上证据，将水（H_2O）、氢气（H_2）、甲烷（CH_4）、氨（NH_3）混和在一起并加热，使水部分蒸发变成水蒸气。它们的混和气体相当于原始大气，水相当于原始海洋。让这些气体通过一个放电装置（它代表了原始地球上的闪电等，宇宙射线等能量太小，估计作用有限）后，将其冷凝。冷凝后的溶液通过一个“U”形管，使不挥发产物沉淀下来。“U”形管的作用还可以使混合气体只能按顺时针的方向运行（图 11-2）。将这个装置连续工作一周后，用电泳法来区分收集到的沉积物。结果显示，其中存在有机化合物，包括氨基酸。Miller 和 Urey（1959）对此实验和相关问题有详细论述。Miller 后来还做了一些类似实验，Parker 等（2011）分析他 1958 年一个实验所取得了沉积物，分析后认为这个实验中所用的气体有 H_2S、CH_4、NH_3 和 CO_2，合成的物质包含了 23 种氨基酸、4 种胺类化合物（包含 7 种有机硫）（图 11-3）。

这个实验可以证明，有机物可由无机物反应生成。但它也不是完美的，存在的问题有：原始大气的成分到底如何？各成分之间的比例怎样？无论如何，这个实验开创了化学合成有机物的先河，并启发很多人进行这方面的实验。Oró 和 Kamat（1961）又发现用氰化铵（NH_4CN）也可以合成甘氨酸（glycine）、丙氨酸（alanine）、天冬氨酸（aspartic acid）等多种氨基酸。

Oró（1960）用氰化铵合成了腺嘌呤（adenine）。Sanchez 等（1967；1968）用氢氰酸（hydrogen cyanide，HCN）水解后形成了鸟嘌呤（guanine）。

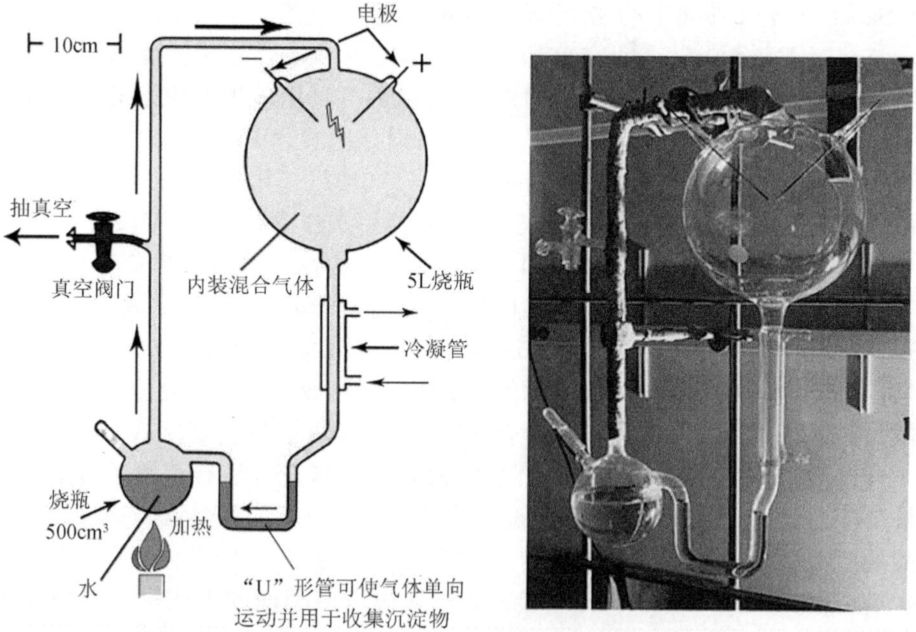

图 11-2　Miller（1953）生命起源实验装置图解

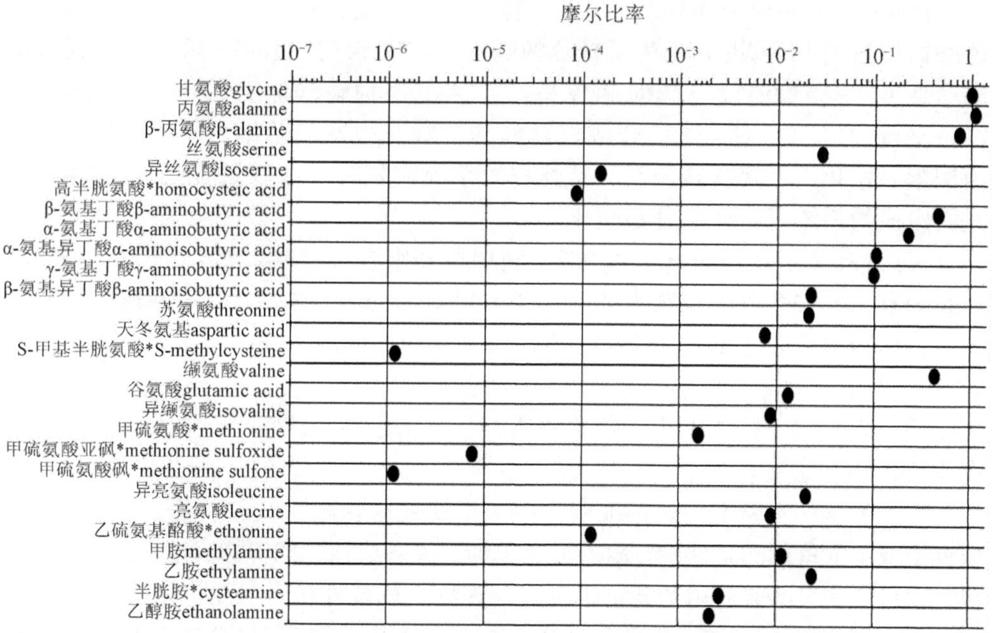

图 11-3　Miller（1958）气体合成实验所得的混合物成分分析

（带星号为含硫化合物；Parker et al.，2011）

Sanchez 等（1966）合成了天冬氨酸、天门冬素（asparagine）和胞嘧啶（cytosine）。Fox 和 Harada（1961）用苹果酸、尿素、多聚磷酸在水相条件下加热到 130℃时合成了尿嘧啶（uracil）。后来发现可以用多种方法合成尿嘧啶，实验条件包括加热、紫外线、水解等，材料可以是硫酸、甲醛、肼、甘氨酸、丙氨酸等（Dioses，1986）。Stephen-Sherwood 等（1971）用甲基尿嘧啶混合甲醛、肼首先合成了胸腺嘧啶（thymine）。这些实验后来陆续有研究者重复。

Gabel 和 Ponnamperuma（1967）以及 Reid 和 Orgel（1967）都发现，使用三氧化二铝（Al_2O_3）作催化剂，甲醛（H_2CO）可合成出糖分子，如乙醇醛（glycolaldehyde）、丙糖（triose）、丁糖（tetrose）、戊糖（pentose）、已糖（hexose）等。其实早在 1861 年，Butlerow 就在碱性条件下用甲醛合成了多种单糖分子，只是浓度较低。Ponnamperuma 实验小组陆续合成出多种核糖和脱氧核糖。

合成 DNA 和 RNA 的第一步需要将碱基与糖合成为核苷，然后再由核苷形成核苷酸。Ponnamperuma 等（1963）将腺嘌呤与核糖的稀溶液与磷酸或乙基偏磷酸盐放在一起，用紫外线照射，发现产物中有腺苷、ATP、ADP、AMP 等。一年后，Ponnamperuma 和 Kirk（1964）又报道用类似的方法可以形成脱氧核糖腺苷。磷酸相信可以由磷酸盐中释放，而紫外线可来自太阳或宇宙辐射，可以说，这些实验充分表明，在原始地球上，核苷的形成是完全有可能的。

Ponnamperuma 和 Mack（1965）将腺苷、鸟苷、胞苷、尿苷及胸苷和各种磷酸盐加热到 160℃时，发生了核苷的磷酸化。Beck 等（1967）将尿苷和无机磷酸盐在 65～85℃温度下长时间保持，得到了多种磷酸尿苷。Oró 和 Stephen-Sherwood（1974）对当时的合成核苷酸的实验有很好的总结。他们发现，干燥由尿素、氰化铵、羟基磷灰石、鸟粪石的系统或氨腈（或双氰胺）、草酸铵和磷灰石组成的系统可以使核苷磷酸化。

Allen 和 Ponnamperuma（1967）将甲烷和水混合后电离放电。分析后发现，产物中有一元羧酸（含碳数为 2～12 个），那些含碳数在 6 个以上的羧酸还有分支，这些羧酸代表了简单的脂类。Yuen 等（1981）用 Miller（1953）类似的装置和实验条件合成了 16 种含碳数为 2～7 的一元羧酸。这些成分与外太空来的同类物质非常相似。同时，由于这些物质都具有亲水性和疏水性，在形成细胞膜中有重要作用和意义。

以上的这些实验不一定都准确模拟了早期地球状况，但它们都表明，在正常条件下或不太苛刻的条件中，氨基酸、单糖、碱基或核苷酸等构成生命的基本分子单元都可合成，实验所用的能量也可以有多种，如紫外线、射线、热能和放电等。实际上，到 1970 年以前，大部分生命必需的小分子都已经可以合成（表 11-4）。从陨石等内部发现的有机分子和物质也证明在宇宙中也可合成类似的有机分子，可见它们的合成并不少见。另外，作为组成 DNA 或 RNA 的主要成分之一的磷分子在海水和岩石中广泛存在，可以推想，在原始海洋中，组成生命或生物大分子的所有成分都存在。只要条件合适，它们很有可能合成生物大分子。

表 11-4　有代表性的生物小分子合成实验（Fox and Dose，1977）

反应物	反应相	能量	主要产物	研究者及年代
CO_2、H_2O	气态	紫外线（1470Å）	甲醛、乙二醛	Groth 和 Suess（1938）
CO_2、H_2O（Fe^{2+}）	气态和液态	α 射线	甲醛、蚁酸、琥珀酸	Garrison 等（1951）
CH_4、NH_3、H_2、H_2O	气态	放电	多种氨基酸，羟基酸、氰化氢、尿素	Miller（1953；1955）
反丁烯二酸铵盐	干燥固态	热	天冬氨酸、丙氨酸	Fox 等（1955）
CH_4、NH_3、H_2、H_2O	气态	放电	氨基酸	Abelson（1956）
CH_4、NH_3、H_2O、H_2、CO_2、CO、N_2	气态	X 射线	氨基酸	Dose 和 Rajewsky（1957）
醋酸铵	液态	β 射线	甘氨酸、天冬氨酸、二氨基琥珀酸	Hasselstrom 等（1957）
碳酸铵	液态	γ 射线	甘氨酸	Paschke 等（1957）
CH_4、NH_3、H_2O	气态	紫外线（1165～1850Å）	简单氨基酸和脂肪酸	Groth 和 Weyssenhoff（1957）
NH_3、HCN、H_2O	液态	热（70℃）	氨基酸	Oró 和 Kamat（1961）
CH_4、NH_3、H_2O	气态	β 射线	简单脂肪族包含氨基酸	Palm 和 Calvin（1962）
HCHO、CH_3 CHO、CH_2 OH—CHOH—CHO、Ca（OH)$_2$	液态	热（50℃）	多种糖包括 2-去氧核糖，2-去氧戊醛糖（2-去氧木糖）	Oró 和 Cox（1962）
HCHO	液态	紫外线（2537Å）	多种糖包括核糖和去氧核糖	Ponnamperuma（1965）
CH_4、NH_3、H_2O（与硅接触）	气态	热（850℃）	氨基酸	Harada 和 Fox（1964）
CH_4	气态	放电	高烃包括芳香烃	Ponnamperuma 和 Woeller（1964）
CH_4（与硅接触）	气态	热（1000℃）	高烃（大部分是芳香烃）	Oró 和 Han（1966）
HC≡C—CN、HCN、NH_3、H_2O	液态	热（100℃）	天冬氨酸	Sanchez 等（1966）
HCN、NH_3、H_2O	液态	热（70℃）	腺嘌呤	Oró 和 Kimball（1961a，1961b；1962）
苹果酸、尿素、多聚磷酸	无水液态	热（130℃）	尿嘧啶	Fox 和 Harada（1961）
CH_4、NH_3、H_2O	气态	β 射线	腺嘌呤	Ponnamperuma 等（1963）
腺苷酸、聚酯	无水液态	紫外线（2537Å）	一磷酸腺苷 AMP、二磷酸腺苷 ADP、三磷酸腺苷 ATP	Ponnamperuma 等（1963）

续表

反应物	反应相	能量	主要产物	研究者及年代
CH_4	气态	放电	大部分是芳香烃	Ponnamperuma 和 Woeller (1964)
核苷、磷酸	固态，无水、低水	热（160℃）	核苷酸	Ponnamperuma 和 Mack (1965)
CH_4（与硅胶接触）	气态	热（1000℃）	大部分是芳香烃	Oró 和 Han (1966)
核苷、多聚磷酸	无水液态	热（22℃）	核苷酸，核苷三磷酸	Waehneldt 和 Fox (1967)
CH_4、NH_3、H_2O	气态	放电	卟啉	Hodgson 和 Ponnamperuma (1968)

另有学者提出，在大洋底部的水热喷口附近，具备生物合成的条件。例如，喷口内可喷出各种气体、金属和非金属，如 CH_4、H_2、He、Ar、CO、CO_2、H_2S、Fe、Mg、Cu、Zn、Mn、Ba 及 Si 等，它们逐渐向周围扩散，并形成一个浓度梯度。喷口内喷出的热水温度达 350℃，而周围的海水接近 0℃，这样就又形成一个温度梯度。由于这两个梯度的存在，其中很有可能形成一个合适的环境条件，有利于有机物质或原始生命的合成（张昀，1998）。但 Miller 和 Bada（1988）认为这种可能性较低，一是因为温度太高，对有机分子可能只起到分解的作用；二是即使有生命或有机分子合成，它也不可能适应周围海水极低的温度。

11.3　从有机小分子到生物大分子

Fox 研究小组在 20 世纪 60 年代对此问题作过系列研究。他们发现，用不同浓度的常见氨基酸混合后，在 150～180℃情况下，它们可以形成 4000～10 000Da 的类似蛋白质的聚合物，Fox 称之为类蛋白（proteinoid）。更让人惊奇的是，这些氨基酸的聚合不是随机的，而是似乎有某种内在机制。例如，Fox 等（1963）将两种不同浓度的 17 种氨基酸混合后，所产生的类蛋白中这些氨基酸的含量并不与它们的原始浓度成对应关系（表 11-5）。

表 11-5　类蛋白与反应物中的氨基酸摩尔浓度对照（Fox and Dose，1977）（单位：%）

氨基酸名称	实验一（2 份天冬氨酸、2 份谷氨酸、1 份其他氨基酸）		实验二（2 份天冬氨酸、2 份谷氨酸、3 份其他氨基酸）	
	反应物中	产物中	反应物中	产物中
天冬氨酸	42.0	66.0	30.0	51.1
谷氨酸	38.0	15.8	27.0	12.0
丙氨酸	1.25	2.36	2.72	5.46
赖氨酸	1.25	1.64	2.72	5.38

续表

氨基酸名称	实验一（2份天冬氨酸、2份谷氨酸、1份其他氨基酸）		实验二（2份天冬氨酸、2份谷氨酸、3份其他氨基酸）	
	反应物中	产物中	反应物中	产物中
半胱氨酸	1.25	0.94	2.72	3.37
甘氨酸	1.25	1.32	2.72	2.79
精氨酸	1.25	1.32	2.72	2.44
组氨酸	1.25	0.95	2.72	2.03
甲硫氨酸	1.25	0.94	2.72	1.73
酪氨酸	1.25	0.94	2.72	1.66
苯丙氨酸	1.25	1.84	2.72	1.48
缬氨酸	1.25	0.85	2.72	1.16
亮氨酸	1.25	0.88	2.72	1.06
异亮氨酸	1.25	0.86	2.72	0.90
脯氨酸	1.25	0.28	2.72	0.59
丝氨酸	1.25	0.6	0	0
苏氨酸	1.25	0.1	0	0

Rohlfing（1976）发现，将氨基酸混合物在无水、无催化剂、65℃的环境中放置40天也可以形成相对分子质量大于1600的多肽。

Lahav等（1978）模拟原始地球环境，将一个包含黏土、水和氨基酸的系统不断摇晃，结果发现这个系统能产生短的蛋白质，其中干湿变换的环境中所产生的蛋白质更多。

以上这些实验显示，在原始地球环境中，氨基酸很可能会形成蛋白质。

Lohrmann和Orgel（1973）发现，将尿素（urea）、咪唑（imidazole）和镁离子混合后，能催化氨基酸和核苷酸形成多聚体，且反应过程与现今生物体内的反应有一定的可比性。Oró等（1984）综述认为，以咪唑及其衍生物为催化剂可以合成多种低聚和多聚核苷酸、多肽和多磷酸盐，而咪唑的合成也不是很困难，用甲醛（formaldehyde）或乙醛（acetaldehyde）、乙二醛（glyoxal）和氨水可以合成咪唑或2-甲基咪唑；用碳水化合物和氨水也可以合成4-甲基咪唑。

Oró和Stephen-Sherwood（1974）总结认为，在温度为60～80℃的情况下，将尿苷、尿素和磷酸二氢铵加热干燥后可形成2～3个单体的尿苷酸聚合物；胞苷在不同的实验中最多可形成6聚体。胸苷可形成2～12的核苷酸聚合物。不过相对于蛋白质而言，核苷酸聚合物形成是较困难的，条件也很苛刻，形成的核苷酸大多也与生物体内的核苷酸有所不同。这些寡聚体也许可以作为合成的模板以形成更长的核糖核酸或脱氧核糖核酸链。

Schramm等在1962年报道，将单糖、多偏磷酸酯在有机溶剂中加热到50～

60℃的情况下，他们分别合成了多糖苷、果糖聚合体、核糖聚合体等。Mora 和 Wood（1958）发现，在 140～170℃、真空、0.164%磷酸作用下，α-葡萄糖可形成相对分子质量达到 28 800 的聚合物。

Hargreaves 等（1977）发现，将碳 14 标记过的甘油、多种碳 12 脂类溶解后加热到 65℃、干燥或真空干燥，有些试管中在干燥前还加入高岭土或硅酸，结果合成了多种脂类，包括细胞膜中常见的磷酸脂类。

由上可见，构成生命的四大成分（蛋白质、核酸、多糖、脂类）都可能在原始地球环境中由化学反应形成或合成。

从生命起源的角度来看，构成生命的四大成分中哪一类更早起源呢？在 20 世纪 80 年代，有研究发现 RNA 分子具有酶的活性（核酶）。这一发现打破了原先所认为的酶都是蛋白质的基本概念。Gilbert（1986）由此提出，在生命起源的早期阶段存在一个完全由 RNA 分子组成的分子系统，在这一体系中，信息由 RNA 进行储存，一部分具有催化功能的 RNA 分子催化其自身信息的传递及复制。由于这一系统能够使信息得到储存以及复制，所以这一系统能够生存并进化。最后，信息的储存由结构更加稳定的 DNA 分子来代替执行，而催化功能由催化能力更强的蛋白质取代，从而形成了现代意义上的生命体系。

11.4　从生物大分子到有膜微球体

对于生物大分子如何组合成有膜微球体主要有两种模型。Oparin 研究小组在 20 世纪 50～60 年代提出和研究的团聚体（coacervate droplet）模型和 Fox 研究小组提出的类蛋白微球体（proteinoid microsphere）模型。

Oparin 发现，将一些胶体物质，如明胶、阿拉伯胶等物质溶解后，它们就会形成一些均匀的微小球体（图 11-4）。但当将不同的物质混合溶解后（如血清蛋白与阿拉伯胶、鲱精蛋白与阿拉伯胶、组蛋白与明胶、组蛋白与 RNA、明胶、阿拉伯胶与 DNA），微小球体就会聚合成串或成群，形成相对独立于溶剂的结构。当给予合适的温度条件和酶的情况下，团聚体还可合成或分解淀粉和多聚核苷酸。因此，Oparin 认为，这些团聚体代表了原始的生命形态。但这些实验中的团聚体都不太稳定，而且实验所使用的材料都是从现有生物中提取出的大分子，它们是否在生命起源中真正存在过尚有疑问。

相对而言，Fox 提出的类蛋白微球体模型较有说服力。当将类蛋白水溶液冷却就会得到类蛋白微球体。这些微球体有如下一些特点：结构稳定、数量多、体积小、大小相仿、形态可变、可染色、可形成革兰氏阳性或阴性、与具催化作用的多聚体类似、可缩小或膨大、有膜、有亚结构、膜可选择性通过分子、可聚合、联结、出芽、分裂、融合生长等（Fox and Dose，1977；图 11-5）。

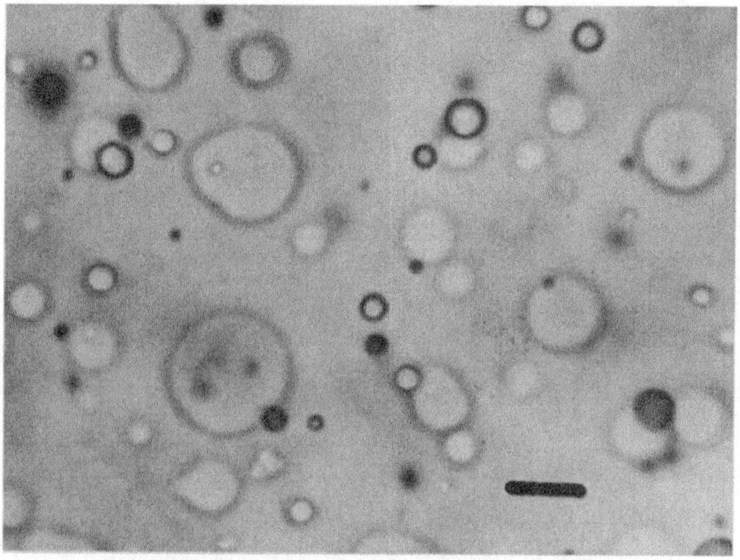

图 11-4 团聚体示例（Rohlfing，1975）

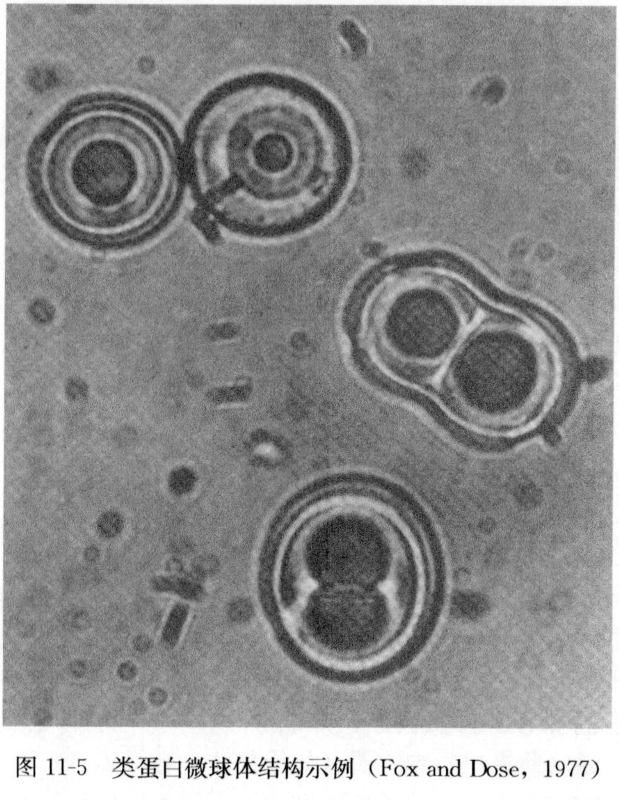

图 11-5 类蛋白微球体结构示例（Fox and Dose，1977）

将类蛋白微球体与多聚核苷酸混合后，它具有类似核蛋白的组成、形态上类似于核蛋白小体、结构上更稳定、形态均匀、微球形、数量多、可结合、可根据加入的蛋白质和核苷酸选择性形成、可根据加入的氨酰腺苷酸的浓缩而选择性地长大。

从类蛋白微球体的情况来看，它似乎具有原始生命或原始细胞的特征。Fox等（1974）说："合适的类蛋白微球体可使三磷酸腺苷（ATP）变成二磷酸腺苷和三磷酸腺苷。另外一些实验发现，一些类蛋白微球体和由酶催化合成的多A链混合后能将ATP和苯丙氨酸转变为多种苯丙氨酸多肽。从类蛋白微球体的特性和形成情况来看，这些结果演绎了现代的、能合成自己的多聚核苷酸和多肽的细胞从原始细胞的起源过程。相关的早期实验部分解释了遗传密码的起源和机制。"

膜的出现在细胞形成过程中有重要意义。组成脂类的烃类、脂肪酸、脂肪醇、异戊二烯醇、丙糖等都可合成。它们的聚合物浓缩后就成为具有亲水性和疏水性的物质，这些物质再自我组合后就形成单层、双层、球形的结构，再加入其他，如蛋白质等就成为了类似现代细胞膜的结构（Popa，2004）。

11.5　细胞的起源和形成

上述的具有蛋白质和核酸成分的微球体结构如果被膜包裹后就可能成为原始细胞，原始细胞中的核酸等浓缩后形成专门的区域或结构就可成为类似原核细胞的结构。但这个过程目前知之甚少。

目前存在的生物按细胞结构特点可分为两大类：原核生物（细菌、蓝藻等）和真核生物（原生生物、植物、动物等）。前者的细胞没有细胞器、细胞核。在20世纪70年代逐渐又发现，原核生物又可根据它们的代谢特点、基因结构等再分为细菌和古细菌，后者包括产甲烷细菌、极端嗜盐细菌、极端耐酸耐热的硫化细菌和嗜热菌质体等。分子系统学资料显示，真核生物与古细菌较相似，其他的真细菌与它们的关系较远。但无论如何，现在我们可以说，真核细胞与原核细胞特别是与古细菌类似的细胞有一定的相似性，可以认为前者由后者演化而成。

真核细胞与原核细胞或古细菌的根本区别之一就是前者内部有细胞器。关于细胞器的起源目前证据较多、被大多数研究人员接受的观点是内共生起源说（endosymbiotic theory；Sagan，1967）。Sagan注意到，线粒体与细菌有许多相似的地方，如它们都有双层膜包围、都能产生ATP、都能通过分裂而复制等。结合前人意见，她由此提出，细胞器（如线粒体、叶绿体等）原先都是可以自由生活的细菌样生物，后来它们被其他的细菌吞入细胞内后与其共生，最终演化为细胞器，从而形成了现今的真核细胞。后来的研究进一步证实，线粒体内的基因与细菌体内的基因更相似而不是与真核细胞核基因更相似。

一些细菌的细胞膜能向细胞内伸展，并逐渐形成内质网。细胞核膜可能是由内质网演变而来的。如果内质网将遗传物质 DNA 包围起来形成一个独立和封闭的结构，它就是细胞核。

从机理上来看，细菌体内的基因具有一定的可转移性或“侵略性”，它们当中的一部分（可称为插入片段或可移动片段）可以插入到宿主细胞内的基因组中，并能够通过复制拷贝自己，从而影响宿主基因的正常表达。实际上，真核动物体内的基因组中就有一些细菌基因。因而，可以设想，为了抵抗这种侵略，在选择的作用下，宿主细胞的基因组外围形成膜，它可以将复制形成的 RNA 释放到细胞液中或核外并表达蛋白质，从而避免自身的基因组遭受太多的攻击，这样细胞核便逐渐形成（Zimmer，2009）。

无论是古细菌还是真细菌，它们都已经是成型的细胞结构，至少是较完善的原核细胞。那么在生物起源过程中，有没有存在一个处于大分子结构与成型细胞之间的过渡形态呢？Woese 和 Fox（1977）提出，应该存在过这样一个阶段性生物，他们称之为始祖细胞（progenote）。由它演化成原核细胞或类似细胞，再由后者演化为真细菌、古细菌和真核生物。

11.6 从单细胞到多细胞生物

目前可以肯定的是，多细胞生物是多次起源的，或者说多细胞生物没有统一的共同祖先。由于多细胞生物都是真核生物，因而探讨多细胞生物起源的核心就是要研究真核多细胞生物的起源问题。

多细胞生物肯定是由单细胞生物演化而来的，但由于起源的多样性，对多细胞生物的起源问题没有统一的理论和学说。普遍承认的过程如下：可以独立生活的单细胞生物聚集在一起；不同的细胞出现分化，尤其是生殖和营养方面的分工合作；这样的细胞聚合物逐渐长大。Michod（2007）报道，一些关系密切的团藻和绿藻其组成细胞数目是不同的，细胞分化程度也不同，如它们当中有单细胞的 *Chlamydomonas reinhardtii*、8～32 个相同细胞组成的扁形或线形的 *Gonium pectorale*、圆形的由 16～64 个相同细胞组成的 *Eudorina elegans*、圆形的 30%～50%细胞组成外壁的 *Pleodorina californica* 以及有壁细胞和生殖细胞分化的 *Volvox aureus* 和 *Volvox carteri*（图 11-6）。如果将这些藻类综合起来考察它们似乎就代表了多细胞起源的一般过程。

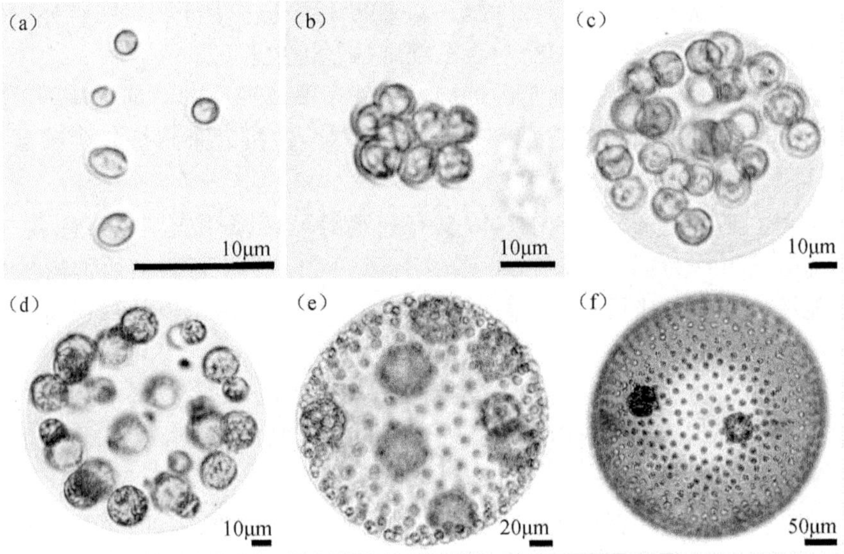

图 11-6 不同类型的藻类代表（Michod，2007）

(a) 单细胞的 *Chlamydomonas reinhardtii*；(b) 8～32 个相同细胞组成的 *Gonium pectorale*；(c) 圆形的由 16～64 个相同细胞组成的 *Eudorina elegans*；(d) 圆形的由 30%～50%细胞组成外壁的 *Pleodorina californica*；(e) 有壁细胞和生殖细胞分化的 *Volvox aureus*；(f) *Volvox carteri*

11.7 现在还有生命起源吗

对于此问题的回答是：生命起源的过程可能有，但不太可能继续，因为已没有大分子生存的生态位。换言之，即使现在有生物大分子的形成，其也会被已有生物所利用分解。也就是说，现在已没有生命起源的原始条件。达尔文早在 1871 年就说过："常听说曾经存在过的使原始生命起源的所有条件目前仍然存在。但如果我们想到在一些温暖的小池中（它有氨水和磷酸盐、光、热、电等）确实存在蛋白质的化学合成并进而发生更复杂的变化，在现在的状况下这些合成的物质会被立刻吞噬或分解，而这是原始生命起源过程不具有的。"

12 间断又连续的物种

无一物种定义使自然学者人人满意，且人人都未确信他所言之物种为何物。

——达尔文（1859）

达尔文提出进化论的主要著作是《物种起源》，然而，对于什么是物种在当时以及现在都争论很大，不同的学者对物种本质的认识和如何正确客观地定义物种有不同的见解。在进化论提出之前，主要受神创论的影响，很多学者持有的是物种不变的观点，认为物种就是形态上一致的生物个体的集合，物种与物种之间是截然不同的生物实体，物种也不会改变。然而，达尔文认识到物种的可变性，或者说，进化论要求物种是可变的，而这种变化往往或大多是逐渐的、缓慢的，因此也必然要求对物种的认识和限定建立在物种的变化性而不是物种的固定性上。如果物种都是可变的，那么不同物种之间的界限就会变得模糊，人对物种的认识也就会变得很主观。这实际一定程度上否定了物种的客观性，也与当时的观念有很大的冲突。

用现代的理论来检验，达尔文虽然正确地提出了物种的可变性，但对物种的客观性认识不足。在进化过程中，物种虽然会不断变化，但当这种变化达到一定程度时，物种之间的差异和间断就会达到一个阈值，从而使不同的物种具有本质上的区别。用现代语言和理论来说，物种是有其独特的和独立的基因库的，在生态上也有其独立的生态位，也存在一系列的机制来保持其基因库的独立性和生态位的独占性。达尔文显然没有充分地认识到这一点。达尔文（1856）说："我正将种的定义进行比较……我发现博物学家们所谈论的'种'差异极大，真是可笑；有些博物学家认为相似性就是一切，毫不考虑同源传承；有些人则认为相似性毫不重要，神创论是其思想依据；有些人认为同源是关键；另一些人认为不育性是可靠的检验依据，而另一些人则又认为其一文不值。我相信这都是因为去为无法下定义的东西下定义的结果"（Mayr，1982）。

如果要谈论物种的起源问题，首先就要对物种进行定义和正确认识。赫胥黎（1859）就认识到这一点。他说："什么是物种？这个问题听起来简单，但回答起来却十分困难，再博学的人对此也是如此。它是由一对父母所传衍的动物或植物体、它是一个明显可辨的最小生物体集合、它是一个永恒不变的生物实体，或者它仅是一个人类智力的抽象物、自然中并不存在。这些回答只是从众多较可信答案中选出的较好的少数几例"（Mayr，1982）。

12.1 形态学物种概念

形态学物种概念（morphological species concept）又可称作模式物种概念（typological species concept）或本质论物种概念（essentialist species concept）(Mayr，1969；2000)。因为物种有其本质，那么对本质的描述或定义就可称为本质论的物种概念。如果用形态标准来分类或区别物种，就必须设立一个模式作为标准，所以该概念有时又可称为模式物种概念。

人类利用形态特征来认识物种由来已久，且在神创论流行的时期，人们持有的是静止的、机械的、稳定的、不变的物种概念，即模式物种概念。该概念认为：物种是表型上相似的生物群体，或者物种是与模式一致的生物群体。可以将其分解为4个方面：物种是由具有同一本质的相似个体组成；每个物种都凭借分明的不连续性同所有其他物种分开；物种不变；任何一个物种的可能的变异都有严格的限制。很多人都提出过类似的形态学物种定义。

Ray（1686)：物种是由共同祖先繁衍而来的不同变异个体的聚合体（Mayr，1982)。

林奈（1751)：种的多样性自创造以来未曾改变（Mayr，1982)。

林奈（1758)：物种就是由形态相似的个体或种群组成的集合（Mayr，1942)。

布丰（1749)：物种就是不断繁殖的相似个体的永恒聚合体（Mayr，1982)。

布丰（1765)：物种是自然实体，与自然同样长久、永久、恒久的实体。对它们的更好理解，需要不再将它们看作相似个体的集合或系列，而要将它们看作是不依赖于数目和时间的一个整体、一个恒久不变的生命整体、一个上帝所创造的可识别的单元、在自然中也始终聚合为一个单元（Stamos，1998)。

赫胥黎（1860)：物种就是一类与其他生物相比具有明显、可识别、持久形态特征（不是指性别差异）的动物或植物。

Bernard（1896)：具有明显特征的标本可设立为模式，并且具有最高地位，后来的研究和其他的标本可与之比较（Mayr，1942)。

用形态特征来区分物种应用最早、使用最广，是分类实践的主体。然而，基于形态学的物种定义面临以下几个困难。

个体差异：世界上一模一样的两个生物个体是几乎找不到的，它们或多或少都有一点差异。例如，一块地里同时播种的庄稼都会有高低肥瘦的差别，一棵树上开的花也有大小色泽方面的差异，人的肤色由白到黑变化很大等。如果说，物种是形态上相似的生物群体，那么相似到何种程度为相似？

雌雄差异：在很多生物中，雌雄之间的差别是很大的。就人来说，男女之间在体重、身高、体态、性征、心理甚至解剖结构上（如骨盆和肩膀的宽度之比）

等方面都有差异。鸟类雌雄之间的差别有时极大，如雄孔雀的尾巴远长于雌性的等。在这种情况下如何确定模式？如果确定的模式是雄性具长尾巴的个体，与之有显著差别的雌性到底与模式是否为同一物种？

形态的可塑性：同一种生物或同一生物个体，其特征也会发生改变。同一株植物如果种植在酸碱性不同的土壤中，其花会有红蓝的区别；生活在水下的水毛茛（*Ranunculus flabellaris*）的叶子与生活在水上的宽叶相比有很大的不同，要轻软得多；在不同的光照强度下，植株高度会有明显不同；一个人连续晒几天太阳其皮肤会变得黑一些。在这种情况下，如何确定模式？

相似不等于相同：长得很像的两个生物不一定就是相同的生物。例如，美国的两种草地鹨（*Sturndu magna* 和 *S. neglecta*）长得极像，在外部特征上极难区别，但叫声却有明显不同（Cody，1969）。生长在沙漠中的仙人掌科与大戟科植物极为相似，但花的结构等却又不同。因此，如何定义相似或相同？

由于使用形态证据来分类或区别物种有诸多弊端，如随着研究的深入细致，人们越来越认识到生物群体内变异性的存在（图 12-1）。另外，随着进化论的提出，人们意识到，无论是在历史的长河中还是时间的横断面上，生物种群内部及物种之间都是不断变化的。而变化往往都是缓慢、逐步、渐进的。因此，生物之间肯定是连续的，而不具有完整性和间断性。这与不连续的、界限分明的本质论或形态学物种概念相矛盾。基于此，许多研究人员希望在进化论的基础上来定义物种，他们以研究无性繁殖和化石的专家为主。

图 12-1 形态学物种概念的难题（相似到何种程度为相似）

12.2　唯名论物种概念

唯名论物种概念（nominalistic species concept）由 Mayr（1969）归纳和总结。其主要观点是：只有个体是真实的，物种或其他等级都是人为的；不存在真实的物种，物种只是人为的名称。大自然中不存在物种，物种被发明出来是为了我们可以总起来称呼的大量个体（图 12-2）。

图 12-2　唯名论物种概念示意

物种或种群的界定完全是人为的，图中的种群或物种边界的划定取决于研究者的意见和决定

Herbert：种与明确的或可识别的变种之间没有真正的或自然的差异界线……两种植物是称为不同的种或变种也没有实际的可靠依据存在（Mayr，1982）。

Locke（1690）：种与种之间的界线是人为设定的，也是由人来排列的（Mayr，1982）。

莱布尼兹：在某一时间或在某一地域，动物的种或许曾经、现在或将来都是比人种更容易改变。虎、狮和鬣狗的形状与猫相似，从前它们或许是同一种的；现在或许还能够承认它们是猫种中许多新亚种。因此，便返回我常说的话上来了：物种的鉴定只是暂时性质，与知识的前进成比例（朱洗，1980）。

拉马克（1809）：一个物种就是一群彼此相似的个体，只要周围环境的变迁没有影响到它们的习惯、特性和形态，它们通过生殖继续繁殖相同的个体（赖尔，1876）。

居维叶（1815）：一个物种就是一群个体的集合，它们源自于同一个体或共同父母或相似个体（Dobzhansky，1970）。

所以，达尔文的物种定义强调物种的主观识别性，也就在一定程度上否定了物种的客观性。

达尔文（1859）：系统学家仍将努力工作，正如他们现在做的一样，但他们将不会再受到虚无疑问的困扰，这个疑问就是到底是哪个类型代表了物种的本质。根据我的经验，我确信这不会是微小的解脱。无休止地关于英国 50 种左右悬钩子到底是否是真正物种的争论应该停止了。系统学家能够做的就是确定（这也不太容易）不同类型之间是否具有足够持续稳定的不同、是否能够被定义；如果可以被定义，就要决定它们之间的差异程度是否足够重要到可以给予一个种名。这后一点将会变得比现在更为基础；任何两种类型之间的不同（无论多么细微）如果没有被中间过渡类型抹平，这两种类型就可以被大多数的分类学家看作是足够升级到种级水平。从今以后，我们将不得不承认物种与明显可辨的变型之间的唯一区别就是：变型之间由目前已知的或相信存在的中间过渡类型所连接，而物种由过去曾经存在过的中间过渡类型所连接。因此，如果不能排除任何两个类型之间有中间过渡的存在，我们将要仔细估量和评价它们之间的实际差异程度。普遍认为的变型以后也很有可能被认为是不同的物种，如报春花和九轮草那样；这时种名与俗名就会一致起来。简言之，对待种要像自然学者对待属一样，它们都是为了方便而人为组合设定的；这虽然听起来不太舒服，但至少可让我们不要枉费心机地去寻找虚无的、不曾发现也不可发现的物种了吧！

达尔文（1859）：种就是为了方便而人为给予的对一群相似生物的总称，它与变型没有本质区别，而后者之间的区别可能相对于种要小一点。

达尔文（1859）：将某一生物型组是称为一个种或一个变型，自然学者有他们自己的判断并且经验似乎要起主要作用。

达尔文（1859）：变种与种是一样的，它们并不能严格区分，除非：①找到它们之间的中间过渡类型；②变种之间的区别足够大；③如果证据不足而作暂时的安排。

达尔文（1876）：自然学者没有区分种和变种的最后准则，记住这一点极其重要。

Bessey（1908）：自然界只创造出个体，种在自然界并不存在，它们只是人为想象的概念；物种被发明出来是为了我们可以总起来称呼的大量个体（Mayr，1969）。

Gilmour（1940）：物种就是由一群可以被分类学家识别其变异程度的个体的集合（Kaplan，1946）。

唯名论物种概念的主要缺点是：在同域的自然群体之间确实保持着内在的不连续性。明显的例子有：蟋蟀 *Gryllus veletis* 在春天交尾产卵，而蟋蟀 *G. pennsylvanicus* 在秋天交尾产卵，它们几乎遇不到。瓢虫（*Epilachna* spp.）的一种寄生在荨麻上，一种寄生在大蓟上，它们的雌雄之间一般遇不到，更不能杂交产生后代。两种蝴蝶 *Colias eurytheme*、*C. philodice* 的雄性长得差不多，但前者具有特殊的性外激素。它们的雌雄之间用性外激素和紫外光相互吸引。由于长得很像，因此两种的雄性都追逐两种的雌性，但 *C. eurytheme* 的雌性只对同种的雄性特殊的性外激素和紫外光有反应，*C. philodice* 的雌性与 *C. eurytheme* 的雄性之间不会交尾（Hovanitz，1949）。美国的草地鹨 *Sturndu magna* 和 *S. neglecta* 长得极像，但叫声不同，不同种的雌雄之间用叫声相互区别和吸引（Cody，1969）。另外，从进化的角度来看，随着演化，同一物种的不同种群会在形态及基因上发生改变。如果这种改变积累到一定程度，就会跨过一个门槛，使不同物种之间产生形态或生理上的隔离而使基因不能交流。Ayala 和 Tracey（1974）对此作过研究，发现亲缘关系较远的不同种群之间基因交流极少或没有。可见，在生物之间，确实存在内在的不连续性。

12.3 进化物种概念

进化物种概念（evolutionary species concept）由古生物学家提出。在主要研究时间维度上物种（如无性繁殖和化石）的古生物学家看来，形态特征（广泛意义上的特征，包括形态、生物学等一切）基本都不能用，因为这些生物或化石特征很少且要依赖专家的判断。而在时间维度上或进化过程中，生物肯定是一段时间内的存在。因而他们希望以此为依据来定义物种。

Simpson（1951）：一个物种就是一个世系（交配繁殖种群的祖—裔系列），它独立演化，有自己独特的、单一的进化角色和趋势，是进化的基本单元。

Simpson（1961）：种是一个具有祖—裔关系的世系群体，有自己独特的位置和进化趋势，并与其他群体相分离。

Wiley（1978）：进化物种是与其他世系保持独立并具独特的进化趋势和历史命运的祖—裔系列。

Wiley 和 Mayden（2000）：在时空中与其他世系保持独立并具独特的进化命运和历史趋势的生物种群实体。

从以上的定义可以看出，基于进化论的物种概念基本认为物种是一个具有下列特征的群体系统：①种是一个世系（lineage），一个生存于空间和时间中的群体的祖—裔系列；②这一世系与别的世系相分离而进化；③在群体中有自己独特的生态位；④它有自己的进化趋势，在历史过程中受进化作用的影响而改变。

这些物种概念适用于各种繁殖系统的生物，包括无性繁殖和有性繁殖，也结合了进化内容。

但是，如果把物种看作是一个进化中的系统，那么在时间尺度上要限定一个物种从理论上讲是不可能的。在祖—裔系列中，在任何一点沿时间追索不可能找到一个自然的分界点将一个进化世系与另一个进化世系分开。这是把物种看作一个世系带来的问题。而为了分类的目的，必须人为地将这一世系切成段落。切割的准则是不同段落形态上的差异要像现存同类生物那么大。这实际上又回到了形态学物种的概念，显得不客观和不适用。当然，人类认识或区分不同时间段上的生物尤其是化石生物时可能也只能用形态特征，除此之外别无他法。这可能也是人类自身弱点所决定的。如果我们能进行时间旅行就好了。

在图 12-3 中，由 C 到 D，这一化石序列在形态上发生了很大的变化，可能在数量上也有显著的差异，因而根据进化物种概念，由 C 到 D 的这一序列就是具有了独特的历史命运和趋势的种群，就可以看作是一个物种。然而问题是，同样在图 12-3 中，由 D 到 E 这一世系的变化如果没有前者那么大，但也有变化，这一世系是否也可称作为一个物种？那么判断的依据是什么呢？世系开始和结束的确定点在什么地方？在图 12-3 中，由 A 到 C 或 B 到 C 或由 A 到 B 是否都可以看作不同的物种？

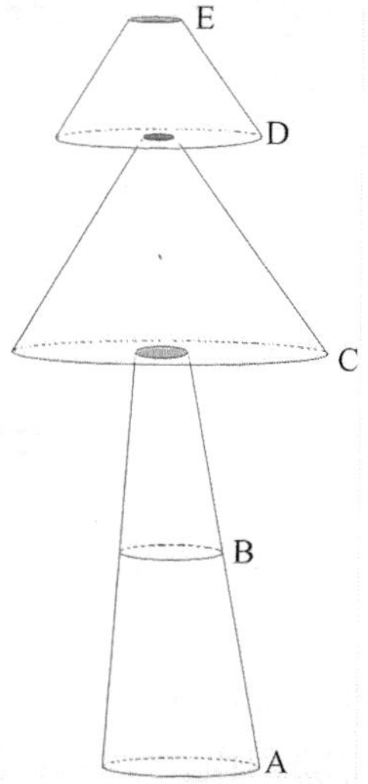

图 12-3　进化物种概念示意

同样，进化物种定义也没有提供区分不同种群的较客观标准，是不是每个标本都具有独特的命运和进化世系和过程，它们能不能被认为是一个种？

再者，如果将物种认为是一个祖—裔系列，具有时间向度，而生物系统学所做的工作都是在时间断面上来认识物种的，那么两者如何协调？物种定义（不是物种）应该是没有向度的。

时间维度只有通过祖—裔系列才能体现和识别。如果我们要处理的是单个生物或化石标本时，如何使用时间维度？或者说如何来判断它的独特命运和趋势？

物种与物种之间是有间断的，每个物种都有自己独特的基因库。进化物种概念似乎强调物种时间上的延续和命运却忽视了种与种之间的区别和间断。

进化过程分为生物在形态上随时间发生的变化以及物种分裂为更多物种的分支进化。进化物种概念只看到了前者而明显忽视后者，或者是有意无意地混淆分支进化与前进进化。

12.4　分类学物种概念

在现代，许多分类学家虽然在理论上可能也承认物种的客观性以及进化论，但在实际操作过程中为了方便和实用提出过分类学上的物种定义，如 Blackwelder（1967）提出过分类学物种概念（taxonomic species concept）。由于这些研究人员强调物种概念的可操作性、判断性和实用性，它又可称为实践物种定义（practical species concept，Mayr，1942）。

Regan（1926）：物种是生物群体或群体组合，它的存在和命名是由合格的分类学家依据明确的特征来限定的（Huxley，1943；Rosen，1978）。

Shull（1923）：物种就是最早确立的识别个体组合，对于大型植物和动物而言，它们可简单地由学者通过放大镜来辨认（Mayden，1997；图 12-4）。

图 12-4　分类学物种概念示意

Blackwelder（1967）：物种是一个集合的而非单个的概念，它可由或多或少的特征所限定，这些特征可来自祖先、结构或功能等多方面。

由于基于分类实用目的物种概念主要依据生物的外部形态特征，而形态特征往往是由分类研究人员掌握的。因此有些学者在此方面就走向了极端，提出物种完全可以由人来决定，或完全是由人决定的。

达尔文（1859）：对于一生物型是作为种看待还是作为一个变型看待，我们可能只能依赖于自然学家的判断和经验。

Burma（1949）：种和亚种都是分类学家研究的单元，它们都是为了方便而给予的任意群体的名称标签，只具有极少的生物学意义。

Blackwelder（1967）：分类学家可根据标本的共同特征来定义物种。

Blackwelder（1967）：一个物种就是由分类学家所认为或认定的一组标本，它们由有限世代间具亲缘关系的不同个体之间的相似性和遗传学来归类，当然遗传学关系不能运用时，分类学家可以参照惯例来区别动物。

Kitcher（1984）：物种就是由合格的分类学家所承认的生物群体。

12.5　表征物种概念

在一些低等生物，如病毒、细菌、原生动物和植物，由于它们往往十分微小或特征不太明确，在分类时往往不太容易找到重要或关键特征，只能采用多种特征或数量特征进行对比。在 20 世纪中期，数值分类学派（Numerical Systematics）或表征分类学派（Phenetics）应运而生。其实数值分类的理念起源很早，应用也早已有之，但完整系统地提出该理论的是 Sokal 和 Sneath，其主要思想及内容包含在两本书中（Sokal and Sneath，1963；Sneath and Sokal，1984）。

数值分类学派认为，两个物种关系越近，其共有的性状及其相似性就越多。这种性状上的相似性反映了共同基因的多少，因此它们的相似程度和相互关系也就反映了遗传关系。因此，在建立分类系统时，需要并且只能依据生物的总体相似性（overall or total similarity）。在参照传统分类的基础上，就可以将总体相似度高的分类操作单元（operational taxonomic unit，OTU）称为一个物种。因此他们的物种定义可称为表征物种概念（phenetic species concept）或数值分类物种概念（numerical species concept）或多重相似物种概念（polythetic species concept）。一般认为，其实际与形态学或分类学物种概念无异。

Sokal 和 Sneath（1963）：一个集合（包括种）就是依据集合内所有成员所拥有的具有足够说服力的共同特征所决定的。

Sokal 和 Crovello（1970）：种就是形态上可识别的相似的个体集合。

Sokal 和 Crovello（1970）：分类操作单元（OTU）间的相似程度要建立在生物体或种群所有可以观察到的特征上。

Sneath（1976）：种就是表型特征可以清晰观察到的最低分类单元。

Sokal（1973）：表征物种概念是由数值分类学家提出的，它是分类学家对种群边界多重特征数值估算的结果。在数值分类学家看来其物种概念是对传统形态物种概念的数量化和精确化。

对表征物种概念来说，如果用总体相似性进行分类与归群，那么到底到什么程度可以说是“总体相似”了呢？或者说，在分析计算时到底需要多少特征呢？是不是越多越好？1000 个肯定比 100 个特征更有效吗？50％的相似性一定比 51％的相似性差吗？到底要相差多少才能说两个分类操作单元是不同的？这是不是演变成对特征及其数目的无限追求和寻找？这实际上既浪费也无意义，对有些特征较少的生物也不可能。

形态特征以及基因型的改变不一定是相互对应的。例如，只有一小部分的基因可以得到表达；决定同一特征的基因数目在不同生物可能相差极大；基因型相同的生物在表型上可能相差很大，反之亦然。一个明显的例子是在有些生物门类中（如植物和鱼类）基因组的大小可以相差几个数量级。可见生物基因型与表型之间的关系相当复杂，表型相似的生物并不一定基因型相同或相似。

用表面上看起来相似的特征所建立起来的分类是不合理的，也是与进化过程格格不入的。因为在进化过程中会有平行进化和趋同进化所造成的相似性。例如，某些特型演员长得与历史人物或现实人士极为相像，在外表上甚至远远超过这些人士与亲生子女的相似程度。如果仅用形态相似性来归类，显然有时候不能反映血亲关系。

物种都是进化产生的。在时间维度上，生物的特征是不断改变和积累的。因此用形态特征来认识物种或定义物种在时间向度上找不到一个准确的始点和终点。

总之，物种是客观存在的，而形态特征的认识却是主观的，不同时期或不同研究人员对特征及其重要性的认识也不同，对同一特征的认识可能也会发生差异。主客观如何协调是一个问题。还有，物种在本质上是有其变异范围的，而人类对特征变异范围的认识却是一个不断加深和扩展的过程。这两方面有时也不能协调。再者，特征只是反映物种本质的一个方面，物种客观性在其他方面的表现在此类定义中都未能表达。可见，用形态或其相似性来定义物种显然是有缺陷的。它希望抓住生物的本质却没有明了生物的本质。

12.6 生物学物种定义

很早以前，人类就逐渐认识到生物之间的不同和间断性，如有很多学者看到同域的生物之间在遗传学和生物学上是有间断性的，逐渐地他们希望从这方面提出物种定义，如：

Ray（1686）：我深思熟虑后认为，只有繁殖这个特征可以用来区分物种。可以将源于同一植物种子的生物称为一个物种，无论它们有多大变异（Mayr，1963）。

布丰（1749）：当两类动物能够交配产生后代并保持其本身的特征时我们就可以将它们称为一个种，反之就是不同的物种（Ereshefsky，1992）。

Voigt（1817）：当杂交可育且可正常繁殖时就可称为一个物种（Simpson，1961）。

达尔文（1837；Mayr，1993）：我的物种定义不涉及杂交，就是一种在本能的驱使下保持分离，这种分离无疑会被克服（但仍没有产生杂交种），但在此之前，这些动物是确定的物种。

两个物种之间相互排斥显然是一种本能；而这阻碍了相互配育。

物种的定义：物种是基本保持着恒定性状并与其他物种的结构非常相近的东西。

因此物种可能是真实的存在，差异很少在外部性状。

欧文（1858）：一个新物种就是自然界中的一个通过繁殖隔离特征而保持原始间断性的创生物，是由研究者根据其所知识别和描述的（Huxley，1860）。

华莱士（1865）：物种就是具有明确特征的地方型或族，在接触过程中，它们之间不会融合、占据不同地区、拥有不同起源、不能产生可育后代（Mallet，2009）。

华莱士（1858）：对决定哪一个是变型和哪一个是本种一般来讲是没有办法的，除非在一些极少见案例中发现一族生物产生不同于自己却相似于他族的后代。

华莱士（1895）：物种是一群这样的个体，它们因具有一系列的明确特征而与类似群体有所区别、不与最接近的类似种群共享同一生活环境、繁殖变异程度有限的同类（Kutschera，2003）。

Stresemann（1919）：自然已经显示，当两型生物的生理差异达到一定程度时，即使再次接触而不能杂交产生后代，它们就达到了不同种的水平（Mayr，1942）。

Du Rietz（1930）：在（遗传）本质上与其他类似种群具有明显区分的最小自然种群（Stuessy，2009）。

随着种群遗传学的发展和成熟，人们更加认识到用形态特征来区分物种的主观性和不确定性，而在高等生物尤其是高等动物，不同种群之间在生物学、生态、地理分布以及基因上的间断是十分明显的。到 20 世纪 30～50 年代，科学家在此方面的认识已十分成熟，如：

Dobzhansky（1935）：种是进化进程中的一个阶段。在此阶段中，原来具有实际或潜在交配繁殖能力的型组合变成两个或更多这样的型，它们在生理上不能交配繁殖。

Dobzhansky（1937）：物种是种群系统，在自然条件下基因交流在这些系统之间因有一种或多种生殖隔离机制而受限或隔绝（Dobzhansky，1970）。

Emerson（1938）：物种就是在遗传上间断、生殖上隔离的自然种群（Mayr，1940）。

Timoféeff（1940）：物种就是一群在形态和生理上相似个体的集合，它们组成了最低的分类单元，邻近的集合之间在生物学上完全是独立的，在自然条件下没有杂交（Mayr，1940）。

Wright（1940）：种的内部成员之间能够自由交配繁殖以产生过渡类型种群，但种之间却很少或不能产生这样的种群（Mayr，1940）。

Huxley（1940）提出 4 项识别物种的标准：地理分布、自我传承、可识别、生殖隔离（Cowan，1955）。

Mayr（1940）提出定义或判断物种的 3 个标准：形态特征、遗传间断和杂交不育。

Huxley（1943）：在多数情况下一个种群被认为是一物种需要有以下 3 项标准：①有共同起源、集中分布；②群体内部形态变异在一定范围之内；③无中间过渡类型。

Emerson（1945）：物种就是进化而来或正在进化的遗传上间断、生殖上独立的自然种群（Mayr，1996；Sokal and Crovello，1970）。

Dobzhansky（1950）：生物学物种就是具有最大包容力的孟德尔种群，后者由享有共同基因库的能杂交的有性生物个体组成。

Grant（1957）：物种就是一群个体的集合，它们之间能杂交产生正常后代，而集合之间因有交配隔离机制的存在而不能杂交（Sokal and Crovello，1970）。

Grant（1963）：物种就是形态上可能存在一定不同的但频繁或偶尔杂交生产后代的最大族或其集合（Dobzhansky，1970）。

从以上这些物种概念可以明显看出，科学家们已经明确认识到物种之间是有本质不同的，它们至少在形态、繁殖、生态和遗传上是有明确间断的。这些内容为主要的生物学物种概念（biological species concept）的提出奠定了基础。

在所有生物学物种定义中，Mayr（1942；1982）的定义影响最大。

Mayr（1942）：一个物种就是一个种群集合，它们因为地理或生态原因而间断，种群之间是逐渐过渡的且在接触过程中会杂交产生后代，而种群集合（物种）之间因为有地理或生态的隔障存在而不能杂交即使它们有此潜能（此段重复了他 1940 年的定义）。

或简言之：物种是具有实际或潜在（交配）繁殖的自然群体，它们（同其他这样的群体）在生殖上是隔离的。

Mayr（1982）：物种是在自然界中占有独特的生态位且与其他群体在生殖上隔离的自然繁殖群体。

生物学物种概念强调了种内基因交流和个体生殖上的连续性和相通性，而不是指形态学上的相似性；另外又强调种间生殖的间断性和不连续性（如杂种不育）。即使两个种在形态上相似，如有生殖隔离则成为不同的种。这一概念使物种作为一个客观实体存在于自然界中的事实变得较为清晰（图 12-5）。González-Forero（2009）认为该定义中的前半段（可繁殖自然群体）强调了种群的内聚力，而后半段（生殖隔离）强调了物种的独立性。

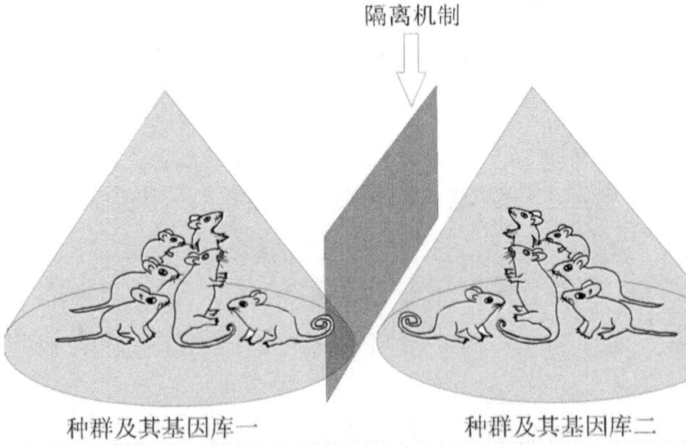

图 12-5　生物学物种概念示意

生物学物种概念强调物种是一个客观实体，是一自然单元。它将生殖隔离作为唯一客观标准，而不是其他人为识别标准，因此可以这样理解物种：杂交后是否可育是确定其分类地位的标准，如不同群体之间交配产生可育的后代，它们必定属于同种；若后代不育，则其双亲属于不同物种。另外，生物学物种概念还强调“自然状况”，人工饲养异域分布的两个群体成员也可产生杂交可育后代，这还不是它们属于同种的凭据。真正的检验是它们在自然状态下的行为，即是否保持各自独立性。如果在自然条件下某些群体间基因交换很少（如由于地理隔离的影响），它们就可保持其独立特性，并可遵循其独立的进化途径。按照生物学物种定义，尽管它们杂交可育，但由于基因交换很少，必然被认为是独立的种（如地理隔离群体）。

12.7 综合物种定义

周长发和杨光（2011）结合 Bock（2004）提出的生物学物种定义、Ridley（1989）提出的强调种化的系统发育物种定义以及本章所引用的相关物种定义试着提出过综合物种定义（synthesis species concept）。

物种是存在于两次种化过程（或一次种化事件和一次灭绝事件）之间的（种化事件可由衍征推断）、具有最大基因聚合力的自然种群［基因聚合力可由基因隔离和（或）独特生态位表现］。

本定义的优点和特点总结为如下几个。

（1）将物种定义建立在物种本身的特点上，而不是强调物种与物种之间的关系或间断。这是进化物种定义、系统发育物种定义、特别是内聚物种定义所强调的。

（2）强调或突出了物种独特性的多个指标，将形态（如共有衍征）的、遗传的、生殖隔离以及独特生态位等几个方面内容都包含在内，或者说高度综合了所知的几乎所有指标。

（3）将生殖隔离或遗传隔离作为物种独特性的一个外在表现而不是唯一标准，并将其看作与生态位隔离、形态、基因等同等的指标。这是除生物学物种定义之外的其他定义都强调的或者都试图做到的。

（4）结合了时间和空间维度，在这两个向度上都适用。

（5）突出了种化过程，即明确了物种在时间维度上的间断性和识别点，这是系统发育物种概念所强调的。

（6）结合了现代遗传学和分子生物学的内容，将物种看作独特的基因库，并将遗传隔离而不是生殖隔离包含在定义中，虽然这两者几乎是一回事。这是遗传学物种定义所希望的。

（7）可适用于所有生物。

（8）可适用于所有种化模型。

（9）在空间维度上，该定义与生物学物种定义一样，强调物种的客观性存在；

（10）在时间维度上，它也强调客观的时间分隔点。但判断具体分隔点的标准只能用物种分裂事件或衍征的出现。这方面有主观判断的成分，但这是任何此类定义的共同点或无法避免的弱点，可能也是人类固有的认识论、方法论上的弱点。

13 生殖隔离下的物种形成

> 正如我们有时所看到的，一个物种的部分个体会拥有与本种其他个体或同属其他物种较大不同的习性，根据我的理论可以预计，这些个体会偶尔变成新的物种，取得与原来不同的生活习性、或微小或显著的形态差异。这种情况在自然界也会发生。
>
> ——达尔文（1859）

据估计，地球上的生物曾超过 40 亿种，现在所知的物种也有近 200 万种，它们都是在地球总共 45 亿年左右的历史中形成的，绝大部分是在近 6 亿年中形成的，故可见物种形成并不鲜见。

根据进化论，多种多样的物种是由共同祖先进化而来的。那么它们到底是如何形成的呢？进化包含两个方面的含义：一个是指物种形态上的改变，在这种情况下，物种无论如何改变，它始终是一个物种；另外一个是分支进化，就是由祖种分裂为两个或更多的子种，它们再进行分裂，最终形成丰富多彩的生物界。

达尔文正确地指出了物种的形成现象和部分条件，如地理隔离等，但由于对物种本质的认识有限，故对物种的形成方式和过程没有明确阐述。现代的物种形成理论主要是由现代综合进化论提出的，其主要内容是建立在生物学物种定义上的。按照此定义，物种是具有实际或潜在繁殖的自然群体，它们在生殖上是隔离的。因而隔离机制的产生在物种形成理论中占有重要地位。而达尔文对于物种定义一定程度上强调主观性，故对于客观物种的形成没有详细说明。《物种起源》的书名表明它应该是要阐述新物种的形成过程和方式，但实际上，它主要是说明物种形成的原因——自然选择，对新物种的起源和形成着墨并不多。可以说，达尔文虽然说明了子种与祖种之间的区别达到一定程度时就可以认为是不同的物种，但却没有提供判断物种之间差异程度的客观标准以及新物种产生所需要的必备条件。

13.1 生殖隔离及其机制

在主要以有性繁殖方式繁殖后代的生物中（如绝大部分鸟类以及全部的哺乳动物），不同物种（及其种群）之间不能相互交换配子或基因，只有在种群内部不同个体（雌雄个体）之间才能正常交配繁殖，即它们各自的基因库是独立的，也可以说它们在生殖上是隔离的。根据 Dobzhansky（1953）、Dobzhansky 等

(1977) 以及 Mayr (1996; 2003),生殖隔离机制主要有以下几种(表 13-1)。

表 13-1 生殖隔离机制的类型及形式

类型	隔离机制	隔离形式
配合前隔离(指雌雄生殖细胞不能接触)	雌雄不遇	包括地理和生境隔离、季节或时间隔离
	雌雄相遇但不交配	行为隔离
	雌雄能交配但不能成功传输生殖细胞	机械隔离
	雌雄能传输生殖细胞但它们不能结合	配子隔离
配合后隔离(指雌雄生殖细胞能够接触但不能永续产生正常后代)	受精卵不能正常生产或孵化	合子不活或流产
	受精卵能发育成生物体但它们不能繁殖后代	杂种不育或杂种退化
	第一代能繁殖但第二代不能繁殖	F_2代崩溃

13.2 物种形成过程

物种形成包含 3 个步骤:谱系(或世系)分裂;不同谱系间获得了生殖隔离机制,使群体间产生间断;当间断足够大而使生殖隔离机制完善时,新物种就形成。

问题是,自然选择真能形成物种吗? Dodd (1989) 用果蝇(*Drosophila pseudoobscura*)为材料进行如下的实验:将同一培养基中长大的果蝇分成两个种群,一个种群放在装有麦芽糖的培养瓶中培养,另一个种群饲养在仅装有淀粉的培养瓶中。经过 8 代以后,取两个种群中不同性别的果蝇进行交配试验,发现对照瓶中的果蝇在选择配偶上没有区分,不同瓶中的雌雄配对数分别为 18、15、15、12;而实验瓶中的果蝇在选择交配对象时却有明显的倾向性:淀粉培养瓶中的雌果蝇与本瓶中的雄性以及麦芽糖瓶中的雄性交配比例为 22∶8,而麦芽糖培养瓶中的雌果蝇与本瓶中的雄性以及淀粉瓶中的雄性交配比例为 20∶9。可见在实验条件下,自然选择可以造成生殖隔离,而且这种选择不一定非要是对造成生殖隔离本身的性状进行选择(图 13-1)。

Funk (1998) 对一种叶甲(*Neochlamisus bebbianae*)的研究结果也证实了这一点。他发现,取食不同寄主的叶甲种群在产卵、对寄主的喜好程度、取食反应和幼虫的行为表现上,均比取食同一寄主的种群具有更强的分化程度。因此可以看出寄主植物对新种形成具有催化作用,能够导致群体间生殖隔离程度加剧。

既然实验条件下不同种群在选择作用下确实可以产生生殖隔离,那么自然种群呢? 内华达鳉鱼(*Cyprinodon* spp.)生活在美国内华达州死谷(Death Valley)中的小湖泊、池塘和泉口中。1 万年以前,内华达州比现在要湿润得多,

雄性 \ 雌性	淀粉	麦芽糖
淀粉	22	9
麦芽糖	8	20

试验组种群交配次数

雄性 \ 雌性	同种群	不同种群
同种群	18	15
不同种群	12	15

对照组种群交配次数

图 13-1 实验条件下果蝇（*Drosophila pseudoobscura*）的不同种群在隔离足够代数后会有一定的生殖隔离，即使选择不直接作用于有关生殖隔离的性状（Dodd，1989）

有很多溪流等将这些小水体联结起来，而现在由于气候干燥，它们都成了独立的小水体。目前，该地有 10 余种（或亚种）鳉鱼，每一种都只生活在相当有限的几个水体中，相信它们都是由共同祖先进化而来的。可见是干旱将原先联结在一起的鳉鱼种群分割成许多小种群，它们在很多方面朝不同方向进化（包括生殖隔离）而形成现今不同的种群，它们之间有生殖隔离，可以看作是不同的种（Miller，1950；Echelle and Dowling，1992），生活在美国和墨西哥的现存近 20 种鳉鱼估计也都是这种因素形成的（Echelle et al.，2005）。

McKinnon 等（2004）用刺鱼（*Gasterosteus aculeatus*）作为实验材料来验证生殖隔离是自然选择的副产品。这种鱼生活在同一湖泊中，有两种类型：生活于开阔水域的小型个体与生活于岸边的大型个体，这是自然选择的结果，因为有捕食性鱼类存在，大型个体在开阔水域不易存活。而在这两个类型之间，雌雄在选择交配对象上有明显的选择性：大型个体只选择大型个体，而小型个体只选择小型个体。可见，自然选择可以产生生殖隔离。

多久可以产生生殖隔离？Coyne 和 Orr（1989；1997）对此进行过研究，他们发现，随着时间推移，无论是配合前隔离还是配合后隔离机制都会得到强化，并估计隔离机制形成平均需要 150 万～350 万年，但可以更快。隔离后又同域种群的种化速度可能要快 10 倍。

隔离机制的产生需要多少个基因参加？Boake 等（1997）研究了夏威夷的果蝇 *Drosophila silvestris* 和 *D. heteroneura* 的攻击行为和交配行为，发现两者截然不同：在自然条件下它们也不杂交，但在实验室内杂交产生的 F_1 代的攻击行为只与父母中的一方相似，绝不出现中间过渡类型，显示它由一个基因控制。而交配行为等却出现中间过渡类型，显示它们有多个基因控制。由此可见，有时只要一个位点的突变，如果有基因上位效应存在的话，就有可能产生隔离机制而形成不同的物种。Wu（2001）对种化过程中的一些具有重要作用的基因（成种基因）有详细讨论和强调。

纯合体果蝇 *Drosophila simulans* 和 *D. mauritiana* 杂交的例子可以帮助我们了解基因数量在生殖隔离中的作用（Coyne，1984）。将雌性果蝇 *D. simulans* 性染色体上的一个基因与另外两条常染色体上的两个基因（分别在两条臂上）进行隐性突变。将这种果蝇的纯合体与纯合体 *D. mauritiana* 的雄性杂交，它们的后代中只有雌性是可育的。将这些能育的雌性果蝇再与隐性纯合的 *D. simulans* 的雄性回交，由于前者在减数分裂时有染色体的交换，因此它们的部分生殖细胞内突变隐性基因就会消失而变成果蝇 *D. mauritiana* 的显性基因。这些配子与 *D. simulans* 的雄性配子结合以后就会发育成雄性果蝇，测定这些雄性果蝇不同生殖力精子的比例和它们中所含隐性基因的数目就可以获知基因数目对不育性的影响。结果发现，只要 X 染色体上有一个基因改变就可以导致不育，而常染色体上至少要有 4 个基因参与。这也表明 X 染色体上的基因具有强烈的决定作用，常染色体上的基因具有累加作用。

从以上的实验可以看出，无论是在实验生物还是自然种群中，种化是实际存在的；隔离可以造成种化，只要有足够的时间和基因参加。

13.3 物种形成方式

多种资料都认为，物种形成的模式主要有 3 种，分别为异域物种形成事件（allopatric speciation）、同域物种形成事件（sympatric speciation）和领域物种形成事件（parapatric speciation）。

13.3.1 异域种化

如果原先的祖种分布区足够大，那么它的种群就很有可能被一些后来形成的自然隔障（如改道的河流、隆起的山峰、涨起的洪水、强刮的劲风等）分隔成两个或更多的小种群，这些小种群之间不能进行基因交流。如果它们被分隔得时间足够长，各自适应自己的生活环境而不断进化后，就有可能形成生殖隔离机制

(图 13-2)。当这些隔离机制足够强大时，就是以后隔障解除，这些小种群也会因为已成为不同的物种而不会再次融合。这就是异域物种形成模式。它要求有两个要素，一个是地理隔障，另一个是时间。但是，由于种群的分布区往往较大，隔障的形成及特征的演化都是十分缓慢的过程，因此，异域物种形成事件在历史上发生过很多次，但真正能被观察到的十分稀少。

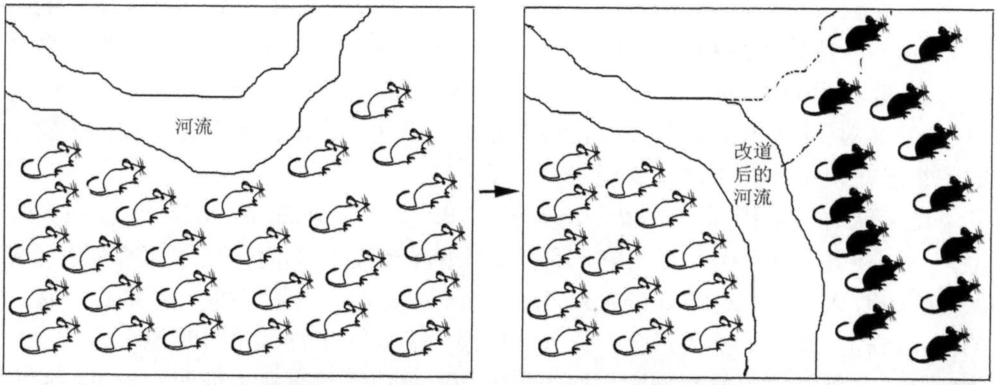

图 13-2 异域种化模式（不同种群在隔离状态下演化成不同的物种）

由于异域种化事件中有隔障的存在，阻断了不同种群间基因和个体的交流，迫使它们在不同的空间和地域中同时演化，最后各自形成不同的物种。这在理论上较明确，也最有说服力，因此也是最早提出的物种形成模式（Mayr，1942；1963；1970）。

有大量的事例可以确证异域物种形成事件的存在。Schmitt 等（2006）分析了欧洲蝴蝶 *Erebia epiphron* 种群的分布格局，发现它们都有自己的领域（仅在湿润的地区），且在基因方面已有不同，显示它们已形成不同的地理亚群，而这一结果是冰川隔离所造成。

Lovette 和 Bermingham（1999）对北美洲地区的 27 种鸣禽（*Dendroica* spp.）的线粒体基因序列进行了研究，发现它们都起源于较古老的祖先，可能是由于冰川分隔后各自独立演化的结果。

北美洲的火鸡（*Meleagris gallopavo*）有好几个亚种，分布在不同的地区，它们之间有时会有杂交出现。但分布在较远的墨西哥与危地马拉的另一种火鸡 *Meleagris ocellela* 与它有生殖隔离机制，显示它们是在有隔障的情况下进化而成不同的物种的（Mock et al.，2002）。Wiley 和 Mayden（1985）对北美洲地区的鱼类区系做过分析，发现 *Notropis* 属 5 种鱼的分布区是不重叠的，表明它们是在不同的水域中形成的。

Liebers 等（2004）分析了山雀（*Larus argentatus*）复合种的线粒体基因序列，重建系统发育关系后发现它们并不是真正的“环形种”（ring species），即邻近种并不是最近缘的。另外，他们还分析了过去所认为的环形种的典型代表，如蝾螈（*Ensatina* sp.）、大山雀（*Parus* sp.）以及鸣禽（*Phylloscopus trochiloides*），认为它们并不是严格意义上的环形种，实际上或多或少都带有异域物种形成的味道。

Knowlton 等（1993）以蛋白质、线粒体 DNA（mtDNA）序列和行为差异研究 7 对跨巴拿马地峡的枪虾（*Alpheus* sp.）种对（两种分别分布在地峡的两侧），由 Nei 遗传距离和 mtDNA 序列变异的程度显示，7 对中有 6 对是在巴拿马地峡关闭之后形成的，有 1 对在此之前就已开始分化。Knowlton 和 Weigt（1988）又对 15 种枪虾进行分析，结果证实了上述结论。巴拿马地峡两侧生物相似的情况在很多类群中都有发现，如海星、虾、鱼等。

南半球的山毛榉属（*Nothofagus*）有 30 多种，分布在不同的地区和大陆上。Swenson 等（2001）认为它们是随着大陆裂开后在不同的地方逐渐演化形成的。但也有人（Linder and Crisp，1995）认为从分子系统学的角度来看，它们的演化历程与地质史不太符合。另外，像澳大利亚的生物区系与其他大陆上有显著区别，北极有北极熊而环境相似的南极却没有熊类等事实也证明，异域物种形成事件的真实存在。

从以上的例子中可以看出，无论是小范围（如美国的鱼类）还是大空间（如南半球的植物），异域物种形成事件是客观存在的。

异域物种形成的另一种特殊形式是岛屿或孤立环境中的物种形成。与其他异域物种形成事件不同，这种情况下是祖种的部分种群越过隔障而不是隔障分隔祖种。因此，Mayr（1963）将其称为“出芽式物种形成事件”（peripatric speciation）（图 13-3）。由于被孤立起来的种群一般都较小，可能就会存在奠基者效应和遗传漂变，其进化速度往往较快，典型例子是岛屿上的物种形成事件。

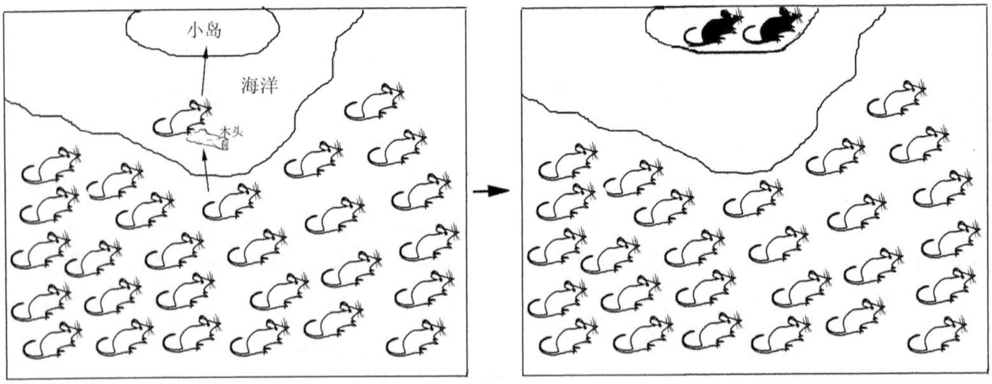

图 13-3　异域种化的特殊形式——岛屿上的种化（小种群在隔离状态下发生种化）

Mayr（1942；Haffer，2004）分析了新几内亚群岛翠鸟 *Tanysiptera* spp.

的分布和种化情况，发现在大岛上各种群的分化不强，一般只达到亚种层次，而在远离大岛的小岛上，分化较强，已达到种的水平。巴布亚的燕子 *Rhipidura rufifrons* 种团以及其他南太平洋群岛的鸟类也有类似情况。

Lachaise 等（2000）仔细检查了西非 Sao Tome 岛上的果蝇，发现了果蝇 *Drosophila yakuba* 的一个姐妹种 *D. santomea*。它们在体色、形态上有明显区别，杂交后代中雄性不育。它们的分布范围也不一致，一个在相对高海拔，另一个分布于低地，但两者之间有狭窄的杂交区。从线粒体序列分析结果来看，很可能是后者先扩散到该岛上，前者是后迁入进来的。

Seddon 和 Tobias（2007）分析了巴西与玻利维亚边境地区的栗尾蚁鸟（*Myrmeciza hemimelaena*）叫声。标本采自 3 个地点，一个是高山地区的孤立森林，另两个分别是在山下两边的大树林中。结果发现，孤立树林中的鸟叫声变异最大，且它们对大树林中同类的叫声敏感性明显小于两个大树林种群相互之间的敏感性。这表明，在孤立环境中的生物种群确实变异较大。

Green 等（1996）对美国西北部的黑斑蛙（*Rana pretiosa*）进行过研究。由于冰期的影响，它们在南方幸存下来后逐渐向北延伸。从同工酶的变化来看，南方的种群由于限制于高海拔和沙漠泉水中，变异度较高，而北方的种群是后来建立的，分子变异度很小。

Desalle 和 Giddings（1986）用线粒体序列重建了夏威夷群岛上的几种果蝇（*Drosophila* spp.）的演化历史，发现离较大的夏威夷岛越远的小岛上，果蝇的变异较大。

有时在这种既有地理分割又有遗传漂变的情况下，种化情况极为明显。Britton-Davidian 等（2000）检查了一个地中海小岛上的 143 只家鼠 *Mus musculus domesticus* 的核型，他们发现，它们可以分为 6 组，每一组内不同个体之间的核型是极其一致的，但不同组间都有变化，而它们的染色体数都少于大陆上的老鼠 $2n=40$ 条，这可能是由于染色体上的着丝粒愈合所造成的。由于小岛很小，崖壁又很陡峭，这些不同组的鼠群被限制在不同的狭小地点，彼此之间没有交流，可以认为是不同的种。

13.3.2 同域种化

在同一地区内，由共同的祖种分裂为两个或更多的子种情况就是同域物种形成。它不要求有明显的地理隔障（图 13-4）。这面临一个问题，就是在同一分布区内没有地理隔障的情况下，基因交流如何阻断？生殖隔离如何产生？目前大多数学者都同意同域种化事件可以发生在两种情况之下，一是不同种群间生态位异化，二是通过多倍体的方式形成新物种。

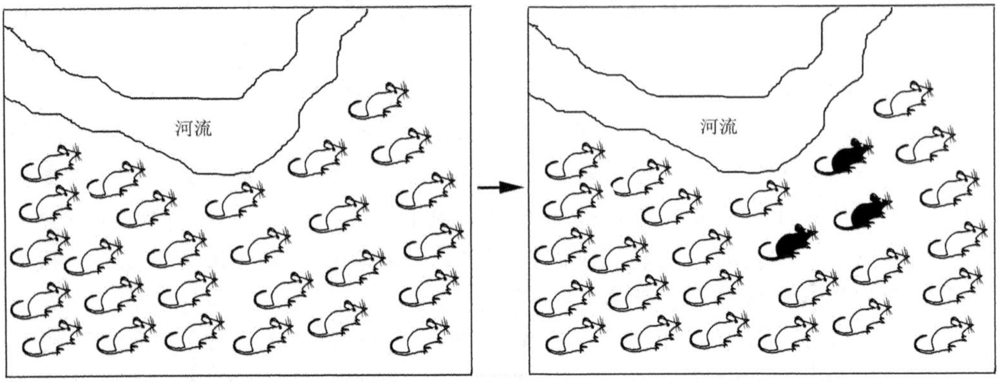

图 13-4 同域种化模式图（在同一地域内没有隔障条件下的种化事件）

1）生态位异化

实蝇科（Tephritidae）实蝇属（*Rhagoletis*）的 *R. pomonella* 有 4 个姐妹种，形态上相似，同域分布，但生殖上隔离，生物学上也不同，分别危害不同科植物的果实。*R. pomonella* 危害蔷薇科，*R. mendax* 危害杜鹃花科，*R. cornivora* 危害山茱萸科，*R. zephyria* 危害忍冬科。这些昆虫的求偶和交配都发生在寄主的果实上，雌虫也在果实上产卵。因此，一旦发生向新寄主的转移，被新寄主吸引的这些昆虫同取食原寄主的昆虫在生殖上隔离。在同域分布的 *R. pomonella* 中还有苹果宗和山楂宗的不同。表现在个体大小、眼眶后刚毛数和产卵器上稍有不同，在羽化时间上也有明显的差别。苹果宗的羽化期在 6 月 15 日至 8 月末，高峰在 7 月 25 日；山楂宗的羽化期在 8 月 15 日至 10 月 15 日，高峰在 9 月 12 日。羽化时间与寄主果实适宜羽化的时间是一致的，约在果实成熟前一个月。因发现 *R. pomonella* 原先仅危害山楂，由此，苹果上的 *R. pomonella* 宗起源于山楂宗。1960 年以后，在樱桃上也发现有这种实蝇寄生，相信是由苹果宗演化而来的（Merrell，1981）。

Nosil 等（2002）、Nosil（2007）报道，无飞行能力的竹节虫 *Timema cristinae* 寄生在两种植物上，分别为鼠李 *Ceanothus spinosus*（鼠李科 Rhamnaceae）和田下蓟 *Adenostoma fasciculatum*（蔷薇科 Rosaceae）。前种植物乔木状，叶子较大；后一种植物是灌木，针状叶。调查发现，寄生在鼠李上的竹节虫相对较大，体色较单一且明亮，而寄生在另一种植物上的个体相对较小，身体上斑纹较多。它们能杂交，但在选择配偶时有一定的选择性。Sandoval 和 Nosil（2005）进一步分析了也寄生于这两种植物的两种竹节虫 *T. cristinae* 和 *T. podura* 以及它们不同的生态型在形态、交配、寄生习性、天敌等的不同，认为它们是因选择作用下寄生于不同的植物所造成的。Berlocher 和 Feder（2002）对植食性昆虫及同域种化问题有过深入讨论和分析，并举出了若干事例。戴华国和孙丽娟

(2002) 对寄主植物对植食性同域昆虫种下分化与新种形成的影响有过综述，其作用主要有：影响寄主的通信、生长发育和产卵场地等各方面。

既然寄生于植物的动物可以同域种化，那么寄生动物的寄生虫情况如何呢？有人报道，在社会性昆虫中有一类是寄生性的，它们只有雄虫和产卵雌虫，没有类似于工蜂或工蚁的品系。它们寄生于其他社会性昆虫的巢中，靠别种的工蜂或工蚁饲养。如果能够证明这种寄生性的昆虫与寄主是姐妹群关系，也就可确证它们是同域种化的。然而这并不容易，但偶尔也有人报道这样的现象（Berlocher，2003）。Savolainen 和 Vepsäläinen（2003）通过构建分子系统树认为在蚂蚁 *Myrmica* 中有这样的现象。

Sorenson 等（2003）研究了一些窝寄生鸟类 *Vidua* spp. 的种化现象。与布谷鸟 *Cuculus canorus* 只有雌性欺骗寄主不同，这些鸟类的雌雄都寄生在别的鸟巢中，小鸟的嘴形和颜色与寄主的很相似，而雄性成鸟的叫声也模仿寄主的叫声，雌鸟利用叫声来识别雄鸟。分子标记表明寄生鸟与寄主在核基因上非常一致，而线粒体基因有所不同，表明它们分化的时间不长。

Seehausen 等（1997）报道，东非维多利亚湖（Lake Victoria）中的丽鱼 *Pundamilia pundamilia* 和 *P. nyererei* 在自然光照射下，体色明亮，而如果在单色橘红光照射下，体色灰暗且不同种的雄性体色相近，给雌性选择配偶造成混乱。可见性选择在同域种化中有重要作用。

Verheyen 等（2003）报道维多利亚湖有 500 多种丽鱼，而它们的祖先是从 Kivu 湖迁移过来的。它们是在性选择、自然选择和生态位分化的共同作用下逐渐演化而成现今的状况。

但也有人提出（Savolainen et al.，2006），如果要说明某个现象为同域种化必须提出几项证据：证实两个种是同域，两个种是姐妹关系，两个种生殖上要隔离，在种化初期几乎不可能是异域的。而要证明以上几项十分困难（如以上所举的研究实例中，不同物种之间的姐妹群关系就不能确证），真正观察到的同域种化事件并不多。

Barluenga 等（2006）提出，他们的发现是第一个真正的另人信服的同域种化事件。在尼加拉瓜的 Apoyo 火山湖泊中有两种丽鱼 *Amphilophus zaliosus* 和 *A. citrinellus*，后者是该地区常见种类，个体较大，而前者是在距今约 1 万年的时间内由后者演化而来的。分子证据表明，它们的关系最近，且该湖中的丽鱼只起源过一次。生态学和生物学研究表明，它们在各方面都有不同，是明白无误的两个物种。但这一结果遭到 Schliewen 等（2006）的质疑，认为他们的理论中并不能排除基因多次入侵的可能性。

Savolainen 等（2006）报道了植物同域种化的例子。大洋洲附近的 Lord Howe 岛上有两种特有的棕榈树（*Howea*），它们是姐妹种，而小岛是在距今

690万年左右才形成的，那么它们肯定就是在这期间分化成两个种的。野外调查显示这两种植物在开花时间上是分开的，这与它们的土壤偏好有关。此外，基因组分析显示：少数几个基因的种间差异大于在中性状况下的预期值。这样的结果符合在分裂性选择压力下同域种化的理论模型。Stuessy（2006）对此有疑问，认为这种情况可能只是异域物种形成，因为环境有多次改变。Jiggins（2006）认为同域种化的可能性不高。

Rainey和Travisano（1998）在实验室内培养皿中培养荧光假单胞菌（*Pseudomonas fluorescens*），发现从单个细菌繁殖而来的不同菌斑呈现出不同的外形特征，如表面光滑形的菌落、表面皱折形的平铺菌落以及表面毛絮状的平铺菌落等。而在培养瓶中培养这种荧光假单胞菌时，发现由于培养瓶中的培养基从表面到底部形成了不同的生态小环境，如含氧量是逐渐降低的梯度分布，因而最终形成的细菌分为3个类型：表面的菌落层是表面皱折形的平铺菌落，中间层是表面光滑形的菌落，而底部是表面毛絮状的平铺菌落。可见，在竞争十分激烈的情况下，或者说在自然选择的作用下，由同一祖先可以形成不同的后代。如果考虑到这些不同菌落的生态位要求不同、基因组成略有差异、外部形态也有差异，它们实际上可以看作是不同的物种。由此也可看出，在实验室内同域的情况下，物种形成确实也是可能的。

2）多倍体生物

现在已经知道多倍化是促进植物进化的重要力量。在蕨类植物中多倍体种类可能占97%左右。在被子植物中，估计多倍体频率为30%～35%，也可能为47%，而现在则认为大约有70%的种类在其进化过程中经历过一次或多次多倍化（孙静贤等，2005）。Otto和Whitton（2000）估计植物中有2%～4%是通过这种方式形成的。多倍体动物较少见，但在昆虫、鱼类、两栖类、爬行动物和哺乳动物中也有发现（Gallardo et al.，1999）。

在生物中，多倍体的形成有两种方式，即同源多倍体（Autopolyploid）和异源多倍体（Allopolyploid），前者指多倍体的染色体来自于同一物种，而后者指不同生物的染色体融合到一个物种中。

美国的虎耳草 *Heuchera grossulariifolia* 有两个品种：一个为两倍体，另一个为四倍体。后者是前者通过染色体加倍形成的，但两者对土壤的要求有区别，外部形态也有不同，四倍体较高大强壮。

亚婆罗门参属内有好几个双倍体植物，如 *Tragopogon dubius*，也有异源四倍体植物 *Tragopogon mirus*，而它可能是在不到100年的时间内演化而成的（Cook and Soltis，1999）。

萝卜甘蓝 *Raphanobrassica* sp.（$2n=36$）是由萝卜 *Raphanus sativus*（$2n=18$）与甘蓝 *Brassica oleraceae*（$2n=18$）杂交并染色体加倍后形成的。这种情

况就是异源多倍体形成方式。在某些情况下，不同二倍体植物杂交并经多倍化形成的杂种四倍体可以与第 3 个二倍体种杂交，产生的三倍体再经加倍就形成了六倍体，其中包含了 3 个二倍体种的染色体组，普通小麦（*Triticum aestivum*）就是一例，玉米（*Zea mays*）也是多倍体植物。

Weir 和 Ingram（1980）用植物千里光（*Senecio vulgaris*）（$2n=40$）和牛津千里光（*Senecio squalidus*）（$2n=20$）在实验室内人工合成了威尔士千里光（*Senecio cambrensis*）（$2n=60$）。

美国的灰树蛙（*Hyla chrysoscelis*）（$2n=24$）是双倍体，与之同域的另一种树蛙 *H. versicolor*（$4n=48$）据信是由前者通过染色体加倍形成的（Hillis et al.，1987）。

大熊猫（*Ailuropoda melanoleuca*）有 $2n=42$ 条染色体，但其中有 3 条染色体是单臂的。而据认为是熊科中最原始的马来熊（*Helarctos malayanus*）（$2n=74$）染色体可能是从食肉目动物 $2n=42$ 的基础上通过染色体裂开和倒位而产生的，在熊科动物，如大熊猫中染色体又发生了愈合形成了现在的情况（Tian et al.，2004）。

13.3.3　邻域物种形成

此模式由 Bush（1975）提出，指在没有地理隔障的情况下，祖种的两个子种在相邻的地区各自形成新种的现象和方式（图 13-5）。与同域物种形成事件一样，这种模式要回答基因如何隔离的问题。也有学者认为这种模式与同域物种形成无异（Mayr，1982）。Gavrilets 等（1998）用计算机模拟领域种化，结果表明邻域物种形成在理论上是可行的。

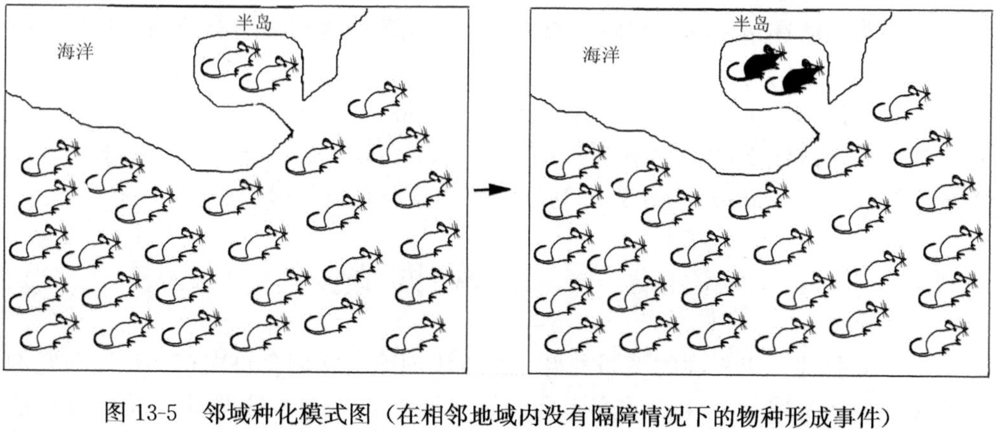

图 13-5　邻域种化模式图（在相邻地域内没有隔障情况下的物种形成事件）

一般认为，典型的邻域物种形成可以发生在如下两种情况下：一是在强烈的分裂性选择作用下，二是在环境因子呈梯度变化、而生物的适应能力有阈值的情况下。

1）分裂性选择作用下的物种形成

所谓分裂性选择，是指选择作用于中间态的表型，而有利于极端的表型。这种现象的典型例子是矿区杂草的演化。威尔士地区的矿渣上生长有好几种杂草，如 *Agrostis tenuis*、*Anthoxanthum odoratum* 以及 *Plantago lanceolata*，在附近没受污染的正常土壤上生长有不耐重金属的生态型，它们在形态及生理方面都有不同（Cook et al.，1972）。

Rundle 等（2000）发现，不同湖泊中的刺鱼（*Gasterosteus aculeatus*）都有两种类型：生活于开阔水域的小型个体与生活于岸边的大型个体，这是自然选择的结果，因为有捕食性鱼类存在，大型个体在开阔水域不易存活。

2）环境因子梯度改变下的物种形成

想象这么一个情景：在山坡上，由低到高，温度是逐渐变低的。如果有一鸟类种群的卵只适合在某一温度之上才能孵化，而另一种群的卵只在这一温度之下孵化，这样就可以分隔为相邻的两个种群，就有可能演化为不同的物种或生态型。

Korol 等（2000）报道，在以色列有一山谷。其朝阳一面干燥温暖，而背阴的一面湿润阴冷。将从这两个山坡采集到的黑腹果蝇（*Drosophila melanogaster*）进行杂交试验，发现它们在选择配偶时有明显偏向性，即只找自己种群中的异性交配而忽略另一种群的异性。基因中的中性位点显示，在自然状况下它们有相当规模的基因交流，但即使是在这种情况下，分化仍在进行。

以上所述的 3 种物种形成模式只是理论上的说明，实际在现实中有时很难确定某一物种形成事件到底属于哪一类。例如，那些活动能力极弱（如穴居、土栖、不能飞翔等）的生物进化过程，它们的分布范围极为有限，往往是一个家族或几个家族生活在一定的区域内，与邻近的其他种群之间很难有基因交流，有时确实很难区分它们是同域、邻域或异域分布的。再如，人身上的虱子有 2 个类型：人虱（*Pediculus humanus*）和耻阴虱（*Pthirus pubis*）。人虱又分为两个亚种，即生长于身体上的人体虱（*Pediculus humanus corporis*）和生长于头发上的人头虱（*P. humanus capitis*），请问它们的分布是属于哪个类型？

13.4　再次同域

隔离分化到一定程度的不同种群，在隔障消除后它们会再次相遇，这时它们是再度融合还是更加分化而成为不同的物种呢？实际上，这两种情况都有可能发生。

Grant 和 Grant（2002a）报道，加拉帕戈斯群岛达芙尼岛上的中喙地雀 *Geospiza fortis* 与仙人掌地雀 *Geospiza scandens* 一般不杂交，但在大旱后食物匮乏，尤其是小种子很少，因此仙人掌地雀种群中性比严重失衡，雄多雌少。因此，就有部分雌性中喙地雀与雄性仙人掌地雀交配，因而它们的基因就有了部分交流。然而，它们的杂交后代因与仙人掌地雀一起长大，学会它们的叫声，只与仙人掌地雀交配，因此使得仙人掌地雀的形态持续发生改变，如喙逐渐变大。

Taylor 等（2006）报道，哥伦比亚西南部有 6 个小湖泊，每个湖泊中都有一种刺鱼 *Gasterosteus aculeatus* 的两种生态型：底栖型和湖沼型。其中 4 个湖中的刺鱼这种演化是独立的。这两种生态型的鱼在形态、生态和遗传上都有不同，有时可以认为是不同的种，但在人工条件下可以杂交。然而，近几年发现，Vancouver 岛上 Enos 湖中的两种生态型的鱼杂交现象越来越多。通过 1977～2002 年采集的标本形态和分子变异分析，它们正在融合，其中 1997 年、2000 年和 2002 年的标本显示它们就是同一类型。这种融合的原因目前仍不清楚，但可能与一种螯虾（*Pascifasticus leniscu1us*）的引入有关。Seehausen 等（1997）认为，营养富集化影响东非维多利亚湖丽鱼 *Pundamilia pundamilia* 和 *P. nyererei* 选择配偶，不知道螯虾的存在是不是打破了性选择的界限和隔障。

更多的另一种情况是同域后竞争加剧，出现特征取代而使生殖隔离得到加强。Coyne 和 Orr（1989）通过比较 119 对果蝇的配偶选择倾向后发现，同域种群间的配合前隔离机制要比配合后隔离机制进化得快，同域的种群也比异域种群在生殖隔离上进化得快，显示在有生殖隔离的情况下，如果同域后确实会加快种化。隔离后的不同种群如果生殖隔离已到一定程度，它们往往会在竞争加剧的情况下使原来可能存在的细微差别得到强化，从而快速进化成截然不同的物种。

朱道弘和 Ando（2004）报道，分布不重叠的中华稻蝗台湾亚种（*Oxya chinensis formosana*）与小翅稻蝗（*Oxya yezoensis*）生殖隔离的进化速度慢于分布重叠的日本稻蝗（*O. japonica*）与中华稻蝗台湾亚种以及日本稻蝗与小翅稻蝗。这种现象在果蝇、燕子、刺鱼、蟾蜍和竹节虫中都有报道（Servedio，2004）。当它们在不同的地方时，形态差别不大，而当同域时，差别逐渐变大。

在外部形态上，也有特征替换的现象，如加拉帕戈斯群岛上的不同达尔文雀单独发生时，它们具有相似的喙，而当它们共同发生时，不同种的喙在大小宽窄上面就会发生分化（Grant and Grant，2006）。

Lukhtanov 等（2005）报道了灰蝶属（*Agrodiaetus*）中不同种的色斑及常染色体数量都有差异。分析表明，当亲缘关系密切的物种生活在一起时，它们翅的颜色几乎总是不同。而翅的颜色在性选择中有关键作用，颜色的分异主要发生在年轻的和密切相关的物种之间，说明强化作为产生多样性的一个机制是有道理的。另外，核型也有同样的趋势。

不同分化的种群同域后，如果生殖隔离不完全，就有可能产生杂交后代，或形成杂交区。当然，较大的种群被分割成几个较小的种群后，如果隔障不完全，它们之间也有可能形成杂交区。

理论上讲，杂交区的命运有3种：一是消失，已分化的两个种群融合成一个物种或彻底分化成两个物种；二是杂交区的杂交种群成为新物种；三是长期存在。到底会产生怎样的结果，取决于杂交种群自身的适合度和分化种群间基因的交流规模和程度。如果杂交种适合度小（如杂种不育或雄性不育、只有部分个体生殖、退化等），则很可能分化成为不同的物种。

上述的特征替换现象及竞争加剧后加速分化的情况代表了物种形成的例子，而隔障消除后两种刺鱼演变成一种的例子代表了物种融合的情况。

Rohwer等（2001）测定美国西北部两种小鸟 *Dendroica occidentalis* 和 *Dendroica townsendi* 线粒体序列，分析后发现它们分布区有重叠，在重叠区有部分个体的基因中包含这两种的片段，可见它们之间有杂交区。

Abbott（2003）、Baack等（2005）认为3种向日葵 *Helianthus anomalus*、*H. deserticola* 和 *H. paradoxus* 都是由另外两种向日葵 *H. annuus* 和 *H. petiolaris* 杂交产生的，它们的染色体数目相同，分布区也有重叠，但适应不同的土壤。这是杂交形成新种的例子。

Schwarz等（2005）发现两种实蝇 *Rhagoletis mendax* 和 *R. zephyria* 分别寄生于忍冬属 *Lonicera* 的越橘和雪果上，而它们的杂交种却寄生在忍冬上。它们的染色体数目也是相同的，只是寄生的植物不一样。

13.5 小　　结

如果将物种看作是有独特基因库的独立实体，且每个物种都有保护其基因库的多种措施和机制，那么对于客观物种形成方式的认识就相对容易。如果是将物种看作是主观的虚幻实体，则物种的客观性就无法存在，对物种的形成就无法说明。现在来看，达尔文在提出进化论的过程中，略微过分强调了物种的主观识别性而一定程度上忽视了物种的客观性，故也就无法提供物种形成的方式和机制，虽然他当时已认识到物种形成的条件：时间、空间、隔离和自然选择。

同时，达尔文强调时间维度上的生物变异性和演化过程，在某种程度上，将物种的形成过程和速度看作是缓慢的、逐渐的，物种在时间维度上的间隔性似乎无法区分。这就受到两个方面的攻击：一是过渡类型的稀少性，二是同域相似物种之间的间断性（如马与驴之间）。而现在看来，物种在时间上的变化可能是逐渐的，但当这种渐变性达到一定程度时就会形成间断。再加上过渡类型或杂交区物种的不完善性，在竞争中往往被其他的物种淘汰，故中间过渡类型的稀少并不奇怪。

总之，当将物种看作是有自身内聚机制的客观实体时，就可以较清楚明白地说明它们在时间和空间中的间断性和连续性。它们之间的间断是存在的，也许有时我们人类不太容易识别。但如果将较多物种综合起来考察，就会看到物种的连续性。当我们研究某一种群在时间上的连续变化时，也可以较清楚地看到物种的连续性，这时因为只有一个物种（祖先物种已不存在），考察物种的间断性就无从谈起。

14 简单又复杂的遗传物质

在此我斗胆提出泛生论假说，认为生物体的每一组成原子或单元都能复制其自身。因而雌性生殖细胞和雄性生殖细胞——包括受精后的种子、卵或芽胚，都包含有从有机体每个单元释放而来的多个微体或种质。

——达尔文（1868）

大量事实证明，生物种群中的不同个体之间性状上存在着不同。或者说，变异广泛存在。达尔文认识到这个现象，也将其作为进化的前提之一，然而限于当时的认知，他不能够正确提供这种变异存在和遗传的物质基础和机理，只提供了类似获得性遗传的假说，即泛生论假说（hypothesis of pangenesis）。他假定生物的遗传性是由生殖细胞中大量肉眼看不见的、多样的微芽体现的，有机体各种各样的性状都有其单独的各自独立的微芽基础。这些微芽通过分裂而增殖，并在细胞分裂时由母细胞传给子细胞。微芽能自由移动或运输，并能在性器官中累积起来。当环境条件变化时，机体组织受到影响，其所含有的微芽也能发生变化，并可以向外部甩出或运输出改变了的微芽至生殖器官；这些改变了的微芽连同其新获得的特征可以传递给后代。

根据 Mayr（1982）的考证，泛生论或类似的观点早已有之。Anaxasoras（公元前 500～前 428 年）就提出过胚种广布论（Panspetmy）或泛生论，希波克拉底（Hippocrates，公元前 460～前 377 年）也曾讲过从身体各个部分产生的“种子物质”可由体液运到生殖器官。亚里士多德对此持有异议，认为像指甲、头发这样一些死组织，或像声音、动作这样的行为特征不能产生种子物质。相反，他认为精子在特征塑造或遗传中具有重要作用，将其看作是形体形成的因素，“雌性总是提供材料，雄性则提供塑造材料成形的工具；就我们看来，这就是雌雄性的特点：雄性之所以是雄性和雌性之所以是雌性。”

然而，泛生论一直到 19 世纪末都有广泛市场。因为它可以在一定程度上很好地解释“获得性遗传”假说，即认为那些改变了形态的器官可将生成的“微粒”释放到生殖细胞中去，进而可以遗传给下一代。当然也有反例，如截肢或断臂人的后代并不是肢体不全的，在一些民族实行了很多世代的割礼（如割除男性包皮）看来也并没有什么实质性效果，仍要不断地进行这方面的仪式和手术。魏斯曼（August Weismann，1834～1914 年）用水螅等做材料进行研究，发现它们的生殖细胞在刚刚进行过几次细胞分裂后在幼体早期即已隔离。这就说明对有机体其余部分的影响和改变将不可能传递给已隔离的生殖细胞。另一种实验设想：如果真有获得性遗传，那么便必然有某种东西从受了影响的部位传递给生殖细胞。因此，假如连续切除某器官，经过许多世代后该器官就会逐渐萎缩。魏斯曼曾做过连续 22 代剪断小鼠尾巴的实验，结果发现新出生的老鼠尾巴并不缩短或消失。也可以从植物中选取极端性状（如最大、最小个体）进行选育以观察结果。然而这类实验结果都是否定的。还有，在一些社会性昆虫，如蜜蜂、蚂蚁中，它们的一些个体或品种是不育的。这些个体和品系是如何将它们的特征传承下去的呢？华莱士（1889）也提出，泛生论是错误的。他说："高尔登（Galton）先生把某种兔的血液大量输给其他品系的兔子，后来发现它们的后代一点也没有什么变化，照我看来，这个实验就反驳了泛生论"，"到后来，当魏斯曼博士表明获得性遗传没有可靠的证据，并进一步举出大量事实来支持他的种质连续说的时候，我们总算找到了'更好的理论'，因而我终于把泛生论作为站不住脚的说法而抛弃掉"（张之沧，1986）。由上可知，获得性遗传和泛生论有其缺陷。那么遗传物质到底是什么？

14.1 遗传物质的发现过程

有性动物产生后代要雌雄两性进行交配，在此过程中，雄性个体要将自己的"种质"传递给雌性个体。这些物质到底是什么？在没有显微镜或显微技术十分初级的年代，这个问题无法回答。

最早的简单显微镜可能是在 1590 年左右由某些荷兰眼镜匠们发明的。1665 年，Hooke 等用显微镜观察植物组织，发现它们是由一个个的小室（cell）组成的。其他一些人用显微镜观察动物组织，发现了可能是液滴、气泡的结构。随着技术的逐步改进，研究者发现活细胞并不是空的而是充满了黏稠的液体，后来被称为原生质。到 1833 年时，Brown 提出细胞核是活细胞的正常成分。5 年以后，施莱登（Matthias Jacob Schleiden，1804～1881 年）通过对植物细胞的研究，提出植物完全是由细胞组成的，细胞可以自由形成。1839 年，施旺（Theodor Schwann，1810～1882 年）提出施莱登的结论同样适用于动物。这就形成了细胞学说。1852 年，Remak 指出，细胞不能自由形成，但可以由细胞分裂而成。有了这样的认识，人们对受精过程和作用的全新认识就会自然提出来。性腺是否由细胞组成？"种质"究竟是什么？

雄性传递给雌性的"种质"有精液和精子，是哪一部分在繁殖中起作用呢？Spallanzani 早就做过这样的试验：让雄蛙系上小兜（它能让部分精液透过但精子则不能），这样的雄蛙并不能使雌蛙受精。后来实验越来越精细，到 1856 年就已证实：合子是由雄配子与卵细胞融合而成的，受精作用只要一个精子就行。下一个问题自然就会提出：当精子进入卵细胞后，它们的核和原生质都发生了什么变化？

1870年产生了油镜，之前几年就有了切片机，这就为进一步的深入研究提供了技术支持。借助它们，科学家们逐渐发现并证明，精子和卵融合后，它们的核合二为一，并可以通过分裂产生更多的细胞核。可见，遗传物质在核中。那么核在细胞分裂过程中是如何变化的呢？第一步，科学家们发现，在细胞分裂过程中，核也是分裂的，在核内，有后来叫做染色质的物质可以凝缩成染色体并分裂。到1882年，有丝分裂过程已被清楚了解，并由科学家们阐明了这个过程之所以复杂的根本要求：使细胞及其内含物均等分裂。

1883年，van Beneden观察到马蛔虫（*Ascaris bivalens*）配子只有2条染色体，而体细胞却有4条；当雌雄配子融合时，实际是各自的2条染色体配对形成。遗传物质存在于染色体上。

当细胞学家们在埋头观察细胞的结构、研究其各部分功能的时候，遗传学家和进化学家还在艰苦但却几乎是坐而论道似地思考进化的物质基础，两者之间基本没有交流。例如，在达尔文埋头写作《物种起源》的1856年，孟德尔（Gregor Johann Mendel，1822～1884年）在奥地利偏僻的Brünn开始了他为期7年的遗传学试验，并得出了后来著名的三大遗传定律：分离定律、显隐性定律和自由组合定律。孟德尔并没有将他设想的遗传因子“原基”（相当于达尔文的“微芽”、“泛子”或其他人的“颗粒”等）与细胞中的任何结构联系起来。然而孟德尔的重要贡献除了遗传定律和将数学统计方法引入到生物学研究之外，还清楚明白地表明性状的分离和组合有特定的简单规律（如子一代显隐性性状的3∶1现象），这就显示决定某一性状的遗传物质在生殖细胞中不可能有多个而只能是成对存在的，这彻底否定了先前所认为的多重微粒假说和泛生论。

孟德尔将他的研究结果在1865年2月8日和3月8日的当地学会上进行了演讲，并将其论文《植物杂种试验》（*Versuche über Pflanzen-Hybriden*，英文为*Experiments in Plant Hybridization*）发表在了1866年的*Proceedings of the Natural History Society of Brünn*（《布隆博物学会会刊》）上。这本会刊被寄往115个单位的图书馆，孟德尔本人也保留了40份自己的文章并将其寄给了几个植物学家。然而他的成果直到1900年才引起重视，之前35年中总共只被他人引用过12次。

然而一些敏锐的研究人员注意到了这样的现象：减数分裂时染色体一分为二的分离现象与孟德尔的分离定律有惊人的一致性；另外，有性生物的性比为1∶1，这也与孟德尔遗传实验中的一个杂合子（*Aa*）与一个纯合隐性（*aa*）杂交所得到比值相同。这些现象仅仅是巧合吗？也许对性别控制的研究能够澄清这一问题。进一步的研究发现，一般常见动植物的雌性卵在性别决定上不起作用，而雄性的一半配子可以产生雄性的后代，另一半产生雌性的后代。如果用孟德尔的理论来解释，那么雄性是杂合子，而雌性是隐性纯合子。既然遗传物质存在于染色体上，它们在性别决定中又是如何起作用的呢?

通过对雄性配子的仔细观察，人们逐渐发现，有一条染色体在大小、性能或其他特征上与其他染色体不同，有些配子有多余的一条染色体，后来证明是性染色体。到1905年，科学家们就确定了性染色体在性别决定中的作用。这就确定了一种性状（性别）与某一特定的染色体的关系。

孟德尔的发现是意义重大的，也引起了研究的热潮，科学家们试图利用不同的生物来验证孟德尔理论的正确性。在遗传学研究的热潮中，有些人引入了新材料和新方法。例如，摩尔根（Thomas Hunt Morgan，1866～1945年）利用易于饲养且繁殖周期极快的果蝇作为实验材料，并用化学试剂、温度和辐射来处理果蝇，企图引起变异。在培养过程中，他发现了在红眼果蝇种群中有白眼雄果蝇的突变体。进一步的研究发现，白眼果蝇的性别和眼睛颜色两个性状并不自由组合，"白眼"与"雄性"这一对性状是有某种连锁的，并不符合自由组合规律。因此，他断定决定眼睛颜色的因子与决定性别的X因子是互相偶联的，或者说控制眼睛颜色的遗传因子是位于X染色体上的。这就将一特定的控制因子（基因）与一特定的染色体联系起来。

既然遗传因子就在染色体上，如果想弄清楚遗传因子的本质，就需要对染色体的本质进行研究。该是化学家和生物化学家出场的时候了。

其实他们并没有闲着。就在《物种起源》发表后的第10年（1869年），米歇尔（Friedrich Miescher，1844～1895年）就试着用各种方法将脓液中的细胞质与细胞核分开。当他用稀盐酸处理脓细胞后得到了完整的细胞核。再处理细胞核，得到了一些与蛋白质性质完全不同的沉淀物，他称之为"核素"。后来，他再用鲑鱼的精子进行提纯和实验，证明核素同一种蛋白质紧密联系在一起，并给出了核素的分子式。Altmann（1889）通过实验，将完全排除了蛋白质的核素命名为"核酸"。既然染色体是由蛋白质和核酸组成的，那么起遗传作用的是蛋白质还是核酸呢? 艾弗里（Ostwald Theodore Avery，1877～1955年）等（1944）成功证明灭活了的光滑型（S）有毒肺炎球菌能将核酸转移给粗糙型（R）无毒肺炎球菌，从而能使实验鼠死亡，进而证明核酸才是遗传物质的载体。

后来的核酸研究从两个方面进行。一方面就是核酸的化学组成。Kossel和Levene在20世纪的前10年就已认识到，核酸的组成成分中有4种碱（嘌呤A、G和嘧啶C、T）、1个磷酸盐、1个糖。进一步的研究证明，糖有2种：核糖和脱氧核糖。1950年，Chargaff测定出A+T与C+G的比值总接近于1∶1。这时候提出核酸的分子结构和模型的所有基础都已具备。

可惜的是，这个时期研究核酸时一般都采用降解，这就使得到的片段较短，无法解释这么小的分子是如何遗传巨大的遗传信息的。随着超速离心、过滤等技术的引入，证明核酸是很大的大分子，它们具有作为遗传物质的基础。既然是大分子，那么它们的结构就是三维的，有着不同于小分子的空间构象。而且它们又是遗传物质的载体，有着自我复制的能力和可能。对它们分子结构的阐明，就可以最终解释遗传变异的分子基础。这是核酸研究的另一方面。

有3个研究小组在1950年左右同时进行着这方面的工作。一个是美国加利福尼亚技术研究所的鲍林（Linus Carl Pauling）研究小组，采用的方法是根据分子键长度直接搭建模型。另外两个小组在英国，其中一个是剑桥大学的沃森（Jim Watson）和克里克（Francis Crick）小组，他们不作实验，靠搜集数据去推想模型。第3个小组是伦敦国王学院的Wilkins和Franklin，他们采用X射线衍射的方法，希望能用实验找到结构模型的证据。鲍林的儿子当时在剑桥读书。1952年12月，沃森和克里克从鲍林给儿子的信中知道他很快要发表一篇关于DNA结构的论文。1953年1月28日，他们看到了这篇论文，但意识到其有明显的不合理之处，并跑到伦敦将情况告诉了Wilkins和Franklin。随后，Wilkins向沃森展示了Franklin最近拍到的一幅清晰的B型DNA照片副本，并告诉他照片表明DNA具有螺旋结构。这时，Chargaff参观了剑桥，并告诉沃森和克里克他的最新发现，即在4个组成DNA的碱基中，A和T、G和C的数量总是相等的，也就是说A和T、G和C可能是配对的。1953年2月28日，沃森和克里克宣布他们发现了DNA的结构，论文《DNA的分子结构》（*Molecular Structure for Deoxyribose Nucleic Acid*）发表于1953年4月25日的《自然》（*Nature*）期刊上。一个月后的5月30日，他们的第2篇论文《DNA结构的遗传意义》（*Genetical Implications of the Structure of Deoxyribonucleic Acid*）也发表于同一个期刊上。至此，关于遗传物质的分子基础就完全明了。

14.2 DNA结构

生物学研究已经证明，基因就是一段DNA（脱氧核糖核酸）或RNA（核糖核酸），一般是指DNA。DNA分子是双链结构，放大起来看很像软梯子：两边有骨架，里面有连接键——横杠。在分子水平，横杠是由核苷酸A和T或C和G两两对应耦合而成（图14-1），骨架是由糖分子和磷酸组成的。由于A总是与T连接，C总是与G连接，串联起来后形成的双链中的一条就与另一条是对应互补的。相当于将梯子的横杠全部沿中线锯断，有些横杠的横截面是平的，而有些是锯齿形的。如果给分开的两半再按照原来的模式分别配上另一半（即平面的配上平面的，锯齿形的配上锯齿形的），这样新配上的一半就与原来的一半一模一样。如果反复这样锯开又配上新的进行多个循环，就可以组成很多的与原先双链同样的双链，且数量是呈几何级数增长的。如果这个过程在试管内短时完成，就是聚合酶链反应（PCR），现已广泛应用在分子实验中；如果这个过程是通过不同世代的减数分裂和重组过程来完成，即二倍体亲代通过减数分裂产生很多单倍体的配子，雌雄配子结合后又变成二倍体子代，子代长大后又产生配子。如此循环往复，实际上就是有性生物繁殖和生存的主要途径。

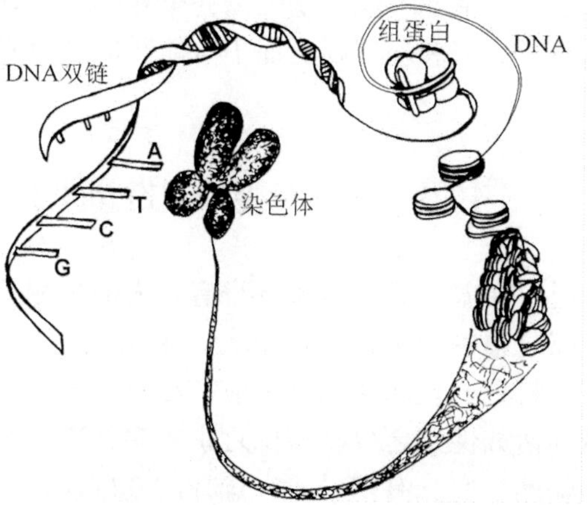

图 14-1 染色体及 DNA 结构图解

14.3 染 色 体

染色体是在细胞分裂过程中高度螺旋化了的染色质。如果将染色质看作一条透明的细线，染色体就是由这条细线缠绕后形成的较明显可见的线团（图 14-1）。

一条染色质是由一个双链 DNA 分子和若干个围绕其中的蛋白质组成的复合体。其结构有点像一条较长的绳子串连地缠着一些陀螺，或者像码头上缠绕在几个石桩上的船绳。原核生物的染色质中可能没有蛋白体，DNA 也可能是单链的。

不同生物其细胞中所含有的染色体数目是不同的，但数目都是恒定的，如人的染色体是 $2n=46$ 条，果蝇为 $2n=8$ 条。

14.4 遗传变异的来源

基因变异的来源有多种途径，如点突变：DNA 链上的 4 种核苷酸中的一种由于某种原因变成了其他 3 种的一种，原因可能是自发的，也可能是紫外线或其他辐射引起的。较大的突变包括一段染色体缺失、重复、倒位、易位等。更大的变异有染色体数目变化。染色体是由 DNA 与蛋白质组成的，染色体数目的变化意味着 DNA 数目的变化，这包含一个受精卵中有额外的或丢失了若干条染色体，也可能是染色体数目加倍。

最常见的可遗传的性状变异来自于基因重组。有性生物繁殖过程包含雌雄亲本生殖细胞的减数分裂和配子的融合。在减数分裂过程中，染色体的分配是随机的，雌雄配子的结合也是随机过程；而每个染色体上有成千上万条基因。在这种随机过程中，子代之间几乎不可能是基因型完全相同的，它们的生长过程又要受到外在和内在环境的影响，表现型则更加不可能相同。只有同卵双胞胎的基因型才是完全相同的。

14.5　遗传变异的证明

生物种群中广泛存在着变异。典型例子有：人的长相千差万别，个头有高有低（如武松与武大郎兄弟俩个子就差别很大，姚明也比一般人高出很多），指纹各不相同，声音各具特色。玫瑰花的颜色应有尽有，辣椒的形状多种多样，青菜品种数不胜数。另外诸如性别之分、雌雄之别等多种事实表明，种群中的变异是确实存在的，是不争的事实。有变异才有选择的基础和素材。设想如果所有参加赛跑的选手都跑得一样快，那就决不出胜负；如果所有超女选手都唱得一模一样，就不会有淘汰的痛苦和进级的疯狂；如果所有学生的成绩和表现都一点不差，那就评不出“三好学生”和优等生。

种群中的变异有些是可遗传的，有些不可遗传。可遗传的变异是由遗传物质决定和控制的，而不可遗传变异是由环境影响的。同一个人，夏天过后其皮肤变黑，这属于后者，但其出生时的肤色却是由其基因决定的，只有这样的性状才可以遗传。同样一块地的植物，在多施化肥的情况下，往往就会长得较粗壮，籽粒较饱满，但所有地块上植株高度的平均值往往是由基因控制的。这种由基因和环境共同决定的外在表现性状，称为表现型；控制它们的基因类别是基因型。只有可遗传的基因上的变异才有传递给下一代的可能。如果在传承后代时，不同的个体因其表现型的不同而影响它们各自的生存和繁殖能力，它们在传承基因的成功率上就有差别，从而影响下一代基因的频率，或者说是某一基因型在所有基因型中的比例或频率。

由减数分裂和配子结合的过程来看，如果一对等位基因是纯合的，则配子中所含的基因相同，结合后产生与亲代相似的基因型。如果是杂合的，也就是说一个座位上有两个不同的等位基因时，配子中这一座位上的基因就是不相同的，产生的后代基因型就可能与亲代不相同，从而造成可遗传的变异。因此，只要有一种技术来测定群体中的杂合率就可以间接地证明遗传变异的程度。

现在的凝胶电泳非常灵敏，有时可以区分只有一个核苷酸不同的 DNA 片段或一个氨基酸不同的蛋白质片段。用酶将特异性的 DNA 片段或蛋白质片段切割后进行电泳。纯合型的个体在电泳时只产生一条带，而杂合个体就有两条带。

这是一个位点的情况。我们还可以研究多个位点的变异程度。例如，研究 30 个基因位点，发现有 12 个有变异，我们就可以说有 12/30＝40％的位点是多态的。

再进一步，我们还可以研究更多同种群体的遗传变异情况。例如，以上 40％的变异度代表了一个群体的情况，我们再用同样的方法测定其他 3 个群体，发现分别有 16 个、14 个、14 个位点是多态的，我们就能计算这 4 个群体的平均多态程度（表 14-1）。

表 14-1　群体中遗传多态性的测定及计算示例

群体	多态性位点	全部位点数	多态性
A	12	30	12/30＝0.4
B	16	30	16/30＝0.53
C	14	30	14/30＝0.47
D	14	30	14/30＝0.47
合计	56	120	56/120＝0.47

另外一种计算遗传变异的方法是杂合率，也就是群体中杂合个体的频率或平均频率。首先我们可以在一个群体中取若干个个体进行试验，先测定一个位点。例如，总共测定了 12 个个体，发现有 3 个个体是杂合的，那么杂合子的频率就是 3/12＝0.25。同样的方法可以测定多个位点，再求得平均值，那么就是平均杂合率。如果测定多个群体，就可得不同群体的平均杂合率。

已用这种方法测定了多种生物的杂合率。无脊椎动物平均杂合率是 13.4％，脊椎动物是 6.0％，人类是 6.7％，植物的遗传变异性要高得多（表 14-2）。

表 14-2　一些生物类群自然种群的遗传变异度（Ayala and Valentine，1990）

类群	研究过的物种数	每物种研究过的位点平均数	各群体多态性位点的比例	各个体中杂合位点的比例
无脊椎动物				
果蝇	28	24	0.529	0.150
黄蜂	6	15	0.243	0.062
其他昆虫	4	18	0.531	0.151
海洋无脊椎动物	14	23	0.439	0.124
陆生蜗牛	5	18	0.437	0.150
脊椎动物				
鱼	14	21	0.306	0.078
两栖类	11	22	0.336	0.082
爬行类	9	21	0.231	0.047

续表

类群	研究过的物种数	每物种研究过的位点平均数	各群体多态性位点的比例	各个体中杂合位点的比例
鸟类	4	19	0.145	0.042
哺乳动物	30	28	0.206	0.051
平均值				
无脊椎动物	57	21.8	0.469	0.134
脊椎动物	68	24.1	0.247	0.060
植物	8	8	0.464	0.170

人的平均杂合率为 6.7%，其遗传变异的数量是惊人的。因为假定人有 10 万个基因，那么其中就有 6700 个基因是杂合的，理论上就能产生 2^{6700} 种不同的配子；如果其中结构基因是 3 万个，就能产生约 $2^{2010}\approx10^{605}$ 种配子，这个数字比宇宙中的原子总数还大。

14.6 小　　结

达尔文正确地观察到种群中不同个体的遗传变异现象，并将其作为自然选择的前提。然而，对于遗传变异的原因和物质基础却未能正确说明。这不是人的错误，而是时代的局限。从 DNA 发现过程来看，在进化论提出近 100 年后科学家们才将遗传物质的本质彻底阐明和描述，如果要让达尔文来完成此项工作确实是勉为其难。

然而，达尔文本人所提出的泛生论却成了反对其自然选择的理由之一。当时就有人提出，根据泛生论，一个变异个体与一个正常个体交配繁殖的后代其特征应该是父母特征的中和，即它们特征的中间状态，如此循环，这个特征就会逐渐消失，因而不会在进化上产生重要作用，更不能因此形成新种。在人工选择作用下，我们可以人为地将许多有共同变异特征的个体进行杂交，以培育出希望得到的品种，而在自然条件下这根本行不通。好在现代分子生物学已经可以从基因的显隐性作用、基因频率改变而非个体淘汰的角度来讨论自然选择机制及其分子基础，应该说进化论和自然选择学说得到了现代分子生物学和遗传学的支持。

15　复杂多样的遗传规律

支配遗传的规律所知甚少；没人能说清楚同种的不同个体或不同种的不同个体所具有的同一特征为什么有时能遗传，有时却又不能；为什么子代常常重现祖父或祖母甚至更远祖先的某些性状；为什么一种特征常从一个性别传播到两性，或较常见但也不绝对地只传给同样性别的个体。

——达尔文（1859）

在达尔文提出进化论的时期，对遗传变异产生的物质基础、遗传规律知之甚少。当时有一种较普遍的关于遗传规律的理论是认为子女的特征会是父母特征的融合，即融合遗传（blending inheritance）假说。根据此种理论，在群体中产生的任何变异几乎都是无意义的，因为具有这种新特征的个体一般只会与平常的或正常的个体交配产生后代，而它们的后代所拥有的特征将会是变异类型的一半。如此长期以往，任何出现的新特征就会被稀释中和掉。例如，红花植株与白花植株产生的后代其花色会是粉红色的或浅红色的，如果在某一白花种群中出现了一株红花变异类型，它只能与正常的具白花植株繁殖后代，它们的后代就会具有粉红色花瓣。这种类型的植株再与白花植株交配后其花色就会更淡。Jenkin（1867）写过一篇很长的论文来反驳进化论，其主要支持证据就是这种融合遗传学说。对此，达尔文本人承认其所知甚少。

其实在达尔文写作《物种起源》的时候，孟德尔就发现了有利于达尔文进化论的证据。

15.1　孟德尔的主要发现

孟德尔是一名神父，在修道院中工作。这使他有时间和田地来进行实验，开始的时间为 1856 年。开始时，他将豌豆（*Pisum sativum*）进行纯化培养，因为这种植物是闭花授精的（同一朵花中的雌雄生殖细胞融合），在相对隔离的情况下经过几代它就变成了纯系，一些明显的特征不再变化，如种子的形状、花的颜色、植株高矮等。随后，孟德尔选择了 7 种不同性状的豌豆进行进一步的试验，并对结果进行统计（表 15-1）。

表 15-1 孟德尔的 7 对性状豌豆实验结果统计表

亲本性状		F_1代性状	F_2代不同性状及其数目				
			显性性状	所占比例/%	隐性性状	所占比例/%	显隐性比率
种子	圆形/皱形	全部圆形	5 474	74.7	1 850	25.3	2.96∶1
种子	黄色/绿色	全部黄色	6 022	75.1	2 001	24.9	3.01∶1
花	红色/白色	全部红花	705	75.9	224	24.1	3.15∶1
花	腋生/顶生	全部腋生	651	75.9	207	24.1	2.95∶1
豆荚	饱满/缢缩	全部饱满	882	74.7	299	25.3	2.82∶1
豆荚	绿色/黄色	全部绿色	428	73.8	152	26.2	3.14∶1
茎	高/矮	全部高茎	787	74.0	277	26.0	2.84∶1
共　计			**14 949**	**74.9**	**5 010**	**25.1**	**2.98∶1**

孟德尔的豌豆实验清楚地表明：①子一代（F_1代）的特征并没有出现如融合遗传假说所认为的特征中和现象，现实是在子一代中我们只看到一种性状，它与亲本中的一方完全相同。②在子二代（F_2代）中，又出现了亲本的两种性状，且它们界限分明，表明这些性状在子一代中并未在遗传上融合。③在子二代中出现两种独立的亲本性状，表明控制它们的遗传物质也是独立的颗粒式的，并且可以自由分离（分离定律）。④子二代中具两种不同亲本性状的个体数目之间具有统计学上的数量关系，其比例接近 3∶1，表明控制它们的遗传物质在生物体中的数量是极为有限的。

根据以上数据和事实，孟德尔推测生物体所具有的任何一种性状都有成对的遗传因子（hereditary factor）控制，其中一个来自父本，一个来自母本，在形成配子时成对的遗传因子彼此独立、完全分离，分配到不同的配子中去，每个配子只具有成对的遗传因子中的一个。在现代，已将这种控制一个性状的不同遗传因子称为等位基因。

由于亲本的性状是不变的（因为它们是纯合体），表明它们所具有两个遗传因子是一样的。当两种不同性状的亲本杂交后，F_1代只有一种性状，而 F_2代的性状是有不同的，它们的不同肯定来自于 F_1代的遗传物质。故可以推测到控制 F_1代某一性状的两个遗传因子是不同的，且其中一个所控制的性状可以遮盖掉另外一个。孟德尔将这种可见的性状叫作显性性状（dominant character），而将那些被遮盖的性状叫作隐性性状（recessive character）。

以上是对一对性状研究的结论。孟德尔还对两对不同性状的遗传规律进行了研究。他用圆形黄色种子和皱形绿色种子的纯系豌豆做亲本进行杂交，发现 F_1代种子全部为黄色圆形的，这说明圆形、黄色为显性性状；F_1代自交后，F_2代出现 4 种不同的表型：圆形黄色、皱形黄色、圆形绿色和皱形绿色，它们数量之比接近 9∶3∶3∶1。用孟德尔的理论考察每一对性状的遗传因子，其比值仍然为 3∶1，而现在出现的 4 种不同性状表明控制这两对性状的遗传因子在形成配子时同一等位基因是自由分离的，在形成合子时不同等位基因是自由组合的（自由组合定律，图 15-1）。根据这一定律，如果是 3 对基因控制不同性状，F_2代的表现型为 27∶9∶9∶9∶3∶3∶3∶1。如果 3 对基因同时控制同一性状且显隐性明显，则 F_2代的表型比为 63∶1。

亲代　　*RRYY*（圆形黄色）×*rryy*（皱形绿色）

↓　　↓

配子　　*RY*　　×　　*ry*

↘　　↙

F_1代　　*RrYy*

↓

	雄配子 雌配子	*RY*	*ry*	*rY*	*Ry*
F_2代	*RY*	*RRYY* 圆形黄色	*RrYy* 圆形黄色	*RrYY* 圆形黄色	*RRYy* 圆形黄色
	ry	*RrYy* 圆形黄色	*rryy* 皱形绿色	*rrYy* 皱形黄色	*Rryy* 圆形绿色
	Ry	*RRYy* 圆形黄色	*Rryy* 圆形绿色	*RrYy* 圆形黄色	*RRyy* 圆形绿色
	rY	*RrYY* 圆形黄色	*rrYy* 皱形黄色	*rrYY* 皱形黄色	*RrYy* 圆形黄色

图 15-1　孟德尔自由组合定律实验图解

孟德尔的发现显示，融合遗传假说似乎是不正确的，因为 F_1代并未显示性状融合特征；当然其也否定了达尔文所认为“泛生说”，因为他认为细胞中有数量多且不定的遗传物质或遗传因子或遗传颗粒。

然而孟德尔的工作和发现虽然具有极大的开创性，但结论却是初步的。实际上，遗传规律以及基因间的相互作用要比孟德尔当初的发现复杂得多。现在已经知道，基因之间会有相互作用或关联性、同一基因也可能控制多种性状、也可能有多个基因控制同一性状、等位基因的显隐性关系也可能不完全、也可能存在复等位基因等。

15.2　等位基因间的相互作用

孟德尔观察到豌豆 F_1代完全只表现出一种亲代的性状，杂合体与显性纯合体在表型上几乎完全没有区别，即两个等位基因同时存在时，杂合体只完全表现其中一方的显性基因，这种情况叫完全显性。

15.2.1 不完全显性

开红花的紫茉莉（*Mirabilis jalapa*）纯系品种与开白花的纯系品种杂交后，F_1代的花为粉红色，是其亲代性状的中间型。当F_1代自交形成F_2代时，发现开红花、粉红花和白花品系的植株数量比例为1∶2∶1（图15-2）。用孟德尔的分离定律分析可知，控制紫茉莉花色的也是一对等位基因，它们在形成配子时也是分离的，但它们的显隐性关系却是不完全的，杂合体的表型介于两种纯合体表型之间，这种现象叫不完全显性或半显性。由此也可得知，它们的表型虽然有可能是混合了，但遗传因子（基因）却是不能冲淡混合的。

亲本 RR（红花）×rr（白花）

↓

配子 R，R × r，r

↓

F_1代 Rr（粉红花）

F_2代 1（红花）∶2（粉红花）∶1（白花）

图15-2 紫茉莉不完全显性实验图解

15.2.2 共显性

两个等位基因可以是一个得到表达（显性），也可以是两个都得到部分表达（半显性），还可以是双方都得到完全表达（共显性）。人的血红细胞上具有不同抗原，根据它们类型的不同我们就可以说不同的人具有不同的血型。就MN血型而言，会有M型、N型和MN型。在MN型的血红细胞上既有M抗原又有N型抗原，它的遗传是由一对等位基因决定的。MN血型的这种现象表明控制它们的一对等位基因可分别控制不同的抗原物质，它们可以在杂合体中同时表现出来，相互并不遮盖或影响。

15.2.3 复等位基因

孟德尔研究的各种豌豆性状都是由一对等位基因控制的。但在群体中，也可能存在多种控制同一性状的等位基因。例如，人的 ABO 血型基因就是常见的复等位基因，它由 3 个复等位基因决定，分别为 I^A、I^B和 i。I^A和 I^B是共显性，它们对 i 都是显性，所以由这 3 种复等位基因组成 6 种基因型，分别为 I^AI^A、I^BI^B、ii、I^Ai、I^Bi、I^AI^B，表现出 4 种血型，分别为 A、B、AB 和 O 型（表 15-2）。

表 15-2　ABO 血型的共显性关系

基因型	血型
I^AI^A、I^Ai	A
I^BI^B、I^Bi	B
I^AI^B	AB
ii	O

15.3　一因多效

一个基因可以影响到若干个性状，这就叫一因多效或叫基因的多效性。例如，人类的成骨不全显性遗传病患者可同时有多发性骨折、蓝色巩膜和耳聋 3 种不同的病症或它们的不同组合症状，而原因只是一个座位上的基因发生了改变。有一种翻毛鸡与正常鸡在体温、代谢水平、心跳速度、血流量、脾脏大小、食量和生殖力等方面都有较大不同，但研究表明它们的区别只是因为一个座位上的基因发生了改变。

15.4　非等位基因间的相互作用

除了等位基因之间可以相互作用外，非等位基因之间也可能发生各种各样的作用。现在我们知道，一个基因就是一段 DNA 序列或片段。由于 DNA 很长，那么一条 DNA 单链上就会存在多条基因。如果两个基因的位置在一条 DNA 上且靠得较近，那么它们不会发生像自由组合定律所描述到的现象。

1906 年 Bateson 等报道，他们用甜豌豆（*Lathyrus odoratus*）为材料，进行了一系列实验。在其中一个实验中，他们将生长紫色花、长花粉粒的豌豆与生长红色花、圆花粉粒的豌豆进行杂交，其中紫花（P）对红花（p）为显性，长花粉粒（L）对圆花粉粒（l）为显性。试验过程及结果如图 15-3 所示。

从结果可以看到，F_2代中虽然也有 4 种表现型，但是它们的数量不符合 9∶3∶3∶1 的分离比例，且相差很大，不太可能是因为统计误差造成的。在 F_2代中，具有与亲本相似性状的个体数目明显偏多，而重组后出现的新性状数目明显偏少，这显然不能用自由组合定律来解释。

为验证上述结果，他们又将具有不同性状的豌豆再进行试验。这次他们将上述实验中的不同植株的特征调换，采用紫花、圆花粉粒的豌豆与红花、长花粉粒的豌豆作为亲本。试验过程及结果如图 15-4 所示。

P　　紫花、长花粉粒×红花、圆花粉粒

（*PPLL*）　　↓　　（*ppll*）

F_1　　紫花、长花粉粒（*PpLl*）

↓ 自交

F_2	紫长	紫圆	红长	红圆	总数
实际个体数	4831	390	393	1338	6952
按9∶3∶3∶1推算的理论数	3910.5	1303.5	1303 .5	434 .5	6952

图 15-3　香豌豆相应组两对性状的连锁遗传

P　　紫花、圆花粉粒×红花、长花粉粒

（*PPll*）　　↓　　（*ppLL*）

F_1　　紫花、长花粉粒（*PpLl*）

↓ 自交

F_2	紫长	紫圆	红长	红圆	总数
实际个体数	226	95	97	1	419
按9∶3∶3∶1推算的理论数	235. 7	78.6	78 .6	26 .2	419

图 15-4　香豌豆相斥组两对性状的连锁遗传

第二个试验的结果与第一个试验的基本相同，同样不符合 9∶3∶3∶1 的规律，而仍然是具有亲本性状组合（紫花、圆花粉粒和红花、长花粉粒）的植株明显要多。

在动物中也发现有类似的遗传现象。摩尔根（1914）发现，果蝇的灰身对黑身性状为显性，长翅对残翅为显性。用灰身残翅的雄果蝇与黑身长翅的雌果蝇交配，得到的 F_1代全为灰身长翅。然后用 F_1代的雄果蝇与黑身残翅的雌果蝇（纯合隐性）进行测交，结果 F_2代中只出现了两种亲本类型，其数目各占 50%（图 15-5）。

从测交后代只有两种表现型来看，杂合子 F_1代似乎只产生了两种配子而不是自由组合定律中所提及的 4 种。也就是说控制翅长与体色这两对非等位基因完全连锁在同一染色体上，所以才会出现实验中的结果。

摩尔根（1910）还报道，在实验室内连续饲养的果蝇一般都是红眼的，但偶尔会产生白眼雄果蝇。他将这种白眼果蝇与它的姐妹交配后得到 1237 只红眼果

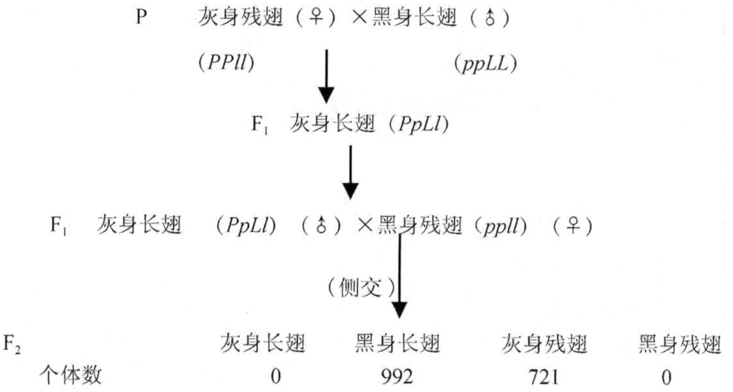

图 15-5　摩尔根（1914）的果蝇连锁遗传实验图解

蝇（F_1）和 3 只白眼雄果蝇（弃去不用）。将 1237 只红眼果蝇相互配育后又得到 2459 只红眼雌果蝇、1011 只红眼雄果蝇和 782 只白眼雄果蝇。从这里可以看出，“白眼”这一性状似乎总是与“雄性”这一性状同时出现的（图 15-6）。

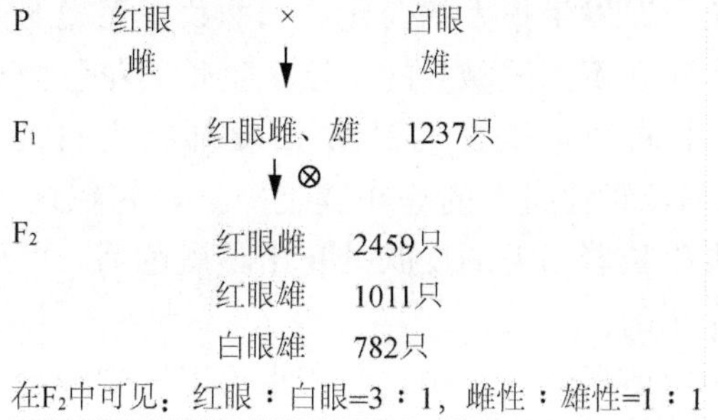

图 15-6　摩尔根（1910）的果蝇连锁遗传实验一图解

接着，摩尔根将首次发现的白眼雄果蝇与 F_1代中的雌性红眼果蝇配育后，得到 129 只红眼雌果蝇、132 只红眼雄果蝇、88 只白眼雌果蝇、86 只白眼雄果蝇。可以看出，这里拥有雌雄、红眼和白眼特征的果蝇数目是几乎接近的。由于 F_1代的雌果蝇是第一只白眼雄果蝇的后代，它们又具有两条相似的性别染色体 XX；而白眼雄果蝇的性别染色体是 XY，且 Y 上不具有控制一般性状的基因，因而可以推测，控制眼睛颜色的基因在 X 染色体上（图 15-7）。进而可以得出，控制眼睛颜色的基因与控制性别的基因是在一条染色体上，它们是连锁的。

不同的等位基因除了可能位于同一染色体上而产生连锁效应外，在不同染色体上的基因还可能产生相互作用，如产生新的性状、互相补充或抑制、相互影响等。

P	红眼	×	白眼	
	雌		雄	
	（来自实验1中F_1）	↓		
F_1	红眼	红眼	白眼	白眼
	雌	雄	雌	雄
	129	132	88	86
	1 ：	1 ：	1 ：	1

图 15-7 摩尔根（1910）的果蝇连锁遗传实验二图解

15.5 基因与环境

生物的性状除受基因控制外，环境对生物基因型的表达也会产生一定的作用。一个最明显的例子是同卵双胞胎虽然很像，但总也会有一些差异。很多植物在不同的环境中生长可以发生很大的变化，如韭菜在无光的情况下就会变成黄色的韭黄，一些植物的花在不同酸碱性的土壤中生长其花色会有红蓝色不同，还有在营养或施肥情况不同时，植物的高矮壮瘦都会有一定的差异等。Schultz（1915）报道他将喜玛拉雅兔身上的一小簇毛剪去，并在这块皮肤上绑着冰袋以降温，结果发现原本生长着白毛的皮肤处长出了黑色毛。可见，环境对生物基因型的表达是有重要作用的。

在孟德尔和摩尔根所做的实验中，我们也可以发现纯合子（如 *AA*）与杂合子（*Aa*）的表型往往是一致的，但它们的基因型却是不同的，可见基因型与表型的关系十分复杂。

Johannsen（1909）报道，他从市场上买回来 5000 粒菜豆（*Phaseolus vulgaris*）的种子，并从中挑选出 19 粒轻重不一的豆粒，由此出发，经过多代自交后（菜豆是高度自花授粉的植物），建立了 19 个纯系。不同纯系间的平均籽粒重量有明显差异，但其平均重量与亲代的几乎没有差异。从这 19 个纯系中再分别挑选出最大、最小质量的豆粒播种，在 6 年的 6 个后代中每代的平均质量都与纯系亲代的相似。而在一个纯系内，籽粒也有轻有重，且呈连续分布。因此他提出，不同纯系的豆粒平均质量有明显差异且不随代数而改变表明这个性状是由遗传因子决定的，而一个纯系内存在的豆粒质量变化是环境影响造成的，它们不能遗传。Johannsen 的经典实验清楚表明生物性状受到遗传因素和环境因素的双重作用。

15.6　质量性状与数量性状

从 Johannsen（1909）的菜豆实验中我们还可以看到，豆粒质量在每一纯系内是呈连续正态分布的，这种情况与孟德尔在豌豆实验中得到的 F_2 代性状分布不同。在对一对性状的研究中，孟德尔的豌豆只表现出红花、白花两种性状，它们之间是截然不同的，且它们的数量比例一般接近 3∶1，而不是连续分布。现在，我们把如豌豆花色这样的性状叫质量性状，而把在子代中呈连续分布的性状叫数量性状。

Nilsson-Ehle（1909）对数量性状的遗传规律进行了初步总结。他用红色麦粒和白色麦粒的小麦纯种进行杂交，F_1 代小麦麦粒呈现为粉红色。在由 F_1 代自交后得到的 F_2 代中，他发现红色与白色麦粒的个体数量比为 63/64∶1/64。由此他分析认为，控制麦粒颜色的基因不是一对等位基因的不完全显性或半显性关系，因为如果是后者，F_2 代中红色∶粉红色∶白色麦粒应该为 1∶2∶1。而如果是按照自由组合定律，由 3 对基因控制同一性状就会出现实验得到的结果。由此他得出结论，认为麦粒颜色是由 3 对等位基因控制的。其中白色亲本为隐性纯合体（$r_1r_1r_2r_2r_3r_3$），而红色亲本为纯合显性个体（$R_1R_1R_2R_2R_3R_3$）（图 15-8）。它们的 F_2 代基因中，只要有一个显性基因其就会表现出红色（当然颜色会有深浅），而只有隐性纯合体这一种组合形成的个体才是白色的。

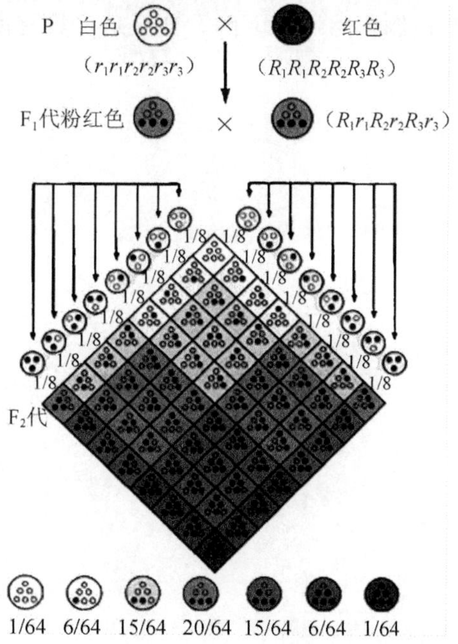

图 15-8　Nilsson-Ehle（1909）多基因实验图解

由此可以看出，数量性状是多基因控制的，与质量性状一般是由单一基因控制的情况不同，但它们都遵循孟德尔所提出的分离定律和自由组合定律。

15.7 小 结

达尔文在1858年和1859年正确地提出了自然选择是生物进化、物种形成和分歧的主要力量，而群体中产生的遗传变异是自然选择的原料和素材。然而，由于当时对遗传变异产生的原因、遗传规律及其机理都不了解，故他提出的进化论的前提假设就无法说清，连累到进化论受到多方面的攻击和诘难。稍后，达尔文提出泛生论假说，在一定程度上承认获得性遗传和用进废退原则，进而遭受到更多的批评。不过，在当时谁也说不清环境因素与遗传因素对生物体作用的规律和区别，更没有质量性状与数量性状的概念，因而要达尔文较圆满地解释生物遗传变异的原因和规律实在是勉为其难。从另外一个角度来看，达尔文的进化论只是或主要是想提供生物进化的机制——自然选择，它不能也不可能解释其他的、多样的生物学现象，故他的进化论提供不出对这些问题的答案也是合理的或情有可原的。进化论仅仅是进化论，它无法也不可能完成现代遗传学、细胞学甚至是分子生物学所要完成的、才能完成的任务。当一种全新的理论提出之时，总会遭受到磨难和非议，也许这不仅是规律性现象，更可能也是一种宿命。当我们今天回顾进化论所要求的遗传物质和遗传规律发现过程和历史研究时，突然发现自然选择作为生物进化的主要机制仍然屹立不倒，甚至越发具有说服力。

16 从宏观到微观的自然选择

对有利变异的保存和有害变异的消除，我称之为自然选择。

——达尔文（1859）

达尔文和华莱士看到生存斗争和自然选择对种群中不同个体的选择性作用，并将个体的生死存亡、不利特征和个体的淘汰以及有利特征和个体的保存过程看作是自然选择的本质和过程。然而，稍加观察就会发现，在种群中特别是较大的种群中，总有一些看上去不太适应环境、具有明显有害特征的个体（如白化个体、畸形个体等）。如果自然选择真的就是残酷的优胜劣汰，理论上这种有害个体早就应该不存在了。再者，根据当时的遗传理论，当种群中某个或某些个体出现有利变异之后，它不太可能只找具有相同特征的个体繁殖后代，在一般情况下它会与平常的个体产生后代，而如此一来，这种有利性状就会被逐渐稀释淡化。还有，在很多情况下，自然选择过程只是淘汰掉老弱病残个体，或者说是那些已经繁殖完后代的个体，而这种情况下选择过程似乎效果有限，因为它们的后代已经出生。另外，环境是可以改变的，生物特别是动物也是不断移动的，因而某些特征的产生有时无法断定其是否优秀或有利于生物的生存和繁殖，或者说在一种环境中有害的特征在另一种环境中就有可能是有利的。例如，在草原上奔跑迅捷的生物在树林中时其速度就可能有害等。因而自然选择似乎不应该像达尔文和华莱士所认为的那样简单。

现代进化理论基本支持了达尔文的自然选择学说，它认为：地球上的生物都是由共同祖先进化而来的；生物是以种群为基本单位不断进化的；进化的起因或原材料是因为在群体中存在着可遗传的变异；进化的主要机制和动力是自然选择，其作用原理是影响或改变群体在时空中的基因组成；对于特定的生物，进化是朝着有利于其生存和繁殖的方向发展，结果往往是与环境协调一致。

本质上，现代进化论认为，特征是由基因控制和决定的，在宏观上看上去对个体及其特征的自然选择过程其实质上和微观上是对控制其基因频率的影响。由于群体中基因频率的改变是十分缓慢的，因而有害特征并不是可以轻易淘汰的。基因的多态性保留了生物适应环境的潜能和可能，可以使它们对变化的环境做出应有的反应和应对，以更好地保存和传衍种族。基因的作用是复杂的，如显隐性作用、共同作用等，因而特征的产生和变化也是复杂的，不一定会产生中和效应。

16.1　自然选择原理

16.1.1　种群

种群是在某一特定时间内占据某一特定空间的一群由同种生物个体所组成的集合。生物的繁殖方式可分为有性和无性两类。我们把营有性繁殖的种群叫孟德尔种群，其种群内全部个体基因的总和叫基因库（图 16-1）。

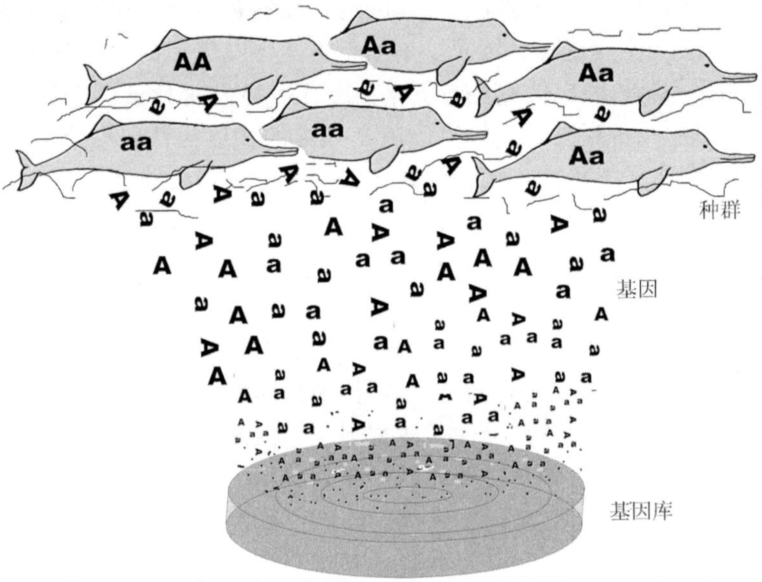

图 16-1　种群、基因型、基因库图解

种群是进化的基本单位，因为只有种群是长久或永久存在的，种群中的个体却是迟早要死亡的。

16.1.2　种群内基因频率的改变

现代进化论主要是研究群体中基因频率的变化及其规律和机制。从第 14 章可以看出，群体中的基因变异是极其惊人的，那么它们是如何变化的呢？1908 年，英国的哈代（Godfrey H. Hardy）和德国的温伯格（Wilhelm Weinberg）分别发现，在一个理想种群中，一对等位基因的频率是不变的。

1）哈代-温伯格平衡（Hardy-Weinberg equilibrium）

假定一个基因是由一个群体中的两个等位基因 A 和 a 代表的，A 的频率是 p，

a 的频率是 q，而 $p+q=1$，那么在繁殖过程中就会表现出如下的基因型的频率：

子一代 $AA=p^2$，$Aa=2pq$，$aa=q^2$（$p^2+2pq+q^2=1$）。

子一代产生的配子 $A=p^2+pq=p(p+q)=p$，$a=pq+q^2=(q+p)q=q$。它们结合后又产生同样的 3 种基因型 $AA=p^2$、$Aa=2pq$、$aa=q^2$，其中 $p^2+2pq+q^2=1$。它们产生的配子 A 和 a 的频率又分别是 p 和 q。如此循环往复。可见在一个理想种群中，一对等位基因中任何一个的基因频率都是不变的。当然，由它们组成的基因型的比例也是不变的。

所谓的理想种群，就是一个无限大的孟德尔种群（有性繁殖的种群），群体中个体间可以无限随机交配、没有自然选择、也没有个体迁入迁出，基因也不发生突变。然而在自然条件下，这几个方面往往都或多或少的发生，也就是说，理想种群并不存在，如此一来，在自然种群中就不可能存在哈代-温伯格平衡，换句话说，在上述任何一个条件作用下，基因频率和基因型频率是可以改变的。

16.1.3　自然选择

自然选择是对表型的选择，就是通过对具有不同表型（往往因它们具有不同的基因型）个体的筛选从而影响基因频率。与其他作用不同，自然选择是方向性的选择而不是随机的过程。这种筛选往往是通过个体的生死存亡来体现的，也就是不适合的个体不能生存或不能繁殖从而不能将自身携带的基因传承给下一代，从而影响基因频率（图 16-2）。换言之，自然选择就是对有利变异的保存和有害变异的排除。

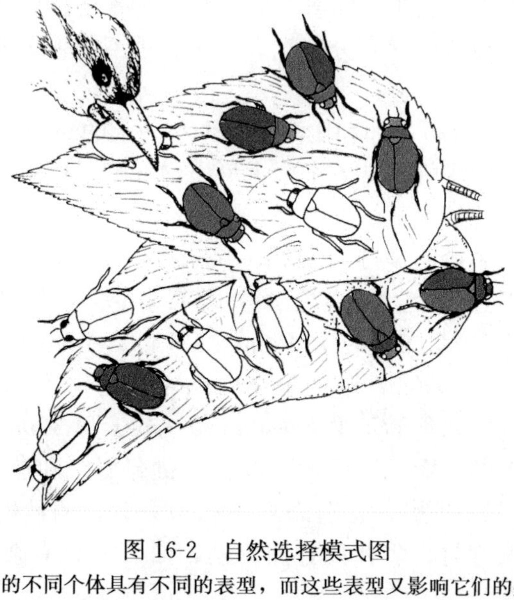

图 16-2　自然选择模式图

群体中的不同个体具有不同的表型，而这些表型又影响它们的生存和繁殖能力。在自然选择的作用下，后代的基因频率就会发生改变假定在某一位点有 3 种基因型，纯合体 AA 的繁殖效率为 1（适合度），杂合体 Aa 也为 1，而纯合体 aa 为 0.9。也就是说，相对而言，aa 有 1－0.9＝0.1（选择系数）的繁殖是无效的，是被淘汰的。由于有淘汰过程，A 和 a 的频率就会改变。如果种群中开始时 A 和 a 的频率都为 0.5，则一代以后，A 的频率就会变为 $\Delta p=spq^2/(1-sq^2)=0.9\times0.5\times0.5^2/(1-0.9\times0.9\times0.5^2)=0.5128$，$a$ 的频率就变成 1－0.5128＝0.4872。不同的选择压力下，基因频率改变的程度是不同的（表 16-1）。

表 16-1　不同选择系数下基因频率的改变

选择系数	0.01	0.02	0.1	0.5	1.0
一代以后 A 的频率	0.501 25	0.502 5	0.512 8	0.574	0.67
一代以后 a 的频率	0.498 75	0.497 5	0.487 2	0.426	0.33

当然，基因频率改变是非常缓慢的，在选择系数为 1（就是完全选择）的情况下，如果初始频率各为 0.5，被选择的基因频率要经过 8 代才能变成 0.1，50 代后才能变成 0.02，100 代后降至 0.01，1000 代后才能变成 0.001。

16.2　自然选择的例证

不同生物生态位的分化是生存竞争的产物之一，也是自然选择的结果。加拉帕戈斯群岛共有 14 种达尔文雀，当中有食植物种子的地雀、食仙人掌的地雀、食植物果实和芽的树雀、食虫树雀等。其中有一种雀还能把仙人掌的刺含在嘴上钩食树皮缝内昆虫。地雀中又有分别吃大、中、小不同种子的雀等（Sato et al.，1999）。

Losos 等（1998）分析了加勒比海中 4 个小岛上的 *Anolis* 属蜥蜴的种类和形态，发现每个小岛上的蜥蜴都有 4 个生态型：嫩叶型、近树冠型、树干型、近地面型。可见，在竞争的情况下，在各个小岛上都发生了类似的生态位分化。

当卡拉哈里沙漠中的石龙子 *Typhlosaurus lineatus* 在沙脊处与另一种石龙子 *T. gariepensis* 共存时，它的头部及身体都明显变大，似乎也倾向于食较大的白蚁（Huey et al.，1974；Huey 和 Pianka 1974）。Adams（2004）也发现美国的两种蝾螈 *Plethodon jordani* 和 *P. teyahalee* 的形态，如头部的形状同域时与异域分布时明显不同。两种锄足蟾 *Spea bombifrons* 和 *S. multiplicata* 形态上都分杂食型（身体小而圆，颚肌不发达，取食有机碎屑）和捕食型（身体大而扁，颚肌较发达，取食甲壳动物）。当分布在不同地方时，两种蟾蜍种群内都存在两种类型的个体，但共存时，前者只有捕食型，而后者只有杂食型个体（Pfennig and Murphy，2003）。

MacArthur（1958）研究了北美地区 5 种莺 *Dendroica* spp. 生态位的情况，发现它们筑巢的高度和位置各不相同。

Surman 和 Wooller（2003）研究过生活于印度洋一小岛上的 5 种燕鸥的食谱，发现它们的食物——鱼的大小各不相同。Shea 和 Ricklefs（1985）对太平洋小岛上燕鸥的研究也取得了类似的结果。

Connell（1961）研究过两种生长在苏格兰海边藤壶 *Balanus sbalanoides*、*Chthamalus stellatus* 的生长情况。当前者不存在时，后者可以生长到潮水位以下的石头上。但当两者在同一地区出现时，前者因不耐旱而只生长在潮水位以下的石头上，后者生长在潮水位以上的石头上。

Clarke 和 Sheppard（1963）研究过非洲凤蝶 *Papilio dardanus*、Bates（1862；Mayr，2003）研究过另一种凤蝶 *Papilio memnon* 的拟态现象，它们都长得很像当地其他的一些有毒蝴蝶从而逃避被捕食的命运。在不同地区，它们能根据所模仿对象的不同而作出形态的改变。在有毒的物种之间（如一些蜂和蝴蝶）也相互模仿，从而提高生存的概率。

性状替换现象的存在也证明了自然选择和竞争的作用。Grant（1972）发现加拉帕戈斯群岛上的达尔文雀 *Geospiza fortis* 和 *G. fuliginosa* 单独发生时，它们具有相似的喙，而当它们共同发生时，后者的喙要比前者窄小得多。Grant 和 Grant（2006）以及 Pennisi（2006）也都报道了该群岛上的达尔文雀 *G. fortis* 与 *G. magnirostris* 的特征替换的现象。Husar（1976）通过分析两种蝙蝠 *Myotis evotis* 和 *M. auriculus* 肠内容物的成分，发现当它们生活在不同地方的时候，食物是差不多的；而当它们同域时，前者专食甲虫，而后者既吃甲虫又吃蛾子。研究还发现，在没有其他竞争物种的情况下，各种的雌雄个体在食物上也有一定的分化。Albert 等（2007）发现不同种群的雄性刺鱼 *Gasterosteus aculeatus* 体色也存在性状替代现象：它们单独存在时的体色处在两个类型同时存在时的中间状况。

O'Steen 等（2002）从高捕食性和低捕食性环境中各挑选出 6 条虹鳉鱼（guppies），一起放入装有捕食它们的一条丽鱼的培养箱中，等只剩下一半鱼时，将它们取出，检查它们的来源，发现来自于高捕食性环境中的鱼有明显较高的逃避能力。

Seely（1986）报道，美国东北部生长着一种螺 *Littoria obtusa*，它的螺壳壁有厚有薄而螺纹有多有少。1900 年时，吃这种螺的蟹 *Carcinus maenas* 扩展到该地区，它一般挑吃壁薄而纹多的个体食用。到 1982 年时，已观察到这种螺一般都是壳厚而纹少的类型。

在实验室内生物进化的实验已做过很多，主要以细菌、果蝇、家蝇和部分植物为材料。Shikano 等（1990）发现一种微小的细菌在有捕食者存在的情况下，其体长可从 1.5 μm 升到近 20 μm。

Boraas（1983）培养一种单细胞的绿藻作为一种鞭毛虫的食物。在 5 天以内，绿藻就成了多细胞的聚合体，最后稳定在 8 细胞的状态。Thoday 和 Gibson（1962）以 4 只雌黑腹果蝇（*Drosophila melanogaster*）建立种群后，从中分别选出身体刚毛最多和最少的各 8 只进行繁殖。经过一段时间（12 代）的重复连续选择，发现多毛的果蝇与少毛的果蝇之间在交配时有明显的偏好，即多毛的多数情况下与同样多毛的交配，反之亦然。可惜这个实验不太容易重复（Thoday and Gibson，1970）。Halliburton 和 Gall（1981）对赤拟谷盗（*Tribolium castaneum*）的蛹进行选择。每次从蛹中分别选出 8 雄 8 雌最大和最小的蛹。将 32 只甲虫孵化后在一起交配产卵，当蛹到第 19 天时称重，再选出最重和最轻的个体。如此重复 15 代后，发现重型个体与轻型个体之间在选择配偶时有明显的倾向性。这些例子说明生物在选择作用下，形态及基因可以发生改变。

Bell 和 Reboud（1997）将绿藻（*Chlamydomonas reinhardtii*）分别饲养在光照、黑暗和亮暗交替的环境中几百代，结果发现在光照环境中生长的藻类只能进行光合作用，而在黑暗环境生长的藻类只转化提供的营养物质，而亮暗交替的环境中生长的藻类具此两个方面的能力。表明持续的选择作用可以引起基因的变化。

Kennington 等（2003）以黑腹果蝇（*Drosophila melanogaster*）为实验对象，将不同的果蝇种群饲养在不同的环境中（分别为 18℃和 25℃），经过 20 周后，发现在温度较高环境中生长的果蝇身体明显变大，而这样的性状可以有效地防止水分的散失。

Kettlewell（1955）在英国伯明翰（Birmingham，污染较重的地区）和多塞（Dorset，污染较少）分别释放了几百只作了标记的浅色和深色桦尺蠖 *Biston betularia*。经过一段时间进行回收，统计后发现在伯明翰地区黑色蛾明显比浅色蛾多，而多塞地区则刚好相反。

Beall 等（2004）1997～2000 年统计了我国西藏地区位于海拔 3800～4200 m 14 个村庄中的 1749 名妇女（其中年龄为 20～59 岁的妇女 691 名）的生育情况、血红蛋白氧饱和度基因型、婴儿死亡率等数据后发现，具有高血红蛋白氧饱和度基因型的群体婴儿死亡率明显较低而后代存活率较高。

Hall（1978）在实验室中使大肠杆菌（*Escherichia coli*）基因组中的一个基因删除，使得原先可以分解乳糖的细菌不再有此能力，因为它不能合成分解乳糖的一种酶。将这种改变后的细菌持续培养在只有乳糖作为养分的培养基中。开始时，其不能生长，但不久它就在另一个基因处发生了突变，能够部分分解乳糖，之后陆续又产生出两个突变，从而能够更好地分解乳糖。可见在持续性的单向性的选择压力下，物种的基因组成可以发生改变，突变确实可以发生。

16.3 自然选择的方式

生物种群是由许多个体组成，这些个体在表型上是有不同的，如高度、质量、产仔率、寿命等。如果将具不同性状的个体排列起来，就会发现表型是呈现出两头小、中间大的正态分布（图 16-3）。

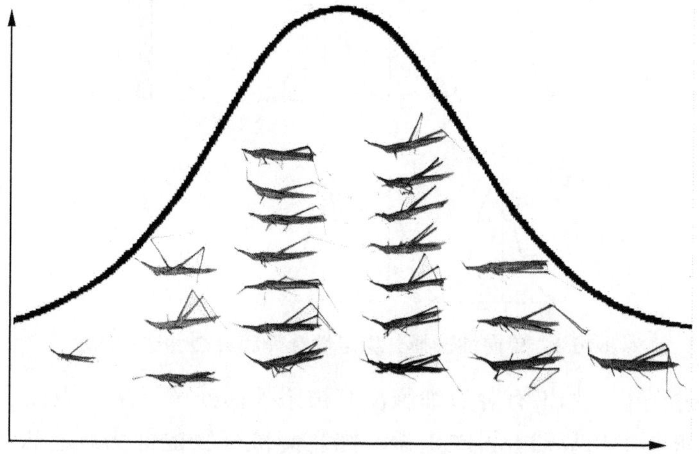

图 16-3 一群蚱蜢的体长呈现出正态分布

自然选择的结果是基因频率的定向改变，而在表型上的外在表现则是种群中具某种性状的个体数目的增减。这主要有 3 种表现形式：单向性选择、稳定性选择和分裂性选择。

16.3.1 单向性选择

如果选择压力一直作用于正态分布的某一个极端，即始终淘汰某一个方向上表型极端个体，从而使种群的表型总体上向另一个方向移动，就是单向性选择(图 16-4)。

单向性选择的典型例证有：细菌、昆虫、肿瘤细胞的抗药性、工业黑化和果蝇的趋光性。

抗生素或杀虫剂都是为了杀灭致病菌或害虫而生产出来的。在施药的过程中，就将那些对药物敏感个体消灭了，但由于生物种群中有巨大的遗传变异，总有一部分抗药性强的个体生存下来。也正是由于这些药品的选择作用，从而提高了抗药基因在种群中的频率，故致病生物的抗药性越来越强。

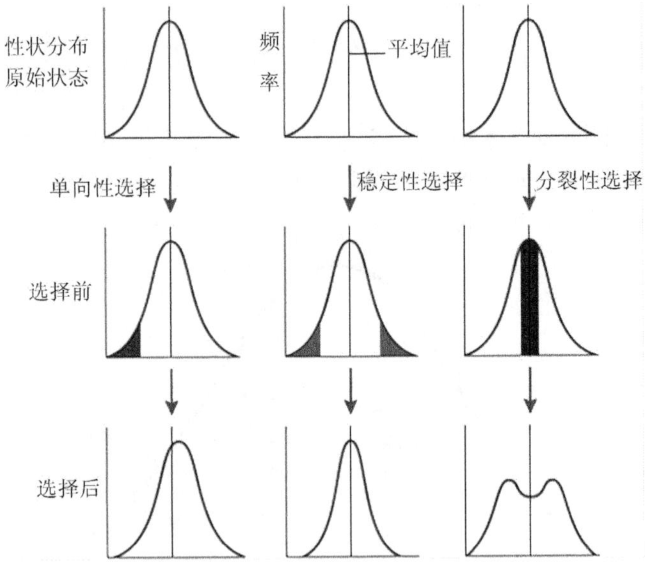

图 16-4　单向性选择、稳定性选择和分裂性选择图示

在化疗过程中，如果有肿瘤细胞没有被杀死而残留下来，则往往是抗药性较强的株系。如果在此基础上再次生长，则它们抗药物的能力则有很大提高（Michor et al.，2006）。

著名的工业黑化现象中，在工业化加剧的情况下，则黑色桦尺蠖越来越多，浅色蛾越来越少。反之，在环境逐渐改善的情况下，事情发生了逆转。

Carpenter（1905）做过这样的实验：用光诱捕培养的果蝇 *Drosophila ampelophila* 后，将不上灯的个体继续培养，待它们的后代长大后再进行类似的操作，如此 20 代以后，有趋光性的果蝇数目大大减少。Dobzhansky 和 Spassky（1967）建立果蝇 *D. pseudocobscura* 两个实验种群。一群体向正趋光性选择（即保留下有强趋光性的个体并让其繁殖），一群体向趋暗性选择，经过 16 代以后，结果也都证实了上述实验。

Møller（1993）检测雌性燕子 *Hirondo rustica* 的尾巴长度与它们的交配次数及繁殖后代的能力都有密切的正相关性关系，表明这一特征是单向性选择造成的。

其他典型事例还有：人的脑容量是持续逐渐增加的、马的体形是逐渐加大的而趾数是逐渐减少的。孔雀的尾巴如此之美、长颈鹿的脖子如此之长、羚羊跑得如此之快都是长期单向性选择的结果。

对方向性选择有很多研究，研究结果表明这种效果不太显著但是长期持续（Kingsolver et al.，2001；Hoekstra et al.，2001）。

需要指出的是，不同条件下自然选择对某一特征的选择并不总是一致的。例如，长颈鹿的脖子在打斗和取食中可能有利，而在喝水时不利，在多种因素的作用下，生物才形成现今的形式和格局。

16.3.2 稳定性选择

如果选择压力不仅作用于正态分布的一个方向而是两个极端方向，就是稳定性选择（图 16-4）。这种选择的效应是保持种群中的多态性，因为极端性状的个体往往是纯合的。稳定性选择可以去除群体中产生的突变，使有害等位基因保持在一个低的频率上。

过大或过小的人类新生婴儿死亡率要远高于中等大小的婴儿。Lack（1947）报道鸟类总是产下一定量的蛋，以使它们能够最大限度地成功抚养并哺育后代。太少则有浪费，太多则哺育不了，因此它们产蛋的数目有个均值，不会太多也不会太少。

美国的一种蝇 *Eurosta solidaginis* 产卵于菊科植物中。从卵孵化的幼虫在植物茎中作瘿。它们有两种天敌：一种是黄蜂，它破坏较小的瘿；另一种是啄木鸟，它爱吃大的瘿。结果中等大小的瘿存活概率大得多。

16.3.3 分裂性选择

如果选择压力作用于正态分布的中间而偏爱于两个极端，就形成了分裂性选择。分裂性选择也可以保持种群中的基因多态性（图 16-4）。

前文提到过的 Thoday 和 Gibson（1962）以 4 只雌黑腹果蝇（*Drosophila melanogaster*）建立种群后，选择身体刚毛最多和最少的各 8 只进行繁殖。经过 12 代的重复连续选择，发现多毛的果蝇与少毛的果蝇之间在交配时有明显的偏好。Halliburton 和 Gall（1981）从赤拟谷盗（*Tribolium castaneum*）的蛹中分别选出 8 雄 8 雌最大和最小的蛹。将 32 只甲虫孵化后在一起交配产卵，当蛹到第 19 天时再选出最重和最轻的个体。如此重复 15 代后，发现重型个体与轻型个体之间在选择配偶时有明显的倾向性。

Jowett（1958）研究了威尔士煤矿地区的杂草 *Agrostis tenuis* 中一些个体能够耐受矿石中的高金属离子含量，从而能够生活于矿渣上。在这种强烈选择作用下，杂草形成了两个种群：一般性的和耐高金属离子的。

Tavormina（1982）研究了双翅目一种潜蝇 *Liriomyza brassicae* 种群的基因变化。从特定寄主植物上采集到的这种昆虫含有明显多的矿物，且它们的后代发育时间也较短。这种现象在野生型种群中也具有。这个现象说明，寄生虫与寄主之间的特定关系对寄生虫的分化具有重要作用，分裂性选择对基因分歧有重要影响。

Schluter（1995）用三刺棘鱼（*Gasterosteus* sp.）的一大一小两种做实验。在开阔水面，适合于小个体生长（因有天敌），在近岸区则情况相反。在此情况下，它们的杂交后代适合度很低，很难生长。

16.3.4 平衡性选择

以上 3 种选择是表现型上的选择。在自然种群中还有一种保持杂合子的选择作用，叫平衡性选择。由于生物的杂合子往往具有杂交优势，因此，这种选择过程也可以保持多态性。

这种选择的经典例证是人类的镰刀形红细胞贫血病。虽然得这种病的人死亡率极高，因为其血红细胞不能携带氧气，但其隐性基因却有相当高的频率，特别是在疟疾流行的地区。研究表明，纯显性基因型的人虽然生存能力很强，但却不能对抗疟疾。而杂合子对这两种情况都有一定的对抗作用，故造成现今的状况。

当选择对纯合体的压力相等时，就会出现平衡性选择。

16.4 进化论的补充和完善

16.4.1 新达尔文主义

前文已述，魏斯曼通过对红虫、水螅和水母等动物的研究，发现在这些生物的胚胎发育早期，未来的生殖细胞经过几次分裂后，就被“搁置”在一旁，不再与躯体的其他细胞发生联系。这就否定了拉马克的获得性遗传，并且提出，生物的遗传物质是“种质”（相当于现代意义中的染色体或 DNA），它与“体质”是有区别的。进化的主要力量是自然选择。基于种质理论的进化学说又被称为“新达尔文主义”（Neo-Darwinism），它完全否定了获得性遗传，并提出了一个关于遗传变异的基本理论。

16.4.2 综合进化论

孟德尔的遗传定律表明遗传物质和遗传信息可以有规律地遗传。摩尔根进一步将特定的基因定位在特定的染色体上，并发现了突变的广泛存在。随着群体遗传学的兴起和发展，到 20 世纪 30 年代，已可以将遗传变异产生的主要原因（突变和重组)、群体遗传学主要内容(基因频率在群体中的变化规律)和自然选择(外界环境如何影响基因频率的改变)等几个方面统一起来，综合进化论(synthetic evolutionism)应运而生，其标志是1937年出版了《遗传学和物种起源》，代表人物有杜布赞斯基(Theodosius Dobzhansky，1900～1975年)、迈尔(Ernst Mayr，1904～2005年)等。

综合进化论有如下几个方面的重要贡献：提出了生物学物种定义；强调群体，认为种群是生物进化的基本单位，进化机制的研究属于群体遗传学范畴；突变、自然选择、隔离是物种形成及生物进化过程中的3个基本环节(或3个阶段)；认为进化是通过对每一代中随机产生的可遗传变异进行自然选择过程来实现的，而且是不断进行的；有利变异会逐代积累加强，有害变异则被淘汰。

综合进化论的基本观点有5条(张亚平和施立明，1992)：①种群中遗传变异产生和维持的基本因素是随机突变、染色体的重组和交换，而并非是生物内在的需要；②种群的进化受基因漂移、随机遗传、特别是自然选择等因素的影响，其特征是基因频率的变化；③最初微小的导致表型变化而具有适应性的遗传变异，在长期的进化过程中可在种群中逐渐积累；④具地理隔离的种群，其遗传分化不断加大，逐渐引起物种的分化和具生殖隔离种群的产生，即新种的形成；⑤在自然选择的作用下，逐渐积累的遗传分化将导致新的种上分类单元的产生，其机制与新种的形成相似。

16.4.3　新综合进化论

随着分子生物学和分子遗传学等研究的进展，人们发现：含有害基因的个体并不一定被自然选择所完全淘汰，有害无害要相对不同的环境条件而言，如镰刀形血红细胞症。同一座位上的两个或两个以上的复等位基因在群体中都有相当高的频率。例如，ABO血型、MN血型、葡萄糖-6-磷酸脱氢酶同工酶(分子水平的多态性)、异色瓢虫翅斑形状和颜色的多态性等。自然选择不是单纯起筛子作用，群体中保留了许多有害的。甚至是致死的基因，原因在于自然界存在着各种不同的选择机制，即自然选择是复杂的，它以不同的方式起作用："稳定性选择"消除有害基因；"平衡性选择"在位点上保留不同等位基因；方向性选择产生定向变异。

新综合进化论(new synthetic evolutionism)与旧综合理论一样，也遵循生物进化的突变、选择、隔离的机制。区别主要是在进化的选择单位上有所不同，前者认为进化向着对整体生存或对整个群体生存有利的方向发展，选择是整体性的，而不是对个别基因的选择。

17　自然选择的不同单位

> 我不怀疑在数以百万代的传承过程中，一个物种的部分个体会偶尔产生一些可能细微的变异，而此对它们的自然生态有利。这些个体会拥有更好的生存机会，并通过繁殖扩大这些新出现的、与众不同的结构；而这些结构又可能通过自然选择的逐渐积累作用而被缓慢地改进以达极至。通过这个方式产生的变异类型会与原先的类型共存，但更多地会排挤掉祖先类型。
>
> ——达尔文（1858）

达尔文进化论认为，自然选择是通过对个体的优胜劣汰来实现的，即适者生存，不适者被淘汰，自然选择的单位是种群中的个体。或者说，生物个体的生死存亡会影响后代群体的表型。对于特定的个体来说，为了将自身的基因成功传承，就必须进行残酷的生存斗争，如争斗、驱逐、残杀等手段和方式，充分彻底地战胜对手、赢得胜利、有利自我。从这个角度来说，自私是必然的。

然而，现实是，在各个水平上，我们都可以看到生物体之间的合作。基因组中不同基因的合作、细胞中染色体之间的合作、多细胞结构和组织中细胞的合作。利他行为也随处可见，如绅士般的争斗：为了争夺资源（如食物、配偶），一个物种的成员彼此之间要进行争斗。在这种争斗中，那些能凶狠地攻击、杀死对手的个体似乎更有生存优势，但是为什么同一物种的成员之间的争斗经常只是一种装模作样的仪式，靠虚张声势就决出了胜负，而不是你死我活的？

最不可思议的是生物个体之间的互惠作用行为，有时甚至完全是牺牲自我而利于他人的利他行为，如报警（猴、鸟）、分食（狗）、照顾别人的后代（猴）、哺育及抚养后代（鸟、人）、托儿及诱拐现象（鸵鸟）。当冬天来临或食物减少时，苏格兰雷鸟就会把多余的鸟赶走，这些鸟不久就会死去。驱逐行为是“礼仪性的”，并没有激烈的斗争。离开群体的雷鸟与其说是被赶走的，不如说是接到“请走”的信号而自愿离开的（Veuille，1988）。在社会性昆虫，如蜜蜂、蚂蚁和白蚁中，工蜂或工蚁完全放弃了繁殖而全心照顾蜂王或蚁后。这又如何解释？达尔文也承认，群体中利他行为的存在尤其是不育个体或品系的存在是对自然选择学说的挑战之一。他在《物种起源》（1859）中说：“我必须承认，尽管我对自然选择理论深信不疑，但我也从未想过自然选择的效率会如此之高，不育昆虫的存在使我对此更加怀疑。因而，我对社会性昆虫简短且不充分的讨论只是试图展示自然选择的力量，也因为此，它是迄今我的理论遇到的最严重困难。”

对利他行为和合作行为的解释，在历史上有过激烈的争论，也一度形成对进化论的否定和修正，更重要的是，有些观点已渗透到社会学层面，引起人类对自身和社会的深刻反思和审视。

17.1 群 选 择

达尔文（1859）发现，在自然状态下某些昆虫以及其他一些节肢动物偶尔也会变为不育的；如果这些昆虫是社会性的，而且如果每年生下若干能工作的、但不能生殖的个体对于这个群体是有利的话，那么就不难理解这种自然选择的作用。选择，为了达到有利的目的，不是作用于个体，而是作用于整个家族。因此，可以断言，与同群中某些成员的不育状态相关的构造或本能上的微小变异是有利的，结果能育的雄体和雌体得到了繁殖，并把这种倾向——产生具有同样变异、不育的成员传递给能育的后代。这一过程多次重复，直到同一物种的能育的雌体和不育的雌体之间产生了巨大的差异量，就像我们在许多种社会性昆虫里所见到的那样。

Emerson（1960）和 Wynne-Edwards（1962）提出，生物的利他行为可以用群选择（group selection 或 multilevel selection）来解释。其基本思想是：选择的基本单位是群体，为了群体的利益并使其能够延续和发展，有些个体牺牲了自己的利益（如繁殖或部分繁殖能力）。据 Traulsen 和 Nowak（2006）报道，关于群选择的模型早在 1945 年就由 Wright 提出，并经 Wynne-Edwards（1963）、Maynard-Smith（1964）改进。该模型认为：一定的空间内有多个离散的区域，每一区域只能容纳一个动物群体，个体在区域间的流动是受限制的。设有两个等位基因 A_0 和 A_1，具 A_1 的个体表现出“自我牺牲”，携带 A_0 的个体则“损人利己”。在混合群体中，A_0 基因必将彻底取代 A_1。但如果存在一个青一色的 A_1 群体，由于个体间的配合，A_1 较 A_0 群体有下面几个优势：①能更好地避免绝灭；②可提高群体总后代数；③能更快占领新的空间。当然纯利他群体的形成是不太容易的，因为有自私基因和个体的存在。如果开始时个体较少，则可能性加大，因为如果数量较多时混入 A_0 的概率增大。社会昆虫中的繁殖分工、仪式化行为，甚至“老弱病残”被逐出繁殖圈等都可用群选择来解释。Wade 和 Goodnight（1991）用甲虫 *Tribolium castaneum* 做实验，验证了该模型。

群集及社会性的优点是显而易见的，如可防止敌害（非洲野牛集体对付狮和豹的捕食）、提高觅食效率（群鸟惊虫、相互学习）、提高繁殖效率（雌雄相遇的概率大，配偶较易寻觅）、提高生存概率（龟群、鱼群、鸟群的生存概率明显高于单个的生物）、主动改变环境（群蜂可以提高蜂巢内的温度、鼠冬眠时相互偎依、蝙蝠群集的洞内温度和湿度易保持不变等）。坏处也十分明显：群体容易暴露、群体内个体间竞争加剧、易传染寄生虫等。

Foster（1987）发现，濑鱼（*Thalassoma lucasanum*）以银热带鱼（*Abudefduf troschelli*）的卵为食。银热带鱼有保护卵的行为。为取食成功，濑鱼往往要集群活动。研究发现，当群体中个体数小于 30 个时，往往不易成功；然而当群体大于 100 时，成功率极高。当银热带鱼不在巢时，濑鱼这种集群行为就不出现了。

Scheel 和 Packer（1991）对狮群（*Panthera leo*）的捕食行为有过详细研究。狮子的捕食行为有 3 种：独自捕食、松散的集群捕食和行动一致的集群捕食。结果表明，雌狮更容易参与集群捕食。在集群捕食时，如果猎物较小，它们多采用松散的集群方式；而当捕食斑马或水牛等较大猎物时，狮子们往往采取行动一致的围捕。

Kenward（1978）研究了鸽子与鹰的数量关系，发现在较大的鸽子群体中，鹰袭击的成功率明显下降。Caraco（1979）报道一种雀 *Junco phaeonotus* 用在打斗、取食和防备敌害上的时间分配在不同大小的群体中有所不同，在较大群体中，相对来说，防备敌害的时间就较少。可见群体生活是有益处的。当然也有害处，Wiklund 和 Andersson（1994）研究瑞典的画眉 *Turdus pilaris* 雏鸟的存活率时发现，如果窝大鸟多，它们因饥饿而死亡的比率就高，存活率就低。可见，竞争也是确实存在的。在这两种相反选择力量的作用下，当有利大于不利时，群体生活就会出现。

但自然选择作用如何同时作用在个体和群体水平的呢？它们之间的关系如何？Goodnight（1985）用水芹 *Arabidopsis thaliana* 为实验材料进行实验。实验过程如下：将 16 株水芹培养在琼脂中形成一个小种群，分别测定它们的叶面积。每次处理 3 组、每组 9 个这样的种群。在第 1 实验组中，选出 3 个叶面积最大的种群，并弃掉其余 6 个。对第 2 组的做法相同，只不过选出的是叶面积最小的 3 个种群。从第 3 组中随机选出 3 个种群。这样的处理方法代表了群选择过程。在个体水平上，还是分别处理 3 组共 27 个种群，只不过从第 1 组中选出 8 株叶面积最大的水芹，第 2 组选出 8 株最小的，第 3 组中随机抽取 8 株。将它们作为母本，每株水芹产生 2 株后代，在子代基础上再重复处理。在处理过程中，还要改变各种试验条件。结果显示，群选择的作用明显大于个体选择。Goodnight（2005）列出了对群选择进行验证的所有实验，指出这些事例已经确证群选择是确实存在的且具有巨大选择作用。Traulsen 等（2005）和 Traulsen 和 Novak（2006）设想这样一个模型：将一个较大的群体随机分成若干个小群体。假设不同个体的适合度（用繁殖能力代表）是不同的，那么适合度大的就会较快地增加个体数目，将它们的后代加入到自己的小群体中去。随着个体数的增加，小种群就会再分裂成小群体。这时假如保持小群体的总数目不变（如资源量和空间有限，只能有一定数目的小群体），增加小群体的同时，就会排挤掉另外一些个体。至于是谁会被排挤掉，取决于小群体的分裂能力、环境容量、适合度高的个体比例等若干因素。当生成的小种群在获利上大于其他种群的付出时，这种形式的群与群之间的竞争和选择就会产生。从这个假设可以看出，选择可以同时作用于个体水平和群体水平。

17.2　进化稳定模型策略

然而，自群选择提出之日起，对其的批评声就不绝于耳。Maynard-Smith（1964；1974）提出一个进化稳定模型策略（evolutionarily stable strategy）。它是指种群中大部分成员所采用的策略优于其他策略，个体的行为应该遵守群体的约定。一旦这种群体采取的策略稳定下来，任何偏离“主流”的行为将要受到自然选择的惩罚。我们假定有一种生物，它的种群只有鹰鸽两派，鹰派好斗且强壮，鸽派弱小且软懦。群体中的个体不是鹰派就是鸽派。如果鹰与鹰争斗，必须要决出胜负，那么肯定有一方死亡或重伤。假如鹰与鸽争斗，鸽派会主动逃跑。在这样的群体中，如果全是鹰派，那么它们就会不停争斗，直到全部死亡。如果经过突变产生一个鸽派，那么它就会最终占据整个群体。同样，如果在鸽派中出现一个鹰派，它每战必胜，就会消灭全部鸽派后自身又会不稳定。可见，在这两种极端状况中，都会产生不良结果。因此，要想稳定，就必须是有一定数量的鹰派和鸽派组成一个群体。如果把鸽派想象成利他主义者，鹰派为利己主义者，就可理解为什么在群体中总会有一定数量的鹰派和鸽派了。Park（1970）研究了双翅目一种粪蝇 *Scatophaga stercoraria* 的产卵和交配策略。雄蝇在新鲜牛粪上等待雌蝇并与之交配。因为牛粪干后，雌蝇产卵就会困难，粪存放的时间越久，来产卵的雌蝇就越少，因此雄蝇随着时间的推移，必然面临两种选择：或继续留下，或另找出路。一只雄蝇的选择是否恰当往往与它的对手——其他雄蝇的行为有关。如果大多数其他雄蝇立即离走，那么它应当留下。因为虽然来到这块粪堆的雌蝇为数很少，但它的竞争对手也少。如果多数雄蝇仍留原处，那么这只雄蝇最好以走为妙。也就是说，稳定策略是一种混合型的模式，即在雄蝇的相互争斗中，某些会先离去，而另一些则留下来。当这个系统达到平衡状态时，早飞走或晚飞走的雄蝇应有相同的交配机会。因此无论对雌蝇还是雄蝇来说，选择合适的时间和时机是十分重要的。而交配的最适时间依赖于其他雄蝇的等待时间。如果某一雄蝇总是在一处牛粪上等待固定时间，其他雄蝇就会取得竞争的胜利。因为固定等待时间若较短，等待时间较长的雄蝇会获得与晚到的雌蝇交配的机会；若固定等待时间较长，那么提早离开的雄蝇便可到另一堆新鲜的牛粪上与来临的雌蝇交配。因此，雄蝇在对配偶的竞争中采取的等待时间的策略不是固定的而是随机的，有时长，有时短。概言之，群体中的个体之间是相互依存、相互合作、相互斗争、相互作用的，它们在博弈过程中求得平衡、共存和双赢。

从进化稳定策略可以看出，自然选择并不是要选出最优，而是倾向于较优。这就与自然选择或群选择不同，根据它们，选择倾向于适合度高的个体或基因，并且朝着这个方向不断进化直至最优。例如，在利他行为的作用下，群体中的个体应该都具有利他行为，因为这样才能使群体的适应度最大。进化稳定策略在宏观上解释了群体中不同行为存在的理由，但却没有给出适合度的具体解释，群体中的利他或利己基因是如何改变频率并保存下来的呢？特别是对群体有利但对自身不利的基因是如何保存的？如果利他行为的存在只是为了自身的安全和存在，那么利他行为到底是利他还是利己的呢？

17.3 亲 选 择

17.3.1 亲选择理论

综合进化论认为，自然选择的单位是个体。群选择认为自然选择的单位是群体，或在群体与个体水平上共同作用。还有人提出，自然选择的单位既不是群体也不是个体，本质上是基因。那些在个体水平上看上去的利他和合作行为，在基因水平却都是利己行为。例如，动物的报警信号，表面上看起来是一种利他的行为，实际上报警者本身也可以趁乱跑得更快。这里面有一个付出和回报的问题。从基因水平来看，如果利他者的付出（主要是指它自身基因传承给下一代的概率和比率）小于它得到的回报（如别人替它将更多它自己的基因传承）时，利他行为就可以出现并被选择。Haldane（1955）曾说："要能救出两个亲兄弟或八个侄子我才会跳下河"。从概率上来说，被救起的人所传承给下一代的基因总和要大于救人者自己可能传承的基因。Hamilton（1963；1964）就提出过这样一个理念和公式：$r>c/b$。c 代表付出，b 代表回报，r 等于亲缘系数。亲缘系数就是两个个体所携带的相同基因的比率，如父母与子女之间有一半的基因是相同的，它们的亲缘系数就是 1/2，同样可算出：亲兄弟姐妹间为 1/2、叔侄间为 1/8 等（图 17-1）。

两个个体间如果有相同的基因，那么或亲或近它们都是亲戚，或者说是有血缘关系的。这种建立在亲缘关系上的以家族背景为前提的选择就是亲选择（kin selection）。因为这种假说认为基因是选择的单位，因此又叫基因选择（gene selection）或总适合度理论（inclusive fitness）。还可以这样认为，适合度（或获益）由两部分组成：一部分是直接的，如自身的繁殖；另一部分是间接的，如亲属繁殖。它们的总和就是总适合度。自然选择只强调了直接的适合度。

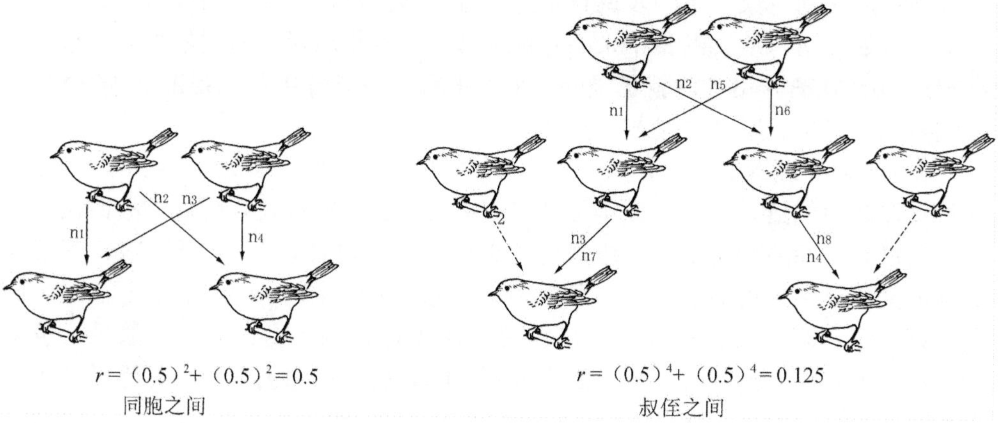

图 17-1　亲缘系数图解

亲兄弟姐妹间为 1/2、叔侄间为 1/8

Sherman（1985）研究了北美地鼠（*Spermophilus beldingi*）的报警声。地鼠有两种警报声：一种是当捕食性哺乳动物到来时发出的惊叫；另一种是当捕食性猛禽来时发出的啸叫。地鼠发出警报声会有利于同伴但可能暴露自己，因此，这就有两个方面的考虑，是利己还是利他？调查发现，有鹰来袭时，只有 2%的叫地鼠被杀，而有 28%不叫个体被杀，可见叫声可以降低被捕食概率。当哺乳动物来袭时，8%的会叫个体被杀，而只有 4%不叫个体被吃，也可见叫声提高遇险概率。比较而言，惊叫是利他，啸叫是利己。地鼠生活在高山草原中，雄性个体离开群体，有亲缘关系的雌性群居，采用标记法进行家谱等研究发现，雌性较雄性会叫；当亲属距离较近时，雄性更易叫；亲属间更加合作，雌性更会加入到驱逐远亲或非亲入侵者的活动中。观察证明，利他行为并非随机发生的，它只发生在亲属之间并有利于间接获益。

Kurland（1977）、Singh 等（1992）对日本猕猴（*Macaca fuscata*）社群中的相互帮助行为有过研究。它们会花很长时间在一起，而且亲缘关系近的更容易集群。年青雌性猴会帮助母亲照料其他个体。集群且相互帮助是自私行为，帮父母看护幼仔是利他行为。那些年青的雌猴为什么要这样做？它们这样做是为了学习当母亲的经验。可见，这些行为都是自私的。

Emlen 等对肯尼亚的食蜂鸟（*Merops bullockoides*）进行了系列研究（Wrege and Emlen，1994）。这种鸟是群居性的，40～450 个个体生活在一个巢中，家族成员（clans）共同维护领域，有相当数量性已成熟的个体留在巢中帮父母照顾兄弟姐妹，主要是筑巢、防卫、采食等。帮助行为常发生在繁殖机会有限时，如领域及巢很难获得，这时青年鸟选择了最坏中的最好的——帮助父母。研究表明，青年鸟在首次选择时，会选择亲戚多的巢进行帮助，可见血亲系统决定了食蜂鸟的帮助对象。进一步调查发现，青年鸟往往帮助最亲的家属，而非亲属的个体（如女婿，从别的巢中来的）极少帮忙。青年鸟对巢的贡献很大，它们中有超过 50%在离开巢穴前就已饿死。平均来看，一只青年鸟能帮助 0.47 个亲属长到换羽，可见总适合度是相当高的。

Reyer 对非洲翠鸟（*Ceryle rudis*）的种群结构有长期研究（Reyer，1986）。这种鸟在洞中筑巢，一岁的成年雄鸟（一级帮助者）很难找到配偶，故留在巢中帮助父母看管幼鸟和防卫。一级帮助者也可以成为迟育者（来年繁殖）、不帮助或帮助其他巢中的鸟而成为二级帮助者。一级帮助者因工作努力而只有 54%成活到第 2 年，低于二级帮助者的 74%或迟育者的 70%。由此可见，似乎一级帮助者没有得到应有的回报。深入研究发现，66%的一级帮助者吸引异性，二级帮助者为 91%，迟育者只有 33%。

计算时要计算两年的回报：

回报＝第一年存活概率×后代数目×第二年存活概率
×交配概率×与帮助者的亲缘系数

这样一算，一级帮助者的回报为 0.99，大于二级帮助者的 0.84 或迟育者的 0.29。一级帮助者的存活率似乎略低，但直接获利却要多得多。

Pfennig（1999）验证 2 种食肉性蝌蚪 *Spea bombifrons*、*S. multiplicata* 取食时是否对亲属有偏好。蝌蚪分杂食的和食同类肉的 2 种。将 28 只食同类肉的蝌蚪分别放在培养皿中，然后在每个培养皿中再放入两只杂食性的蝌蚪：一只为食同类肉的兄弟姐妹；另一只不是（这些蝌蚪以前未曾见过）。当放进去的一只被吃后，马上查看活着的另一只。结果发现，亲戚较少被吃（28 只中只有 6 只被吃，而却有 22 只非亲戚被吃）。Pfennig 还进行了形态—获利系数研究：向 2 个网箱中各放入 18 只蝌蚪，然后再各放入 6 只近亲（兄弟姐妹）和 18 只非亲个体。结果显示，亲属的存活率是非亲属的 2 倍；而进食后蝌蚪的生长速度没有区别。因此可以说，获利（b）是 2，付出（c）是 0。由于付出除以获利为 0，小于亲缘系数（r）1/2，因此，利他行为存在是有理由的。

有些美国黑鸭（*Fulica americana*）将卵产于别的同类巢中，让别人替自己孵。Lyon（2003）研究它们对付这种行为的反应。产卵和孵蛋投入极大，因为存活率只有一半而且每次孵蛋的数目是一定的，替别人孵就意味着自己少生。可见付出很大，而回报几乎没有。按照亲选择理论，这种情况应该不容易发生。调查结果发现，鸭平均产 8 只蛋，但不是一下子就产这么多，它会先产一些。当有蛋寄生进来后，大部分的黑鸭会将其扔掉后再产剩余的蛋。在扔掉的蛋中，大部分是在外表上与自己的蛋不太相似的那些。

Moore 和 Taggart（1995）发现负鼠（*Monodelphis domestica*）精子也会合作。这种动物的精子单独行动时，只会打圈；而头部连在一起时，就会向前行进。研究发现，80%的精子都会配对行进，而到达卵子时只有一个精子进行授精。Hayashi（1998）发现鱼蛉（*Parachauliodes japonicus*）的精子不是单独行动的，而是成百个精子头部紧挨在一起成束状。雄性每次产的一个精球中平均有500个精子束。比较后发现，这种精子束越大，游动的速度越快，越容易穿行在黏稠的液体中。Moore等（2002）研究了木鼠（*Apodemus sylvaticus*）精子的利他行为。这种鼠的精子头部有勾，可以相互牵引着共同前进（图17-2），而这种情况下的前进速度是独立行动时的2倍。受精时，精子必须分开，少数精子要牺牲自己以释放酶来溶解卵膜。这种行为只能用亲选择解释，用群选择解释不通，因为这不是在群体或个体水平上。

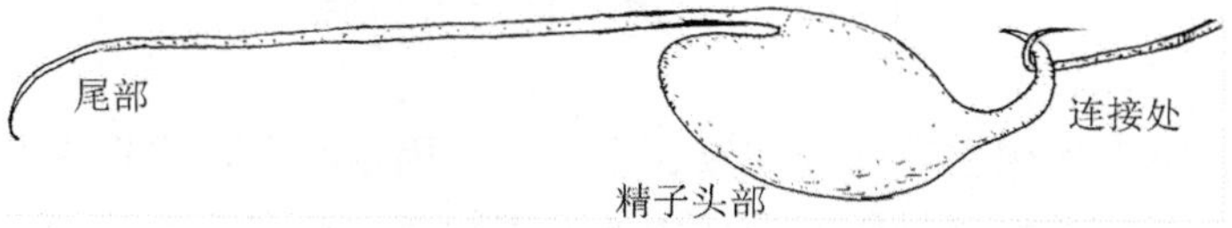

图17-2 木鼠（*Apodemus sylvaticus*）精子的形状
精子头部有勾，可以相互牵引形成链状结构

17.3.2 同胞相残

在许多情况下，兄弟姐妹之间也会因争夺资源而战，结果往往是最年轻的个体失败，在有些种类，往往是最年长的个体杀死其弟妹，如先出壳的个体会杀死后出壳的个体，这就是同胞相残（siblicide）。Kitowski（2005）对波兰13只巢乌灰鹞（*Circus pygargus*）进行过研究，发现早出鸟比晚出鸟明显占优。如果一对父母只能养活一个子女的话，那么残杀可以说是一种义务（Gargett，1977）。那为什么它们每次还要产2个蛋呢？可以这样解释：后出壳的子女只是一种保险备份，只有在其他个体没有成功出壳的情况下才有可能存活。在牛背鹭（*Bubulcus ibis*）种群中有严格的等级系统，按等级分配食物，年幼的个体往往要挨饿，但当食物充足时它们也能长大，年景好时，兄弟相残在牛背鹭中并不一定发生，但在黑鹰一定发生，因为2只或更多共同成长的机会不存在；年长的个体只有在杀死弟妹的前提下才能存活（Creighton and Schnell，1996）。

同胞相残显示血亲关系并不一定产生利他行为。在鹭和鹰，自私才更好，因为利他的代价太大。

17.3.3 互惠利他

在动物中，个别情况下，利他行为也会发生在非亲个体之间，这可称为互惠利他（reciprocal altruism）。这种现象常发生在集群动物中，个体间关系密切，这种利他可以解释为是一种对未来的投资或回报。Wilkinson（1984；1990）研究了吸血蝙蝠（*Desmodus rotundus*）分享食物的行为。这种动物群居栖息，那些吃到食物的个体往往反刍给饥饿个体。分享食物的代价很小，但获益很大，在有血亲关系及无血亲关系个体间都可以发生，多发生在关系密切的个体间。

以上的研究和实验表明：亲属关系越近，利他现象得以发生的最小得利个体数越少（如 1 个人牺牲只要救活 2 个兄弟就够本了，但要救活 8 个侄子才能够本），故多发生在亲缘关系密切的群体中。

17.4　配子选择

自然选择可以作用在群体、家族、个体、基因水平上，它在细胞水平上有没有作用？自然选择的作用是影响群体中的基因频率，如果自然选择在细胞水平上起作用，那么也只能对生殖细胞起作用。这种选择就是配子选择。

Stadler（1945a；1945b）提出用配子选择（gamete selection）的方法来提高育种的效率，即选用好的花粉来为农作物，如玉米等进行杂交，以选出好的品种。El-Hifny 等（1969）报道，这种方式确实很有效，已在畜牧业中广泛应用。那么在自然条件下，配子选择是否存在呢？不同基因型的配子（精子或花粉）其活力有区别吗？

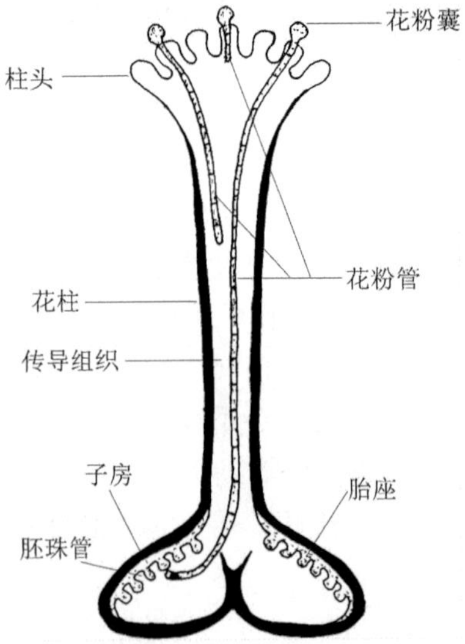

图 17-3　配子选择的一种情况
花粉在柱头生长的过程中，几乎在每个阶段都存在识别和选择过程

Andronikov 等（1998）报道，软体动物和两栖动物配子的抗热能力相差很大，不同个体间有时能相差 6～8 倍，而不同种群间能达到 8～10 倍。在这种情况下，对配子的选择在不同个体或不同群体之间都可进行。在一定条件之下，不是所有配子都能受精的，而只是部分精子能够忍受温度的选择而最终受精。在这种选择作用下，种群的基因型肯定会发生改变。

Hill 和 Lord（1986）研究萝卜（*Raphanus raphanistrum*）胚珠的受精情况，发现它们受精不是随机而是有选择的，与胚珠的位置有关。这表明，花柱能诱导花粉管朝特定的胚珠生长（图 17-3）。

关于配子选择的存在与否有许多争论，如 Snow（1990）对花粉的研究就表明，配子选择的作用并不明确。Mayr（1997）指出，配子选择中所提出的有关雄性配子游泳能力的高低、对无效卵的识别以及穿透卵膜能力的不同可能与产生配子的雄性个体有关，而不是与单倍体的配子本身有关。另外，受精过程很多情况下有随机性和偶然性，机会可能比适合度更重要。

从生命起源和生物进化的角度看，生命有机体是从有机小分子进化到生物大分子、从生物大分子进化到分子聚合体、再到单细胞生物、多细胞生物以及复杂生命体。在这些不同的进化阶段，自然选择是一直在起作用的，那么在诸如单细胞生物阶段，选择的单位肯定是像配子一样的细胞，因此说，配子选择以及其他层次的选择也并非不存在（Wilson，2006；Okasha，2003a；2003b；2006）。

17.5　物种及其他水平的选择

Lewontin（1970）提出，自然选择可以作用在任何水平，从基因、分子、染色体、细胞、器官、生物个体、家族、种群甚至物种或更高层次，它甚至是同时作用于这些不同层次上（Wilson，2006）。个体选择有 3 个条件，①种群中的不同个体具有不同的表型；②这些不同表型的个体具有不同的适合度；③表型特征可以在世代间遗传。如果符合这 3 个条件，所有的单元都可以被选择，如分子、基因、细胞、种群、物种或更高分类单元。例如，在物种水平，如果不同的种群具有不同的表型、这些不同表型的种群在适合度上如果有差异、而它们又能够被遗传，那么在物种水平选择的单元就是种群而不是生物个体。Stanley（1975）通过分析化石生物进化的间断平衡现象，提出在进化的历史长河中，进化是以物种为单位的，而不是以个体为单位，即与个体和个体之间有竞争现象一样，物种与物种之间也有类似于个体那样的竞争过程，在竞争中获胜的物种就会取得优势，产生更多的物种，这种选择叫物种选择（species selection）。

既然选择可以作用于物种，那么在物种以上的分类单元呢，如一个科或目？也有人提出过支系选择（clade selection）的概念，但批评颇多。

在以上所介绍的各种选择单位中，个体最容易理解，古生物领域内因研究对象往往都是不同的物种而非个体，因此比较强调物种选择。比个体更小的单元（如细胞、基因、染色体）适合度上的差异是如何遗传给下一代的有待说明，因为它们不单独存在于自然界。况且除生殖细胞以外的其他器官和细胞是不可能被遗传的，它们的性状如何传递给生殖细胞？这是不是又回到了获得性遗传？比物种更高单元的整体性有待确认，即如果它们确实是作为选择的单元的话，它们共同的适合度是如何传递给各自不同的后代的？它们能不能用物种选择来解释？

18　影响进化的必然和偶然因素

当我偶然读到马尔萨斯论人口的理论时，关于自然选择的概念突然闪现。它是我关于生物演化分歧学说原理最后的、最终的原因和重点。

——达尔文（1864）

从哈代-温伯格平衡条件来看（详见第 16 章），任何影响平衡的条件都可以造成群体中基因频率的改变，而自然选择只是其中的一种因素而已，虽然它是生物进化决定性的、持久性的、时刻存在的力量。无论作用在基因、细胞、个体或群体水平，它的存在都是必然的、客观的、挥之不去的，这是因为生物的生存要依赖环境。但自然选择也不是进化的唯一因素，突变、基因流动、近亲繁殖等因素也可以对种群中的基因或基因型频率的改变起作用。在此之外，还有偶然因素——遗传漂变对进化也有一定的作用，在极端情况下，它的作用还不可小视。自然选择是有方向性的，即迫使生物群体内基因的频率朝适应环境的方向改变，而突变、基因流动是无方向性的、随机的。近亲繁殖可提高群体中纯合子的比率而降低杂合子的比率，但由于纯合子往往因衰退而被淘汰，它对群体中基因频率的影响也不可忽视。

18.1　突　　变

在理想种群中，配子的基因频率是不变的。然而在自然条件下，总有突变发生（表 18-1）。假设有一对等位基因 A 和 a，突变时只能两者之间互换，即只能由 A 变为 a 或由 a 变为 A。我们取前一种情况，由于在每一代中都有一数量的 A 突变为 a，如果这个过程一直持续，A 的频率就会逐渐下降而 a 的频率会逐渐上升，如果有足够的时间，A 最终将变成 0，但这种改变是非常慢的。如果假定每代 10 万个个体中有一个发生突变，A 的初始频率为 1.00，需要 1000 代才能将频率变为 0.99。A 的初始频率越小，要达到一定改变所需要的时间越长。如果 A 的初始频率是 0.50，改变 0.01 的基因频率（即从 0.50 变成 0.49）需要 2000 代，如果从 0.10 开始则需要 10 000 代。

当然，在 A 改变的同时，a 也会改变。设一对等位基因 A 和 a，A 的频率为 p，a 的频率为 q，A 突变为 a 的突变率为 u，a 突变为 A 的突变率为 v。因此每代中由 A 突变为 a 的数量 $=pu=(1-q)u$，由 a 突变为 A 的数量 $=qv$。

表 18-1　不同生物体特定基因的突变率（Dobzhansky et al.，1977）

生物体和性状	突变/基因组/世代（$\times 10^{10}$）
细菌噬菌体 T_2（病毒）Bacteriophage T_2（virus）	
宿主范围（host range）	30
溶菌抵制作用（lysis inhibition）	100
大肠杆菌（细菌）*Escherichia coli*（bacterium）	
链霉素抗性（streptomycin resistance）	4
链霉素依赖（streptomycin dependence）	10
对 T_1 噬菌体抗性（sensitivity to phage T_1）	30
乳糖发酵（lactose fermentation）	2 000
鼠伤寒沙门氏菌（细菌）*Salmonella typhimurium*（bacterium）	
色氨酸不依赖（tryptophan independence）	500
衣藻（藻类）*Chlamydomonas reinhardi*（alga）	
链霉素抗性（streptomycin resistance）	10 000
粗糙脉孢菌（真菌）*Neurospora crassa*（fungus）	
腺嘌呤不依赖（adenine independence）	400
肌醇不依赖（inositol independence）	800
玉米（谷类）*Zea mays*（corn）	
皱皮种子（shrunken seed）	10 000
紫色种子（purple seed）	100 000
黑腹果蝇 *Drosophila melanogaster*（fruit fly）	
电泳变异（electrophoretic variant）	40 000
白眼（white eye）	400 000
黄体（yellow body）	1 000 000
小鼠 *Mus musculus*（mouse）	
棕色（brown coat）	80 000
杂色（prebald coat）	300 000
人 *Homo sapiens*（man）	
亨廷顿氏舞蹈病（Huntington's chorea）	10 000
无虹膜（aniridia，absence of iris）	50 000
视网膜瘤（retinoblastoma，tumor of retina）	100 000
血友病 A（hemophilia A）	300 000
四肢短缩症（achondroplasia，dwarfness）	400 000～800 000
神经纤维瘤（neurofibromatosis，tumor of nervous tissue）	2 000 000

当 $pu=qv$ 时，A 和 a 的基因频率保持不变，群体处于遗传平衡；当 $pu>qv$ 时，a 的基因频率增加；当 $pu<qv$ 时，A 的基因频率增加。

18.2 基因流动

如果群体中有个体的迁出或迁入，由于它们的流动会带来或带走不同的基因，这就会影响基因频率。如果 AA 的个体迁出，那么基因型为 A 的配子数量就会减少。

假设在一个种群中一对等位基因 A 和 a 的频率分别为 p 和 q，在一个世代期间从外部迁移来少量个体。迁移进来的群体中 A 和 a 的频率分别为 p_m 和 q_m，迁移进来的个体数所占比例为 m，则下一代中 a 的频率就是 $q(1-m)+q_m m=q-m(q-q_m)$，a 的基因频率变化量为 $m(q-q_m)$。同理也可以算出 A 的频率变化量为：$m(p-p_m)$。

不同人群中 ABO 血型的比例是不同的（表 18-2）。分析其中的数字变化，可以看出它们各自的起源地点及扩散路径，如 B 型血就由亚洲向欧洲扩散。

表 18-2 世界主要种族中各种血型的比例/%

人群	O	A	B	AB
阿拉伯人 Arabs	34	31	29	6
美国的亚裔 Asian（in USA-General）	40	28	27	5
奥地利人 Austrians	36	44	13	6
北美黑足印地安人 Blackfoot（N. Am. Indian）	17	82	0	1
中国广东人 Chinese-Canton	46	23	25	6
埃及人 Egyptians	33	36	24	8
英格兰人 English	47	42	9	3
美国阿拉斯加爱斯基摩人 Eskimos（Alaska）	38	44	13	5
格林兰爱斯基摩人 Eskimos（Greenland）	54	36	23	8
法国人 French	43	47	7	3
德国人 Germans	41	43	11	5
希腊人 Greeks	40	42	14	5
匈牙利吉普赛人 Gypsies（Hungary）	29	27	35	10
匈牙利人 Hungarians	36	43	16	5
冰岛人 Icelanders	56	32	10	3
印度人 Indians（India-General）	37	22	33	7
美国印地安人 Indians（USA-General）	79	16	4	1
爱尔兰人 Irish	52	35	10	3
意大利人 Italians（Milan）	46	41	11	3
日本人 Japanese	30	38	22	10
德国犹太人 Jews（Germany）	42	41	12	5

续表

人群	O	A	B	AB
波兰犹太人 Jews (Poland)	33	41	18	8
肯尼亚基库尤人 Kikuyu (Kenya)	60	19	20	1
朝鲜人 Koreans	28	32	31	10
挪威人 Norwegians	39	50	8	4
新几内亚巴布亚人 Papuas (New Guinea)	41	27	23	9
菲律宾人 Philippinos	45	22	27	6
波兰人 Poles	33	39	20	9
葡萄牙人 Portuguese	35	53	8	4
罗马尼亚人 Rumanians	34	41	19	6
俄罗斯人 Russians	33	36	23	8
南非人 South Africans	45	40	11	4
西班牙人 Spanish	38	47	10	5
苏丹人 Sudanese	62	16	21	0
瑞典人 Swedes	38	47	10	5
瑞士人 Swiss	40	50	7	3
鞑靼人 Tartars	28	30	29	13
泰国人 Thais	37	22	33	8
土耳其人 Turks	43	34	18	6
乌克兰人 Ukranians	37	40	18	6
英国人 United Kingdom (GB)	47	42	8	3
美国黑人 USA (blacks)	49	27	20	4
美国白人 USA (whites)	45	40	11	4
越南人 Vietnamese	42	22	30	5

Garratty 等（2004）统计美国 5 个血液中心的资料后发现，在美国，O 型血的比例最高，其中拉丁裔中高达 56.5%，印地安人为 54.6%，非拉丁裔黑人中为 50.2%。拉丁裔和非拉丁裔黑人中的 Rh 基因分别为 7.3%和 7.1%，低于非拉丁裔白人的 17.3%。O Rh^- 和 B Rh^- 血型在非拉丁裔白人中的比例（分别为 8.0%和 1.8%）要高于拉丁裔的 3.9%和 0.7%、非拉丁裔黑人的 3.6%和 1.3%以及亚裔人士 0.7%和 0.4%。美国是移民国家，不同种群血型的不同代表了他们各自所属种族中的基因状况，而因为民族的融合，各个种族中或多或少都带彼此的基因。

King 和 Lawson（1995）研究了位于美国和加拿大之间的依利湖（Eerie）中小岛上水蛇（*Nerodia sipedon*）的形态。这种蛇从纯色的至具有花纹的共有 4 种形态。大陆上主要是花蛇，湖中的岛上有两种蛇：纯色和花色的。而蛇是变温动物，每天要在石头上晒太阳，按理说纯色的蛇更不易被发现，花蛇不应该出现。为什么在岛上有两种蛇呢？分析后的结论是：每年都有一些花蛇从大陆迁徙到岛上，基因流动部分抵消了选择。

Grant 和 Grant（2002a）分析了加拉帕戈斯群岛中的达芙尼岛的 2 种地雀——中喙地雀（*Geospiza fortis*）与仙人掌地雀（*Geospiza scandens*）的杂交情况，发现部分中喙地雀的雌性能与仙人掌地雀的雄性交配，而使后者的喙逐渐变粗大。

18.3 近亲繁殖

理想种群是一个无限大的种群，在这样的群体中，个体间可以随机交配产生后代，且各代间基因频率和基因型频率保持不变。而在自然种群中，由于各种因素的存在，如天然隔障（山脉、河流等，水生生物则因有水的限制）的分隔，种群不可能无限大，交配也不可能是完全随机的，或多或少地存在着近亲繁殖的情况（表 18-3）。近亲繁殖在植物中极为常见，如自花授粉等。在这样的种群中，基因型频率会改变。

表 18-3 日本几个城市中近亲结婚的频率（大羽滋，1983） （单位：%）

城　市	表亲结婚	1/2 表亲结婚	1/4 表亲结婚	合　计
名古屋市	2.1	0.1	0.2	2.4
广岛市	3.4	1.1	1.4	5.9
熊本市	3.4	1.7	1.3	6.4
福冈市	3.9	1.1	1.4	6.4
吴市	3.9	1.4	1.7	7.0
长崎市	4.8	1.2	2.0	8.0

存在近亲繁殖的种群中不同基因型频率的改变与近交系数有关。所谓近交系数，就是衡量繁殖双亲之间近缘关系远近的一个指标，或定义为“某一个体所具有的两个等位基因来自同一祖先的概率”。例如，一对表兄妹结婚后，他们各自体内一对等位基因中的一条来自于共同祖父（或祖母）的概率为 1/4，那么他们将这同一基因传给子女的概率为 $1/2\times1/2=1/4$，因而他们子女在同一座位上的基因为纯合的概念为 1/16。这个 1/16 就是他们后代的近交系数。亲缘关系不同的亲代结婚后，其子代的近交系数是不同的（表 18-4）。

近亲繁殖的效应是纯合体的增加而杂合子的减少，这种情况影响基因型频率。如果近交系数是 F，一对等位基因 A 和 a 的频率是 p 和 q 的情况下，两个纯合体 AA 或 aa 的频率与 $F=0$（即随机交配）相比各自增加了 Fpq，而杂合体 Aa 的频率相应地减少了 $2Fpq$。近交系数越大，杂合子的频率改变也越大（表 18-5）。

表 18-4 不同亲缘关系的亲代交配后其子代的近交系数（大羽滋，1983）

双亲的关系	子代近交系数
兄弟姐妹、亲子	1/4
半同胞、叔侄或舅甥、姑侄或姨甥、双重表亲	1/8
表（堂）亲	1/16
表叔侄或舅甥、姑侄或姨甥	1/32
从表（堂）亲	1/64

表 18-5 近亲交配中纯合体的增加与基因频率的关系（大羽滋，1983）

隐性基因频率 q	0.1	0.01	0.005	0.002
随机交配下的纯合体频率	0.01	0.000 1	0.000 025	0.000 004
近亲交配后子代杂合体增加倍数				
表亲（$F=1/16$）	1.56	7.19	13.44	32.18
半表亲（$F=1/32$）	1.28	4.09	6.22	15.58
从表亲（$F=1/64$）	1.14	2.55	4.11	7.78

人群中有害基因频率一般在1%以下，由此可见，后代中出现具有先天性缺陷有害基因纯合体的危险性表亲结婚大约比一般人群的高7倍。

18.4 遗传漂变

所谓遗传漂变（genetic drift），就是由小群体引起的基因频率增减甚至丢失的现象。在自然条件下，如果小群体足够小，它所拥有的基因及基因型可以偏离原始种群很多。遗传漂变的结果是遗传多样性的丧失、纯合子增加、杂合子减少或消失、种群适合度降低（图 18-1）。

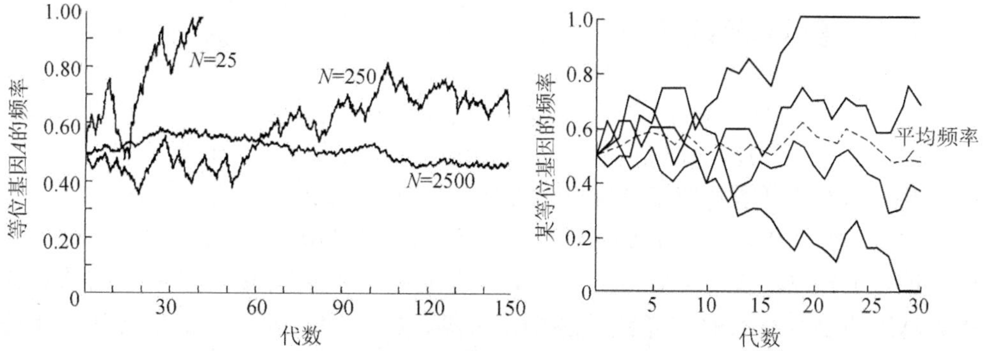

图 18-1 遗传漂变的结果

决定果蝇眼色的座位上有两个等位基因 *bw75* 和 *bw*。Buri（1956）建立了107个实验黑腹果蝇（*Drosophila melanogaster*）群体，*bw75* 基因在所有种群中开始时的频率都为 0.5。让各群体中果蝇随机互交，每代随机地选出 8 雌 8 雄作为下一代的亲体。这样有效种群的大小为 16 只果蝇。19 代后，在 28 个种群中 *bw*75 的频率变为 0，30 个种群变成 1。可见，小种群的基因频率是可以改变的，而改变的结果是随机和偶然的。

在自然种群中也存在遗传漂变现象。Templeton 等（1990；2001）对美国密苏里州沙漠中的蜥蜴（*Crotaphytus collaris*）进行了长期观察。在过去的 8000～4000 年，密苏里变得湿润而使沙漠破碎化成一个个小沙地。时不时的火灾加剧了这一过程，并且阻隔了它们的相互迁徙。从线粒体基因来看，不同种群在遗传上是高度一致的，如果一种病菌能够杀死一只蜥蜴，那么就有可能杀死一块沙地中的所有蜥蜴，可见它们对环境改变的适应能力极低。事实上，在 2/3 的林地上已没有蜥蜴。

Westemeier 等（1998）对美国伊里诺依州大牧场鸡（*Tympanuchus cupido*）的遗传多样性进行了研究，比较 1994 年与 1962 年的标本，发现遗传多样性及适合度（如生殖力和孵化率）都明显下降。Bellinger 等（2003）对美国威斯康星州等地区的同种鸡进行了研究，发现遗传多样性也明显下降，但适合度却没有明显下降。

Escobar-Paramo 等（2005）分析了采自太平洋及地中海的 36 个古细菌 *Pyrococcus* 样本，分析它们的插入序列后发现，多样性较高，这也证明它们或多或少地经历过遗传漂变的过程。

Ackermann 和 Cheverud（2004）通过对人类头部化石的研究，认为人类在进化过程中也经历过遗传漂变。

遗传漂变有两种典型形式：奠基者效应和瓶颈效应。

18.4.1　奠基者效应

奠基者效应（founder effect）是遗传漂变的极端情况之一。如果从大群体中隔离出少数个体，迁移到另一个生物地理区（如岛屿）。在这种情况下，小群体中的基因频率就可能与原来种群有很大的差异（图 18-2）。

Clegg 等（2002）对塔斯马尼亚岛上的一种鸟 *Zosterops lateralis* 的遗传多样性进行了研究，在 6 个微卫星位点中，澳大利亚大陆上种群的多样性最大，而距离越远的小岛上鸟的多样性就越小。可见，在自然状况下，奠基者效应十分明显。

Planes 和 Lecaillon（1998）报道，1955～1964 年，美国的夏威夷州钓鱼与游戏局从法属波斯尼亚引入了 11 种海洋珊瑚礁鱼类到夏威夷，结果只有 3 种成功建立了种群。他们分析这可能是因为引入的种群数量较小，外加游回大海去

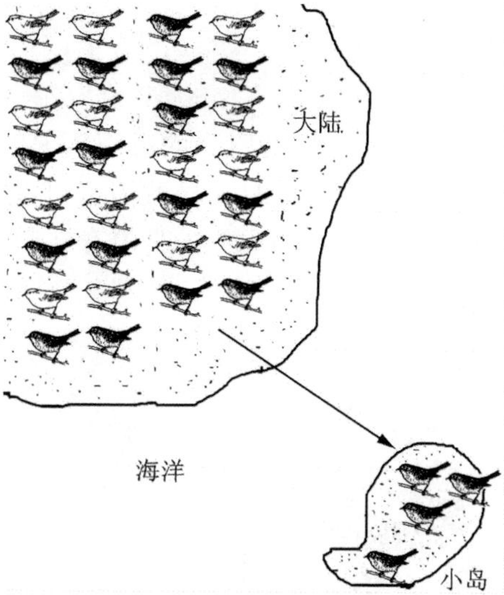

图 18-2 奠基者效应示例

的，再加上奠基者效应等，能够存活的并不多。而且引入后种群留存的数量至少要达到引入种群的 1%～5%，否则很难成功。但从 3 种存活的鱼群基因情况来看，它们的遗传多样性变化并不大。

人类中的奠基者效应也很多。例如，Nebel 等（2004）报道，北欧的犹太人 Y 染色体与中东地区的犹太人有相似性，而与欧洲其他地区的差别相对较大。美国宾夕法尼亚州的阿米什人（Amish）是 30 个瑞士移民的后代。而在奠基者中有一个人得有一种怪病，患者身材及四肢均较小、心脏也有缺陷。阿米什人大部分与本族的人通婚，因而目前平均每 200 个人中就有一人得这种综合征，而在美国其他种族中，这个比率要小得多。这是近亲结婚与奠基者效应的典型案例之一（Kelley et al.，2002）。O'Brien 等（1994）分析了北美洲 Hutterite 人、Sottunga 人（Aland 群岛）和犹他摩门族人的起源和演化，发现他们或多或少都经历过奠基者效应。在委内瑞拉 Maracaibo 湖区的有很多人得亨廷顿病（一种神经错乱病），约 10%的患者在 20 岁之前就会得这种病。调查发现，在 19 世纪有一个得这种病的妇女迁移到该地区，她的子女很多。这一地区的亨廷顿病很可能就是由她这个奠基者传下来的（Wexler et al.，2004）。

中南美洲的土著印地安人的血型几乎都是 O 型，推测他们很可能是由少数个体传承下来的。Tipping 等（2001）分析了南非欧洲移民中的卟啉病（porphyria）和贫血病，发现它们均来自于 17 世纪的欧洲移民，其后代中 95%的家族具有这种病的突变体。这明显是奠基者效应的结果。

18.4.2　瓶颈效应

瓶颈效应（bottleneck effect）是指原先的种群因某种因素急剧减少，只剩下少量个体后引起的基因漂变（图 18-3）。导致因素可能是灾难、过度开发等。瓶颈效应与奠基者效应的根本区别在于原先的种群存在与否。

图 18-3　瓶颈效应示意

Hoelzel 等（1993；2002）对美国加利福尼亚州的象海豹（*Mirounga angustirostris*）进行过研究。到 19 世纪末期，由于人类的影响和狩猎，它们的种群下降至 20 头左右。目前种群数上升到约 3 万头，但它们的基因多样性极差。现存约 2 万只猎豹（*Acinonyx jubatus*）的遗传多样性极差，分子系统学研究显示，它们在 1 万年以前经历过瓶颈效应（Menotti-Raymond and O' Brien，1993）。在 1898 年时，麋鹿（*Elaphurus davidianus*）只有 18 只，现在的种群都是由它们繁殖而来的。Meffert 和 Bryant（1991）和 Regan 等（2003）用家蝇（*Musca domestica*）为材料的研究也证实瓶颈效应确实存在。

Sundin 等（2000）分析了密克罗尼西亚 Pingalap Atoll 岛上人群中色盲的比例为 4%～10%，比其他地区的人要高得多。原来，1780 年时，台风袭击了这个岛，只留下 30 个人，其中男人 9 个，有 1 个是色盲。

瓶颈效应和奠基者效应有时是共同起作用的。发生瓶颈效应后剩下的小种群可以作为奠基者继续繁殖。张茜等（2005）用分子系统学手段对祁连圆柏（*Ju-*

niperus przewalskii）进行了分析，结果表明在进化过程中，青藏高原台面东部间断分布的种群可能经历了冰期后共同的回迁过程和由此产生的奠基者效应，祁连圆柏在冰期可能存在多个避难所，瓶颈效应和奠基者效应造成了这些种群现在的遗传多样性分布式样。

19　可快可慢的进化速度

我完全觉得自然选择的作用总是极度缓慢的。

——达尔文（1859）

在自然条件下，自发的变异情况往往较少见，所发生的变化也相对较微弱，一般较大的变异类型因不适应环境而被淘汰。Weismann（1886）说过“一个物种的突然转变是无法想象的，因为果真这样的话会导致物种无法存在”。同时，在人类生活过程和历史记载中，也看不出生物进化和物种形成的明显例证。还有，经过人工选择的（如鸽、狗、金鱼等）虽然形态的确发生了较大变化，但它们的不同品系间却仍然能够交配产生正常后代，表明它们之间的差异程度并没有想象的那么大，自然条件下理应比此更为缓慢。因而，在提出进化论时，达尔文认为生物进化的速度是比较缓慢的。他在《物种起源》中说：“因为自然选择的作用只不过是积累略微成功而有利的变异，所以不可能产生出明显或突然的表现性状；自然选择的作用非常小而且缓慢。”他后来又说：“物种中的变化一定非常缓慢，原因是物理（环境）变化缓慢。”然而，在 19 世纪中叶，人们普遍相信地球历史极为短暂，最长的估计也不过几亿年。如何在如此短暂的时间内缓慢地产生如此多样的物种呢?

19.1　进 化 速 度

现代进化论认为，地球历史极为久远。同时，进化的速度也可快可慢。概括地讲，进化的速度取决于环境变化的速度。

对加拉帕戈斯群岛上达尔文地雀的研究深入且详细，时间跨度也较长。从短期来看，生物对自然选择的反应是迅速及时的，或者说自然选择的作用是相当大的。20 世纪 70 年代末期，达芙尼岛（Daphne Major）经历了干旱，岛上产小种子的植物死亡较多，食物匮乏，大部分中喙地雀（*Geospiza fortis*）被饿死。幸存下来的个体喙较大较钝，是因为它们能够打开坚硬的种子。它们的喙因此平均增大了 4%。1983 年的厄尔尼诺现象又让加拉帕戈斯群岛的降雨量充沛，各种植物都能生长，这时命运的天平向喙较小的个体倾斜，因为喙比较大的中喙地雀吃小种子反而不如喙较小的中喙地雀有效率。这时自然选择又使中喙地雀的喙平均缩小了 2.5%。2003 年的干旱以前，这种地雀喙的平均长度是 11.2 mm，而在干旱之后的 2005 年，喙平均长度变为 10.6 mm，下降了 5%。喙的高度也从 9.4 mm 下降到 8.6 mm（Grant and Grant，2002a；Pennisi，2006）。从地雀的例子来看，进化的速度是很快的，它们的喙在几年之间就可变化 5%左右。

美国的果蝇 *Drosophila subobscura* 约在 1978 年时由欧洲引入。在欧洲地区，它们的翅在从南到北的不同种群中是逐渐加长的。而在美国，直至 1989 年时还未曾发现这一现象，然而 10 年后，这一现象就已非常明显。可见果蝇翅的变化是 10 年间的事（Huey et al.，2000）。

但也有进化较慢的生物，如水杉（*Metasequoia glyptostroboides*）和银杏（*Ginkgo biloba*），在几亿年中几乎没有变化（图 19-1）。

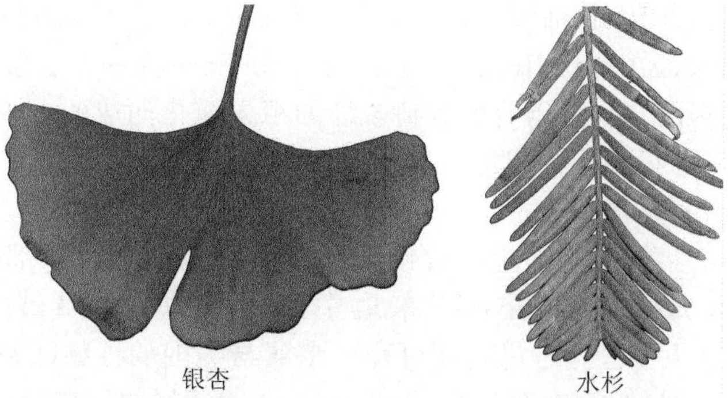

图 19-1 进化速度缓慢的物种示例（银杏和水杉）

Gingerich（1983）认为人工选择下的进化速度为 12 000～200 000 达尔文（1 达尔文约为 100 万年变化 2.7 倍），平均为 58 000 达尔文。化石的进化速率平均为 0.7～3.7 达尔文。Reznick 等（1997）以孔雀鱼（*Poecilia reticulata*）为实验对象进行研究，发现室内条件下与自然条件下它们进化的速率差不多，也在 Gingerich 估计的范围之内。

19.2 种化速度

物种的形成是进化过程中的突出事件，物种形成事件的速度在一定程度上代表了进化的速度。地球上的物种至少有 500 万～1000 万种。在地球约 45 亿年的时间中，它们都是在 10 亿～15 亿年形成的，可见种的形成是很快的，物种形成事件频率是很高的。

那么物种形成的速度大概是多少呢？Coyne 和 Orr（1989；1997）认为物种形成平均需要 150 万～350 万年，也可以更快。隔离后又同域的种群种化速度可能要快 10 倍。植物多倍体的形成可能需要的时间很短，异源四倍体亚婆罗门参（*Tragopogon mirus*）可能是在不到 100 年的时间内演化而成的（Cook and Soltis，1999）。

不同的生物种化速度不同。陈银瑞等（1983）提出，我国云南程海中不存在典型的湖泊鱼类，它们与河流中的鱼类更接近。该湖泊是 1690 年时与金沙江隔绝的，由此推论该湖中的新物种及亚种是最近 300 年来形成的。美国内华达州的十余种（或亚种）鳉鱼 *Cyprinodon* spp. 可能是在近 1 万年左右形成的。东非维多利亚火山湖中有超过 500 种丽鱼（cichlid），根据地质资料，该湖在约 12 000 年以前曾经干涸过，说明它们都是在近 12 000 年内演化而来的。在只有 10 000 年历史的菲律宾拉瑙（Lanao）湖，居然出现了 18 个地方性鲤科鱼种（另一说是 29 种；Reid，1980）。Lister（1993）提出 111 600 万年以来，驼鹿在欧亚大陆先后演化出 4 个种，即 *Alces gallicus*、*A. latifrons*、*A. alces*、*A. scotti*。蜜旋木雀（雀科 Fringillidae：Drepanidinae 亚科）在夏威夷群岛上约有 50 种，可能是由 640 万年前扩散到该岛的祖先演化而成的。该岛的 5 种画眉可能是经过 420 万年分化而成的，3 种鸭（Moa-Nalos）经过 430 万年、4 种乌鸦经过 520 万年才演化而成的。

一些植物和鸟类的种化速度较慢，到目前分布于美国东部的一球悬铃木（*Platanus occidentalis*）与分布于东地中海地区的三球悬铃木（法国梧桐 *P. orientalis*）在人工杂交下仍高度可育；东亚与美国的植物区系中也有很多类似的植物，如中国的梓树（*Catalpa ovata*）与美国的梓树（*Catalpa bignonioides*）虽生长在不同地区但高度可育，而它们已分离了至少几百万年至千万年（Dobzhansky et al.，1977）。

19.3 影响种化速度的因素

人们很早就发现，在生物各门类中，物种数目是不平衡的。例如，鸟类就比两栖类或爬行动物要多，而节肢动物更是占了动物界的近 80%，其中又以昆虫为盛。在植物中，有花植物也比其他植物要多。为什么会产生这样的格局？为什么在不同门类种化的速度和规模不同？是什么因素影响了种化的速度？

从种化的模式来看，影响种化的因素主要有以下几个方面（Owens et al.，1999）。

19.3.1 气候

Wright 等（2006）提出，热带地区生物较多，而离热带越远的地方物种数目越少的原因，可以用气候因子来解释。过去一般认为，热带地区的气候更加温暖、更加舒适，更适宜更多物种生存。另外，热带地区光照资源更丰富，更有利于光合作用，可以产生更多的生物量以供生物所用。但它们是如何分割的呢？还有人认为热带地区气候更加稳定，少了物种随机灭绝的过程，从而使物种多样性不断积累。Wright 等认为，还有另外一个原因，就是在热带地区，进化发生的速度更快。因为在热带地区的气候条件下，突变率会增加，这样能够被自然选择作用的遗传多样性也会增加。科研小组研究了几对植物的 DNA，每一对均由亲缘关系很近的两种植物组成。而且，其中的一种植物属于热带植物，另一种则属于高纬度地区生长的温带植物。针对每一对植物，他们计算出分子进化的速率，发现热带植物的核苷酸变化速率比温带地区植物中核苷酸的变化速率高出 2 倍多。这一发现充分说明：更快的突变速率至少在一定程度上可以加速生物种化。而为什么在热带地区突变率会高呢？他们认为热带地区的温度较高意味着化学反应发生的速度更快，因此生物代谢的速率也更快。代谢速率的增加反过来会产生更多的自由基。后者是一种诱发突变的蛋白质。由此得到如下结论：由于代谢速度的提升，热带地区的热量引起更多的突变，也因此形成更多的物种。

19.3.2 世代周期

世代周期短的生物因为更容易发生和积累基因突变，也可能更易种化（Marzlu and Dial，1991）。但 Owens 等（1999）在鸟类中并没有发现这样的规律性现象。

19.3.3 个体大小

个体小的生物因代谢率相对较高，也可能更容易发生突变，因而种化可能较快（Dial and Marzlu，1988；van Valen，1973）。但同样 Owens 等（1999）对鸟类的研究并不支持这种说法。

19.3.4 物种数目

Emerson 和 Kolm（2005）对加那利群岛（Canary）和夏威夷群岛上的节肢动物群落和有花植物群落做过分析，认为在一个给定地区物种数量越多，这些物种内发生种化的概率越高。但 Cadena 等（2005）通过对西印度群岛鸟类的研究，指出这不一定是与物种数目有关，也许与物种的寿命有关。从植物来看，亲缘关系较近的物种数目越多，形成多倍体的概率就越高，因而更易种化。这似乎表明，一旦进入新的进化级，生物类群可以作为一个整体向前进化（Guyer and Slowinski，1993）。

19.3.5 种群大小

种群越大，就越有可能被分割成更多的小种群；不同的小种群就可能朝不同的方向演化形成不同的物种。另外，种群越大，就越不容易发生随机性地灭绝，因而更容易积累物种数目。种群越大，其基因库的变异就大，就越容易应答环境的选择（Rosenzweig，2001）。

19.3.6 分布范围

一个种群的分布范围越大，就越有可能被山脉、河流等天然屏障分割成小种群，同时也更有可能被分割成更多的小种群。这在鸟类的研究中得到了证明（Owens et al.，1999）。在海岛等相对孤立封闭、生态因子较恶劣的环境中，生物种群往往被限定在很小的范围内，因而也易种化，如岛屿上的老鼠（Britton-Davidian et al.，2000）。

19.3.7 扩散能力

这可能有两方面的效应：一方面，如鸟类等扩散能力很强的生物，在短时间内小种群就可能扩散出去几百甚至上千千米，因而更容易形成不同的小种群（Owens et al.，1999）；另一方面，对诸如鼹鼠等扩散能力极弱的生物来说，它们也容易被很小的隔障所分隔，因而也易朝不同的方向分化。

19.3.8 生态位特化

高度特化的生物往往是间断分布的，如食性狭窄的昆虫、生态环境要求特别的寄生虫等，它们很容易被分隔成小种群，朝不同的方向发展。在半翅目 Hemiptera 昆虫中，食花果的种类明显要多于捕食性和食叶性种类。但 Owens 等（1999）指出，食性比较广的鸟类种类更多。

19.3.9 性选择

West-Eberhard（1983）指出，性选择压力大的生物更容易分化。Mendelson 和 Shaw（2005）对夏威夷群岛上的蟋蟀 *Laupala* spp. 的研究表明，这些以鸣声和动作来吸引异性的生物比其他节肢动物种化的速度要快。Owens 等

(1999) 也指出，雌雄两性形态不同的鸟类更易种化。

19.3.10 环境改变

改变了的环境对生物具有新的选择压力，迫使它们发生改变。同时，环境改变也会减少或扩大生态小环境，为物种形成或消失提供了可能和条件。例如，火山爆发会摧毁原先的环境而形成新的生境，适合新物种分化和形成。

19.3.11 随机事件

这与环境改变有关。如果自然灾害等随机事件频繁发生，就有可能造成遗传漂变，因而更容易形成新物种。

19.3.12 集群生活

Rosenzweig (1996) 提出集群生活的鸟类更易种化，但有人提出过质疑。

19.4 适应辐射

在相对较短的时间内，由共同祖先形成多个物种的形象就叫适应辐射 (Adaptive Radiation)，这种现象在自然界有很多例子，其中研究得较好的是诸如岛屿、湖泊、山峰等孤立环境中的物种形成事件。

加拉帕戈斯群岛离南美洲大陆有 1000 km 以上的距离，最近的 Cocos 小岛离大陆也有 600 km。群岛上现有达尔文雀 14 种，属于 3 属，分别为 *Geospiza*、*Camarhynchus*、*Certhidea* (也有人把它们分为 3 支 6 属；Sato et al.，1999)。Cocos 岛上有一种，其他靠得较近的岛上有 13 种。根据分子生物学资料，它们都是在最近 200 万～300 万年形成的。但有些种之间有时会有杂交。

夏威夷群岛总面积仅有 16 600 km^2，包括 7 个主要岛屿及若干小岛，离大陆有 3500 km，这里有非常典型的辐射分化现象。鳞翅目钩蛾亚科 Drepaninae 最初只有 1 种，但 1000 多年前已经发展到 43 种了。

东非的维多利亚湖与马拉维湖 (Lake Malawi) 一共有约 800 种丽鱼，线粒体序列分析表明前者只有 15 000～250 000 年历史，后者最多有 500 万年的历史。两个湖中的丽鱼是由共同祖先进化而来的。

哺乳动物的起源和演化是在侏罗纪末到白垩纪初的 2000 万年间完成的 (Luo and Wible，2005)。

为什么在有些地方会有进化辐射呢？除了上述影响种化的因素外，还有以下几个原因。

19.4.1 没有竞争者，有资源和生态位

进化辐射大多发生在岛屿上，就是因为这些岛屿往往都是火山岛，刚形成时岛上还没有生物或生物极少，对于刚迁移而来的生物来讲，它们没有竞争对手，因而能迅速种化。夏威夷群岛、加拉帕戈斯群岛上的生物、东非高山湖泊中的丽鱼都是这种情况。在新环境刚形成时，生态位是空的，在这种环境中，除没有竞争者之外，生存竞争弱、无天敌、资源多，因而有利于生物迅速扩张和种化。另外，像鸟类等在获得飞行能力之后，就会进入到空中这样的新领域，因而也容易种化。

Losos 等（1998）分析了加勒比海中 4 个小岛上的 *Anolis* 属蜥蜴的种类和形态，发现每个小岛上的蜥蜴都有 4 个生态型：嫩叶型、近树冠型、树干型、近地面型。可见，它们是在没有竞争的情况下，自由演化而成的。

19.4.2 大灭绝之后

二叠纪发生生物大灭绝之后，恐龙繁盛；侏罗纪晚期，恐龙灭绝，释放出很多的生态位，因而有利于哺乳动物的繁盛。

19.4.3 取代竞争者

在竞争中取得胜利的一方，因为往往具有压倒性的优势，故也能朝不同方向迅速地占领生态位。例如，在巴拿马地峡将南美洲大陆与北美洲大陆联系起来后，有胎盘动物迅速向南迁移，而南美洲本身所具有的有袋类因在竞争中不是有胎盘类的对手而被淘汰，而有胎盘动物在南美洲地区又演化出很多新的物种。

19.4.4 适应突破或创新

夏威夷群岛上的蜜旋木雀可以吃种子、昆虫、蜜露，因而造成喙的多样性和食性的多样性。有人做过统计，它们的取食对象包括 960 种开花植物、5500 种昆虫、310 种蜘蛛和 750 种陆生蜗牛。加拉帕戈斯群岛的达尔文雀可以取食植物种子、昆虫、仙人掌等。

Liem（1973）、Hulsey（2006）报道东非高山湖泊中的丽鱼之所以能够分化出这么多不同的物种，其主要原因是它们的咽颚骨与其他鱼类不同：丽鱼的两块咽颚骨与头部形成关节，而其他鱼类的同样结构是由肌肉悬挂着的。正因为这样，丽鱼的咽颚骨可以有很多的变形，可以适应不同的食性。

与其他动物相比，节肢动物繁盛的主要原因有三个：外骨骼的形成，它既可以防水又可为肌肉提供固着点；分节的附肢，有利于迅速移动；变态发育，解决了身体生长和具有外骨骼的矛盾。

脊椎动物的创新主要有：脊索提供支持和保护躯体最重要的神经系统；上下颚的形成和分化有利于捕食及进食；附肢有利于运动；羊膜卵解决了在陆地上的繁殖问题。鸟类比较多的原因是由于它们具有了翅和飞行能力。

19.5 物种灭绝速度

物种有形成也有灭绝。有记载以来，已确认灭绝的生物有很多（图 19-2）。Reid 和 Miller（1989）统计，1600～1983 年灭绝的生物至少有 724 种，其中植物 384 种。而据 Smith 等（1993）的统计，1600 年以来灭绝的动物有 491 种，植物有近 600 种。

图 19-2 已灭绝生物示例（三叶虫化石）

19.5.1 常规灭绝

从化石记录来看，远古时代生物灭绝的种类更多，较著名的例子有恐龙、始祖鸟等。根据进化论，在生存竞争中失败的或者说不适应环境的生物被淘汰也是很自然的事。Raup（1994）分析了 17 500 属海洋化石生物的寿命（或者说存在的时间），发现最长寿命的属也才 1.6 亿年，物种的平均寿命为 400 万年。McKinney（1997）综合多种资料，详细分析了多种生物物种的寿命，发现海洋生物明显要比陆地生物生存时间长。在陆地生物中，大型动物物种的寿命普遍较短（表 19-1）。Raup 和 Sepkoski（1982）称常规灭绝或"背景灭绝"的速度为每百万年 8 科。

表 19-1 化石物种的寿命（表中的无脊椎动物除昆虫外指海洋生物，数字取各种估计值的中间值，McKinney，1997）

分类单元	物种寿命或存在时间/百万年
海洋生物	
礁珊瑚 reef corals	25
双壳类软体动物 bivalves	23
底栖有孔虫 benthic forams	21
苔藓虫 Bryozoa	12
头足类软体动物 gastropods	10
浮游有孔虫 planktic forams	10
海胆 echinoids	7
海百合 crinoids	6.7
非海洋生物	
单子叶植物 monocot plants	4
马 horses	4
双子叶植物 dicot plants	3
淡水鱼类 freshwater fish	3
鸟类 birds	2.5
哺乳动物 mammals	1.7
灵长类 primates	1
昆虫 insects	1.5

19.5.2 大灭绝

Raup 和 Sepkoski（1982）对海洋生物科的多样性在地质历史中的存在有过

分析。他们发现在近 3300 个科中有约 2400 个科已灭绝。仔细分析这些灭绝事件与时间的对应关系并对它们进行分类标识和统计后，他们认为在地质历史中发生过 5 次大灭绝事件（mass extinction），其中有 4 次相当显著，平均每百万年有 19.6 个科灭绝。这 5 次大灭绝事件分别发生在晚奥陶纪、晚泥盆纪、晚二叠纪、晚三叠纪、晚白垩纪（图 19-3）。分析所显示的另一个有趣现象是生物的灭绝速度似乎是减小的，这可能是随着进化生物适应性提高所造成的。

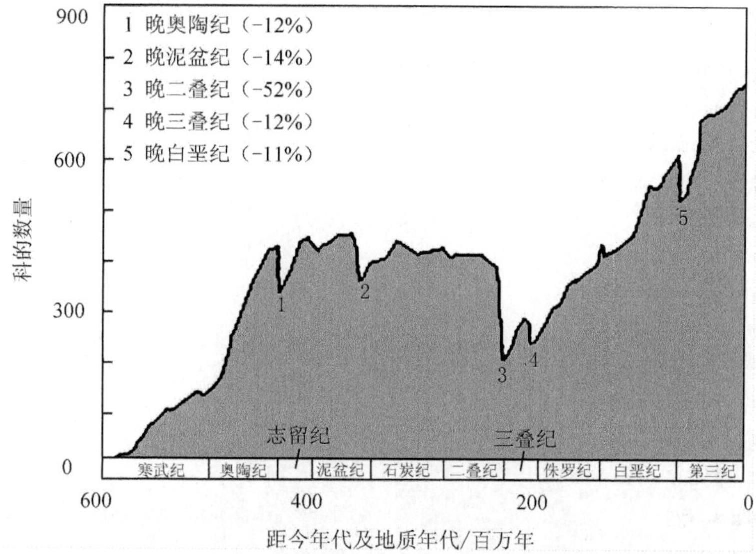

图 19-3　通过分析海洋化石动物科的资料而显示的地质历史上发生的 5 次大灭绝事件（Raup and Sepkoski，1982；图中左上角年代和数字代表主要的地质时代中灭绝的物种数目百分比）

Raup（1994）提到，已记载的化石物种约 25 万种，分布于约 4000 科35 000 属中，其中约 3/4 的物种是灭绝了的生物。用其中的海洋化石生物（17 500 属）作分析，发现属的存在时间长度为 2800 万年，最长的为 1.6 亿年。

根据 Raup 和 Sepkoski（1982）和 Raup（1994）的数据可以看出，以晚二叠纪的灭绝事件最宏大，有超过一半的海洋动物科消失了，如以属或种来计，则更为严重，占总数 96％的种灭绝了。

1）容易灭绝的生物体本身因素

引起灭绝的原因是什么？归结起来讲，其原因不外乎两个方面：外部的和内部的。外部原因是指生物体外的环境因素，如自然灾难、气候变化等。而内部因素是指生物体或种群本身的因素。有很多人对引起灭绝的生物体本身的因素做过总结。例如，McKinney（1997）整理了很多文献，发现无论是对现生生物的研究还是化石记录都表明，引起灭绝的内部因素有生物体太特化、狭温性、食性单一、营养价值高以及个体大等。在种群水平，数量少、密度低以及分布狭窄的生物物种容易灭绝（表 19-2）。当然这两个方面往往有关联，如个体大的生物往往成熟时间长、怀孕期长、数量增长率低、数量少、分布狭窄等。用生态学上的观点看，在较大范围内、较大尺度上或较高级分类单元之间相比，符合 K 选择特点的生物（如大象）比符合 *r* 选择的生物（如老鼠）相对容易灭绝。

表 19-2　不同文献中所涉及的容易引起灭绝的生物体本身特征（McKinney，1997）

特　征	现代灭绝	化石灭绝
个体特征 individual traits		
特化 specialization	++	++
狭温性 stenothermy	++	++
食性专一 specialized diet	++	++
营养价值高 high trophic level	++	++
共生 symbiotic	++	+
个体大 large body size	++	++
低生殖率 low fecundity	++	+
寿命长 long-lived	++	+
生长发育缓慢 slow growth/development	++	+
形态复杂 complex morphology	+	++
行为复杂 complex behavior	+	+
移动能力低 limited mobility	++	—
迁徙 migratory	++	—
水生生物 aquatic biotas		
浮游 planktic	+	++
表层 epifaunal	+	++
滤食性 filter-feeder	+	++
粗滤食性 coarse-filter feeder	—	+
幼虫非底栖 non-benthic larvae	+	+
幼虫非群集 non-brooding larvae	—	+
种群多度特征 abundance traits		
低平均数量 low mean abundance（K）	++	++
分布较狭窄 localized range	++	++
低密度 low density	++	++
数量变动剧烈 high abundance variation	++	+
内禀增长率低 low intrinsic growth（*r*）	++	—
季节性群集 seasonal aggregations	++	—
遗传变异率低 low genetic variation	++	—
水生生物 aquatic biotas		
建群个体少（如珊瑚）small colonies（corals）	—	+

++表示有多篇文献提及，+表示至少有一篇文献提及，—表示没有提及。

一个典型案例是澳大利亚所有体重在 60 kg 以上的陆生哺乳动物都灭绝了，75%体重在 10 kg 以上的动物也都消失了，包括袋狮（*Thylacoleo carnifex*）、大型蜥蜴、鳄鱼以及塔斯马尼亚虎（*Thylacinus cynocephalus*）（Redford，2002）。Cardillo 等（2005）分析了近 4000 种陆生哺乳动物的资料，其中包含体重仅 2 g 的蝙蝠至 4000 kg 的大象，选择 6 个参数（分布范围大小、人口密度、外部影响水平、种群密度、孕期、断奶年龄）进行校验，结果显示体重大小对哺乳动物的生存或灭绝的影响极大，其阈值大约为 3 kg，即体重在此数值之上的生物濒危或灭绝的概率大增（图 19-4）。

图 19-4　大象与老鼠相比个体大但种群小

2）可能引起灭绝的外部因素

生物自身因素可能比较容易解释短时期内"背景灭绝"，但可能无法解释大灭绝事件，因为在这些灭绝事件中消失的生物大多生活了以百万年计的很长时间。在这些时间内，它们可能已经具备了相当好的适应能力，不太容易被淘汰。至少，它们不可能在全球范围内都被集体淘汰。在较短的时间内发生的规模宏大的灭绝事件可能由其他的外部环境因素导致。

晚白垩纪的大灭绝研究得较好，因为化石标本较多，距今时间也最短。Russell（1979）综述过引起这一时期中恐龙的灭绝原因，其中包括营养物质的改变（海洋中浮游植物的减少）、海平面下降、气温下降、大规模火山爆发、地外星体撞击地球、太阳活动活跃引起紫外线大量增加、电离辐射增加、超新星爆发、太阳系活动异常等。仔细分析这些原因，它们要不效应可能太短（如火山爆发、海平面下降），对持续了以万年计的灭绝事件可能影响不大；要不周期太长

（如太阳活动、行星撞击等），地球上的生物可能早就适应了它们的变动，发生的概率也太小。

McLean（1978）提出，在中生代中有一个短暂的气温上升过程，持续时间可能要以万年或10万年计。由于气温上升，溶解于海水中的二氧化碳等温室气体大量释放到空气中，使气温更加恶化。而大型动物，如恐龙等由于身体庞大而表面积相对较小，不太适应温热环境因而被淘汰。

Gartner和McGuirk（1979）则提出，由于北极附近的海水浓度低，如果其大量释放（如气温上升引起）就会浮在其他海水的上层，这会引起一系列的效应，如溶解氧变化等，这可能是引起生物大灭绝的原因之一。

Alvarez等（1980）分析来自意大利、丹麦和新西兰深海岩石中铱元素的含量，发现它们明显要高于正常值，其数值要高出20倍以上，而这些石头形成的年代正好是中生代时期。因而认为，这些石头肯定来自地外星体，故提出晚白垩纪的生物大灭绝可能是地球与其他小星体撞击的结果。

以上这些因素可能也会综合起来发生作用，其影响可能更加宏大。

灭绝或大灭绝有无规律性？如果其有规律性则原因就相对容易寻找。很早就有人提出生物灭绝事件尤其是较大的灭绝事件是呈规律性出现的，它们之间的间隔时间为2600万～3200万年（Raup，1986）。但Benton（1995）的分析结果表明，大灭绝事件之间的间隔时间2000万～6000万年不等，似乎看不到任何规律性。

相对于已灭绝的生物，目前受到威胁、正在遭受灭绝的生物种类和比例则更加惊人。这方面不同的学者有不同的估计，但总体数目都较大，且呈加速趋势。其中植物因种类相对较少，其受到威胁的种类比例则更高（表19-3）。

表19-3　热带地区各种可能的物种灭绝速度及数目（Lugo，1988）

估计灭绝速度	时期	灭绝物种数目	灭绝的物种比例
1天1种至1小时1种	1970～2000年		33%～50%
	20世纪末或21世纪初	100万	20%～50%
每十年几十万种	20世纪末	50万至几百万	25%～30%
	20世纪末		15%植物种，2%植物科
	20世纪末	50万～75万	25%～30%
	21世纪		33%
	21世纪前25年		20%～25%

19.6　中　性　论

中性论（neutral theory of evolution）由木村资生（Motoo Kimura）（1968）以及King和Jukes（1969）分别提出。

自然选择是对表型的选择，选择的对象是对生物生存和繁殖有影响的表型。如果有些表型对生物生存和繁殖没有影响（如人的指纹），那么选择对它们的作用有限。达尔文（1859）就说过："无利又无害的变异不受自然选择的影响，它将作为变化的因素而存在，如我们在多态物种中所看到的。"

在分子水平，大量事实也证明，DNA 中的突变大部分是中性的，它们不影响核酸和蛋白质的功能，对生物的生存既无利也无害，如密码子第三位的同义替换。既然选择不起作用，这些中性突变就只能随机地在群体中固定。

另外，中性论的另一个观点是尽管不同的生物大分子（如蛋白质）的进化速率有快有慢，但从某一类特定的分子来看（如细胞色素 c），它们似乎都有一个固定不变的进化速率，即突变的积累与时间成正比。这不可能是自然选择的结果，因为环境的变化速率不可能是固定不变的。

然而，中性学说只对分子水平的变异作了解释，而自然选择学说则是对表型改变的解释，两者之间几乎没有可比性。木村资生也承认，"中性说始终是以分子水平结构来提问题，至于表型水平，我没有说过什么"，"表型进化只能用自然选择来解释"。

再者，中性学说也有不适用的地方。根据此说，可传承的基因突变只有在传给下一代时才有意义，代内的基因突变是无效的。因此，基因变化的速率和积累应该以代为单位。那么就可预言，那些世代较短的生物的分子钟要比世代长的跑得快。然而，事实却是蛋白质的分子钟是以时间为单位的，即与绝对时间有线性关系。对于这种现象，自然选择学说则可解释，基因的变化应该与环境的变化成正比，不同生物历经的时间是相同的，因此它们分子进化速率也应该是差不多的。例如，老鼠大概每 4 个月一代，大象大概每 30 年一代，然而对它们选择的压力却是相同的（如侵害它们的细菌在这样长的时间内积累了相同的变异）。老鼠虽然经历过的选择较多，但每次选择的压力较小；大象要 30 年才被选择一次，但这一次的选择就是细菌积累了 30 的变异下的选择，与老鼠所经历过的多次选择的量也许是差不多的（方舟子，2003）。

近年来，越来越多的研究表明，在分子水平自然选择也在起作用（周琦和王文，2004）。

总体来看，中性说偏重于分子中无意义的中性突变，而自然选择学说侧重于可以被选择的表型变异。因此，对于二者的严格区分，是要尽量区分基因组中的中性突变和其他突变的比例和成分。

19.7　间断平衡论

间断平衡论（punctuated equilibrium hypothesis）由 Eldredge 和 Gould（1972）提出。他们在研究化石生物时发现，在地质历史上，生物进化和种化的速率不是均匀的，有快有慢。大多数的进化变化导致的物种形成事件集中于地质学的瞬间时间内，这一瞬间体现出大量的进化事件。在此之后，物种将经历一个形态上长时间的稳定期。这种形态上的长期稳定和短期内的爆炸式改变交替发生，即进化的形式和速度是间断平衡式的。

Stanley（1975）分析了多种化石生物的进化模式，确认了间断平衡式进化模式确实存在（图 19-5）。这种现象发生在大多数的生物类群中，只是微小的原生生物的进化似乎不是间断平衡的，也可能它们内部的进化改变不能保存下来（Prothero，1992）。

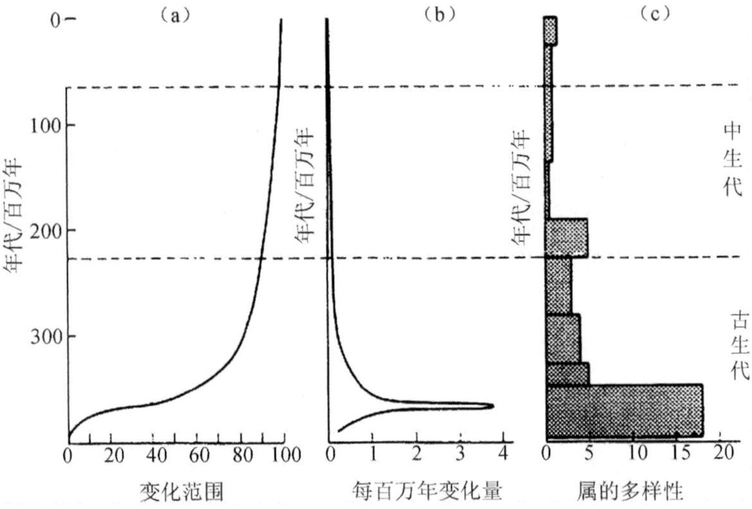

图 19-5　肺鱼 *Dipnoi* 的进化速度：(a) 化石形态随时间变化；(b) 形态随时间改变的百分比；(c) 属的多样性随时间改变（Stanley，1975）

这一学说与达尔文进化论的根本冲突是对进化速率或生物形态的变化模式的分歧，因为进化论一般认为生物进化是渐变式的，因为基因频率的改变是非常缓慢的。

然而，对间断平衡论的批评也十分明显尖锐。Mayr（1991）认为，所谓的间断平衡论与生物进化论根本不矛盾：一是小种群的进化因有遗传漂变的存在是相当快的；二是化石往往不是连续完整的，可能会造成跳跃式进化的假象；三是一些调控基因的改变（如 *Hox* 基因）或多倍体的形成会引起形态上很大的变化；

四是在一些特殊情况下，生物会发生适应辐射，在短期内形成许多新种；五是因为化石的特殊性，某些内在的变化无法保存下来，因此某一特征也许看起来没什么变化，但那些没有被记录在化石中的其他特征也许在不断地进化。

传统进化论、间断平衡论、中性学说三者争论的焦点之一是：进化是渐变式的还是间断平衡式的？实际是它们对进化速率的认识不同。综合进化论认为进化是按一定规律变化的，间断平衡论认为进化速率并不呈现综合论所要求的规律性，而中性说的分子进化速率又太具规律性。

20 林林总总的误解

进化论另人感觉古怪的一面是：人人都觉得自己懂得它。

——Jacques Monod（1974）

本书第 8 章所述的围绕着进化论的争论基本是对科学问题、科学证据、科学方法的争论，也基本在科学研究人员之间展开。然而，由于生物进化理论涉及人这一智慧生物，在很大程度上，它将人置于与其他生物一样平等的地位，并提出人与其他生物有共同的祖先。这在感情、文化和观念上也给普通民众造成了极大冲击。再加上有心人士有意无意的歪曲和诽谤，历史上普通民众对进化论的误解也林林总总、花样繁多，有些至今仍有很大市场。这些误解在很大程度上都是出于宗教感情，因而基本都是非理性的。但其中也有一些是对科学问题或进化论本身的不理解或错误认识造成的。仔细分析其中的一些流传较广的误解，相信可以帮助人们更好地理解进化论甚至科学学说（Coyne，2009；Ratzsch，2001；Mayr，1991；1995；2001）。

20.1 对进化论的常见误解

20.1.1 进化与退化

达尔文提出的进化论以自然选择为中心内容，试图解释生物演化、改变以及新物种形成的机制和过程。达尔文曾明确提出，现代进化论也证明，进化并没有特别的方向。或者说“进化”并不是“进步的变化”或“进步性的改变”，而是“有方向的改变”或“方向性的改进”。这里的方向性是指生物逐渐适应环境尤其是新环境。

然而，在达尔文之前，很多人（如拉马克）则认为，生物具有向上改进的愿望和动力，如低等生物会向着高等生物方向逐渐演化并逐渐完善自身的性状和习性。因而，这些早期的进化理论在一定程度上确实是认为生物是逐渐进步的。可是，这种观点在达尔文进化论中完全没有市场，不受支持。可以说，将早期进化理论与达尔文进化论混为一谈，在很大程度上混淆了进化论的真正含义和价值。

还有，生物适应环境的方向或改进的方向要从是否有利于生物本身来考察，而不能以人的眼光和视角来观察，并不能以人的好恶或价值判断来评价。例如，洞穴中的动物，如鱼类或两栖类等往往没有体色，身体是透明的，眼睛也往往很小或消失，代之以非常灵敏特化的触须等（图 20-1）。与其他生活在河流中的“正常”同类比起来，它们的很多特征看上去似乎是“退化”的。这种错误观念在很多时候成为攻击进化的论据。对于这些生物来讲，由于生活于特殊的环境中，它们现在的样子是由自然选择造成的，如洞穴中食物短缺、光线不足，那些具有“正常”眼睛和体色的同类往往没有它们更适应环境、耐受力更强、更节省能量等。因此，综合起来看，这些生物是与它们生活的环境相适应的，也是在自然选择作用下逐渐变化而成的。其他如生活在地下的鼹鼠、盲蛇等也都有类似特征。大熊猫也因从肉食性改变成植食性而在很多方面都发生了明显变化，如活动缓慢、性格温和、幼仔极弱等。这些看上去似乎是“退化”的生物及其特征恰恰是“进化”得来的，它们恰恰证明了进化论而不是证伪了进化论。

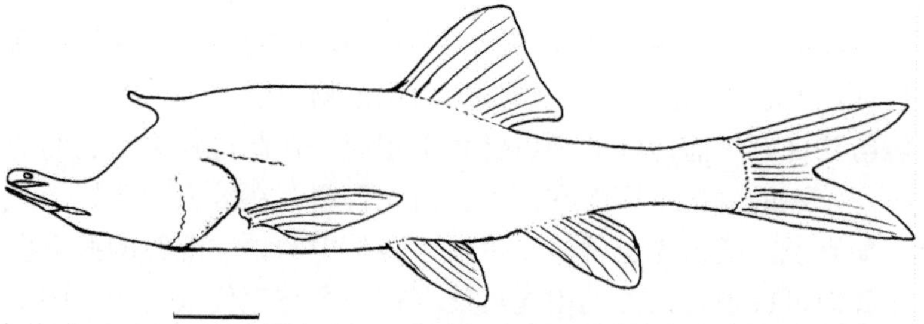

图 20-1　洞穴鱼类示例（透明金线鲃 *Sinocyclocheilus hyalinus*）
（其口缘具须 2 对，无眼，无鳞片，侧线十分短弱，陈银瑞等，1994）

20.1.2　猴子与人的关系

“达尔文学说中的人啊，虽然行为得体，充其量也只是剃了毛的猴子罢了!”歌剧《艾达公主》中的这句话可简短地概括为：“人是由猴子进化而来的”或“人只是剃光了毛的猴子!”。这句话看上去是在讲进化事实，而实际上它本身是十分错误和荒谬的。严格来讲，人并不是由猴子进化而来的，更不是由现在的猴子进化而来的。从进化论的角度来看，我们可以说也只能说，人与现在的猴类具有共同的祖先或较近的共同祖先，但人类的直接祖先绝不是猴子，最多我们可以说“在人类的演化过程中曾经经历过一个类似猴子的阶段”。

首先，现在的人与猴子是在很早以前由共同的祖先朝不同的进化方向逐渐演化而成的终端生物物种，不存在谁是谁的祖先问题。“人是由猴子进化而来的”这句话将进化论所强调的树形分叉进化过程描述为直线形的进化过程，这显然是错误的（图 20-2）。

图 20-2　黑猩猩与人关系图解

再者，现在的猴子是适应现在它们所生活的环境的。也许它们保留了部分人类祖先的特征，如较小的脑容量、较强的消化植物的能力等，但无论如何，它们生活的环境与几百万年前地球的环境已大不相同，在此过程中，它们的特征总体上肯定发生了较大的变化，因而它与人类祖先肯定存在较大的差异。

还有，如果说人类祖先也曾经是生活于森林中的，与现在的猴类生活的环境类似，那么我们可以说，人类的祖先可能存在一个与现代猴类相似的阶段，但它们已经进化成为了人类，在时间上其本身已不复存在，因而不能说人的祖先就是猴子。

20.1.3　为什么现在没有猴子进化成人

如果可以说“人类的祖先可能存在一个与现代猴类相似的阶段”，那么为什么现在的猴类没有再进化成为人类？对此问题的回答可以有多方面。①现代的猴类如果没有人类的干扰，它们是与其生活的环境相适应的。如果环境不发生大的改变，它们也就不可能再发生大的进化。②由于地球上目前已有人类生存，因而即便现代的猴类有进化成人的潜能，也不可能找到能够像人类那样生活的空间和生态位。③现在的地球已经被人类大规模改造过，人类的活动几乎已到达地球的每个角落，现代的生物越来越多地依赖于人类所创造的环境和条件，如保护区、人工繁殖和提供食物等。在很大程度上，人类的干预妨碍了生物的进化或其进化方向，尤其是对大型高等动物而言。④人类的出现和存在相对于地球历史和生物进化史是相对短暂的，我们一般不可能看到一种生物演化为另一种生物的过程，尤其是对于演化需要较长时间和许多世代的高等生物。

20.1.4　人与生物区别巨大

人是高度智慧的生物，与其他生物之间存在着巨大鸿沟，因而不可能是由动物演化而来的。对此观点可以这样简短地解释：①从生物学角度来看，人与动物之间尤其是高等灵长类生物之间没有什么较大区别。无论是身体结构还是繁殖方式、无论是化学组成还是遗传密码，人类与其他生物几乎没有区别。②如果将化石生物考虑在内，我们可以很清楚地看出人类演化的过程和趋势，且越古老的人类化石与其他生物区别越小，就如同始祖鸟同时具有鸟类和爬行动物的特征一样。③人类的特征是因为适应社会生活和人际交往而产生和形成的，动物虽然也有社会性的生活，但总体上规模与程度不可与人类同日而语，因而它们不具有人类的特征是正常的，这正表明了进化论的正确性以及生物会因适应不同环境而朝不同方向演化。④与一些动物相比，人类并不是完美的。例如，人类体表没有厚重的毛发，因而就不能抵御寒冷，离开衣服我们就无所适从，而在一些极端环境中却还有动物生存。所以说人类特征的完善性和完美性不能简单加以判断，更不能以一个方面的优越性来说明人类的高等性。

20.1.5　复杂精巧器官不可能演化而成

诸如眼睛、大脑等器官是如此复杂精巧，它们不可能是由自然选择造成的。对此问题达尔文本人在《物种起源》中就有论及。如上文所述，在黑暗环境中生活的动物往往眼睛很小或几乎没有，这种现象在多种生物门类中都存在，如蛇、鼹鼠、鱼等。可见，眼睛的消失并不是一个十分罕见或困难的过程。因而反过来看，我们也许也可以说，眼睛的出现和形成也并不是如想象得那样困难或不可能。再者，节肢动物的眼睛（如昆虫）的复眼就与脊椎动物（如人类）的眼睛存在很大的不同，它们的结构和成像机制是不一样的。换言之，眼睛的形成和出现并不是一次性的，可见复杂器官的形成在自然界也并非不可能。还有，综合起来考察，我们会发现，不同动物所拥有的眼睛其完善程度是不一样的，如涡虫只拥有能够辨别光线明暗的眼点，并不具有真正的像脊椎动物那样的眼睛。但如果将它们排列成一个系列，就会看出眼睛的形成和演化也很可能是经历由简单到复杂程度不一的过程，因而可以说复杂器官也很可能通过一系列的中间过渡类型而逐渐复杂化。

20.1.6　物种形成没有实例

由于物种形成往往需要较长久的时间，人类几乎无法观察到自然界的物种形成事件。然而，不能因为我们没有观察到物种形成事件就否定它的存在。我们从来没有亲眼看到过磁场、引力场和电子，但我们仍然相信它们的存在；声波和光波我们肉眼也无法直接观察，但我们仍然相信它们是真的。同样，有很多间接证据证明物种是可以形成的。例如，将同一群果蝇分成两个种群后分别培养在不同的培养皿中，在经历 10 代左右后它们就产生交配繁殖上的倾向性。因而可以推知如果时间够长，它们就可能形成不同的物种。另外，关系较近的物种之间（如马与驴）虽然相似但略有不同，可以充分表明它们是由共同祖先进化而来的。还有，一些繁殖周期比较短的生物（如细菌、病毒、昆虫等）在相对较短的时间内（如若干年）其抗病性会显著提高，与原先的祖先相比完全可以看作是不同的品种或种。可以说，目前已有充分的事例和证据表明物种是可以自然形成的。

20.1.7 新器官或新特征不可能存在

生物新出现的器官其功能往往是不完善的，甚至可以看作是畸形，因而不可能长久存在，所以进化就不可能发生。对于此种观点可驳斥如下：诚然，新出现的器官其功能可能是不完善的，但它们的作用可不能小看。例如，现代脊椎动物的肺可以认为是由类似现代鱼类的鱼鳔样结构演化而来的（图 20-3），而鱼鳔刚出现时可能只是气管的突出盲囊，可能有利于帮助鱼类调节体重比例，从而会获得选择上的优势并逐渐发展，而类似肺的呼吸功能是后来才发展出来的。再如，有些生活在森林中的蛙类其足具蹼，有些种类其蹼极大，可以用作下落时的降落伞，而蹼的原始功能是帮助蛙类游泳或爬树等。由此可见，旧器官的改造和功能的改进和转移是生物器官形成和演化的重要方面，新器官是可以逐渐演化成熟的。

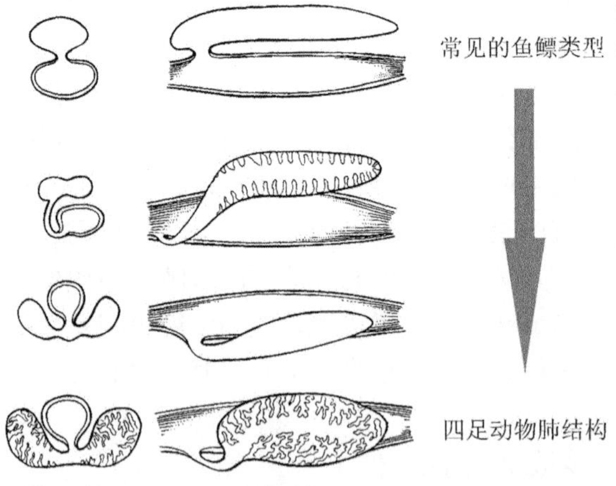

图 20-3 肺由鳔进化的可能历程

20.1.8　自然选择是万能的

自然选择造就了如此多姿多彩的生物界，其力量似乎是无限的，可以创造出各种不同的生物。然而，实际上，自然界并没有出现万能的生物，历史上灭绝的生物多的是。而且，就某一种特定生物来说，它对环境的适应是相对的，它一般只能适应特定的环境，如果环境发生较大改变或异常，它们却很难作出较大的改变，有的甚至因无法改变而濒临灭绝，如大熊猫在竹子开花时生活就十分困难。自然选择是受到限制的，其主要原因有（Mayr，2001）如下几个。①基因的潜力有限：生物究竟是生物，它要受到物理化学规律的制约，基因也无法突破这些制约，即创造出不符合飞行要求的鸟类、无比庞大的生物、无限高度的树木等。②遗传变异的有限性：虽然有基因重组、突变等变异力量存在，但它们的规模和速度是有限的，无法及时提供应对环境剧烈变化的素材。③随机过程：有了有利突变不一定能够积累，这其中有多种机遇和巧合以及随机过程，在自然选择有机会照顾有利的特定基因型之前，一些偶然因素（如灾难等）通常就会淘汰那些潜在的有利基因组合和突变。④种系历史的限制：上了贼船就很难回头。生物进化也是一样，有了外骨骼的螃蟹就不可能再发育出像人那样的内骨骼；一旦确定了特定的身体结构，就不可能再改变，如陆生动物要想再次发育出鳃到水中生活几乎是不可能的。⑤非遗传性的修饰能力：生物的表型在一定程度上是可以改变的，在此范围之内，不需要得到基因型的应对。例如，一个来自低海拔地区的人上了高原之后，生理上会发生一些变化，经过几天或几周以后，他就可能适应了新的环境而不会被淘汰。⑥生殖年龄后无反应：生殖完成之后的个体无论发生什么样的改变或突变，理论上讲是不可能影响群体中的基因频率的。例如，在人类中，帕金森病等要在生殖年龄之后表现出来，这些病症一般不受选择的影响。⑦发育过程中的相互作用和器官的相关性：组成形态的不同器官之间并非彼此独立，而是形成有机的整体。某一部分发生改变必然要引起其他部分发生相应的调整，这就牵扯到较大的发育机制和调控基因的改变，而这些需要时间和机遇。⑧基因的结构：不同基因之间是相互作用的，它们是作为一个整体发挥作用的，并不是串在一起的珠子。因而某一部分的改变有时并不能产生确定性的效应。

20.1.9　自然选择有时是不起作用的，因而其不是进化的原因

如果用一句话来表达达尔文的进化理论，那就是：种群中的不同个体具有不同的生存和繁殖能力及其相关特征，在自然选择作用下，随着时间的流逝，这个种群就会改变。换言之，只有那些影响生物生存和繁殖的特征才会受到自然选择

的作用，那些中性的变异对生物来说影响极为有限，故而不受到自然选择的作用。例如，人的指纹、耳垂形状、DNA 中的假基因等其多样性极高，就不受自然选择作用的影响。然而，现存的生物都是与环境协调一致的，都是高度适应其生活环境的，表明它们的进化并不是漫无目的、杂乱无序的，而是有方向性的变化，因而也就证明进化必然受到客观性的机制作用，而它主要就是自然选择。

20.1.10 进化完全是随机的

进化中有随机的因素，但进化不完全是随机的，在大多数情况下完全不是随机的。正如本书第 18 章所述，在进化过程中有些偶然性因素会产生作用，如突变、遗传漂变和奠基者效应中所表现出来的那样。另外，生物从大陆移居到海岛时其概率往往也有随机的成分，如我们经常听到的迷鸟等。然而，自然选择却是长期存在、挥之不去的进化因素，即使是通过偶然因素保留下来的种群仍然要受到自然选择的作用，因为生物总要与环境发生关系，总要从环境获得资源，因而就不可避免地受到环境的作用和自然的选择。Dawkins 说过自然选择就是“随机变异的非随机生存”（Coyne，2009）。

20.1.11 孑遗生物不改变表明生物并不进化

现存的孑遗生物（如银杏、蜉蝣、矛尾鱼等；图 20-4）与化石中保存的同类标本看上去几乎没有任何改变，似乎表明它们在数以亿计的年代中没有任何改变。如果进化论是正确的，那么为什么它们在如此长久的时间内却不发生变化？进化论对此问题的看法和解释可概括如下：时间并不是引起进化的必要因素或条件，自然选择才是进化的动力。当环境或外界条件稳定的情况下，那些适应此类环境的生物可以长时间保持原貌，并不一定非要改变。因而那些生活在海洋深处

图 20-4 孑遗生物示例（矛尾鱼标本模型）

的生物（如矛尾鱼、贝类等）可以长期不变。还有，改变可以是多方面的，那些发生在生物体内的变化是无法在化石中读出来的。因而它们表面上的恒定状态并一定代表它们就没有发生任何改变。

20. 1. 12 化石记录表明生物并一定改变

化石记录显示，大多数的进化变化导致的物种形成事件集中于地质学的瞬间时间内，在此之后，物种将经历一个长时间的稳定期。与似乎是“静止的”孑遗生物类似，这表明生物在较长时间内并不进化。对此观点的反驳与上一点类似，即如果生物是适应环境的且环境保持相对稳定，生物可以不发生较大的变化。还有一点就是化石记录十分不完整，也不能将生物体肌肉、内脏、化学反应方面的改变如实保存或完好呈现。

20. 1. 13 中间环节的不完整表明进化并不存在

对此问题，进化论已反复表明：中间过渡类型本身就不是非常适应环境的，它们很难保持到现在；生物形成化石的概率十分渺小，因而保持在化石中的中间过渡类型就更为稀少；已经发现的一些化石和孑遗生物（如始祖鸟、带羽毛的恐龙等）都是极好的中间过渡类型，它们已清楚地显示出进化的可能历程；综合考察现存的所有生物，全面分析它们的特征，可以清楚看出进化的可能途径。

20. 1. 14 进化的产生是因为生物希望如此

在日常生活中，我们经常会听到类似这样的描述：“蛇为了要吃洞中的老鼠所以失去了四肢”、“海豚因为要到水中生活才进化出了类似鱼的形状”等。这样的论断隐含的一个前提似乎是进化是因为生物的主观愿望而发生的。实际上，一般认为除人类外，其他动物尤其是低等动物和植物是没有较高级的大脑皮层活动的，它们应该是没有主观意识的。另外，进化的方向也不是由生物自身决定的，进化的方向是由环境决定的。在变迁的环境中，各种生态因子都会发生一系列变化，而这要求生物也做出相应的变化。那些变化不及时的生物就会被淘汰，只有适应环境的生物才会保留，从而在整体上表现出生物总是与环境相适应的。换言之，进化不是主动的而是被动的。蛇的祖先应该是捕食性的具四肢的爬行动物，在与其他生物竞争过程中，它们逐渐以吃小型动物为主，而这些动物往往生活都极其隐蔽，如在洞中或树上等，因而只有那些长条型的、游动式前进的、四肢缩小或消失的种类才具有相对优势，进而逐渐形成或保留下失去四肢的蛇类。同样，在众多野兽出没的草原上，水下应该是一个比较安全的环境，可以较有效地躲避敌害。可以设想，在这种情况下那些经常在水边活动的兽类就很可能经常性逃到水中，如现在的河马。长期以往，就会逐渐形成专门适应水下生活的生物，如河豚、海豚等。

20.1.15 进化论并不是达尔文提出来的

在达尔文之前，虽然也有很多人提出过进化的概念和机制，如拉马克等，但他们所提出的理论都因缺少可验证的进化机制而只能是一个假说。达尔文首次系统地、证据确凿地、有理有据地提出了自然选择作为生物进化的机制和动力，从而将进化论从原先类似主观的猜想变成了客观的科学理论，因而将达尔文作为科学进化论的提出者是名至实归的。

华莱士虽然也提出了自然选择，但他的论文简短扼要，与《物种起源》相比份量很轻，在发表后也没有引起什么大的关注和讨论。更重要的是，早在华莱士提出进化论之前的 1839 年，达尔文就形成了自然选择的概念，并在 1857 年给美国的 Asa Gray 的信中明确表明了此思想。因而可以说，在提出进化论这件事上，达尔文是享有比华莱士更早的优先权的。华莱士本人在 1858 年 10 月给虎克的信中说："我觉得自己十分幸运，不久前与达尔文先生有关'变种'问题的通信能够促使他更早地发表他的部分研究，并且确认了他的优先权，要不无论是我本人或其他任何人单独发表相关论文都会有损于此。这也表明目前已经是对此问题进行公布和公正讨论的时候了。我对达尔文先生曾让单独发表我的论文而不是他本人更早的创见深感惶恐和不安，我也坚信他的观点更全面。谢谢你为此付出的努力，并呈现事情原貌，我深感欣慰！"

与华莱士类似，其他一些人，如马修也有过非常接近于自然选择的思想，但他们的文章都不是专门讨论物种起源的专著，都没有《物种起源》系统全面，也几乎没有影响力。几乎可以肯定的是，如果没有达尔文《物种起源》的出版，这些著作中的有关"自然选择"的观点都不会引起注意和讨论（详见第 3 章）。

20.1.16 支持进化论的很多证据是错误的

在《物种起源》中，达尔文列出了很多证据来支持他的学说，如生物地理学、比较形态学、胚胎学、古生物学上的例证等。但在那个生物学还很初级的年代，有些证据不可避免地会有一些瑕疵，这给一些反进化人士提供了口实。一个较著名的例子是 Haeckel 在提出"生物重演律"时，有意无意地将一些动物的早期胚胎画得要比实际上更像，或者说他将它们的姿态和形态画得要比实际情况更类似。孟德尔证明经典遗传学定律的统计数据好得出奇，也有人提出过孟德尔可能也曾有意无意地篡改过数据。姑且不论他们造假的情况是否存在，即便少许存在，他们也只是为了让事情看上去更完美而不是故意“创造”出某种假象或情况。在他们之后，已经有众多的实验和研究表明，很多哺乳动物早期胚胎确实十分相似，遗传确实存在规律。进而可以完全有把握地说，达尔文进化论得到众多证据的支持，这些证据都是真实可靠的。

20.1.17 进化论没有直接证据

对于一些吹毛求疵的人来说，因为在日常生活中没有新物种的产生与灭绝过程的完整呈现，因而就攻击说进化论没有直接证据。实际上，化石可以说是远古生物存在的直接证据。很多化石生物与现代生物只有细微的区别，如海洋贝类化石等，这就充分表明了现生生物与远古生物的关系。还有，已发现了一系列完整的化石演化系列，如马、鲸等，从中可以清楚地看出生物演化的过程和趋势。人类经过长期不懈努力，目前已积累了相当长时间的观察信息和资料，如对加拉帕戈斯群岛上达尔文雀的研究等，表明生物进化确实存在。科学家们很早就开展了众多实验来验证进化论的观点，如对英国桦尺蠖、果蝇等的研究，目前已有多项实验结果表明进化论的正确性。因而可以说，我们目前已有多种证明进化论的直接证据，如室内实验、野外观察和古生物发掘等。

20.1.18 进化论是循环论证

进化论认为生物是进化而来的，又用生物来证明进化论，因而其是循环论证。一个典型的说法是：“适者生存，而能生存的就是适者!”达尔文进化论有多方面的内容，其中主要有两点：生物是可以改变的，物种是逐渐变多的；生物改变和物种形成的机制是自然选择。对于前者，保存在无生命的岩石中的化石记录可以提供详实确凿的证据；对于后者，无机环境（如气候）尤其是海岛上的气候对生物影响和改造的例证比比皆是，达尔文和华莱士对此都有长期观察和记录，如有些海洋小岛上的昆虫大多是无翅的，因为会飞的个体会被强劲的海风吹进海里。可见，对生物进化论的证明并不一定要用到生物学上的证据，因而说进化论是循环论证是错误的。达尔文进化论是在观察众多生物现象的基础上提出来的普遍规律。

20.1.19 《物种起源》并没有说明生命是如何起源的

是的，在很大程度上，进化论探讨的是生命形成之后的演化过程和规律，并不能说明生命的最初起源问题，因为这是个化学问题。然而，达尔文进化论中的自然选择概念和规律可以解释生物大分子形成之后逐渐形成细胞、多细胞群体、多细胞组织、生物体和生物群体的过程以及作用于此过程的机制。换言之，自然选择可以作用在分子、细胞、细胞群体、个体甚至生物群体水平。所以可以说，对解释原始生物大分子的形成机制和过程，进化论也许无能为力，但对于真正生命形成和演化过程来讲，进化论仍然提供了机制和动力的阐释。

20.1.20 《物种起源》并没有说明物种是如何形成的

从《物种起源》的书名来看，这本书似乎是要提供或说明物种或新物种起源过程、模式和机制的。然而，这本书却没有提供一个物种形成的实例。因而，这本书的书名也许改成《演化起源》或《物种演化》更合适，Coyne（2009）认为将其改为《适应起源》可能更好。但是，在这本书中，达尔文提供了很多实例来说明当后代变异到一定程度时，其与祖先的差异就会十分明显，完全可以看作是不同的物种，如狗的不同品种之间以及它们与狼之间、金鱼的不同品种之间以及自然界中很多不同的植物品种之间等，而这种变化的机制就是自然选择。因此，《物种起源》虽然没有提供物种起源的实例，但却解释了物种起源、改变和形成的现象、过程和机制。

20.1.21 进化论本身有许多缺点，因而是不科学的

天底下十全十美的事物少之又少，普世规律和绝对真理更是凤毛麟角，因而进化论具有缺点并不奇怪。随着科学的进步，逐渐发现达尔文等所提出的进化论具有一定的不足和缺点，这是科学发展史上极其正常的现象。当爱因斯坦提出相对论后，人们发现牛顿的物理定律只是相对论的特例，但这并不表明牛顿物理定律是错误的或不科学的；哥白尼认为地球等行星的运行轨道是圆形的，而牛顿证明其是椭圆形的，这也不表明"日心说"是错误的。原因是，这些研究都是用科学的方法和规范进行的研究：观察现象、提出理论、接受检验和挑战。同样的道理，当后来的研究（如遗传物质、遗传定律、进化过程中随机因素的发现等）表明最初的进化论有一定的不足和缺点也不能证明其是错误的或不科学的，相反，自然选择原理至今仍是解释生物进化的主要机制。

20.1.22 进化论无法解释许多未解之谜，因而是不科学的

进化论只是解释生物进化的一般规律和机制，它不可能也不能指望它能解释

一切现象。例如，现生的所有蜉蝣成虫都不取食，生活时间很短，一般只有几小时到几天，即所谓“朝生暮死”。此现象至今没有统一的较可信的解释。但可以相信，这是进化的结果，其对蜉蝣本身肯定是有好处的。再如，恐龙的灭绝虽有多种假说，至今没有定论，但可以肯定的是，在进化过程中它们因不适应新的环境而被淘汰了。另外，科学是需要证据的，在证据不足时我们不能够肯定任何事情。例如，在鸟类起源问题研究上，当带羽毛的恐龙化石出现后，我们才能有把握地说，鸟类确实起源于类似小型恐龙的祖先。因而，进化论不能够解释的现象往往不是进化论本身的问题，而是科学研究不足或人类认识不足造成的。

20.1.23 对进化论的争议极大，因而其是不科学的

当一项重大创新发现尤其是在社会学、认识论和哲学上有广泛影响的发现提出时，往往会引起社会大众的广泛注意甚至热烈讨论，进而也会引起较大的争议。不幸的是，进化论正是这样的发现。当初“日心说”提出时也遇到了类似的问题，布鲁诺还因拥护“日心说”被活活烧死。然而后来的历史发展和科学研究却证明，“日心说”是完全正确的。生物进化论探讨的是与人密切相关的生物学问题，而生物现象又更加千奇百怪，因而对其的争论相对就更大。但这些都不能证明进化论就是错误的。

20.1.24 很多进化论学者都信教，表明他们也不相信进化论

宗教主要是要解决“善”的问题，而科学主要是要解决“真”的问题，两者在很大程度上是不相关的，尤其是在现代社会。把这两者胡乱关联本身就表明持有此观点的人对科学没有正确的认识和客观的把握。科学家也是人，也需要情感的依靠和精神的寄托，因而在职业之外有其他的信仰并没有什么奇怪。在科学研究中，最重要的是证据及证据的说服力，而不是信仰或信仰的牢固程度。无论是谁，只要在科学研究或科学活动中遵守科学的规范，比对证据的优劣，他就会相信进化论，因为支持它的证据多、明显且说服力极强，让你没有其他选择。

20.1.25 和谐世界的背后肯定有超自然力量存在

是的，这个世界乍看上去是很完美的，如生物体结构的圆润美观、花与访花昆虫之间的相互适应等。然而，仔细考察，你就会发现自然界中的很多现象却是十分离奇的，很多生物也是十分愚笨或荒谬的。大熊猫吃竹子的功夫十分了得，但由于它几乎只取食竹子，可摄取的营养极少，故大熊猫不得不不停地取食、行

动迟缓、生出的小宝宝发育严重不良。人类的语言天赋和功能天下无敌，但也正由于此，使得人类的咽部很低，会厌软骨只有在吞咽时才会盖住气管，而在咀嚼时气道与口腔、鼻腔是通着的，这使我们非常容易呛着。而黑猩猩的喉部较高，咀嚼时会厌软骨可以完全封闭口腔后部，气道只与鼻腔相通。可见在这一点上人类是逊于黑猩猩的（图 20-5）。另外，我们体内的阑尾几乎没有什么用处，并经常会发炎，给人类造成莫大的痛苦。人类的大脑十分发达，这就使得我们的头部很大，胎儿也是如此，这就给妇女生产造成了极大痛苦和危险。花的颜色和气味虽然能够吸引来昆虫帮它传粉，同时也能够吸引来取食者将其吞食。青蛙求偶的叫声会让异性心跳情动，同时也会吸引来天敌。可见，对完美的定义和认识我们需要更全面一些，而对生物不完美现象的解释或许只能从进化的角度才能得到较完美的答案。

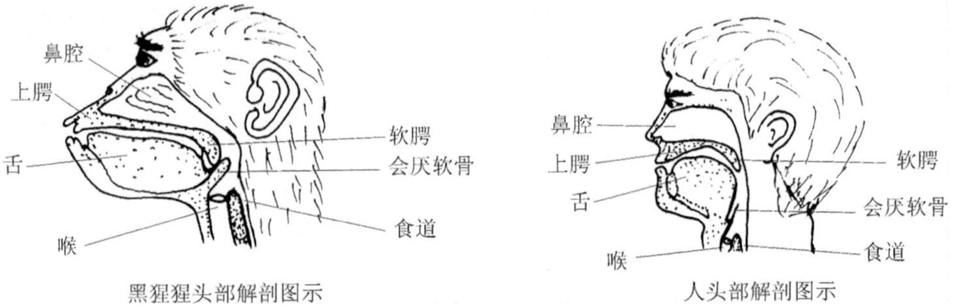

图 20-5 人与黑猩猩头部解剖图解

20.1.26 进化论与神创论是平等的理论

进化论是科学理论，神创论是宗教假说，两者属于不同的范畴，没有任何可比性。进化论有众多的证据支持，而神创论没有任何证据，如“神在哪儿？他是如何创造世界的?”这样的问题神创论没有任何证据。进化论时刻接受着检验，也随时准备被驳倒，或者被更好的理论所代替。而神创论在任何时候似乎都不容置疑，也不准备被取代。

20.2 评　　论

可能是因为进化论与普通民众的日常生活和自身命运息息相关，因而它对普通民众的影响十分巨大。又由于进化论是用较明显的概念式的原理来阐述自然和生物，与物理学、天文学用深奥难懂的数学公式和方程来表现的形式不同，故似乎人人在一夜之间都能理解进化论，都能对它评首论足。然而真相是，理解进化论需要广博的知识、宏大的视野、细致的观察和全面的考察。所以在很大程度上，那些对进化论只知道只言片语的人们对进化论的解释就如同瞎子摸象，不是不着边际，就是以讹传讹。

与任何学说一样，进化论从初创到成熟进化论也经历了一个较长时间的过程。在此过程中，进化论对自然现象的解释也是逐步深入的。这本身在科学发展史上十分正常，甚至可以说是规律性现象，然而很多时候我们更多的是听到人们对进化论的不足和缺陷进行死缠烂打式的攻击，这些攻击往往是极具情绪色彩的、即兴发作的，而来自科学界的回击却往往十分微弱，因为科学强调严谨、客观和真实。

进化论的基本原理简单到只有一句话，即“自然选择造成适应性改变”。然而，生物界却复杂多样，地球上生存的物种可能多达千万种，对它们的适应性和进化历程进行逐一考察需要恒久时间和巨大精力。因而在很大程度上，科学界目前仍还不能对很多具体生物的适应性和自然历史给出完美的答案。这也可能造成了海量知识的需求和少量科学知识供应之间的巨大不平衡。这种不平衡性的解决需要生物学从业人员付出更大的努力，并需要在前进过程中，不断地呐喊，以求在对普通民众争夺话语权过程中占据主动，从而使科学远播、真理畅达。

21　时空错位的进化论与神创论冲突

我们常听到的科学与宗教的对抗对我来说实际上完全是虚构的：一方面，它是由目光短浅的、将神学与宗教混为一谈的宗教人士编造的；另一方面，它也是由同样目光短浅的、忘记了科学只适用于清晰理性判断领域的科学人士所创造的。离开这个领域范围，你可以想象、希翼和偏颇。

——赫胥黎（1885）

科学与神创论甚至宗教的冲突由来已久，因为科学是客观的、经验的和理性的，不相信任何先验的、假设性的、无根无据的、不可验证的概念和说教。然而，此类概念和说教在宗教中不仅多而广泛，且往往占据核心的地位。例如，《圣经》的开篇就是上帝创世说，其他所有教义几乎都由此而生。因而，这就不难理解，当物理学和天文学的发展证明宇宙的创生并非上帝，地球和人类也不是位于宇宙中心的时候，也是科学与宗教冲突得较为激烈和明显的时候。

进化论的提出和完善使科学人士相信，生物以及人的起源、形成和发展都有其内生的规律和模式，并不需要超自然力量的参与或干预。同时，生物界并不是静止不动的，而是不断发展的，并且发展方向也不是宗教所认为的那种向上、向善、向好的方向，而似乎是具有方向不定的特点。人与其他生物之间也没有明显的鸿沟，人实际上也是完完全全的动物。这种对神的否定、对秩序的否定、对道德的否定和对人的否定在精神层面对宗教人士产生了极大震撼，也使得他们中的许多人对进化论产生了极强反感，并进行了形式多样的反击和反扑，企图在理论上否定进化论、在社会上扼杀进化论、在道义上击跨进化论。综合起来看，进化论与神创论特别是西方的基督教在世界观、人的地位、伦理、精神追求上都存在明显的观点差异，历史上也产生过激烈论战，其意见不同可粗略地归纳如下（Ratzsch，2001；Coyne，2009；张增一，1998；王忠欣，2010）。

21.1　进化论与神创论的主要冲突

21.1.1　生命自然起源与神创

神创论认为，生命是由神或超自然力量创造的。因为生命是如此复杂完美，它们只能是由更加完美万能的上帝等创造的。这在传世典籍和传说中说得十分清楚。上帝创造的生物都是适应环境的，因为它们就是为此创造的。至于为何如此，我们只能说上帝的意志是我们常人无法臆测的。

进化论认为，生物或生命不是由神或超自然力量创造的，而是由无机物形成的，理由很多，如：①在实验室内已经可以用如二氧化碳、水等无机物或无机小分子合成简单的有机小分子，如氨基酸等，表明生命完全可以由无机物合成。②如果生命是万能智慧的神创造出来的，那么每种生物为什么都只能适应于它生活的环境而不是全部环境？如鱼只能在水中生活，到了陆地就会死亡。如果上帝是万能的，为什么他不创造出全能的生物？③古生物资料表明，历史上灭绝的生物种类十分繁多。如果生物是由神创造的，他为什么要创造出会灭绝的生物？④有些生物形态奇特，如扁平身体的鲆鱼、鳎鱼、生活于水中却用肺呼吸的海豚等。如果是智慧生物创造了它们，可见这种创造或设计十分奇怪或不可理喻。如果真是创造出来的，它们为什么不直接设计成“正常”鱼（如鲤鱼、鲫鱼等）的样子？⑤远离大陆的海洋小岛上，往往没有移动能力弱的生物，如哺乳动物、两栖动物等，而被人类带上这些岛屿的哺乳动物，如老鼠、猫等在这里生活得十分良好，表明它们可以很好地适应这里的环境。上帝为什么会遗忘这些小岛？众多的入侵生物都一再地表明，很多生物在很多地区可以生活得很好，但它们起先的分布范围却是十分有限的。上帝为什么只将特定的生物放在特定的地区？⑥神创论没有任何证据支持。

21.1.2 多次创造与一次起源

《圣经》中关于世界与生物的起源描述得十分清楚，它表明生物是上帝多次创造出来的，生物之间没有什么直接的亲缘关系，至少在大的门类之间没有任何联系。另外，历史上地球表面可能发生过如特大洪水等类似的或同等规模的巨大灾难，它会灭绝几乎所有的生物，而在此之后，上帝会再次创造出生命。

在达尔文之前，还有一些人如居维叶提出神当初创造的是少数几种类型的生物，由它们再演化出更多的物种，如所有的哺乳动物都起源于一种类型，而所有的鸟类又起源于另一种类型。因而可以说，某一门类的生物是同源的，但不同门类之间却是不同源的。

而达尔文进化论提出，地球上的所有生物都有单一的共同祖先，它们都是在一次生命起源过程中形成的，所有生物之间都存在或近或远的亲缘关系，即便说大熊猫与竹子之间存在亲缘关系也不必大惊小怪。理由主要有：①某一门类的生物（如鱼类、鸟类）等，虽然形态多样，但如果仔细分析它们的特征就可以发现，它们的基本体制是一致的，表明它们有共同的祖先。一些家养生物（如狗）

的不同品种之间也差异较大，但它们都能够正常交配生产后代，表明它们是同一物种，在本质上是相同的。②组成所有生物的基本元素和基本分子都是相同的，如氨基酸、核苷酸等。③所有生物使用的遗传密码都是相同的。④分析排列所有生物的演化过程可以看出，生物之间的形态是逐渐过渡的，可以清楚地看出它们之间的亲缘关系。⑤化石记录表明，在越古老的岩石中发现的生物种类越少，由此可以推测出在地球形成的早期，生命形态是极为有限的。⑥地质学、天文学资料表明，早期的地球环境极为恶劣，肯定不适合众多的与现代类似的生物生存。故可以说，那时上帝即使可以创造出众多生物，它们也不可能生存下来。

21.1.3 改变与不变

神创论认为，生物是由上帝创造的，它过去如此、现在如此、以后也将如此。它们不会发生改变，因为上帝创造的世界就是不改变的。

进化论认为，生物是逐渐发生改变的，在自然选择的作用下，它们会朝适应环境的方向持续不断地发生有利于自身的改变。理由主要有：①化石记录清楚表明了一些生物的改变历程和方向，如马、鸟、鲸等的化石（图 10-5）。②退化了的痕迹器官清楚表明了生物的祖先特征形态，如人类还有尾椎突、阑尾等，蟒蛇有退化了的后肢骨等。③野外观察也表明生物可以发生改变。例如，加拉帕戈斯群岛上达尔文雀的喙可因食物的改变而发生明显的改变，放养的英国桦尺蠖的体色在不同地区也有明显的区别。④在实验室内可以在改变培养条件的情况下使细菌的遗传组成发生明显的改变等。

21.1.4 细微改变与物种突破

神创论还认为，生物物种也许可以发生一定程度的改变，但这种改变是有范围的，也是较细微的，物种绝不可能由一种进化为另一种。用现代进化论的语言来说，就是小进化（种群内基因频率的改变）也许可以发生，但大进化（物种或更高层次上的分支和形成）绝不会发生，因为物种是不变的。

而进化论认为，所有生物都是由共同祖先逐渐演化而成的，因为环境是不断改变的，它们又对生物产生持续不断的选择压力，淘汰不适应的类型，保留适应类型，从而使特定生物与环境协调一致。从同一祖先传承而来的不同后裔，如果生活在不同环境中足够长的时间，就会产生足够大的差异，从而形成不同的物种。如此循环往下，就逐渐形成如树形的分支过程从而形成如今的格局。证据主要有：①已有相当多的实验表明在持续不断的选择压力下，生物可以发生演化，如细菌、果蝇等在不同实验条件下可以朝不同的方向发展，不同种群在遗传组成和形态结构上可能发生很大的改变。细菌和昆虫等的抗药性也证明了这一点。②野外观察和历史记录也表明，自然条件下生物可以发生演化。例如，美国本来寄生山楂的实蝇后来可以寄生于引进而来的苹果上，在生态位上发生很大的变化，可以看作是两个不同物种。③在孤立环境中，如海洋小岛上，生物演化表现得十分突出和明显，因为没有竞争者和具有独特气候环境等因素，生物在这些地方可以演化出非常独特的类型。例如，这些小岛都有一些只能在本地发现的物种，如加拉帕戈斯群岛上的达尔文雀、夏威夷群岛上的蜜旋木雀等只在此处才有。如果生物是神创造的，他为什么要不厌其烦地为个别岛屿创造出自己的生物？④很多生物之间的区别十分细微，彼此之间十分相似，如夏威夷群岛上的果蝇有好几百种。根据进化论，它们是由共同祖先进化而成的，因适应不同的环境又生活在同一群岛上，可以产生外观上十分相似但遗传本质上有显著差异的种类。如果生物是由神创造的，他为什么要费尽周折地创造出如此相似的物种？⑤同源器官与同功器官也表明生物有共同的祖先，它还可以朝不同的方向演化。

21.1.5　动态与静态

神创论所描述的世界基本是静止的、恒定不变的，物种的数量也是不变的。在这个秩序井然的世界中，所有事物都有自己的位置，并协调地运转着。它就像布置完备的舞台，不因时间的流逝而发生任何的改变。

然而，在达尔文进化论中，地球及生物界却是随着时间不断变化的：地球表面陆地是逐渐变化的，地球气候因植物的光合作用等而发生着改变，物种的数目是逐渐变多的，生物不断有变异发生，生物逐渐适应变化了的环境等。可以说，达尔文等将时间维度引入到进化论中并将其作为十分重要的指标，从而将看上去似乎静止的世界描绘成动态的、将看上去似乎独立的物种描述成彼此联系的、将看上去似乎各有所属地的生物描记成逐渐扩散形成的、将看上去似乎一成不变的宇宙描述成连续变化的。尤其重要的是，进化论将世界与生物作为一个统一的整体来看待，并认为其在时间维度上时刻发生不可逆的持续性变化，甚至将人和生物的改变归结为环境对其的选择性作用，这彻底颠覆了神和人主宰世界的观念。

21.1.6　个体与群体

神创论中的物种基本是统一形态的个体结合，它们在各方面基本是一致的，无论是个体和群体都是与环境相适应的。

进化论的一个重要创新是它的群体观或种群观。在进化论看来，种群是一个由形态各异、适应能力参差不齐、时刻发生突变的个体组成的集合（图 16-1）。由于不同个体存在着适应性的差异，从而会被环境所选择，即优胜劣汰过程，使群体发生方向性的改变。在这种种群观中，个体的不确定性与种群的确定性、个体差异的随机性与种群进化的方向性有机结合，从而使种群不再是个体的机械结合和松散组合，而是一个有着不断变化潜能的有机整体。

21.1.7 随机与决定

神创论还认为，各种生物的命运是先天注定的。羚羊创造出来就是要被狮子吃的，而狮子就是被创造出来吃羚羊的。

进化论认为，在生物演化过程中，存在很多随机的因素。首先，突变的发生是随机的。其次，环境的变化有时也是随机的，如火山爆发、地震等的发生也有随机的因素，因而与之相关的自然选择的作用有时也是随机发生的。再次，生物的扩散过程也有随机的因素，如一些海岛上迁移而来的生物就有某种随机的成分。因而，可以说生物的演化过程充满了随机性，现今生物格局的产生是众多随机性作用的结果。羚羊与狮子都不是注定如此的，而是在演化过程中，它们的祖先发生了各种不同的突变，而只有它们这样的类型才在竞争的环境中生存了下来，从而形成如今我们看到的关系。灭绝了的生物，如恐龙等提供了自然选择的活生生事例，但在决定论中却找不到任何答案和理论依据。

21.1.8 完美与缺陷

神创论还认为，各种被创造出来的生物都能完美地适应其生活的环境，它们的生活习性和形态结构都是十分完美的。你看，鱼是如此地善于游泳，鸟儿是如此地适应空中生活。

进化论认为，没有一种生物是完美的。这是因为：①每种生物都是由其祖先进化而来的，因而就不可避免地带有祖先的特征或历史包袱。例如，鸟类是由爬行动物进化而来，它们就保留了很多爬行动物的特征，如卵生、四肢等。我们没有发现胎生的或六翼的鸟类，如果有，它们会比现在的鸟类更完美。②突变的发生也是有限度的，一次较大的变异会因身体各部分的不协调而最终被淘汰，尤其是在环境变化较大的情况下。一些恐龙的身体巨大，但在气候变化、食物缺乏的情况下，它们很快就被淘汰。③完美复杂结构的产生一般需要较长时间和多个步骤，如眼睛的产生，而在此过程中会受到多方面的压力和机遇选择，因而相对也较困难。④生物体的结构和形态也要受到物理、化学定律的影响，如力学定律、热力学定律等，生物不可能不摄取营养而成为永动机，树木也不可能长得无限高大等。由此可见，生物对环境的适应是相对的，每种生物也只可能适应于其生活的环境。一旦环境发生较大改变，它们的笨拙和不适应就会表现的十分明显。到了岸上的鱼、进了笼中的鸟儿其活动十分不便。另外，如果生物是上帝创造出来的，他为什么要创造出如此多的生物而不是一次性地创造出一种万能的生物?

21.1.9　万能与局限

神创论认为，世界万物都是由神或上帝所创造的，表明神或上帝是万能的，能够按照自己的意志创造出他所需要的一切。

而进化论认为，生物进化有其本身的规律和限制，因而任何生物都是有缺陷的，这本身就说明它们不太可能是由超自然力量创造的。除少数活动能力极强的生物，如一些鸟类外，特定生物往往只分布在较为狭小的空间范围内，表明生物的分布和活动是局限的，其能力也是有限度的。还有，进化本身也依靠突变、环境改变等因素，它们也都是有限度的，故自然选择的力量也是有限的，所以每种生物往往只能适应它所生活的环境，一旦环境改变，往往就会不适。可以说，进化论对生物进化过程的描述、对生物局限性的总结和解释在理论上就否定了超自然力量，否定了万能的上帝，从而从根本上否定了宗教。

21.1.10　短暂历史与悠长历程

神创论认为，根据宗教教义，世界和生物都是在很短的时间内由神创造的，而神创造这一切的时间距离现在也就几千年或上万年，即世界的创生与形成是近期的事。

而进化论认为，地球历史经历过几十亿年的演进，而生物的起源、形成和发展只比此晚了约 10 亿年，其过程约有 35 亿年之久。主要证据有：①目前已进行的对宇宙和地球所用的各种测定年龄的方法和结果都表明了它们是极其古老的；②对化石的年龄测定也表明生物是极其古老的；③化石记录表明生物经历了至少上亿年的历史；④室内实验也表明在自然选择的作用下，生物的改变在大多数情况下是较缓慢的；⑤人类对狗、猫、作物等生物的人工改良过程已有上千年的历史，而它们的改变虽已经十分巨大，但不同品种仍可交配繁殖，仍可看作是同一物种，表明生物的改变一般也是十分缓慢的。可以说，所有科学证据都表明，地球和生物历史远比宗教教义所认为的更要久远，表明这些教义都是虚构或不真实的，或者说它们都在说谎。这不仅否定了神创论的一些说教，更在道德上贬低了宗教。

21.1.11 设计与进化

神创论认为，世界是完美和谐的，生物与生物之间也是彼此适应的，这一切就如一架机器的不同部件般彼此丝丝入扣、纹丝合缝。由于机器是由人设计出来的，那么世界和自然当然也是智能设计的，而能够创造、设计世界和自然的当然只有超自然力量了。

而进化论和科学都已表明，这个世界不是完美和谐的，如有地震、洪水、飓风等极大的自然灾害，生物也会灭绝。再者，如果真有设计者存在，他就不可能创造出不太完美的生物和器官等，如已经灭绝的生物、人类经常发炎的阑尾等。还有，如果生物是分别设计出来的，它们就不可能如此相似，如鸟类为什么现在仍与爬行动物一样产卵而不是与人一样直接产下幼体？另外，如果生物是被设计出来的，那么它们的分布为什么会有规律性而不是任意的？最后，如果生物是被设计出来的，为什么在一些小岛上神要不辞辛劳地创造出总体上非常相似却又有略微不同的生物？而只有进化论才能解释这些现象。可以说，进化论对设计论的冲击和抛弃彻底动摇了静止的宇宙观、有序观、和谐观，从而排除了超自然智慧的存在。

21.1.12 特别理由与普遍规律

神创论对生物现象的解释是逐个开展的，很多情况下需要特别的理由。例如，蝙蝠的翼是为了飞行创造出来的，而鼯鼠身体两侧的翼膜是用来滑翔的，它们都是由神分别创造出来的，目的是为了让它们适应各自的环境。

而进化论却用自然选择这一普遍规律来解释自然现象。由蝙蝠的翼和鼯鼠的皮膜可以看出，由身体皮肤形成较大的翼状物是可以发生的，且它们可能分别代表了哺乳动物翼演化过程中的不同阶段，当动物能够拍打它的翼膜时其就变成了真正的翼。翼膜和翼对于在森林中生活的动物来说无疑具有较大的优势，或者说在自然选择中具有较大的适合度，因而它们能够保存下来。且由于蝙蝠和鼯鼠都是哺乳动物，因而没有像鸟类一样的翅。如果它们是创造出来的，为什么上帝不给它们插上翅膀？

21.1.13 解释与预测

因为人往往不能够猜透神的圣意，所以神创论对世界的解释往往是猜测性的，对于一些特别的生物及其特征的解释尤其如此。海洋的鳐鱼身体是背腹扁平的，而鲆鱼身体却是一侧向下的（图 21-1），而这两种体形都适合于在水底活动和隐藏。至于为什么上帝要将它们设计成如此的样子只有他自己知道。

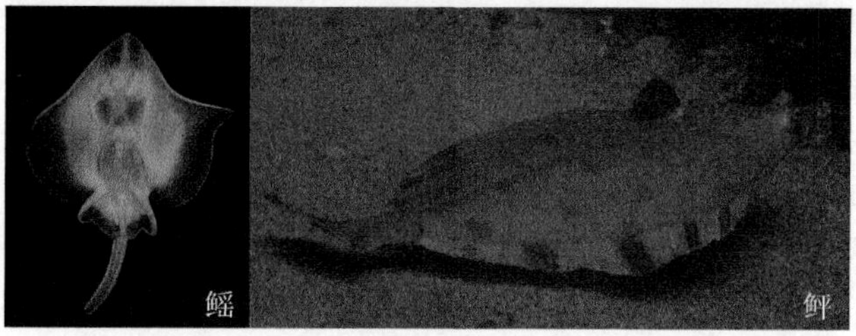

图 21-1　底栖型鱼类示例（鳐与鲆）

而根据进化论，在类似的环境中可能就会形成类似的选择压力，因而就会有类似的生物存在，可以预计的是，在相似环境中生物的体形就有可能是类似的。事实也是如此，与鳐体形相似的鱼有魟，与鲆相似的有鳎、鲽等。其他较著名的根据进化论所做的预测有：达尔文（1883）在《人类的由来》中预测人类祖先应该在非洲，因为与人类最接近的现生猿猴类目前仍生活在非洲。事实上，最早的类人猿化石就发现于非洲。最早的兽脚类恐龙发现于约 2 亿年前的地层中，这时还没有发现任何鸟类化石。与现今类似的鸟类化石发现于约 0.7 亿年前的地层中。如果鸟类是由兽脚类恐龙演化而来的，那么它们之间的过渡类型应该发现于距今 0.7 亿～2 亿年的地层。事实上，始祖鸟的化石发现于距今 1.45 亿年前的地层中，近年来在中国发现的多种带羽毛的恐龙化石其形成年代都在距今 1.35 亿～1.1 亿年。大洋中由火山爆发形成的、距离大陆很远的火山岛上（如夏威夷群岛）一般都没有真正的土著陆地哺乳动物（蝙蝠和海洋兽类除外），而原先与大陆连接的、距离大陆很近的岛屿（如英格兰群岛、日本列岛等）拥有与大陆上类似的陆地哺乳动物。那么原先与大陆相连、但分离时间较长、距离大陆中等距离的岛屿上应该有少量陆地哺乳动物。事实上，符合这一条件的、非洲附近的马达加斯加群岛上就是如此，并且生活着最为原始的灵长类——狐猴。

21.1.14　有序与无序

在基督教中，世界是秩序井然的，在无机物与上帝之间，各种生物按照它们的级别被排列为高低不同的等级，人处在动物与神之间。

而在进化论中，所有生物都是平等的，都是由或近或远的共同祖先进化而来的，都有或近或远的亲缘关系。它们之间只有血缘关系的远近，根本不存在高低尊卑的等级系统。可以说，进化论打破了对固有秩序的尊敬和崇拜，在思想上就打破了固有的、先验的不平等观念。

21.1.15　人与动物的不同与相同

在基督教中，人与动物是根本不同的，因为人有智慧、道德而动物没有。或者说，人有神性的一面，而动物只有兽性。再者，人与动物也是在不同的时间创造出来的，两者没有任何联系。

进化论认为人是由动物进化而来的，在生物学上两者没有根本的区别。在自然选择的作用下，人类走上了社会生活的道路并取得了成功。正是在社会生活中、在人与人的交往中、在群体社会中人才发展出了更高的智慧、道德等人的社会性特征，而这些与社会学、文化学有关，在很大程度上并不是进化论所能够解释的。

达尔文（1883）在《人类的由来》最后写道："虽然并不是凭借自身的努力，人类对自己处于有机界的最高地位感到自豪是情有可原的。这一逐渐上升而非原地不动的事实可能会使人类希望将来有更好的命运。但我们对希望或恐惧并不关心，而只关心证据能使我们发现什么样的事实真相。我已经竭尽所能地给出了证据。我觉得我们必须承认：人类虽然拥有高贵的品格，对最卑微之物也心存怜悯，对人和生灵都关爱行善，具有神灵般的智慧，能够洞悉太阳系的运转和结构，虽全部拥有这些高贵的能力，人类的身体却仍然背负着其无法抹去的低贱出身的印迹！"

21.1.16　美好愿望与冷酷现实

基督教总是教导人们要行善、奉献、帮助爱护弱者。而根据进化论，生存竞争中的优胜者才是更适应环境的，似乎也拥有更好的基因，而尽量淘汰对手才对自身更有利。这在道德上是不能被接受的。

进化论只是对自然条件下物种起源和形成的原因、机制作了科学的归纳和总结，这丝毫不涉及道德问题，生物本身也是没有道德可言的。至于人类如何行事，进化论不能给出任何答案，这是社会、法律所要做的。

21.1.17　本能与文化

神创论认为，人之所以成为人，就是在于他的文化性，在很大程度上人类并不依本能行事。如果承认人与动物没有区别，那么人是否也可依据本能行事？

进化论认为，所有生物为了生存，都会本能地进行各种抗争和斗争，人也一样，至少在人类演化起源的初期肯定如此。而在社会生活中，为了整个社会的安宁和整个种族的延续，人类发展出多种文化和秩序，而这些本质上与自然选择并不矛盾。

21.1.18 适者生存与弱肉强食

很多宗教人士认为，进化论所讲的适者生存如果是真的，也是自然界的规律，那么似乎在鼓励人类社会中的弱肉强食。

进化论人士认为，适者生存现象是自然条件下生物界普通存在的规律，也是事实。讲出事实并没有任何错误。人类社会与自然界存在着根本的区别，不能将自然规律硬性地照搬到人类社会中来。

21.1.19 人的生物本质与道德修养

有些宗教人士还认为，进化论只强调人的生物本质而忽视人的社会本质，这显然不好。而宗教强调人的道德修养，鼓励人行善、积极向上，可见宗教优于进化论。

进化论人士认为，进化论是一种科学学说，既然是科学，它就是真的，对于真实的东西我们人类只能接受。宗教在维护社会稳定、提高社会道德水平上当然也有其积极作用，但它不能与作为科学的进化论等同视之，因为宗教教义中有很多内容都是不科学的。

21.1.20 人的向善与向恶

进化论描绘了一个充满竞争、甚至是你死我活的世界，在这样的世界中，为了生存你必须使尽有利于自身、危害对手的各种手段。而基督教描绘了一个宁静的、和谐的、美好的世界，在这样的世界中，你必须克己、行善、奉献。由此有些人提出，进化论教导人要向恶，而基督教教导人要向善，可见后者优于前者。

进化论只是对自然现象和规律的客观描述，它对于人的思想、道德和修养没有任何指导意义。

21.1.21 道德与不道德

由于进化论看上去似乎在鼓励人自私、利己、向恶，因而遭到很多不道德的攻击。实际上，进化论主要针对的是自然界的现象和规律，它对人类社会尤其是社会意识、道德法律等方面几乎没有任何解释作用和影响力。

21.1.22 安静内心与无常未来

从进化论内容来看，它其中有很多随机的因素，尤其是环境的变化和突变的产生有时是无法预测的，因而对于生物来说，其进化的方向有时是不定的。在很大程度上，生物体只是自然界中无助的客体，只能接受无常的命运和不定的将来。这在心理上使很多人产生了对未来和自身命运的恐惧。

而实际上，人类已经脱离了自然界，在很多时候，我们已不再受到自然界的影响，我们人类力量是如此强大，足以改造自然、改变命运、把握自身。从这个角度来看，我们人类永远都是自身命运的主体，因为我们生活在人类社会中，人本身就是宇宙的精灵、万物的灵长！

21.2 小　　结

本质上，科学与宗教属于两个不同的范畴。因而，作为科学的进化论与作为宗教的一部分的神创论本没有冲突，是井水不犯河水的关系。宗教本质上是一种社会意识形态，具有很多假设猜想的成分；而进化论是科学，要用证据来证明论点。因而，用社会意识、伦理道德来评判科学，或用科学方法来验证宗教都是枉费心机、甚至是风马牛不相及。同时，进化论与神创论在历史上观点都千奇百怪、变化多端，双方对对方的错误认识也是比比皆是，由此造成的误解和不解也多如牛毛。神创论与进化论之间这种不同领域的、文不对题式的争论是它们历史争论现象的常态。

历史上，由于宗教一直处于统治地位，禁锢着人类的思想，而科学在求真务实的要求下必须解放人的思想，因而两者之间就产生了不可回避的冲突。在很大程度上，由于宗教一直希望证伪进化论，维护自身的正统地位，从而对进化论发起连番的攻击，企图在道义上、道德上甚至法律和科学层面来击败它。同时，作为科学的进化论又有客观性、经验性、理性的特征，力图在这些原则的保护下求得自身的独立发展和逐渐提升，从而更好地了解世界、掌握规律、把握命运。因而，它常常希望运用自己习以为常、行之有效的方法来验证神创论，以便证明其不是科学，从而可以摆脱神学的桎梏和围剿。可以说，宗教和科学对自身命运的担忧，以及对可能被对方蚕食的恐惧是进化论与神创论争论的起因。

历史是由人书写的，更是由人演绎的。掌握着巨大社会资源和庞大信众的宗教势力和宗教人士，为了维护自身的财富利益和社会地位，也会有意无意、有事无事、见缝插针地发动对进化论等科学学说的攻击。表面上看，进化论与神创论及宗教的冲突都是在科学证据、科学问题上打转，深层次上可能是观念上的冲突，而更深层次上可能都是为了利益在打转。伏尔泰曾一针见血地说过："即使没有上帝，也必须捏造一个。"

好在我们已生活在一个高度发达、天涯若比邻的人类社会中，不同人类、不同人群业已产生出或学会了共处之道，所以还是将科学的还给科学、宗教的归于宗教吧！让一个专注于求真、一个专心于求善，从而更好地服务于我们这个已脱离了生物低级本能的、有着高度道德伦理但事实上却仍演化于动物的人类吧！

22 中国人为什么没有提出进化论

历史是一面镜子。

——中国古训

22.1 进化论产生和发展的历史轨迹

不知道为什么，亚里士多德虽然也相信所有生物和人都是由上帝分别创造的有灵之物，但他并未惧怕或迷信，还是拿起了解剖刀对许多动植物进行了详细解剖、试验和观察，并探讨了它们之间可能的关系和分类，进而还研究了生物和人所具有的精神和灵魂。在西方的宗教中，上帝只有智慧而没有肉体，人既有智慧又有肉体，生物只有肉体而没有智慧。既然上帝给了人智慧，人就要显示智慧；既然人高于万物，就要显示出她的高等。因为在地球上，只有人是具有智慧的，人必须使用自己的智慧来与天地对话、与神灵交流、与上帝沟通。这不仅能够显示人类的智慧，也能显示上帝的伟大和理性。而显示方式之一就是人类对宇宙万物的精确了解和把握。这似乎是西方科学精神的源泉，也是探索精神的起点。这种对神性和人性的理解以及时不时地将它们合二为一在本质上就尊重人、重视人以及人的研究活动和科学探索。

“文艺复兴”以后，科学研究更是逐步走上了独立于其他社会活动的道路，并形成了自己的工作方式、依照原则、评价体系和学术团体，在这方面天文学做出了巨大贡献。这不仅是因为太阳具有巨大的宗教象征和感情寄托，更重要的是它与月亮、星辰、银河一起，用客观的、规律性的甚至可预测的运行轨迹来证明或证伪种种学说和假说。哥白尼的“日心说”不仅提供了一种正确的宇宙观，还证明人的认知和感觉在某种程度上是不可信的，如我们看到的太阳绕着地球转其实是地球围着太阳转。这种对人类感觉能力局限性和有限性的认识更催生出一种新的科学研究态度和方法：先不带任何偏见或理论地收集证据，再从证据中找出一般性结论，再用其来解释更多更新的现象，即“经验-归纳法”或“观察-归纳法”。可以说，这样的科学研究方法就迫使科学家们抛弃所有的先入为主的观念甚至社会主流意见和统治阶级意志来进行研究，在某种程度上更使科学和科学研究走向了独立，而判断科学研究的唯一标准就是它解释现象的能力。因而，整部西方科学史可以说是一部不断验证宗教教义和神话假说的历史，也是不断将它们驱逐出科学界的斗争史。这从对进化论的严肃争辩基本都是在科学共同体范围内进行的、参加人员基本都是用科学方法和规范来进行辩论就可看出部分端倪。牛顿更是再进一步，他假设或断定所有存在的物体都有质量，质量产生引力，引力可使物体之间产生作用，并用数学公式推导出这种作用的内在规律、规模、程度和影响因子。这种建立在丝丝入扣数学公式和物体本身所具有的质量效应基础之上的理论因几乎可以解释所有日常生活中的现象而名声大噪、威震四方，更因为它建立在客观的、物体本身所具有的“力”和“质量”基础之上，丝毫没有掺杂任何主观概念和意见而显得更加魅力四射、引人入胜。在某种程度上，牛顿的物理理论因证明了上帝的伟大、世界的和谐、宇宙的有序和人类的理性而更加另人神往。如果说在此之前，科学研究还只是探究和发现自然现象的话，牛顿的物理学和天文学则将人类的注意力和探究兴趣带领到或聚焦到对事物客观规律和物理本质的研究和探讨上。

赖尔的《地质学原理》是将牛顿物理定律应用到其他现象的第一个良好尝试。如果说牛顿物理学是对短暂时间内或同一时空中“力现象”和“力作用”的科学说明和解释的话，那么赖尔的地质学就是对长久时间内作用于地球的物理力及其效果的解释和展现。它清楚明白地展示出，物理力不仅现在存在，远古时期也存在，且它们作用的方式和规律都是一样的。或者说，赖尔将时间因素引入到地质学研究中，将细微积累的短暂效应放置在长久时间坐标轴上进行考察和衡量，从而得出前人未有的创见。他的这本书仿佛是电影特技中的快镜头，将历经千万年的地质历史栩栩如生、形象生动地展示在世人面前。

那么作用于生物的“物理力”是什么？生物体具有质量，生命也是经历了千万年时间的客观存在，它们理应也必然受到物理力的作用。与地质演化过程朝逐渐无序的方向发展不同（如岩石的风化），生物体的演化却是朝高度有序的方向发展，如高等生物较低等生物在地质历史中出现更晚等。所以本质上，生物界所受到的作用肯定有别于自然物理力的作用。

达尔文与华莱士就是带着这个疑问和寻找答案的愿望踏上远行的航船的。拉马克等提出的驱使生物向上发展的“内在愿望”与灵魂和精神一样，都是虚无的、不可捉摸的，它与实实在在的质量以及由此产生的可感觉到的重力和引力有着本质不同。因而，达尔文与华莱士想要做的或需要做的，就是如牛顿那样找出客观存在的、独立于人类主观愿望的、作用于有机界的、物理性的、可验证的规律和机制。

生物有规律的分布是他们在考察中的第一个重要发现。最相似的、关系最近的生物往往在地理上分布得也最近，最相似的化石生物在地层中也埋藏得最靠近。这就说明生物的出现、分布和演化并不是杂乱无章、混乱无序的，更大的可能是它们在空间上逐渐扩散的过程中，不同的种群因长期处在不同环境中而发生了明显或细微的变化，从而形成现今的格局。换言之，从时空变幻的角度来看，特定生物是特定时空中的客观存在，但如果以连续的变化过程来看，它们又表现出逐渐变化的模式。

如果说大陆上生物的特征和分布模式有时表现得还不是十分清楚的话，那么岛屿等孤立环境中生物的特征和分布模式则相对容易观察。达尔文与华莱士从他们广博的生物学背景知识出发，在考察过程中就发现岛屿的生物总是与最近大陆上的生物最相似但也有区别。同时，在同一群岛不同小岛上的相似环境或生境中，总能发现类似的生物类型，或者说，相似的环境造就了类似的生物。这些生物之间的关系也往往是最近的，与邻近大陆上的同类有明显的区别，这就说明它们都是由从大陆上迁移而来的共同祖先演化而来的。在地球遥远的角落、在人类几乎注意不到的弹丸之地、在没有人类干扰的小岛上、在由火山喷发形成的较新陆地上，生物演化历程具体而细微地展示在达尔文与华莱士面前。特定时空中生物的特殊性以及生物由共同祖先朝不同方向的变化性和趋异性、分歧性是达尔文与华莱士的第二个惊奇发现。

生物的多样性和适应性是他们的第三个重要发现。生物形态虽千奇百怪、生物种类虽千姿百态，但如果仔细考察，就会发现它们都是与其生活的环境密切相关、高度一致的。加拉帕戈斯群岛上有好几种雀，它们的喙有大有小、有粗有细，这都是与它们的食性相关的：吃大而坚硬种子的雀其喙就明显粗大，吃小而柔软种子的雀其喙就明显细小。在自然界中，我们看不到任何与环境不适应的生物种类，这是淘汰机制作用的结果，就如同参加任何比赛决赛阶段的选手个个都实力非凡一样，他们是经过千挑万选、严格筛选出来的优胜者。

人工选择是达尔文与华莱士重点考察的第四个方面。人类对生物的选择是按照人类的需要、爱好来进行的，或者说人类对生物的选择是有方向性的。正是在这种长期、持续、方向性选择作用下，才出现我们现今看到的许多奇特品种，它们也都是人类希望创造的类型，这在鸽子、金鱼和狗中表现得最突出。由此可以推论出，在自然条件下只有适应环境的生物存在似乎也是在方向性选择和淘汰机制作用下形成的。

过度繁殖是达尔文与华莱士发现的生物最重要特征。任何生物都有过度繁殖的倾向，达尔文与华莱士在原始论文中都用详细的数学计算来表达这一论点和事实。这使得他们的文章与牛顿那包含数学公式的文章一样难以驳斥，更使得他们找到了坚实的理论基础。尤其重要的是，在他们看来，过度繁殖是生物体本身所具有的自然属性，就如同物体的质量一样，这更近一步使得他们的理论接近于牛顿的物理理论，显得客观而严密，没有掺杂任何主观概念。也正是存在过度繁殖，种群发展与资源供给之间总存在矛盾，才形成生物个体之间的生存斗争，从而形成自然淘汰机制，迫使生物朝适应环境的方向发展和演化。在不同环境中，不同的种群就可能朝不同的方向发展，从而最终形成新的物种。

在达尔文与华莱士之后，对遗传物质的寻找和核实、对遗传规律的拟定和说明是生物学研究的主要方面。随着技术的提高，研究逐渐深入，微观结构被日益观察得清楚，从而最终确定了DNA的结构和基因的本质。这更进一步说明，生物的遗传变异都有客观的物质基础和自然规律，生物的产生、发展和演化是完全独立于人的意识形态之外自然发生的。

总之，从进化论的产生、发展和逐步完善过程可以看出，参与其中的所有人包括达尔文与华莱士都是研究历史长河中的普通一员，虽然不同的研究人员其贡献可能有大有小。进化论的逐渐成熟是众多科学研究人员在长期的探索过程中逐步添砖加瓦完成的。他们按照公认的方法和规范，在科学共同体范围内，继承前人已有成果，提供新的证据和论点，解释先前不能解释的事实和现象并接受检验和反驳。他们追求的唯一目标就是事实和真相。

22.2 中国人为什么没有提出进化论

在中国的很多原始神话中，最初的人类与其他生物一样，也是由威力无边的神仙或“天”创造的，如“女娲补天说”。也有一些传说认为宇宙万物或所有生物都是由神化身而来的，它们都继承了神的灵气，如“盘古化身万物说”。无论如何，这种万物有灵的观念在中国哲学中占有重要地位。在很大程度上，中国人将人类自身看作是与其他万物一样平等的生命，是宇宙中普通的组成成分，都是自然中平常的命运不定的有机过客，没有将人类看作是生命的精华、宇宙的精灵、万物的主宰。这种对生命的尊重、对生灵的敬重、对神灵的崇拜似乎在很大程度上阻碍了中国人对生命的研究、对肢体的解剖、对内脏的观察。中国人往往对生灵所具有的、传说从神仙那儿继承而来的“灵”或“灵气”关注更多，对承载它们的躯体关注较少。也可以说，我们对“灵”极其尊重，而对“命”或“物”极不尊重。于是，我们有了“阴阳”、“气”、“功”、“热”等不可捉摸、不可觉察、不可掂量的神秘概念。中国人对人体经络、脉相、穴位的研究繁复严密、博大精深，然而对它们在人体内的具体位置、形态结构和组织解剖等几乎一无所知或者不屑一顾。我们不仅对人体所能表现出的精湛武术套路和架式情有独钟，我们更痴迷于气功、内功和轻功的神奇和神秘。我们对形形色色的疾病现象和机理往往仅用简单的“冷热不均、阴阳不和”来总结，我们花在药引子上的功夫比花在药上的功夫不知要大多少倍，我们铸造时投进火炉的童男童女可能要比原材料更重，我们引水求雨时杀掉的祭品可能比开挖的土方更多，我们建造的供死人住的坟墓可能要比给活人住的房屋更大。不知道为什么，我们总是对虚无飘渺的概念发痴，对客观具体的实体生怯。对神秘精神的研究，如看相、占卜、巫术、风水等往往能得到从皇室到民间的热捧，而对具体身体的研究，如尸体防腐、手术切除、解剖重建等一直受到思想和文化的冷遇。除了生活实用的或生存需要的少数技术之外，中国传统文化对具体技术的掌握和开发一概斥之为“奇技淫巧”。总之，中国哲学从一开始就关注人的精神和灵魂，并以各种方式试图表现和传递这种由人设想和创造的主观概念。它们的不可接近性不仅没有使中国人对它们产生讨厌情绪和抵触态度，相反却更增加了它们的神秘性和中国人对它们的热情和兴趣。中国人似乎就是为精神而生的，并一直痴迷于此。与亚里士多德几乎同时代的孔子没有解剖过一个动物，更多地他关注的是人的道德修行、内心追求以及和谐人际关系的建立和处理等。亚里士多德的《动物志》可以说是西方生物学的开端，而孔子的《论语》却是中国人的道德经典和个人修养教科书。从本质上看，中国人和西方人虽然生活在同一个地球上，但却像生活在两个不同的星球上，在文化上从原初对人的关注点就不同：中国人是想看清肉体中的精神，而西方人却想从精神上看清肉体。从这个角度说，中国人天生就是情绪的，更适合搞政治；而西方人天生就是理性的，比较适合搞科学。东方信仰神秘主义，而西方相信科学主义。

在基督教教义中，上帝创造了一个和谐、有序、静止的世界，而人就是处在上帝与其他生物之间的智慧生物。他总是想利用自己的智慧来探讨和表达这种秩序和规则。而在中国的神话中，人与其他生物都是被平等地创造出来的，人与万物之间没有任何高低等级、尊卑系统，世界本来就是无序的。也许正是这种对规则、秩序、规律的天生不相信、不理解、不认可态度才使得我们没有产生出探究世界的兴趣和原动力；也许正是这种对人类自身渺小地位的真诚认识才阻碍了我们产生主宰世界的勇气和决心。世界本来就是混沌的，你又何必去探讨！人总是要死的，你又何必挣扎！人生几何，你又何必追名逐利！从中国的传统观点来看，人对世界的改变和改造总像是“蚍蜉撼大树”，逼得你只能放弃，只好用“青山依旧在，几度夕阳红”来自嘲和解脱！

在世俗化了的传说中，西方人认为所有人都是由上帝创造的平等个体。而在中国的传说中，只有君王才是经由“天”授意的或直接由“天”化身而成的，所谓“君权神授”。在中国，君王的象征是抽象的“龙”，而皇后的象征是虚无的“凤”，正与中国人追求的传说中由天或神赋予人的“灵”相合，因为它们都看不见、摸不着，还捉摸不定、出尘脱俗。在历朝历代更迭过程中，你总会看到在农民起义开始时，那些首领还都是平常的人，而在他们做皇帝前后，总会有星相异变、托梦托福、神仙点化、仙女交欢这样的传说和附会，从而将他们神化和虚化。可以说，外国的神像人，而中国的很多人却像神。时至今日，关于神人、神汉、神童的传说仍屡有耳闻。外国老出大科学人，而中国净出大能人。外国的修道院和教堂是传播上帝意志的地方，而中国的寺庙是出家人进行道德修行和精神升华的地方，只有皇家的日坛、地坛和月坛才是供君王与天地对话的地方。这种观念或统治意志是造就了皇亲国戚与一般民众在血统上就不平等、在地位上有悬殊的理论基础，并通过各种制度进行维护和保证。这种文化和制度长期作用的最大后果是对人的不尊重和对人权的践踏，并且不能容忍任何异端思想的出现和挑战。与之形成鲜明对照的是，科学的任务就是要探明事实和真相，它的方法和规范要求不能有任何先入为主的概念或偏见，只能根据证据来阐述论点。由此可以说，科学从本质上是与封建主义和封建制度格格不入的。在中国漫长的封建社会中，虽然也有零星的技术突破和科学发明，但科学始终没有形成专门的自身规范、评价体系、独立团体。在西方中世纪时，也发生过火烧科学家、禁毁科学书籍的事例。简言之，世俗化宗教及其制度的粗暴干预从制度上和根本上排除了独立科学共同体的诞生和形成。

除了没有先天的哲学思想、探究精神和独立的科学团体外，中国的科学研究传统上还没有独立的财力支持。《诗经》和《孟子》上都清楚地写着："普天之下，莫非王土；率土之滨，莫非王臣。"因而从理论上讲，中国人从来都没有过真正的私有制、私有权和私有财产。任何人的家当都可以随时被没收充公，甚至所有人的性命都有可能被随时剥夺消灭。一方面，这造就了中国很多文化人对钱财的不重视，说什么"千金散尽还复来"；另一方面，也造成了很多地主老财、富商大贾对钱财的保密和埋藏，他们绝不敢称富或炫富，所谓"枪打出头鸟"，富可敌国的沈万三的遭遇活生生地说明了这一点。可能也正由于此，任何有财之人也只能战战兢兢地生活，绝不会也不可能公开地资助什么科学研究。而在西方，对私有财产的保护有着悠久的历史，个人利用私有财产对科学研究的资助也早有传统。达尔文就是利用个人经费进行科学研究的。另外，西方的教会和教堂系统也具有相对独立的财政体系和制度，哥白尼和孟德尔都是在教堂中完成自己的科学研究的。

由于受追求抽象精神哲学的影响，中国也没有科学研究的文化基础，其中最主要的是中国的古文太简略、太讲究意境、太追求余韵，不太适合用作精确的科学描述和归纳，更不适合用作数学工具，而只能是表达情感和抒发意志的良好工具和载体。中国古文的表达方式是"综合"，将复杂多样的情感包含在字少词短的文章中，让读者产生"朦胧"的意境和"浑沌"的印象，而这种综合起来的复杂情感之所以会产生绵长的效果和深远的意韵，其原因之一是读者在阅读的过程中，还会将自身的情感体验、感情积累与作者所要表达的情感相互融合，产生你中有我、我中有你的综合情感。钱钟书在《谈中国诗》中说"流水落花春去也，天上人间"可以有"三个解释，三种点法，而事实上这三个意义融和未明地同时存在于读者意识里，成为一种星云状态似的美感。"可以说，中国古文是调

图 22-1　中国画与中国字示例

情的高手，却是描绘的嫩手。中国诗是中国古文的杰出代表，它的特点集中体现了中国古文的特点。“欲穷千里目，更上一层楼”用古文来说就变成“登高望远”。这句话表面上看全是说事写景，然而深思之下它却完全是在说理甚至是在讲一种哲学思想和个人奋斗的情感，甚至是要用一生来践行的哲学理念。然而，如果要用古文来具体描述任何一座楼的形象和外貌，则十分不便不易。中国画是形象化了的中国诗，它的留白空间往往要大于描绘空间，让阅者产生无尽的遐想和回味（图 22-1）。中国画这种对意境的极力渲染和过度描绘的能力在实物画和人物画中却遇到了前所未有的挑战，在硬性的相似性要求下碰到了难题，故中国古代从来没有产生过真正的实物画、现实主义画，而全是写意画、印象画或后印象画。所以说，中国文化或中国文字没有提供科学研究用的抽象符号和描述工具，尤其是要求精确的数学工具，也就不可能产生严密的科学体系。

22.3　问　　天

在创世神话中，西方人认为万能的上帝创造的世界是静止的、秩序井然的。因而，人类可以运用自身的智慧来认识和归纳出这种存在的条理规律，从而发展出科学，而现代科学理论却指出，世界处在永恒变化的过程中。这种变化的思想、不定世界的现代观点却与很多中国的创世神话的观点相同。西方多少科学家用了多少世纪才证明的理论和观点其实早就存在于中国人的哲学和观念中，但却是我们臆测而非科学证明的结果，这是我们的幸运还是不幸？

西方在研究了物质很长时间之后才关注精神，在解释人的本能之后才来研究人的精神，在满足了人肉体的物质需要之后才来研究如何满足人的精神需要。而我们中国人从最初开始就在想象如何在精神上取得人与人之间、人与社会之间、人与自然之间的和谐共处、相互满足、融合贯通。中国人的这种早熟其实也是我们的不足，因为它更像是空中楼阁、沙上高塔，没有物质的、科学的坚实基础。

难道“中学为体、西学为用”才是或真是我们的宿命？

我们仍在使用的象形文字是语言文字发展过程中的初级形态，我们的社会组织结构在很大程度上还要依赖原始的血亲关系和宗族家法，我们的农业生产在广大地区还依靠刀耕火种、人力畜力，然而我们的追求却是最高的精神解脱、灵魂享受、意志解放，而它们却又是不能证明、不能实验、不能探究的抽象存在和主观概念，任何人都可以对它们进行有利于自己的解释，当权者尤甚。也许正是这种内在的矛盾性和非对称性导致了我们过往的不幸历史，希望它不要再掌握我们的前途命运。可精神与物质的鸿沟真能缩小消弭吗？如何使我们对精神的关注转变到对物质的关注呢？

参考文献

陈银瑞，李再云，陈宜瑜．1983. 程海鱼类区系的来源及其物种分化．动物学研究，4（3）：227-234.

陈银瑞，杨君兴，祝志刚．1994. 云南金线鲃一新种及其性状的适应性（鲤形目：鲤科）．动物分类学报，19（2）：246-253.

大羽滋．1983. 群体遗传学．赵敏，孙勇如，李良林译．北京：科学出版社：168.

戴华国，孙丽娟．2002. 寄主植物对植食性昆虫种下分化和新种形成的影响．武夷科学，18：243-246.

段德智．2005. 宗教概论．北京：人民出版社：432.

方舟子．2003. 有关进化论的质疑与回答．http：//bomoo. com/ebook/ebook. php/4246. html.

黄清臻，崔淑华，李宏．2005. 从细菌的耐药性到害虫的抗药性．中华卫生杀虫药械，11（5）：362.

彭奕欣．2003. 鲸的起源与演化．生物学通报，38（1）：1-4.

单纯．2006. 弗洛伊德论宗教（一、二）．科学与无神论，3：41；4：46-47.

舒德干．2009. 寒武纪大爆发与动物树的成型．地球科学与环境学报，31（2）：111-134.

孙静贤，丁开宇，王兵益．2005. 植物多倍体研究的回顾与展望．武汉植物学研究，23（5）：482-490.

王忠欣．2010. 进化论在美国 150 年——兼谈宗教与科学．南京理工大学学报（社会科学版），23（1）：1-12.

吴新智．2010. 人类起源与进化简说．自然杂志，32（2）：63-66.

杨海燕．2004. “Evolution”含义探究．自然辩证法通讯，26（3）：31-37.

杨庆余．2002. 地球年龄的确定——20 世纪最伟大的物理学成果之一．物理与工程，12（2）：58-62.

翟志宏．2005. 走出宗教起源迷宫的“阿里阿德涅之线”———读《宗教概论》有感．武汉大学学报（人文科学版），59（4）：409-414.

张茜，杨瑞，王钦，等．2005. 基于叶绿体 DNA trnT-trnF 序列研究祁连圆柏的谱系地理学．植物分类学报，43（6）：503-512.

张亚平，施立明．1992. 现代生物进化论及其面临的挑战．大自然探索，11（3）：38-43.

张昀．1989. 前寒武纪生命演化与化石记录．北京：北京大学出版社：211.

张昀．1998. 生物进化．北京：北京大学出版社：266.

张增一．1998. 基督教对进化论的反应——兼论科学与宗教的关系模式．自然辩证法通讯，20（6）：10-17.

张增一．2002. 赫胥黎与威尔伯福斯之争．自然辩证法通讯，24（4）：1-5.

张之沧．1983. 居维叶对进化论的贡献及其进化观．化石，1：28-31.

张之沧．1985. 进化思想的先驱者——布丰．自然杂志，8（10）：749-755.

张之沧．1986. 试论华莱士在形成生物进化论中的地位．自然杂志，9（9）：677-680.

周长发，杨光．2011. 物种的存在与定义．北京：科学出版社：205.

周琦，王文．2004. DNA 水平自然选择作用的检测．动物学研究，25（1）：73-80.

周忠和．2001. 早期鸟类化石的发现和鸟类飞行的起源．中国科学院院刊，1：53-55.

朱道弘，Ando Y. 2004. 几种近缘稻蝗种间的生殖隔离机制及进化意义．昆虫学报，47（1）：67-72.

朱洗．1980. 生物的进化．北京：科学出版社：628.

Abbott R J. 2003. Sex，sunflowers，and speciation. Science，301：1189-1190.

Ackermann R R，Cheverud J M. 2004. Detecting genetic drift versus selection in human evolution. Proceedings of the National Academy of Sciences of the United States of America，101：17946-17951.

Adams D C. 2004. Character displacement via aggressive interference in Appalachian salamanders. Ecology, 2004, (10): 2664-2670.

Ahlberg P E, Clack J A, Lukševiĉs E, et al. 2008. *Ventastega curonica* and the origin of tetrapod morphology. Nature, 453: 1199-1204.

Albert A Y K, Millar N P, Schluter D. 2007. Character displacement of male nuptial colour in threespine sticklebacks (*Gasterosteus aculeatus*). Biological Journal of the Linnean Society, 91: 37-48.

Allen W V, Ponnamperuma C. 1967. A possible prebiotic synthesis of monocarboxylic acids. Currents in Modern Biology, 1: 24-28.

Alvarez L W, Alvarez W, Asaro F, et al. 1980. Extraterrestrial cause for the cretaceous-tertiary extinction. Science, 208: 1095-1108.

Andronikov V B, Pasynkova R A, Pashkova I M. 1998. Variability of gamete thermoresistance of heat selection and gametes in frogs and molluscs. Tsitologiia, 40 (6): 559-567.

Ayala F J, Tracey M L. 1974. Genetic differentiation within and between Species of the *Drosophila willistoni* group. Proceedings of the National Academy of Sciences of the United States of America, 71 (3): 999-1003.

Ayala F J, Valentine J W. 1990. 现代综合进化理论．胡楷译．北京：高等教育出版社：427.

Baack E J, Whitney K D, Rieseberg L H. 2005. Hybridization and genome size evolution: timing and magnitude of nuclear DNA content increases in *Helianthus* homoploid hybrid species. New Phytologist, 167 (2): 623-630.

Barluenga M, Stölting K N, Salzburger W, et al. 2006. Sympatric speciation in Nicaraguan Crater lake cichlid fish. Nature, 439: 719-723.

Bates H W. 1862. Contributions to an insect fauna of the Amazon valley (Lepidoptera: Heliconidae). Transactions of the Linnean Society of London, 23: 495-566.

Bateson W, Saunders E R, Punnett R C. 1906. Experimental studies in the physiology of heredity. Reports to the Evolution Committee. Royal Society of London (B), 77: 236-238.

Beall C M, Song K, Elston R C, et al. 2004. Higher offspring survival among Tibetan women with high oxygen saturation genotypes residing at 4000 m. Proceedings of the National Academy of Sciences of the United States of America, 101 (39): 14300-14304.

Beck A, Lohrmann R, Orgel L E. 1967. Phosphorylation with inorganic phosphates at moderate temperature. Science, 157: 952.

Bell G, Reboud X. 1997. Experimental evolution in Chlamydomonas II. Genetic variation in strongly contrasted environments. Heredity, 78: 498-506.

Bellinger M R, Johnson J A, Toepfer J, et al. 2003. Loss of genetic variation in greater prairie chickens following a population bottleneck in Wisconsin, U. S. A. Conservation Biology, 17 (3): 717-724.

Benton M J. 1995. Diversification and extinction in the history of life. Science, 268: 52-58.

Berlocher S H, Feder J L. 2002. Sympatric speciation in phytophagous insects: moving beyond controversy? Annual Review of Entomology, 47: 773-815.

Berlocher S H. 2003. When houseguests become parasites: sympatric speciation in ants. Proceedings of the National Academy of Sciences of the United States of America, 100 (12): 7169-7174.

Blackwelder R E. 1967. Taxonomy: A Text and Reference Book. New York: Wiley: 698.

Boake C R, Price D K, Andreadis D K. 1997. Inheritance of behavioural differences between two interfertile, sympatric species, *Drosophila silvestris* and *D. heteroneura*. Heredity, 80: 642-650.

Bock W J. 2004. Species: the concept, category and taxon. Journal of Zoological Systematics & Evolutionary Research, 42: 178-190.

Boraas M E. 1983. Predator induced evolution in chemostat culture EOS. Transactions of the American Geophysical Union, 64: 1102.

Bowler P J. 1975. The changing meaning of "Evolution". Journal of the History of Ideas, 36 (1): 95-114.

Bowler P. 1999. 进化思想史. 田洺译. 南昌: 江西教育出版社: 550.

Britton-Davidian J, Catalan J, Da Graca Ramalhinho M, et al. 2000. Rapid chromosomal evolution in island mice. Nature, 403: 158.

Buffon G L L C de (布丰). 1749—1804. Histoire Naturelle, 44 Vols. Paris; L' Imprimerie Royale.

Buri P. 1956. Gene frequency in small populations of mutant *Drosophila*. Evolution, 10: 367-402.

Burma B H. 1949. The species concept: a discussion. Evolution, 3 (4): 369-373.

Bush G L. 1975. Modes of animal speciation. Annual Review of Ecological Systematics, 6: 339-364.

Butlerow A. 1861a. Formation synthetique d' une substance sucree. Comptes Rendus de l' Académie des Sciences, 53: 145-147.

Butlerow A. 1861b. Bildung einer zuckerartigen substanz durch synthese. Liebigs Annalen der Chemie, 120: 295-298.

Cadena C D, Ricklefs R E, Jimenez I, et al. 2005. Ecology: Is speciation driven by species diversity? Nature, 438: E1-E2.

Caraco T. 1979. Time budgeting and group size: a test of theory. Ecology, 60: 618-627.

Cardillo M, Mace G M, Jones K E, et al. 2005. Multiple causes of high extinction risk in large mammal species. Science, 309: 1239-1241.

Carpenter F M. 1979. Lower Permian insects from Oklahoma. Part 2. Order Ephemeroptera and Palaeodictyoptera. Psyche, 86 (2-3): 261-290.

Carpenter F W. 1905. The reactions of the pomace fly (*Drosophila ampelophila* Loew) to light, gravity, and mechanical stimulation. The American Naturalist, 39 (459): 157-171.

Clarke C A, Sheppard P M. 1963. Interactions between major genes and polygenes in the determination of the mimetic patterns of *Papilio dardanus*. Evolution, 17: 404-413.

Clegg S M, Degnan S M, Kikkawa J, et al. 2002. Genetic consequences of sequential founder events by an island-colonizing bird. Proceedings of the National Academy of Sciences of the United States of America, 99: 8127-8132.

Cody M L. 1969. Convergent characteristics in sympatric species: a possible relation to interspecific competition and aggression. Condor, 71: 222-239.

Connell J H. 1961. The influence of interspecific competition and other factors on the distribution of the barnacle *Chthamalus stellatus*. Ecology, 42: 710-723.

Cook L M, Soltis P S. 1999. Mating systems of diploid and allotetraploid populations of *Tragopogon* (Asteraceae) I. Natural Populations. Heredity, 82: 237-244.

Cook S C A, Lefebvre C, Mcneilly T. 1972. Competition between metal tolerant of normal plant populations on normal soil. Evolution, 26 (3): 366-372.

Cowan S T. 1955. Introduction: the philosophy of classification. Journal of Genetic Microbiology, 12: 314-321.

Cox C B, Moore P D. 1985. 生物地理学 . 赵铁桥，杨正本译 . 北京：高等教育出版社：230.

Coyne J A, Orr H A. 1989. Patterns of speciation in *Drosophila*. Evolution，43：362-381.

Coyne J A, Orr H A. 1997. Patterns of speciation in *Drosophila*（Revisited）. Evolution，51：295-303.

Coyne J A. 1984. Genetic basis of male sterility in hybrids between two closely related species of *Drosophila*. Proceedings of the National Academy of Sciences of the United States of America，81：4444-4447.

Coyne J A. 2009. 为什么要相信达尔文 . 叶盛译 . 北京：科学出版社：351.

Creighton J C, Schnell G D. 1996. Proximate control of siblicide in cattle egrets：a test of the food-amount hypothesis. Behavioral Ecology and Sociobiology，38（6）：371-377.

Cuvier G. 1861. Recueil des éloges historiques lus dans les séances publiques de l' institut de France（1800 a 1815）（Vol. 1）. Éloges Historiques Des Membres De l' Academie Des Sciences：411.

Darwin C R（达尔文），Wallace A R（华莱士）. 1858. On the tendency of species to form varieties；and on the perpetuation of varieties and species by natural means of selection. Journal of the Proceedings of the Linnean Society of London. Zoology，3：46-50.

Darwin C R（达尔文）. 1845. Journal of Researches Into the Natural History and Geology of the Countries Visited During the Voyage of H. M. S. Beagle Round the world. 2nd el. London：John Murray：536.

Darwin C R（达尔文）. 1859. On the Origin of Species by Means of Natural Selection，or The Preservation of Favoured Races in the Struggle for Life. London：John Murray：502.

Darwin C R（达尔文）. 1865. 兰花的传粉 . 唐进译 . 北京：科学出版社：228.

Darwin C R（达尔文）. 1868. The Variation of Animals and Plants Under Domestication. London：John Murray. Volume 1，411pp；volume 2，486pp.

Darwin C R（达尔文）. 1883. 人类的由来 . 潘光旦，胡寿文译 . 北京：商务印书馆：987.

Darwin C R（达尔文）. 1972. 物种起源 . 谢蕴贞，等译 . 北京：科学出版社：330.

Desalle R, Giddings L V. 1986. Discordance of nuclear and mitochondrial DNA phylogenies in Hawaiian *Drosophila*. Proceedings of the National Academy of Sciences of the United States of America，83（18）：6902-6906.

Desalle R. 1992. The origin and possible time of divergence of the Hawaiian Drosophilidae：evidence from DNA sequences. Molecular Biology & Evolution，9（5）：905-916.

Dial K P, Marzlu J M. 1988. Are the smallest organisms the most diverse? Ecology，69：1620-1624.

Dioses S E. 1986. Synthesis of uracil from glycine：a possible pathway in prebiotic synthesis. Origins of Life and Evolution of Biospheres，16（3-4）：287-288.

Dobzhansky T, Ayala F J, Stebbins G L, et al. 1977. Evolution. San Francisco：W. H. Freeman and Company：572.

Dobzhansky T, Spassky B. 1967. An experiment on migration and simultaneous selection for several traits in *Drosophila pseudoobscura*. Genetics，55（4）：723-734.

Dobzhansky T. 1935. A critique of the species concept in biology. Philosophy of Science，2：344-355.

Dobzhansky T. 1937. Genetics and the Origin of Species. New York：Columbia University Press：364.

Dobzhansky T. 1950. Mendelian populations and their evolution. American Naturalist，1950，74：312-321.

Dobzhansky T. 1953. Natural hybrids of two Species of *Arctostaphylos* in the Yosemite region of California. Heredity，7：73-79.

Dobzhansky T. 1970. Genetics of the Evolutionary Process. New York：Columbia University Press：505.

Dobzhansky T. 1973. Nothing in biology makes sense except in the light of evolution（address for National

Association of Biology Teachers in 1972）. The American Biology Teacher，35（3）：125-129.

Dodd D M B. 1989. Reproductive isolation as a consequence of adaptive divergence in *Drosophila pseudoobscura*. Evolution，43（6）：1308-1311.

Dodson C H，Dressler R L，Hills H G，et al. 1969. Biologically active compounds in orchid fragrances. Science，164：1243-1249.

Du Rietz G E. 1930. The fundamental units of biological taxonomy. Svensk Bot Tidskr，24：333-428 .

Echelle A A，Carson E W，Echelle A F，et al. 2005. Historical biogeography of the new-world pupfish genus *Cyprinodon*（Teleostei：Cyprinodontidae）. Copeia，2：320-339.

Echelle A A，Dowling T E. 1992. Mitochondrial DNA variation and evolution of the Death Valley pupfishes（*Cyprinodon*，Cyprinodontidae）. Evolution，46：193-206.

Einstein A（爱因斯坦）. 1916. Die Grundlage der allgemeinen Relativitätstheorie. Annalen der Physik，354（7）：769-822.

EldredgeN，Gould S J. 1972. Punctuated equilibria：an alternative to phyletic gradualism. *In*：Freeman S T Models in Paleobiology. San Francisco：Cooper & Co.

El-Hifny M Z，Ahmad M S，Smith J D，et al. 1969. Gamete selection with an inbred tester. Theoretical and Applied Genetics，39：379-381.

Emerson A E. 1960. Evolution of adaptation in population systems. *In*：Tax S Evolution after Darwin. Chicago：Chicago University Press.

Emerson B C，Kolm N. 2005. Ecology：is speciation driven by species diversity?（Reply）. Nature，438：E2.

England R. 1997. Natural selection before the origin：public reactions of some naturalists to the Darwin-Wallace Papers（Thomas Boyd，Arthur Hussey，and Henry Baker Tristram）. Journal of the History of Biology，30：267-290.

Ereshefsky M. 1992. The Units of Evolution：Essays on the Nature of Species. MIT Press：405.

Escobar-Paramo P，Gosh S，DiRuggiero J. 2005. Evidence for genetic drift in the diversification of a geographically isolated population of the hyperthermophilic Archaeon *Pyrococcus* . Molecular Biology and Evolution，22：2297-2303.

Ferris T. 2009. 银河系简史 . 张宪润译 . 长沙：湖南科学技术出版社：325.

Foster S F. 1987. Aquisition of a defended resource：a benefit of group foraging for the neotropical wrasse，*Thalassoma lucasanum*. Environmental Biology of Fishes，19：215-222.

Fox S W，Dose K. 1977. Molecular Evolution and the Origin of Life（Revised ed. ）. New York：Marcel Dekker：370.

Fox S W，Harada K，Woods K R，et al. 1963. Amino acid composition of proteinoids. Archives of Biochemistry and Biophysics，102：439-445.

Fox S W，Harada K. 1961. Synthesis of uracil under conditions of a thermal model of prebiological chemistry. Science，133：1923-1924.

Fox S W，Jungck J R，Nakashima T. 1974. From proteinoid microsphere to contemporary cell：formation of Internucleotide and peptide bonds by proteinoid Particles. Origins of Life，5：227-237.

Funk D J. 1998. Isolating a role for natural selection in speciation：host adaptation and sexual isolation in *Neochlamisus bebbianae* Leaf Beetles. Evolution，52：1744-1759.

Gabel N W，Ponnamperuma C. 1967. Model for origin of monosaccharides. Nature，216：453-455.

Gallardo M H，Bickham J W，Honeycutt R L，et al. 1999. Discovery of tetraploidy in a mammal. Nature，401：341.

Gardiner B G，Janvier P，Patterson C，et al. 1979. The salmon，the lungfish and the cow：a reply. Nature，227：175-176.

Gargett V. 1977. A 13-year population study of the black eagles in *Matopos rhodesia*. Ostrich，48：17-27.

Garratty G，Glynn S A，Mcentire R. 2004. Retrovirus epidemiology donor study：ABO and Rh (D) phenotype frequencies and different racial/ethnic groups in the United States. Transfusion，44 (5)：703-706.

Gartner S，McGuirk J P. 1979. Terminal cretaceous extinction scenario for a catastrophe. Science，206：1272- 1276.

Gavrilets S，Li H，Vose M D. 1998. Rapid parapatric speciation on holey adaptive landscapes. Proceedings of the Royal Society of London (B)，265：1483-1489.

Gilbert W. 1986. The RNA world. Nature，319：618.

Gilmour J S. 1940. Taxonomy and philosophy. The New Systematics：468-469.

Gingerich P D. 1983. Rates of evolution：effects of time and temporal scaling. Science，222：159-161.

González-Forero M. 2009. Removing ambiguity from the biological species concept. Journal of Theoretical Biology，256：76-80.

Goodnight C J. 1985. The Influence of environmental variation on group and individual selection in a cress. Evolution，39：545-558.

Goodnight C J. 2005. Multilevel selection：the evolution of cooperation in non kin groups. Population Ecology，47：3-12.

Grant B R. 2004. Evolutionary dynamics of sympatric Darwin’ s finch populations in the Galapagos Archipelago. 动物学报，50 (6)：936-941.

Grant P R，Grant B R. 2002a. Adaptive radiation of Darwin’ s finches：recent data help explain how this famous group and Galapagos birds evolved，although gaps in our understanding remain. American Scientist：130-135.

Grant P R，Grant B R. 2002b. Unpredictable evolution in a 30-year study of Darwin’ s finches. Science，196：707-711.

Grant P R，Grant B R. 2006. Evolution of character displacement in Darwin’ s finches. Science，313：224-226.

Grant P R. 1972. Convergent and divergent character displacement. Biological Journal and the Linnean Society，4：39-68.

Green D M，Sharbel T F，Kearsley J，et al. 1996. Postglacial range fluctuation，genetic subdivision and speciation in the western north American spotted frog complex，*Rana pretiosa*. Evolution，50 (1)：374-390.

Guyer C，Slowinski J B. 1993. Adaptive radiations of the topology of large phylogenies. Evolution，47：253-263.

Haffer J. 2004. Ernst Mayr：intellectual leader of Ornithology. Journal of Ornithology，145 (3)：163-176.

Haldane J B S. 1955. Population genetics. New Biology，18：34-51.

Hall B G. 1978. Experimental evolution of a new enzymatic function. II. Evolution of multiple functions for EBG enzyme in *E. coli*. Genetics，89 (3)：453-465.

Halliburton R，Gall G A E. 1981. Disruptive selection and assortative mating in *Tribolium castaneum*. Evolution，35：829-843.

Halstead L B, White E I, Macintyre G T. 1979. Reply to patterson et al. Nature, 227: 176.

Halstead L B. 1978. The cladistic revolution—can it make the grade? Nature, 276: 759-760.

Hamilton W D. 1963. The evolution of altruistic behavior. American Naturalist, 97: 354-356.

Hamilton W D. 1964. The evolution of social behavior. Journal of Theoretical Biology, 7: 1-52.

Hargreaves W R, Mulvihill S J, Deamer D W. 1977. Synthesis of phospholipids and membranes in prebiotic conditions. Nature, 266: 78-80.

Hawking S. 1992. 时间简史：从大爆炸到黑洞．许明贤，吴忠超译．长沙：湖南科学技术出版社：166.

Hawking S. 2006. Origin of the Universe（2006 年 6 月 15 日在香港科技大学的演讲）.

Hayashi F. 1998. Sperm cooperation in the fishfly *Parachauliodes japonicus*. Functional Ecology, 12 (3): 347-350.

Hill J P, Lord E M. 1986. Dynamics of pollen tube growth in the wild radish, *Raphanus raphanistrum* (Brassicaceae). I. order of fertilization. Evolution, 40 (6): 1328-1333.

Hillis D M, Collins J T, Bogart J P. 1987. Distribution of diploid and tetraploid species of gray tree frogs (*Hyla chrysoscelis* and *Hyla versicolor*) in Kansas. American Midland Naturalist, 117 (1): 214-217.

Hoekstra H E, Hoekstra J M, Berrigan D, et al. 2001. Strength and tempo of directional selection in the wild. Proceedings of the National Academy of Sciences of the United States of America, 98: 9157-9160.

Hoelzel A R, Fleischer R C, Campagna C, et al. 2002. Direct evidence for the impact of a population bottleneck on symmetry and genetic diversity in the northern elephant seal. Journal of Evolutionary Biology, 15: 567-575.

Hoelzel A R, Halley J, O' Brien S J, et al. 1993. Elephant seal genetic variation and use of simulation models to investigate historical population bottlenecks. Journal of Heredity, 84: 443-449.

Hovanitz W. 1949. Interspecific matings between *Colias eurytheme* and *Colias philodice* in wild populations. Evolution, 3 (2): 170-173.

Hubbard M D. 1990. Mayflies of the World: A Catalog of the Family and Genus Group Taxa. Gainesville: Flora & Fauna Handbook, No. 8, Sandhill Crane Press, Inc: 119.

Hubble E. 1936. The Realm of the Nebulae. New Haven: Yale University Press, 207pp.

Huey R B, Gilchrist G W, Carlson M L, et al. 2000. Rapid evolution of a geographic cline in size in an introduced fly. Science, 287: 308-309.

Huey R B, Pianka E R, Egan M E, et al. 1974. Ecological shifts in sympatry: Kalahari fossorial lizards (*Typhlosaurus*). Ecology, 55: 304-316.

Huey R B, Pianka E R. 1974. Ecological character displacement in a lizard. American Zoologist, 14 (4): 1127-1136.

Hulsey C D. 2006. Function of a key morphological innovation: fusion of the cichlid pharyngeal jaw. Proceedings of the Royal Society of London (B), 273: 669-675.

Husar S L. 1976. Behavioral character displacement: evidence of food partitioning in insectivorous bats. Journal of Mammalogy, 57 (2): 331-338.

Huxley J. 1940. The New Systematics. London: Oxford University Press: 583.

Huxley J. 1943. Evolution: the Modern Synthesis. London: Allen & Unwin: 645.

Huxley T H. 1860. Darwin on the origin of species. Westminster Review, 17 (n. s.): 541-570.

Huxley T H. 1885. The Interpreters of Genesis and the Interpreters of Nature. Marston: Sampson Low: 860.

Irving E. 1977. Drift of the major continental blocks since the Devonian. Nature，270：304-309.

Jenkin F. 1867. Review of ‘The Origin of Species’ . The North British Review，46：277-318.

Jiggins C D. 2006. Sympatric speciation：why the controversy? Current Biology，16（9）：333-334.

Johannsen W. 1909. Elementen Der Exakten Erblichkeitslehre. Jena：Fisher：515.

Jowett D. 1958. Populations of *Agrostis* spp. tolerant of heavy metals. Nature，182：816-817.

Kaplan A. 1946. Definition and specification of meaning. The Journal of Philosophy，43（11）：281-288.

Kelley R I，Robinson D，Puffenberger E G，et al. 2002. Amish lethal microcephaly：a new metabolic disorder with severe congenital microcephaly and 2-ketoglutaric aciduria. American Journal of Medical Genetics，112：318-326.

Kennington W J，Killeen J R，Goldstein D B，et al. 2003. Rapid laboratory evolution of adult wing area in *Drosophila melanogaster* in response to humidity. Evolution，57：932-936.

Kenward R E. 1978. Hawks and doves：factors affecting success and selection in goshawk attacks on woodpigeons. Journal of Animal Ecology，47：449-460.

Kettlewell H B D. 1955. Selection experiments on industrial melanism in the Lepidoptera. Heredity，9：323-342.

Kimura M. 1968. Evolutionary rate at the molecular level. Nature，217：624-626.

King J L，Jukes T H. 1969. Non-Darwinian evolution. Science，164：788-798.

King R B，Lawson R. 1995. Color pattern variation in Lake Erie water snakes：the role of gene flow. Evolution，49：885-896.

Kingsolver J G，Hoekstra H E，Hoekstra J M，et al. 2001. The strength of phenotypic selection in natural populations. The American Naturalist，157（3）：245-261.

Kitcher P. 1984. Species. Philosophy of Science，51：308-333.

Kitowski I. 2005. Sibling conflict in Montagu’ s Harrier *Circus pygargus* during the post fledging period in southeast Poland. 动物学报，51（5）：790-796.

Knowlton N，Weigt L A，Solorzano L A，et al. 1993. Divergence in proteins，mitochondrial DNA，and reproductive compatibility across the Isthmus and Panama. Science，260：1629-1632.

Knowlton N，Weigt L A. 1998. New dates and new rates for divergence across the Isthmus of Panama. Proceedings of the Royal Society of London（B），265：14412-14416.

Korol A，Rashkovetsky E，Iliadi K，et al. 2000. Nonrandom mating in *Drosophila melanogaster* laboratory populations derived from closely adjacent ecologically contrasting slopes at “evolution canyon”. Proceedings of the National Academy of Sciences of the United States of America，97（23）：12637-12642.

Kukalová-Peck J. 1983. Origin of the insect wing and wing articulation from the arthropodan leg. Canadian Journal of Zoology，61：1618-1669.

Kukalová-Peck J. 1985. Ephemeroid wing venation based upon new gigantic Carboniferous mayflies and basic morphology，phylogeny，and metamorphosis of pterygote insects Insecta，Ephemerida. Canadian Journal of Zoology，63：933-955.

Kukalová-Peck J. 1991. Fossil history and the evolution of hexapod structures. Pages 141-179. *In*：Naumann I D. The Insects of Australia. 2nd ed. Vol. I. CSIRO：Melbourne University Press.

Kurland J A. 1977. Kin selection in the Japanese monkey. *In*：Szalay F. Contributions to Primatology. Vol. 12. Basel：Karger.

Kutschera U. 2003. A comparative analysis of the Darwin-Wallace papers and the development of the concept of natural selection. Theory in Bioscience，122：343-359.

Lachaise D，Harry M，Solignac M，et al. 2000. Evolutionary novelties in islands：*Drosophila santomea*，a new *melanogaster* sister species from Sao Tome. Proceedings of the Royal Society of London（B），267：1487-1495.

Lack D. 1947. The significance of clutch size. Part I and II. Ibis，89：302-352.

Lahav N，White D，Chang S. 1978. Peptide formation in the prebiotic era：Thermal condensation of glycine in fluctuating clay environments. Science，201：67-69.

Lamarck J-B P A de M C de.（拉马克）. 1801. Système des Animaux sans Vertébres ou tableau general des classes，des ordres et des genres de ces animaux；presentant leurs characteres essentiels et leur distribution，d'apres la consideration de leurs rapports naturels et de leur organization，et suivant l'arrangement etabli dans les galleries du Museum d'Histoire Naturelle parmi leurs depouilles conservees，precede du discours d'ouverture du cours de Zoologie donne dans le Mus. d'hist. Nat. Paris，viii+432 pp.

Lamarck J-B P A de M C de.（拉马克）. 1802. Hydrogéologie. Paris：L' auteur：268.

Lamarck J-B P A de M C de.（拉马克）. 1809. Philosophie Zoologique，ou Exposition Des Considérations Relatives à l' histoire Naturelle Des Animaux，à la Diversité de Leur Organisation et Des Facultés Qu' ils en Obtiennent. 2 Vols. Paris：Dentu.

Lamarck J-B P A de M C de.（拉马克）. 1815-1822. Histoire Naturelle Des Animaux Sans Vertèbres，Présentant Les Caractères Généraux et Particuliers de Ces Animaux，Leur Distribution，Leurs Classes，Leurs Familles，Leurs Genres，et La Citation Des Principales Espèces Qui S' yrapportent；PrécéDée D' une Introduction Offrant la Détermination Des Caractères Essentiels de I' animal，Sa Distinction Du Végétal et Des Autres Corps Naturels，Enfin，I' exposition Des Principes Fondamentaux de La Zoologie. 7 Vols. Paris：Verdière.

Lewontin R C. 1970. The units of selection. Annual Review of Ecology and Systematics，1：1-18.

Liebers D，de Knijff P，Helbig A J. 2004. The herring gull complex is not a ring species. Proceedings of Biological Science，271：893-901.

Liem K F. 1973. Evolutionary strategies of morphological innovations：cichlid pharyngeal jaws. Systematic Zoology，22（4）：425-441.

Linder H P，Crisp M D. 1995. *Nothofagus* and Pacific biogeography. Cladistics，11（1）：5-32.

Lister A M. 1993. Evolution of mammoths and moose：The Holocene perspective morphological change in Quaternary. *In*：Martin R A，Barnosky A D. Mammals of North America. Cambridge：Cambridge University Press.

Lohrmann R，Orgel L E. 1973. Prebiotic activation processes. Nature，244：418-420.

Losos J B，Jackman T R，Larson A，et al. 1998. Contingency and determinism in replicated adaptive radiations of island lizards. Science，279：2115-2118.

Lovejoy A O. 2002. 存在巨链：对一个观念的历史的研究．张传有，高秉江译．南昌：江西教育出版社：481.

Lovette I J，Bermingham E. 1999. Explosive speciation in the new world *Dendroica* warblers. Proceedings of the Royal Society of London（B），266：1629-1636.

Lucas J R. 1979. Wilberforce and Huxley：a legendary encounter. The Historical Journal，22（2）：313-330.

Lugo A E. 1988. Estimating reductions in the diversity of tropical forest species. *In*：Wilson E O. Biodiversity. Washington DC：National Academy Press.

Lukhtanov V A，Kandul N P，Plotkin J B，et al. 2005. Reinforcement of pre-zygotic isolation and karyotype evolution in *Agrodiaetus* butterflies. Nature，436：385-389.

Luo Z X，Wible J R. 2005. A late Jurassic digging mammal and early mammalian diversification. Science，308：103-107.

Lyell C（赖尔）. 1830. Principles of Geology，Being an Attempt to Explain the Former Changes of the Earth's Surface，by Reference to Causes Now in Operation. vol. 1. London：John Murray：511.

Lyell C（赖尔）. 2008. 地质学原理 . 徐韦曼译 . 北京：北京大学出版社：660.

Lyon B E. 2003. Egg recognition and counting reduce costs of avian conspecific brood parasitism. Nature，422：495-499.

MacArthur R H. 1958. Population ecology of some warblers of northeastern coniferous forests. Ecology，39：599-619.

Magner L N. 1985. 生命科学史 . 李难，崔极谦，王水平译 . 天津：百花文艺出版社：704.

Mallet J. 2009. Alfred Russel Wallace and the Darwinian species concept：his paper on the swallowtail butterflies（Papilionidae）of 1865. Gayana（Supple），73（2）：42-54.

Marzlu J M，Dial K P. 1991. Life history correlates of taxonomic diversity. Ecology，72：428-439.

Mayden R L. 1997. A hierarchy of species concepts：the denouement in the saga and the species problem. *In*：Claridge M F，et al. Species：the Units of Biodiversity. Chapman & Hall.

Maynard-Smith J. 1964. Group selection and kin selection. Nature，201：1145-1147.

Maynard-Smith J. 1974. The theory of games and the evolution of animal conflicts. Journal of Theoretical Biology，47：209-221.

Mayr E. 1940. Speciation phenomena in birds. The American Naturalist，74（752）：249-278.

Mayr E. 1942. Systematics and the Origin of Species from the Viewpoint of a Zoologist. New York：Columbia University Press：372.

Mayr E. 1963. Animal Species and Evolution. Cambridge（Mass.）：Harvard University Press：811.

Mayr E. 1969. Principles of Systematic Zoology. New York：McGraw-Hill Inc.：428.

Mayr E. 1970. Populations，Species，and Evolution. Cambridge（Mass.）：Harvard University Press：453.

Mayr E. 1982. The Growth of Biological Thought：Diversity，Evolution，and Inheritance. Cambridge（Mass.）and London：the Belknap Press and Harvard University Press：992.

Mayr E. 1992. 生物学哲学 . 涂长晟译 . 沈阳：辽宁教育出版社：559.

Mayr E. 1995. Darwin' s impact on modern thought. Proceedings of the American Philosophical Society，139（4）：317-325.

Mayr E. 1996. What is a species，and what is not? Philosophy of Science，63：262-277.

Mayr E. 1997. The objects of selection. Proceedings of the National Academy of Sciences of the United States of America，94：2091-2094.

Mayr E. 2000a. A critique from the biological species concept（See Q. D. Wheeler and R. Meier 2000）.

Mayr E. 2000b. A defense from the biological species concept（See Q. D. Wheeler and R. Meier 2000）.

Mayr E. 2000c. The biological species concept（See Q. D. Wheeler and R. Meier 2000）.

Mayr E. 2003. 进化是什么 . 田洺译 . 上海：上海科学技术出版社：259.

MayrE. 2003. 很长的论点——达尔文与现代进化思想的产生 . 田洺译 . 上海：上海科学技术出版社：194.

McCafferty W P. 1990. Chapter 2. Ephemeroptera. *In*：Grimaldi D A. Insects from the Santana Formation，Lower Cretaceous，of Brazil. Bull. Amer. Mus. Nat. His.，Vol. 195.

McCarthy D. 2003. The trans-Pacific zipper effect：disjunct sister taxa of matching geological outlines that link the Pacific margins. Journal of Biogeography，30（10）：1545-1561.

McKinney M L. 1997. Extinction vulnerability and selectivity：combining ecological and paleontological views. Annual Review of Ecology and Systematics，28：495-516.

McKinnon J S，Mori S，Blackman B K，et al. 2004. Evidence for ecology’s role in speciation. Nature，429：294-298.

McLean D M. 1978. A terminal mesozoic "greenhouse"：lessons from the past. Science，201：401-406.

Meffert L M，Bryant E H. 1991. Mating propensity and courtship behavior in serially bottlenecked lines of the housefly. Evolution，45：293-306.

Mendelson T C，Shaw K L. 2005. Sexual behaviour：rapid speciation in an arthropod. Nature，433：375-376.

Menotti-Raymond M，O’Brien S J. 1993. Dating the genetic bottleneck of the African cheetah. Proceedings of the National Academy of Sciences of the United States of America，90（8）：3172-3176.

Merrell D J. 1981. Ecological Genetics. London：Longman Inc.：500.

Michod R E. 2007. Evolution of individuality during the transition from unicellular to multicellular life. Proceedings of the National Academy of Sciences of the United States of America，104（suppl. 1）：8613-8618.

Michor F，Nowak M A，Iwasa Y. 2006. Resistance to cancer therapy. Evolution and Current Pharmaceutical Design，12：261-271.

Miller R R. 1950. Speciation in fishes of the genera *Cyprinodon* and *Empetrichthys*，inhabiting the Death Valley region. Evolution，4（2）：155-163.

Miller S L，Bada J L. 1988. Submarine hot springs and the origin of life. Nature，334：609-611.

Miller S L，Urey H C. 1959. Organic compound synthesis on the primitive Earth. Science，130：245.

Miller S L. 1953. A production of amino acids under possible primitive Earth conditions. Science，117：528.

Mock K E，Theimer T C，Rhodes O E Jr，et al. 2002. Genetic variation across the historical range of the wild turkey（*Meleagris gallopavo*）. Molecular Ecology，11（4）：643-657.

Monod J. 1974. On the molecular theory of evolution. *In*：Harré R. Problems Of Scientific Revolution：Progress and Obstacles to Progress in the Sciences（The Herbert Spencer Lectures 1973）. Oxford，（United Kingdom）：Oxford University Press：11-24.

Moore H D M，Taggart D A. 1995. Sperm pairing in the opossum increase the efficiency of sperm movement in a viscous environment. Biology of Reproduction，52：947-953.

Moore H，Dvorakova K，Jenkins N，et al. 2002. Exceptional sperm cooperation in the wood mouse. Nature，418：174-177.

Mora P T，Wood J W. 1958. Synthetic polysaccharides. I. polycondensation of glucose. Journal of the American Chemical Society，80：685-692.

Morgan T H（摩尔根）. 1910. Sex limited inheritance in *Drosophila*. Science，32：120-122.

Morgan T H（摩尔根）. 1914. No crossing over in the male of *Drosophila* of genes in the second and third pairs of chromosomes. Biological Bulletin，26（4），195- 204.

Møller A P. 1993. Sexual selection in the barn swallow *Hirundo rustica*. III. female tail ornaments. Evolution，47（2）：417-431.

Nebel A，Filon D，Faerman M，et al. 2004. Y chromosome evidence for a founder effect in Ashkenazi

Jews. European Journal of Human Genetics：1-4.

Nelson G，Platnick N I. 1981. Systematics and Biogeography：Cladistics and Vicariance. New York：Columbia Univ Press：567.

Nilsson-Ehle H. 1909. Kreuzungsuntersuchungen and Hafer und Weizen. Lunds Univ Aarskr N F Atd，Ser 2，5（2）：1-122.

Nishikimi M，Fukuyama R，Minoshima S，et al. 1994. Cloning and chromosomal mapping of the human nonfunctional gene for L-Gulono-Gamma-Lactone oxidase，the enzyme for l-ascorbic acid biosynthesis missing in man. Journal of Biological Chemistry，269：13685-13688.

Nosil P，Crespi B J，Sandoval C P. 2002. Host-plant adaptation drives the parallel evolution and reproductive isolation. Nature，417：440-443.

Nosil P. 2007. Divergent host plant adaptation and reproductive isolation between ecotypes of *Timema cristinae* walking sticks. The American Naturalist，169：151-162.

Nur A，Ben-Avraham Z. 1977. Lost Pacifica continent. Nature，270：41-43.

O'Connell H P. 2009. Alfred Russel Wallace（1823-1913）：evolution and medicine. Journal of Medical Biography，17（4）：214-216.

Okasha S. 2003a. Does the concept of "clade selection" make sense? Philosophy and Science，70（4）：739-751.

Okasha S. 2003b. Recent work on the levels of selection problem. Human Nature Review，3：349-356.

Okasha S. 2006. The levels of selection debate：philosophical issues. Philosophy Compass，1：1-12.

Oró J，Basile B，Cortes S，et al. 1984. The prebiotic synthesis and catalytic role of imidazoles and other condensing agents. Origins of Life，14：237-242.

Oró J，Kamat S S. 1961. Amino-acid synthesis from hydrogen cyanide under possible primitive earth conditions. Nature，190：442-443.

Oró J，Stephen-Sherwood E. 1974. The prebiotic synthesis of oligonucleotides. Origins of Life，5：159-172.

Oró J. 1960. Synthesis of adenine from ammonium cyanide. Biochemical and Biophysical Research Communications，2：407-412.

Otto S P，Whitton J. 2000. Polyploid incidence and evolution. Annual Review of Genetic，34：401-437.

Owens I P F，Bennett P M，Harvey P H. 1999. Species richness among birds：body size，life history，sexual selection or ecology? Proceedings of the Royal Society of London（B），266：933-939.

O' Brien E，Kerber R A，Jorde L B，et al. 1994. Founder effect：assessment of variation in genetic contributions among founders. Human Biology，66（2）：185-204.

O' Steen S，Cullum A J，Bennett A F. 2002. Rapid evolution and escape ability in Trinidadian guppies. Evolution，56：776-784.

Parker E T，Cleaves H J，Dworkin J P，et al. 2011. Primordial synthesis of amines and amino acids in a 1958 Miller H2S-rich spark discharge experiment. Proceedings of the National Academy of Sciences of the United States of America，108（14）：5526-5531.

Parker G A. 1970. Sperm competition and its evolutionary effect on copuladuration in the fly *Scatophaga stercoraria*. Journal of Insect Physiology，16：1301-1328.

Pasteur L（巴斯德）. 1864. On Spontaneous Generation（An address delivered by Louis Pasteur at the "Sorbonne Scientific Soirée" of April 7，1864）. Revue des cours scientifics（1863-64），257-264. Pennisi E. 2006. Competition drives big beaks out of business. Science，313：156.

Pfennig D W，Murphy P J. 2003. A test of alternative hypotheses for character divergence between coexisting species. Ecology，84：1288-1297.

Pfennig D W. 1999. Cannibalistic tadpoles that pose the greatest threat to kin are most likely to discriminate kin. Proceedings of the Royal Society of London（B），266：57-61.

Planes S，Lecaillon G. 1998. Consequences of the founder effect in the genetic structure of introduced island coral reef fish populations. Biological Journal of the Linnean Society，63：537-552.

Ponnamperuma C，Kirk P. 1964. Synthesis of deoxyadenosine under simulated primitive Earth conditions. Nature，203：400-401.

Ponnamperuma C，Lemmon R M，Mariner R，et al. 1963. Formation of adenine by electron irradiation of methane，ammonia，and water. Proceedings of the National Academy of Sciences of the United States of America，49：737-740.

Ponnamperuma C，Mack R. 1965. Nucleotide synthesis under possible primitive earth conditions. Science，148：1221-1223.

Popa R. 2004. Between necessity and probability：searching for the definition and origin of life. Advances in Astrobiology and Biogeophysics，39-62.

Prothero D R. 1992. Punctuated equilibrium at twenty：a paleontological perspective. Skeptic，1（3）：38-47.

Rainey P B，Travisano M. 1998. Adaptive radiation in a heterogeneous environment. Nature，394：69-72.

Ratzsch D. 2001. 起源之战：为何特创论与进化论无法决出胜负．陈蓉霞译．南昌：江西教育出版社：322.

Raup D M，Sepkoski J J. 1982. Mass extinctions in the marine fossil record. Science，215：1501-1503.

Raup D M. 1986. Biological extinction in earth history. Science，231：1528-1533.

Raup D M. 1994. The role of extinction in evolution. Proceedings of the National Academy of Sciences of the United States of America，91（15）：6758-6763.

Redford K H. 2002. The last Tasmanian tiger：the history and extinction of the Thylacine. Journal of Mammalogy，83（2）：634.

Regan C. T. 1926. Organic evolution. Report of the British Association for the Advancement of Science（1925）：75-86.

Regan J L，Meffert L M，Bryant E H. 2003. A direct experimental test of founder-flush effects on the evolutionary potential for assortative mating. Journal of Evolutionary Biology，16：302-312.

Reid C，Orgel L E. 1967. Synthesis of sugars in potentially prebiotic conditions. Nature，216：455.

Reid G M. 1980. Explosive speciation' of carps in Lake Lanao（Philippines）-fact or fancy? Systematic Zoology，29（3）：314-316.

Reid W V，Miller K R. 1989. Keeping Options Alive：The Scientific Basis for Conserving Biological Diversity. Washington DC：World Resources Institute：128.

Reyer H U. 1986. Breeder-helper-interactions in the pied kingfisher（*Ceryle rudis*）reflect the costs and benefits of cooperative breeding. Behaviour，96：277-303.

Reznick D R，Shaw F H，Rodd F H，et al. 1997. Evaluation of the rate and evolution in natural populations of guppies（*Poecilia reticulata*）. Science，275：1936-1937.

Ridley M. 1989. The cladistic solution to the species problem. Biology and Philosophy，4：1-16.

Rohlfing D L. 1975. Coacervate-like microspheres from lysine-rich proteinoid. Origins Life，6，203-209.

Rohlfing D L. 1976. Thermal polyamino acids: synthesis at less than 100 degrees C. Science, 93: 68-70.

Rohwer S, Bermingham E, Wood C. 2001. Plumage of mitochondrial DNA haplotype variation across a moving hybrid zone. Evolution, 55: 405-422.

Rosen D E. 1978. Vicariant patterns and historical explanation in biogeography. Systematic Zoology, 27: 159-188.

Rosenzweig M L. 1996. Colonial birds probably do speciate faster. Evolutionary Ecology, 10: 681-683.

Rosenzweig M L. 2001. Loss of speciation rate will impoverish future diversity. Proceedings of the National Academy of Sciences of the United States of America, 98: 5404-5410.

Rundle H D, Nagel L, Boughman J W, et al. 2000. Natural selection and parallel speciation in sympatric sticklebacks. Science, 287: 306-308.

Russell D. A. 1979. The enigma of the extinction of the dinosaurs. Annual Review of Earth and Planetary Sciences, 7: 163-182.

Sagan L. 1967. On the origin of mitosing cells. Journal of Theoretical Biology, 14: 225-274.

Sanchez R, Ferris J, Orgel L. 1966. Cyanoacetylene in prebiotic synthesis. Science, 154: 784-785.

Sanchez R, Ferris J, Orgel L. 1967. Studies in prebiotic synthesis. II. Synthesis of purine precursors and amino acids from aqueous hydrogen cyanide. Journal of Molecular Biology, 30: 223-253.

Sanchez R, Ferris J, Orgel L. 1968. Studies in prebiotic synthesis. IV. The conversion of 4-aminoimidazole-5-carbonitrile derivatives to purines. Journal of Molecular Evolution, 38: 121-128.

Sandoval C P, Nosil P. 2005. Counteracting selective regimes and host preference evolution in ecotypes of two species of walking-sticks. Evolution, 59 (11): 2405-2413.

Sarich V M, Wilson A C. 1967. Immunological time scale for hominid evolution. Science, 158: 1200-1203.

Sato A, O' huigin C, Figueroa F, et al. 1999. Phylogeny of Darwin' s finches as revealed by mtDNA sequences. Proceedings of the National Academy of Sciences of the United States of America, 96: 5101-5106.

Savolainen R, Vepsäläinen K. 2003. Sympatric speciation: through intraspecific social parasitism. Proceedings of the National Academy of Sciences of the United States of America, 100: 7169-7174.

Savolainen V, Anstett M, Lexer C, et al. 2006. Sympatric speciation in palms on an oceanic island. Nature, 441: 210-213.

Scheel D, Packer C. 1991. Group hunting behaviour of lions: a search for cooperation. Animal Behaviour, 41 (4): 697-710.

Schliewen U K, Kocher T D, Mckaye K R, et al. 2006. Evolutionary biology: evidence for sympatric speciation? Nature, 444: 12-13.

Schluter D. 1995. Adaptive radiation in sticklebacks: trade-offs in feeding performance and growth. Ecology, 76: 82-90.

Schmitt T, Hewitt G M, Müller P. 2006. Disjunct distributions during glacial and interglacial periods in mountain butterflies: *Erebia epiphron* as an Example. Journal of Evolutionary Biology, 19 (1): 108-113.

Schopf J W. 1974. The development and diversification of precambrian life. Origins of Life, 5: 119-135.

Schopf J W. 2006. Fossil evidence of Archaean life. Philosophical Transactions of the Royal society, 361: 869-885.

Schramm G, Grotsch W, Pollman W. 1962. Non-enzymatic synthesis of polysacharides, nucleosides, nucleic acids and the origin of self-reproducing systems. Angewandte Chemie, 1: 1-7.

Schultz W. 1915. Schwarzfarburg weisser Haare durch Rasier und die Entwicklungsmechanik der Farben von Haaren und Federen. I. Abh Arch f Entw-mech，41：535-557.

Schwarz D，Matta B M，Shakir-Botteri N L，et al. 2005. Host shift to an invasive plant triggers rapid animal hybrid speciation. Nature，436：546-549.

Seddon N，Tobias J A. 2007. Song divergence at the edge of Amazonia：an empirical test of the peripatric speciation model. Biological Journal of the Linnean Society，90：173-188.

Seehausen O，van Alphen J J M，Wite F. 1997. Cichlid fish diversity threatened by eutrophication that curbs sexual selection. Science，277：1808-1811.

Seely R H. 1986. Intense natural selection caused a rapid morphological transition in a living marine snail. Proceedings of the National Academy of Sciences of the United States of America，83：6897-6902.

Servedio M R. 2004. The what and why of research on reinforcement. PloS Biology，2 (12)：E420.

Shea R E，Ricklefs R E. 1985. An experimental test of the idea that food supply limits growth rate in a tropical pelagic seabird. The American Naturalist，126 (1)：116-122.

Sherman P. 1985. Alarm calls of belding' s ground squirrels to aerial predators：nepotism or self-preservation? Behavioral Ecology and Sociobiology，17：313-323.

Shikano S，Luckinbill L S，Kurihara Y. 1990. Changes of traits in a bacterial population associated with protozoal predation. Microbial Ecology，20：75-84.

Shull G H. 1923. The species concept from the point of view from the geneticist. American Journal of Botany，10：221-228.

Simpson G G. 1951. The species concept. Evolution，5 (4)：285-298.

Simpson G G. 1961. Principles of Animal Taxonomy. New York：Columbia University Press：247.

Singh M，D' Souza L，Singh M R. 1992. Hierarchy，kinship and social interaction among Japanese macaques，*Macaca fuscata*. Journal of Bioscience，17：15-27.

Smith F D M，May R M，Pellew R，et al. 1993. How much do we know about the current extinction rate? Trends in Ecology & Evolution，8 (10)：375-378.

Sneath P H A，Sokal R R. 1984. 数值分类学：数值分类的原理和应用．赵铁桥译．北京：科学出版社：407．

Sneath P H A. 1976. Taxonomy at the species level and above. Taxon，25 (4)：437-450.

Snow A A. 1990. Effects of pollen-load size and number and donors on sporophyte fitness in wild radish (*Raphanus raphanistrum*)．The American Naturalist，136 (6)：742-758.

Sokal R R，Crovello T J. 1970. The biological species concept：a critical evaluation. The American Naturalist，104 (936)：127-153.

Sokal R R，Sneath P H A. 1963. Principles of Numerical Taxonomy. San Francisco：W H Freeman & Company：359.

Sokal R R. 1973. The species problem reconsidered. Systematic Zoology，22：360-374.

Sorenson M D，Sefc K M，Payne R B. 2003. Speciation by host switch in brood parasitic indigobirds. Nature，424：928-931．

Stadler L J. 1945a. Selection in corn breeding. The American Society of Agronomy，36：988-989.

Stadler L J. 1945b. Gamete selection in corn breeding. Maize Genetics Cooperation News Letter，19：33-40.

Stamos D N. 1998. Buffon，Darwin，and the non-individuality of species-a reply to Jean Gayon. Biology and Philosophy，13：443-470.

Stanley S M. 1975. A theory of evolution above the species level. Proceedings of the National Academy of Sciences of the United States of America，72：646-650.

Stephen-Sherwood E，Oró J，Kimball A P. 1971. Thymine：a possible prebiotic synthesis. Science，173：446-447.

Stuessy T F. 2006. Evolutionary biology：sympatric plant speciation in islands? Nature，443：E12-13.

Stuessy T F. 2009. Plant Taxonomy：the Systematic Evaluation of Comparative Data. 2nd ed. New York：Columbia University Press：539.

Sundin O H，Yang J M，Li Y，et al. 2000. Genetic basis of total colour blindness among the Pingelapese Islanders. Nature Genetics，25 (3)：289-293.

Surman C A，Wooller R D. 2003. Comparative foraging ecology of five sympatric terns at a sub-tropical island in the eastern Indian ocean. Journal of Zoology，259：219-230.

Swenson U，Hill R S，Mcloughlin S. 2001. Biogeography of *Nothofagus* supports the sequence of Gondwana break-up. Taxon，50：1025-1041.

Tavormina S J. 1982. Sympatric genetic divergence in the leaf-mining insect *Liriomyza brassicae* (Diptera：Agromyzidae) . Evolution，36 (3)：523-534.

Taylor E B，Boughman J W，Groenenboom M，et al. 2006. Speciation in reverse：morphological and genetic evidence of the collapse of a three-spined stickleback (*Gasterosteus aculeatus*) species pair. Molecular Ecology，15：343-355.

Taylor F B. 1910. Bearing of the Tertiary mountain belts on the origin of the Earth' s plan. Geological Society of America Bulletin，21：179-226.

Templeton A R，Robertson R J，Brisson J，et al. 2001. Disrupting evolutionary processes：the effect and habitat fragmentation on collared lizards in the Missouri Ozarks. Proceedings of the National Academy of Sciences of the United States of America，98：5426-5432.

Templeton A R，Shaw K，Routman E，et al. 1990. The genetic consequences and habitat fragmentation. Annals of the Missouri Botanical Garden，77：13-27.

Thewissen J G M，Cooper L N，Clementz M T，et al. 2007. Whales originated from aquatic Artiodactyls in the Eocene epoch of India. Nature，450：1190-1194.

Thoday J M，Gibson J B. 1962. Isolation by disruptive selection. Nature，193：1164-1166.

Thoday J M，Gibson J B. 1970. The probability of isolation by disruptive selection. The American Naturalist，104：219-230.

Tian Y，Nie W H，Wang J H，et al. 2004. Chromosome evolution in bears：reconstructing phylogenetic relationships by cross-species chromosome painting. Chromosome Research，12：55-63.

Tillyard R J. 1936. Kansas permian insects. Part 15. The order plectoptera. American Journal of Science，5：237-272.

Tipping A J，Pearson T，Morgan N V，et al. 2001. Molecular and genealogical evidence for a founder effect in Fanconi anemia families of the Afrikaner population of South Africa. Proceedings of the National Academy of Sciences of the United States of America，8：5734-5739.

Traulsen A，Nowak M A. 2006. Evolution of cooperation by multilevel selection. Proceedings of the National Academy of Sciences of the United States of America，103 (29)：10952-10955.

Traulsen A，Sengupta A M，Nowak M A. 2005. Stochastic evolutionary dynamics on two levels. Journal of Theoretical Biology，235：393-401.

Tristram H B. 1859-1860. On the ornithology of Northern Africa. Ibis，1：415-435.

van Valen L. 1973. Body size and numbers of plants and animals. Evolution，27：27-35.

Verheyen E，Salzburger W，Snoeks J，et al. 2003. Origin of the superflock of cichlid fishes from Lake Victoria，East Africa. Science，300：325.

Veuille M. 1988. 社会生物学．殷世才，孙兆通译．北京：社会科学文献出版社：132.

Wade M J，Goodnight C J. 1991. Wright' s shifting balance theory：an experimental study. Science，253：1015.

Wallace A R（华莱士）. 1855. On the law which has regulated the introduction of new species. Annals and Magazine of Natural History，2（16）：184-196.

Wegener A. 1912. Die Entstehung der Kontinente. Petermanns Geographische Mitteilungen，58：185-195，253-256，305-309.

Weir J，Ingram R. 1980. Ray morphology and cytological investigations of *Senecio cambrensis* Rosser. New Phytologist，86：237- 241.

Weismann A. 1886. English translation 1891：The significance of sexual reproduction in the theory of natural selection. *In*：Poulton E B，et al. Essays in Heredity and Kindred Problems. Vol. 1. Oxford：Clarendon Press.

Wells J W. 1963. Coral growth and geochronometry. Nature，197：948-950.

Westemeier R L，Brawn J D，Simpson S A，et al. 1998. Tracking the long-term decline of recovery and an isolated population. Science，282：1695-1698.

West-Eberhard M J. 1983. Sexual selection，social competition and speciation. The Quarterly Review of Biology，64：147-168.

Wexler N S，Lorimer J，Porter J，et al. 2004. Venezuelan kindreds reveal that genetic and environmental factors modulate huntington' s disease age and onset. Proceedings of the National Academy of Sciences of the United States of America，101（10）：3498-3503.

Wheeler Q D，Meier R. 2000. Species Concepts and Phylogenetic Theory：a Debate. New York：Columbia University Press：230.

Wiklund C G，Andersson M. 1994. Natural selection of colony size in a passerine bird. Journal of Animal Ecology，63（4）：765-774.

Wiley E O，Mayden R L. 1985. Species and speciation in phylogenetic systematics，with examples from the North American fish fauna. Annals of the Missouri Botanical Garden，72：596-635.

Wiley E O，Mayden R L. 2000. The evolutionary species concept. *In*：Wheeler Q D，Meier R. Species Concepts and Phylogenetic Theory：A Debate. New York：Columbia University Press.

Wiley E O. 1978. The evolutionary species concept reconsidered. Systematic Zoology，27：17-26.

Wilkinson G S. 1984. Reciprocal food sharing in the vampire bat. Nature，308：181-184.

Wilkinson G S. 1990. Food sharing in vampire bats. Scientific American，262（2）：76-82.

Wilson R A. 2006. Levels of selection. *In*：Gabbay D M，Thagard P，Wood J. Handbook of the Philosophy of Science. Vol. 2. Philosophy of Biology. Elsevier BV.

WoeseC R，Fox G E. 1977. The concept of cellular evolution. Journal of Molecular Evolution，10：1-6.

WolpertL. 2004. Much more from the chicken' s egg than breakfast- a wonderful model system. Mechanisms of Development，121：1015-1017.

Wrege P H，Emlen S T. 1994. Family structure influences mate choice in white-fronted bee-eaters. Behavioral

Ecology and Sociobiology，35：185-191.

Wright S D，Keeling J，Gillman L N. 2006. The road from Santa Rosalia：a faster tempo of evolution in tropical climates. Proceedings of the National Academy of Sciences of the United States of America，103：7718-7722.

Wright S. 1945. Tempo and mode in evolution：a critical review. Ecology，26：415-419.

Wu C I. 2001. The genic view of the process of speciation. Journal of Evolutionary Biology，14：851-865.

Wynne-Edwards V C. 1962. Animal Dispersion in Relation to Social Behaviour. New York：Hafner Publishing Company：653.

Wynne-Edwards V C. 1963. Intergroup selection in the evolution of soeial systems. Nature，200：623-626.

Wöehler F. 1828. Ueber künstliche bildung des harnstoffs. Annalen der Physik und Chemie，88（2）：253-256.

Yuen G U，Lawless J G，Edelson E H. 1981. Quantification of monocarboxylic acids from a spark discharge Synthesis. Journal of Molecular Evolution，17：43-47.

Zhou C F，Peters J G. 2003. The nymph of *Siphluriscus chinensis* and additional imaginal description：a living mayfly with Jurassic origins（Siphluriscidae New Family：Ephemeroptera）. Florida Entomologist，86（3）：345-352.

Zhu M，Yu X B，Janvier P. 1999. A primitive fossil fish sheds light on the origin of bony fishes. Nature，397：607-610.

Zhu M，Zhao W J，Jia L T，et al. 2009. The oldest articulated osteichthyan reveals mosaic gnathostome characters. Nature，458：46-474.

Zimmer C. 2009. On the origin of eukaryotes. Science，325：666-668.

中文索引

外文索引

M

N

O

P

R

S

T

V

W

X

Z